김석윤 구술집

김석윤 구술집

목천건축아카이브
한국현대건축의 기록 11
채록연구
우동선, 전봉희, 최원준

마티

목천건축아카이브 운영위원회

위원장
배형민. 서울시립대학교 건축학부 교수

위원
전봉희. 서울대학교 건축학과 교수
우동선. 한국예술종합학교 건축과 교수
최원준. 숭실대학교 건축학부 교수
김미현. 목천문화재단 이사장

일러두기

본문에서 대화자 "김"은 김석윤, "전"은 전봉희, "우"는 우동선,
"최"는 최원준, "용"은 김용미, "미"는 김미현, "태"는 김태형,
"준"은 김준철, "박"은 박인진을 말한다.

{ } — 채록 연구자나 구술자의 대화 중 호응을 위한 짧은 말
( ) — 지문, 촬영자 및 초벌 채록문 작성자의 말 등
" " — 대화 중 타인의 말을 인용한 구절
[ ] — 기업, 사무소 명칭
** — 해독이 전혀 불가능한 내용
〈 〉 — 작품 제목
《 》— 전시회, 음악회, 공연제, 무용제, 영화제, 축제 등의 행사 제목
「 」 — 논문 혹은 기타 간행물 속에 포함된 소품 저작물명
『 』 — 단행본, 일간지, 월간지, 동인지, 시집 등 일련의 간행물명
 #   — 동시발언

구술 및 채록 작업일지

제1차 구술
일시. 2022년 12월 8일 목요일 오전 10시
장소. 건축사사무소 김건축 사옥
구술. 김석윤
채록연구. 우동선, 전봉희, 김미현
촬영. 김태형, 김준철
기록. 김태형, 김준철

제1차 답사
일시. 2022년 12월 8일 목요일 오후 1시
장소. 한라도서관, 도지사 관사, 탐라도서관
구술. 김석윤
채록연구. 우동선, 전봉희, 김미현
촬영. 김태형, 김준철
기록. 김태형, 김준철
참여. 권정우

제2차 구술
일시. 2022년 12월 9일 금요일 오전 10시
장소. 건축사사무소 김건축 사옥
구술. 김석윤
채록연구. 우동선, 전봉희, 김미현
촬영. 김태형, 김준철
기록. 김태형, 김준철

제2차 답사
일시. 2022년 12월 9일 목요일 오후 1시
장소. 화북포구, 김석윤 가옥, 현대미술관
구술. 김석윤
채록연구. 우동선, 전봉희, 김미현
촬영. 김태형, 김준철
기록. 김태형, 김준철

제3차 구술
일시. 2023년 2월 28일 화요일 오전 10시
장소. 목천문화재단 회의실
구술. 김석윤
채록연구. 우동선, 전봉희, 최원준
촬영. 김태형, 김준철
기록. 김태형, 김준철

제4차 구술
일시. 2023년 2월 28일 화요일 오후 2시
장소. 목천문화재단 회의실
구술. 김석윤
채록연구. 우동선, 전봉희, 최원준
촬영. 김태형, 김준철
기록. 김태형, 김준철

제5차 구술
일시. 2023년 5월 20일 토요일 오전 11시
장소. 건축사사무소 김건축 사옥
구술. 김석윤
채록연구. 우동선, 전봉희, 최원준
촬영. 김태형, 김준철
기록. 김태형, 김준철

제3차 답사
일시. 2023년 5월 20일 토요일 오후 2시
장소. 신제주 성당, YWCA회관, 제주 웰컴센터,
김한주 씨 댁, 고 씨 주택
구술. 김석윤
채록연구. 우동선, 전봉희, 최원준
촬영. 김태형, 김준철
기록. 김태형, 김준철

제6차 구술
일시. 2023년 5월 20일 토요일 오후 8시 40분
장소. 건축사사무소 김건축 사옥
구술. 김석윤
채록연구. 우동선, 전봉희, 최원준
촬영. 김태형, 김준철
기록. 김태형, 김준철

제4차 답사
일시. 2023년 5월 21일 일요일 오후 10시
장소. 제주컨트리클럽하우스 내 교회, 제주 지방공무원 교육원, 제주대학교 박물관, 양 씨 다가구주택, 김승택 씨 주택, 제주 동문백화점 및 동양시장, 대동호텔, 제주 노인복지회관
구술. 김석윤
채록연구. 우동선, 전봉희, 최원준
촬영. 김태형, 김준철
기록. 김태형, 김준철

제7차 구술
일시. 2023년 5월 21일 일요일 오후 5시
장소. 건축사사무소 김건축 사옥
구술. 김석윤
채록연구. 우동선, 전봉희, 최원준
촬영. 김태형, 김준철
기록. 김태형, 김준철

제8차 구술
일시. 2023년 8월 15일 화요일 오후 2시
장소. 금성종합건축사사무소
구술. 김석윤
채록연구. 우동선, 전봉희, 최원준
촬영. 김태형, 김준철
기록. 김태형, 김준철
참여. 김용미, 김미현

1차 전사
날짜 2023년 5월-2023년 12월
담당 김준철, 김태형

1차 교정 및 검토
날짜 2023년 12월-2024년 2월
담당 우동선, 김미현

전사원고 보완 및 각주 작업
날짜 2024년 2월-4월
담당 김태형, 김준철

2차 교정 및 검토
날짜 2024년 4월-5월
담당 우동선

도판 선별 및 배치
날짜 2024년 1월-4월
담당 우동선, 김미현, 김태형, 김준철

추가 도판 선별
날짜 2024년 5월
담당 우동선, 오정은(금성건축), 김태형

3차 교정 및 검토
날짜 2024년 5월-6월
담당 우동선, 김태형

총괄 검토
날짜 2024년 9월-11월
담당 우동선

목차

살아 있는 역사, 현대건축가 구술집 시리즈를 시작하며 9
『김석윤 구술집』을 펴내며 12

1 유년기에서 대학 시절까지 18

2 답사 현장에서—1 46
〈제주한라도서관〉(2008)
〈제주도지사 관사〉(1983)
〈제주시립 탐라도서관〉(1989)

3 서울건축학교(SA) 제주 워크숍과 제주문화포럼 70

4 답사 현장에서—2 88
〈제주도의 와가 김석윤 가옥〉(1913)
〈제주 현대미술관〉(2006)

5 제주 민가 연구 110
〈김승택 씨 주택〉(1984)

6 건축 단체 활동 142

7 제주도 관광개발계획 176

8 답사 현장에서—3 192
〈신제주 성당〉(1993)
〈제주 YMCA회관〉(2002)
〈제주 웰컴센터(현 제주관광정보센터)〉(2009)
〈김한주 씨 주택〉(1985)
〈고 씨 주택〉(1982)

9 프로젝트 리뷰—1 204

10 답사 현장에서—4 232
〈제주컨트리클럽하우스 내 교회〉(2001)
〈제주도 지방공무원 교육원〉(1989)
〈제주대학교 박물관〉(2008)
〈양 씨 다가구주택〉(1996)
〈김승택 씨 주택〉(1984)
제주 동문백화점 및 동양시장, 〈제주 노인복지회관〉(1991)

11 프로젝트 리뷰—2 260

12 제주도 건축 312

약력 337
수상 경력 및 주요 작품 338
찾아보기 340

살아 있는 역사, 현대건축가 구술집 시리즈를 시작하며

우리는 이제야 비로소 전 세대의 건축가를 갖게 되었다. 1945년 제2차 세계대전의 종전과 함께 해방을 맞이하였지만, 해방 공간의 어수선함과 곧이어 터진 한국전쟁으로 인해 본격적인 새 국가의 틀 짜기는 1950년대 중반으로 미루어졌다. 건축계도 예외는 아니어서, 1946년 서울대학교에 건축공학과가 설치된 이래 1950년대 중반에 이르러서야 비로소 전국의 주요 대학에 건축과가 설립되어 전문 인력의 배출 구조를 갖출 수 있었다. 1950년대에 대학을 졸업하고 사회로 진출한 세대는 한국의 전후 사회체제가 배출한 첫 번째 세대이며, 지향점의 혼란 없이 이후 이어지는 고도 경제 성장기에 새로운 체제의 리더로서 왕성하고 풍요로운 건축 활동을 할 수 있었던 행운의 세대라고 할 수 있다. 이들이 은퇴기로 접어들면서, 우리의 건축계는 학생부터 은퇴 세대까지 전 세대가 현 체제 속에서 경험과 인식을 공유하는 긴 당대를 갖게 되었다. 실제 나이와 무관하게 그 앞선 세대에 속했던 소수의 인물들은 이미 살아서 전설이 된 것에 반하여, 이들은 은퇴를 한 지금까지 아무런 역사적 조명도 받지 못하고 있다. 단지 당대라는 이유, 또는 여전히 현역이라는 이유로 그들은 관심의 대상에서 벗어나 있다. 우리의 건축사가 늘 전통의 시대에, 좀 더 나아가더라도 근대의 시기에서 그치고 마는 것도 바로 이 때문이다.

    빈약한 우리나라 현대건축사를 구성하기 위해서는 이들 전후 세대에서 출발하여야 한다. 무엇보다 이들은 현재의 한국 건축계의 바탕을 만든 조성자들이다. 이들은 수많은 새로운 근대 시설들을 이 땅에 처음으로 만들어본 선구자이며, 외부의 정보가 제한된 고립된 병영 같았던 한국 사회에서 스스로 배워나가지 않으면 안 되었던 창업의 세대이다. 또한 설계와 구조, 시공과 설비 등 건축의 전 분야가 함께 했던 미분화의 시대에 교육을 받았고, 비슷한 환경 속에서 활동한 건축일반가의 세대이기도 하다. 이들 세대 중에는 대학을 졸업한 후 건축설계에 종사하다가 건설회사의 대표가 된 이도 있고, 거꾸로 시공회사에 근무하다가 구조전문가를 거쳐 설계자로 전신한 이도 있다. 그렇기 때문에 건축가의 직능에 대한 오랜 역사를 가지고 있는 서구사회의 기준으로 이 시기의 건축가를 재단하는 일은 서구의 대학교수에서 우리의 옛 선비 모습을 찾는 일만큼이나 어려운 일이다. 따라서 이들 세대의 건축가에 대한 범주화는 좀 더 느슨한 경계를 갖고 접근하지 않으면 안 되고, 기록 대상 작업 역시 예술적 건축작품에 한정할 수 없다.

    구술 채록은 살아 있는 사람의 이야기를 그대로 채록한다는 점에서 구체적이고 생생하다. 하지만 구술의 바탕이 되는 기억은 언제나 개인적이고 불완전하기 때문에 감정적이거나 편파적일 위험성도 아울러 가지고 있다. 이런 위험에도 불구하고, 현대 역사학에서 구술사를 중시하는 것은 다음과 같은 이유 때문이다. 우선, 기존의 역사학이 주된 근거로 삼고 있는 문자적 기록 역시 엄밀한 의미에서 편향적이고 불완전하다는 반성과 자각에 근거한다. 즉 20세기 중반까지의 모든 역사학은 기본적으로 문자기록을 기본 자료로 삼고 있는데, 이러한 방법은 문자에 대한 접근도에 따라 뚜렷한 차별적 요소를 내재하고 있다. 그러므로 역사는 당대 사람들이 합의한 과거 사건의 기록이라는 나폴레옹의 비아냥거림이나, 대부분의 역사에서 익명은 여성이었다는 버지니아 울프의 통찰을 굳이 인용하지 않더라도, 패자, 여성, 노예, 하층민의 의견은 정식 역사에 제대로 반영되기 힘들었다. 이 지점에서 구술채록이 처음으로 학문적 방법으로 사용된 분야가 19세기 말의 식민지 인류학이었다는 사실은 자연스럽다.

하지만 단순히 소외된 계층에 대한 접근의 형평성 때문에 구술채록이 본격적인 역사학에서 중요한 수단으로 간주된 것은 아니다. 모리스 알박스(Maurice Halbwachs, 1877-1945)의 집단기억 이론에 따르면, 모든 개인의 기억은 그가 속한 사회 내 집단이 규정한 틀에 의존하며, 따라서 개인의 기억은 개인의 것에 그치지 않고 가족이나 마을, 국가의 의식을 반영하고 있다. 따라서 개인의 기억에 근거한 구술채록은 개인적인 차원에 그치지 않고 그가 속한 시대적 집단으로 접근하는 유효한 수단이 될 수 있는 것이다. 이에 더하여, 프랑스의 아날 학파 이래 등장한 생활사, 일상사, 미시사의 관점은 전통적인 역사학이 지나치게 영웅서사 중심의 정치사에 함몰되어 있는 것에 대한 비판을 가하고 있다. 그러므로 역사적 당위나 법칙성을 소구하는 거대 담론에 매몰된 개인을 복권하고, 개인의 모든 행동과 생각은 크건 작건 그가 겪어온 온 생애의 경험 속에서 주관적으로 이해되어야 한다는 생애사의 방법론이 등장하게 되었다.

이러한 구술채록의 방법은 처음에는 전직 대통령이나 유명인들의 은퇴 후 기록의 형식으로 시작되었으나 영상매체 등의 저장기술이 발달하면서 작품이나 작업의 모습을 함께 보여주는 것이 보다 효과적인 예술인들에 대한 것으로 확산되었다. 이번 시리즈의 기획자들이 함께 방문한 시애틀의 EMP/SFM에서는 미국 서부에서 활동한 대중가수들의 인상 깊은 인터뷰 영상들을 볼 수 있었다. 그 내부의 영상자료실에서는 각 대중가수가 자신의 생애를 이야기하며 자연스럽게 각각의 곡들이 어떻게 만들어졌는지, 그것이 자신의 경험과 어떠한 관련이 있는지를 편안한 자세로 말하고 노래하는 인터뷰 자료를 보고 들을 수 있다. 건축가를 대상으로 한 것 중에는, 시카고 아트 인스티튜트에서 운영하는 건축가 구술사 프로젝트(Chicago Architects Oral History Project, http://digital-libraries.saic.edu/cdm4/index_caohp.php?CISOROOT=/caohp)가

대표적인 사례이다. 이미 1983년에 시작하여 30년에 가까운 역사를 가지고 있는 대규모의 자료관으로 성장하였다. 처음에는 시카고에 연고를 둔 건축가로부터 시작하였으나 최근에는 전 세계의 건축가로 그 대상을 확대하여, 작게는 하나의 프로젝트에 대한 인터뷰에서부터 크게는 전 생애사에 이르는 장편의 것까지 모두 포괄하고 있고, 공개 형식 역시 녹취문서와 음성파일, 동영상 등 여러 매체를 다양하게 이용하고 있다.

우리나라에서 구술채록의 활동이 본격화된 것은 2000년 이후의 일이라고 생각된다. 아카이브에 대한 관심이 높아지면서, 그리고 아카이브가 도서를 중심으로 하는 도서관의 성격을 벗어나 모든 원천자료를 대상으로 한다는 점에서 구술사도 더불어 관심을 끌게 되었다. 대표적인 사례가 2003년에 시작된 국립문화예술자료관(한국문화예술위원회에서 2009년 독립)에서 진행하고 있는 문화예술인들에 대한 구술채록 작업이다. 건축가도 일부 이 사업에 포함되어 이제까지 박춘명, 송민구, 엄덕문, 이광노, 장기인 선생 등의 구술채록 작업이 완료되었다.

목천문화재단은 정림건축의 창업자인 김정식 dmp건축 회장이 사재를 출연하여 설립한 민간 비영리 재단법인이다. 공공 기관이나 민간 기업이 다루지 못하는 중간 영역의 특색 있는 건축문화사업을 목표로 하고 있다. 2006년 재단 설립 이후 첫 번째 사업으로 친환경건축의 기술보급과 문화진흥을 위한 사업을 수행한 바 있다. 현대건축에 대한 아카이브 작업은 2010년 봄 시범사업을 진행하면서 구체화되기 시작하여, 2011년 7월 16일 정식으로 목천건축아카이브의 발족식을 갖게 되었다. 설립 시의 운영위원회는 배형민을 위원장으로 하여, 전봉희, 조준배, 우동선, 최원준, 김미현 등이 운영위원으로 참여하였다.

역사는 자료를 생성하고 끊임없이 재해석하는 과정이다. 자료를 만드는 일도 해석하는 일도 역사가의 본령으로 게을리 할 수 없다. 구술채록은 공중에 흩뿌려져 날아가는 말들을 거두어 모아 자료화하는 일이다. 왜 소중하지 않겠는가. 목천건축아카이브의 이번 작업이 보다 풍부하고 생생한 우리 현대건축사의 구축에 밑받침이 되기를 기대한다.

목천건축아카이브 운영위원
전봉희

『김석윤 구술집』을 펴내며

저는 2022년 7월 15일에 아우리가 제주문학관에서 개최한 '제주특별자치도 건축자산 진흥 정책 추진 현황과 과제'라는 긴 제목의 심포지엄에 갔다가 김석윤 선생님을 다시 뵙고 구술집을 만들어야겠다고 생각했습니다. 상경하자마자 이 생각을 목천문화재단 측에 말했고, 처음부터 전봉희 교수님의 참여를 구하고 또 '제5차 구술'에서부터 최원준 교수님의 지원을 얻어서 8차에 걸쳐서 구술 작업을 진행하였습니다. 제1차, 제2차, 제5차, 제6차, 제7차를 제주의 선생님 사무소에서 집중하여 진행하였고, 제3차와 제4차를 서울의 목천문화재단에서, 제8차를 총괄하는 의미에서 초심을 되짚어서 금성건축 사무실에서 진행하였습니다. 올해 1월 하순에는 선생님의 사무소에 도면을 찾으러 갔다가 폭설로 모든 교통이 막혀서 제주도가 섬이라는 사실을 새삼 체험하기도 하였습니다.

김석윤 선생님을 뵙게 된 것은 한국예술종합학교에 2001년에 부임해서 몇 년 지나지 않은 때부터라고 기억합니다. 김석윤 선생님과 저희 건축과 민현식 교수님의 교분이 오래되었고, 민 교수님 등은 「제주특별자치도 경관 및 관리 계획 수립 용역」(2007-2009)에 깊이 관여하였습니다. 이런저런 일로 제가 제주도에 갈 때마다 김석윤 선생님이 마치 영화 「대부」의 주인공처럼 나타나셨습니다. 그렇지만 선생님이 과묵한 편이신데다가, 저보다 20년 연상이셔서 그동안에 선생님과 제가 대화를 나누었다고 말하기는 어려울 것 같습니다. 선생님의 말씀을 가까이에서 밀도 높게 듣게 된 것은, 비로소 이번의 구술 작업을 통해서였습니다. 그 결과물을 독자들과 나눌 수 있게 되어 감개무량합니다.

김석윤 선생님은 1945년에 제주에서 출생하여 1963년 전남대학교에 입학하고 이듬해에 홍익대학교로 편입하여 1967년 졸업했습니다. 1967년부터 1969년까지 ROTC 공병장교로 병역을 마친 뒤에, 1972년까지 금성건축에서 실무를 익혔습니다. 올해 들어서 금성건축의 도면들이 정리되는 와중에 김석윤 선생님이 작성한 투시도 11점을 확인하였고, 다행스럽게도 이 구술집에 급히 넣을 수 있었습니다. 홍대 출신의 빼어난 '투시도쟁이'로 명성을 얻었다가 1972년부터 1974년까지 제주도의 세기건설에서 근무하게 낙향하였고, 1974년 3월에 '김석윤건축사사무소'를 개소하였고 2002년에 '김건축사사무소'로 개명하여 지금에 이르고 있습니다. 약칭 '김건축'은 부르기도 듣기도 좋아서 작명을 잘 한 것 같습니다.

위에서 이미 '상경', '낙향'과 같은 서울 중심의 단어를 썼는데, 이와 관련하여 서문을 준비하다가, 다산 정약용 선생이 1810년 초가을에 쓴 편지인 '두 아들에게 보여주는 가계'(示二兒家誡)에서 흥미로운 구절을 찾았습니다. 발췌해서 인용하면 이러합니다.

중국은 문명(文明)이 풍속을 이루어서 비록 궁벽한 시골이나 먼 변두리에 살더라도 성인이 되고 현인이 되는 데 무방하지만, 우리나라는 그렇지 않아서 도성 문에서 수십 리만 떨어져도 이미 미개한 곳이니, 더구나 먼 지방은 말해 무엇하겠느냐. (중략) 만약 벼슬길이 끊기게 되면 빨리 속히 서울에 거처해서 문화(文華)의 안목을 잃지 말아야 한다. 나는 지금 죄인의 명부에 이름이 올라 있기에 너희들을 우선 시골집에 은둔하게 하였지만, 후일의 계책을 말하자면 적어도 서울의 10리 안에 거처할 생각이다.[1]

한국건축역사학회가 주최한 9월 21일의 「금성건축 아카이브 1957-1983: 기록을 통한 담론의 확장」 세미나 뒤에 이 얘기를 여쭤자, 선생님은 "나는 고향이니까, 집이 거기니까"라고 간단히 답하였습니다.

저는 정약용 선생의 이 '서울 사수' 주장을 읽고서는 곧바로 제주시의 '연북정'(戀北亭)을 떠올렸습니다. 연북정은 이름 그대로 북쪽을 그리워하는 정자인데, 북쪽은 바로 서울이고, 그리워하는 사람들은 제주도에 유배를 간 사람들입니다. 이들이 한양의 기쁜 소식을 기다리면서 북쪽의 임금에 대한 사모의 충정을 보낸다고 하여 붙여진 이름이 '연북정'인 것입니다. 이 정자는 1590년에 조천관 건물을 새로 지으면서 쌍벽정이라고 하였다가 1599년에 건물을 보수하면서 연북정으로 이름을 바꾸었다고 전합니다. 14자의 축대 위에 지은 터라 멀리까지 조망할 수가 있습니다. 연북정은 정면 3칸, 측면 2칸, 전후 좌우퇴의 평면에 구조는 7량으로, 기둥과 가구의 배열 방법이 모두 제주도의 주택과 비슷하며 지붕은 합각지붕으로 물매가 낮은 것이 특징입니다. 저는 연북정 16세기 말 이래로 지금까지 제주도의 정체성이나 지역성을 잘 드러내고 있다고 생각합니다. 제주도의 정체성이나 지역성은 항상 서울과 연동합니다. 이것은 김석윤 선생님이 제주도에서 설계사무소를 운영하면서, 서울의 대학원에 등록하고 몇 년 동안 거의 매주 서울을 왕복한 일에서 잘 드러납니다. 한편으로는 제주도를 탐구하면서, 또 한편으로는 서울의 동향을 주시합니다. 선생님은 제주도라는 지리적·교통적 이점을 살려서 일본 건축의 동향도 파악하고 있습니다.

이 구술집의 주안점은 바로 김석윤 선생님의 평생 과제인 '제주 건축의 정체성의 파악과 표현'을 살피는데 두었고, 구술 과정에서 '제주에서 바라본 서울의 건축계'가 간간이 드러나기도 했습니다. 그리하여 이 구술집은

---

1. 정약용, 「두 아들에게 보여주는 가계」, 『여유당전서: 시문집(산문)』 18권, 네이버 지식백과(한국인문고전연구소 제공).

1970년대부터 지금까지의 제주도 건축 동향을 말하면서도, 그 기간 서울의 건축 동향을 같이 말하고 있습니다. 이 대목에서 전라도 구례에서 살면서 구한말 서울의 정세를 기록한 매천 황현(1855-1910)의 『매천야록』(1864-1910)이 생각나기도 합니다.

김용미 제주특별자치도 총괄건축가는 『나는 제주 건축가다』(2021)에서 김석윤 선생님 세대의 제주 건축가들의 작업을 다음과 같이 평가하였습니다.

> 이전 세대들은, 제주의 정체성을 보전하기 위해 사라져가는 제주의 전통가옥과 마을을 조사하여 기록을 남기려고 노력했다. 또한 새로 짓는 건축에 제주 전통가옥의 안거리 밖거리, 올레의 공간적 특징을 담거나 제주도에만 있는 재료인 돌과 송이를 벽과 지붕의 마감재로 사용함으로써 제주 건축의 정체성을 담으려 했다. 1970-1980년대 제주의 건축이 그나마 지역적 특색을 갖게 된 것은 이들의 지역성에 대한 성찰과 고민이 있었기 때문이다.[2]

이러한 평가에서 나타나는 제주 건축가들의 이중적 과제인 '조사와 기록'과 '정체성 표현'을 온몸으로 평생에 걸쳐 껴안은 화신(化身)이 바로 김석윤 선생님이라고 할 수 있습니다. 김석윤 선생님은 석사학위 논문으로 「제주도 주택의 의장적 특성에 관한 연구: 조선후기 와가를 중심으로」(1986)[3]를 썼고, 이를 토대로 「제주건축의 향토성 개념 정립과 보급확대 방안 연구」(1987)[4]를 공동으로 발표하였습니다. 흥미로운 점은 이 연구들의 중심에 김석윤 선생님의 생가가 자리 잡고 있다는 것입니다. 앞에서 김석윤 선생님이 1971년에 귀향한 이유로 "나는 고향이니까, 집이 거기니까"라고 말씀하셨습니다만, 이 생가는 그냥 집이 아니라 빼어난 집입니다. 『김석윤 가옥 수리 보고서』(2010)는, 이 집의 창건이 선생님의 조부 대인 "1914년"이고 "기와는 제주목안의 향교에 쓰였던 것이라 전하고 재목들은 제주산의 잡목을 사용하고 있는데 치목 솜씨가 뛰어나다"고 하였습니다.[5] 이 집이 김석윤 선생님의 건축 활동의 근원이 되는 것임은 물론입니다.

---

2. 김용미, 「추천사: 보다 천천히, 보다 조화롭게」, 김형훈+19인의 건축가, 『나는 제주 건축가다』, 나무발전소, 2022, 268쪽.
3. 김석윤, 「제주도 주택의 의장적 특성에 관한 연구: 조선후기 와가를 중심으로」, 국민대학교 대학원 건축학과 석사학위논문, 1986.
4. 강행생, 김석윤, 문기선, 「제주건축의 향토성 개념 정립과 보급확대방안 연구」, 제주도, 1987.
5. 제주특별자치도, 『김석윤 가옥 수리 보고서』, 제주특별자치도, 2010, 21쪽.

이후에 「한일국제연구집회 역사환경문화보전과 목조건축」(1992)과 같은 한일 민가 연구교류회에 관여하였고, 「19세기 제주도 민가의 변용과 건축적 특성에 관한 연구」(1997)[6] 를 박사학위 논문으로 제출하였으며, 1999년 건축문화의 해에는 『제주의 건축』(1999)[7] 과 「제주의 마을공간 조사 보고서: 북제주군 조천읍 조천리」(1999)[8] 를 공동으로 발표하였고, 현대건축에 대해서는 『제주체』(2014, 2021)[9] 를 공저로 내놓았습니다.

이렇게 학술활동을 통하여 제주 건축의 정체성을 탐구하는 한편, 한국건축가협회, 제주문화포럼과 같은 단체를 통하여 제주 건축의 정체성을 계몽하고 경관을 지키는 활동과 해외 답사 등을 이어나갔습니다. 또, 이 단체의 기관지와 신문, 잡지에 많은 원고를 기고하였습니다. 이 중에서 제주 건축의 정체성에 관한 구절을 인용하면 이러합니다.

> 한국문화에서 별종지역인 제주도의 모체건축은 '안팎거리 집'이다. 제주도 고문화의 도서성에 미루어 이 '안팎거리 집' 주거형식의 건축이 한옥의 원형이라는 추정이 가능하고 또 그 인자 발굴이 가능하다. 다음은 이 안팎거리 집에서 탐색해낸 우세 건축인자들이다. 이 토속 건축어휘를 이 시대의 보편 건축어법으로 재해석해내는 작업이 곧 비판적 지역주의 건축을 실현하는 옳은 태도이고 독창적인 건축을 담보할 수 있는 방법일 것이다.[10]

이어서 우세 건축인자로서 내향성 집합, 작음, 옴팡, 음예(陰翳)와 유심(幽深), 절제를 각각 설명합니다. 이에 대한 자세한 설명은 구술집으로 미루겠지만, 재해석의 결과들이 김석윤 선생님의 주택과 공공건축물이 될 것입니다.

『나는 제주 건축가다』(2021)는 제주 건축가들을 6세대로 구분하면서, 김석윤 선생님을 해방 전후 태어나서 제도권 교육을 받고 활동한 3세대에

---

6. 김석윤, 「19세기 제주도 민가의 변용과 건축적 특성에 관한 연구」, 명지대학교 대학원 건축공학과 박사학위논문, 1997.
7. '99 건축문화의 해 제주지역추진위원회, 『제주의 건축』, '99 건축문화의 해 제주지역추진위원회, 1999.
8. 한국건축가협회 제주도지회, 「제주의 마을공간 조사 보고서: 북제주군 조천읍 조천리」, 한국건축가협회 제주도지회, 1999.
9. 김석윤, 박길룡, 이재성, 『제주체: 건축의 섬, 제주로 떠나는 현대건축여행』, 도서출판 디, 2014; 김석윤, 박길룡, 이재성, 『제주체: 건축의 섬, 제주를 가다』, 디북, 2021.
10. 김석윤, 「건축에서 제주다움을 논함」, 『문화와 현실』 통권 23호, 제주문화포럼, 2021, 26-31쪽.

넣습니다.[11] 이 세대 분류는 시간의 길이를 기준으로 한 것입니다. 시간의 깊이와 작업의 양 또는 밀도로 분류한다면, 김석윤 선생님은 가장 오랫동안 가장 많은 작품을 제주도에서 작업하였기 때문에, 저는 제주 건축가들의 세대를 김석윤 이전과 이후로 나누어야 마땅하다고 생각합니다.

이 구술집에는 김석윤 선생님이 설계한 여러 채의 주택과 공공건축물에 대한 설명이 실려 있습니다. 선생님의 작품들은 이제까지 언급한 정체성, 지역성, 제주다움 등과 관련하여 거의 모두가 탐구의 대상이 될 것입니다만, 특히 구 제주도지사 공관이 흥미롭습니다.

서귀포 출신의 6세대 권정우 건축가는 이렇게 말했습니다. "제주 출신 건축가로서 김석윤 소장만큼 제주의 지역성과 어울리는 건축에 대한 고민을 많이 하고 작업으로 만든 경우는 드물다. 그 과정 속에서 숙련된 생각과 내용이 점차 진화하여 현대건축물로서의 지역성 표현이라는 숙제를 고민한 흔적이 그의 작업에 드러난다. 외형 형태를 추구하는 1차원적 형태적 표현에서 벗어나 공간 자체 본질에서 제주 건축의 모습을 표현한 작업은 제주 저지리에 있는 '제주현대미술관'이라고 생각한다. 평양냉면처럼 서너 번 맛을 보아야 제 맛을 아는 것처럼 시간이 가면 갈수록 매력적인 건축물이란 생각이 든다."[12]

김석윤 선생님의 작업에서 지역성의 표현이 형태와 재료에서 공간으로 변화하는 것은, '탐라도서관'(1990)과 '한라도서관'(2004)의 비교에서 찾을 수가 있습니다. 김석윤 선생님은 '탐라도서관'에 대해서는, "멀리서 보기에는 옛 이곳 제주의 마을 모습을 닮아보자. '송이벽돌'은 참 정감 있는 재료이다. 구운 벽돌에 비하여 덜 화려해서 제주답다"[13] 라고 썼는데, '한라도서관'에 대해서는 "제주도의 지형특성에서 유별한 특성인 굼부리의 공간경험이 설계의 모티브였다"[14] 라고 적었습니다. 이렇게 제주의 마을 모습을 말하면서 송이벽돌로 제주성을 표현하려는 시도에서 제주도의 굼부리라는 공간을

---

11. 김형훈+19인의 건축가, 앞의 책, 9쪽. "1세대는 일제강점기에 활동했던 이름 모를 건축가들, 2세대는 김한석과 박진후 등 일제강점기 때 건축교육을 받고서 제주 근대건축에 기여한 인물들, 3세대는 해방 전후 태어나서 제도권 교육을 받고 활동한 이들, 4세대는 1950년대 후반 이후 베이비부머 시대의 건축가들을 칭한다고 한다. 5세대는 1960년대 중반 이후 태어나서 육지부에서 공부를 하다가 IMF 전후로 고향에 내려온 건축가들이라고 나름 구분했다. (중략) 6세대는 1970년대 태어나 제주대학교에서 건축 수업을 배운 이들이거나 육지부에서 활동하다가 고향에 내려온 이들이라고 한다."

12. 권정우, 「탐라지예건축」, 김형훈+19인의 건축가, 앞의 책, 124쪽.

13. 김석윤, 「제주 탐라도서관」, 『건축문화』 91년 3월호, 건축문화사, 1991, 104쪽.

14. 김석윤, 「땅의 오마쥬: 한라도서관 건축」, 제주특별자치도 한라도서관, 『도서관 풍경』, 제주특별자치도 한라도서관, 2012, 41쪽.

모티브로 삼는 방식으로 변화하였습니다. 이러한 변화에는 환경보호를 위해서 송이의 채취가 제한된 것이 가장 크게 작용했을 것입니다만, 그사이에 서울건축학교가 1998년에 제주에서 '한국성-제주에서의 발견'이라는 건축캠프를 연 것도 작지 않게 작용했다고 합니다. 이 건축캠프는 앞에서 언급한 민현식 선생님이나 「제주특별자치도 경관 및 관리 계획 수립 용역」으로 이어져 나갔습니다. 이 연구용역이 어려운 고비에 처할 때마다 김석윤 선생님이 해결해주었다는 전언을 들었습니다.

    길게 적지는 못합니다만, 제주도의 관광화와 도시화는 김석윤 선생님의 건축 활동에 가장 큰 배경이 됩니다. 1971년에 귀향한 이후에 크게 관계한 작업도 「제주관광종합개발계획 기본계획조사」(1974)이었습니다. 이후 전개되는 제주도의 급격한 개발은 건축 수요의 증가와 이어지고, 또 난개발로 인한 경관의 훼손은 정체성의 탐구와 연결됩니다. 제주도의 정체성은 1990년대 초반까지 향토성이라고 말하다가 1990년대 후반부터 지역성으로 바뀌었습니다.

    약 2년에 걸친 구술 작업이, 구상부터 계산한다면 2년을 훌쩍 넘긴 구술 작업이, 마무리되어 한 권의 단행본으로 출간됩니다. 이 책이 김석윤 선생님을 매개로 하여 제주 건축과 또 한국 건축의 논의에 큰 도움이 되기를 기대하고, 더 나아가 현대건축에서 제주성이나 한국성을 논하는 데 필수적인 자료로 역할 하기를 바랍니다.

    이 구술 작업에 관계하고 이 구술집의 출간을 고대해온 모든 분께 감사의 말씀을 드리고자 합니다. 가장 먼저 김석윤 선생님께 감사드립니다. 목천문화재단의 김정식 명예이사장님, 김미현 이사장님께 감사합니다. 구술 작업과 토론을 함께한 전봉희 교수님, 최원준 교수님께 감사드립니다. 성실히 구술 작업을 도와준 김태형 연구원님과 김준철 연구원님에게 감사합니다. 장소와 도면 자료를 협력해준 금성건축의 김용미 대표님과 오정은 소장님에게 감사합니다. 출판을 맡아준 도서출판 마티에 감사합니다. 현지에서 응원해준 김태일 교수님과 권정우 소장님에게 감사합니다.

    2024년 10월
    공동채록자를 대표하여
    우동선

1

유년기에서 대학 시절까지

일시. 2022년 12월 8일 목요일 오전 10시
장소. 건축사사무소 김건축 사옥
구술. 김석윤
채록연구. 우동선, 전봉희, 김미현
촬영 및 기록. 김태형, 김준철

청탄 김광추(金光秋, 1905-1983)의 초상화. 김광추는 구술자 김석윤의 아버지이다.
이 초상화는 화가 양인옥(梁寅玉, 1926-1999)의 작품이다.

김. 서울에서 내려와서 2년 동안 건설회사에 있었어요.

전. 제주도에서요?

김. 네. 건설회사에 있다가.

전. 면허를 따고 내려오신 거잖아요.

김. 면허를 여기, 내려와가지고 땄죠.

전. 아, 그러신가요? 그럼 시험 치러, 나가서 시험을 치셨어요?

김. 그렇죠.

전. (웃음) 어디로 가서 치셨어요?

김. 서울에 있을 때는 2급만 가지고 있었고. 2급만 가진 채로 건설회사에 가가지고 2년 있다가. 1급 시험 치니까 붙더라고요. 그래가지고 사표 내고 나왔지. 74년, 67년에 졸업해가지고 학군으로 군대 2년. 다음 졸업, 제대해가지고 김한섭[1] 선생님 밑에 가가지고 정식 직원으로 2년. 그리고 이제 내려왔죠. 제주 왔죠. 2년 반, 2년 반?

우. 이야기가 자연스럽게 시작이 됐는데요, 그렇지만 다시 처음부터 하려고 합니다. 2022년 12월 8일 10시 6분쯤 되었습니다. 제주시에서 김석윤 선생님 모시고 구술채록을 하려고 합니다. 선생님, 그 태어나신 얘기부터 해주시면 좋겠어요. 어디서 태어나셨어요?

김. 어… 화북동(禾北洞)이라고 있어요. 화북동에서, 해방되던 해 났죠. 음력 1월이고 양력으로는 3월. {**우.** 3월이요?} 네.

우. 그리고 나서 거기서 계속 자라신 거예요? 그러면?

김. 그렇죠. 그런데 그 화북 마을이 좀 얘깃거리가 있는 마을이에요. 어… 김한섭 선생님. 또 강병기[2] 교수님.

우. 아, 강병기 교수님도요? 예.

김. (웃으며) 우리 집 앞집.

우. 건축가들을 많이 배출한 마을이네요, 그러면?

김. 예. 뭐, 건축, 딴 분야에도 많이들 진출했는데, 건축 쪽이 뭐, 저도. 조선시대에 그 육지에서 제주도 오려고 그러면 관문 항구가 화북이에요. 화북포구.

전. 조천(朝天)보다 오히려 화북으로 많이 들어왔다.

---

1. 김한섭(金漢涉, 1920-1990): 1963년에 김한섭건축연구소를 서울에 개설하였고, 1968년부터 금성종합설계공사의 대표를 지냈다.
2. 강병기(康炳基, 1932-2007): 1970년부터 1996년까지 한양대학교 도시공학과 교수를 지냈고, 건설부 중앙도시계획위원(1981-1995)과 대한국토계획학회 회장(1982-1984), 한국도시설계학회 초대회장(2000-2002)을 지냈다.

김. 추사, 추사 선생님 기록이 그걸 정확하게 아주 써 놓은 게 있어가지고. 선생님이 그리로 왔거든요.

우. 그러면 연북정(戀北亭)보다 더 저쪽인 거네요?

김. 이쪽이죠. 관아지하고 가까운 데. 『배비장』³이라는 그 소설 있잖아요? 조선시대에. 거기의 무대에요, 화북포구가 포구마을 이어가지고, 바깥의 문물이 빨리 들어온, 그런….

우. 그게 뭔가 좀 관련이 있는 거 같네요. 건축하고 바깥에서 뭘 하고.

김. 바깥의 정보들이 좀 빨리 오고. 또 일제 때에는 일본에서 많이 영향을 받으니까. 마을이 좀, 좀 혁신적인 그런 사고들을 가진 분들이 많아가지고. 4.3사건도 최초 발발지 같은 뭐 그런.

우. 아, 거기에 무슨 추모비 같은 거 있죠?

김. 있습니다.

전. 한자로 어떻게 써요?

김. 벼 화(禾)자하고 북녘 북(北)자 쓰는데, 또 다른 명칭이 '별도.' 나눌 별(別)하고 칼 도(刀).

우. 그래서 학교를 어디로 가셨어요?

김. 학교는 거기 마을에 학교가 있었어요. 초등학교가. 제주가 이, 근대 사고를 받아들이는 데에는 일본 때문에 좀 빨리 {전. 그렇죠.} 앞서가지고, 신교육도 받아들인 게 굉장히 빨라요. 그리고 그 마을마다 공동체가 운영하는 전통적인 교학, 전통이 예부터 이제 쭉 내려와가지고 근대화되면서 신교육, 교육기관들이 많이 생겼다고. 지금 제주도에 초등학교가, 역사가 100년이 넘는 학교가 꽤 많습니다. 김진균⁴ 선생님이 다녔다는 북초등학교. 거기는 오래전에 100주년을 지냈고. 최근에 이 학교가 100주년. 지난해인가? 지지난해에.

우. 선생님은 어느 학교를 나오셨어요?

김. 그 마을에 있는 화북국민학교였죠, 네.

우. 거기를 마치시고 중학교는 어디로 가셨죠?

김. 중학교는 이제 시내에 있는 오현중학교.

우. 아, 오현중학교요. 고등학교도 그럼? {김. 오현고등학교.} 오현중학교, 오현고등학교. 그리고 나서 건축과로 입학을 하시는 거죠? {김. 네, 네.} 그 말씀을 좀 들려주세요. 거기 또 아버님 말씀이 좀 나오던데요?

---

3. 1943년 채만식은 판소리와 마당극을 통해 민중에게 전해져 온 「배비장전」을 『배비장』(裵裨將)이라는 소설로 출간하였다.

4. 김진균(金震均, 1945-): 1981년부터 2009년까지 서울대학교 건축학과 교수를 지냈다. 현재 동 대학교 명예교수.

김. 네. 저희 아버지는 저보다 워낙 재미있게 사신 분이라 얘기가 너무 많고. (웃음)

전. 함자가 어떻게 되시나요?

김. 빛 광(光)자하고 가을 추(秋)자. 빛 광, 가을 추. 광추인데. 이름도 예뻐요. (웃음)

전. 되게 시적인데요? 시인의… 호를 뭐로 쓰셨어요?

김. 호는 청, '청탄'. 들을 청(聽)자, 여울 탄(灘)자. 청탄[5]. 마을의 전경이 배어 있는 호인데, 그 호를 주신 분이 강병기 교수님의 아버지예요.

전. 강병기 선생님의 아버님도 그러면 이렇게 또 문필을 하신다든지 그러셨던 모양이죠?

김. 네. 한학을 하시고 교육자셨어요. 제주여중 교장선생님. 누님이 살아계세요. 그런데 103살인가 4살인가 그래요. 지금도 그렇게 기억을 하나도 잊어버리지 않고. (웃음) 혼자, 동생들도 다 돌아가셨는데도 혼자 살아계세요. 조천에 사는데.

우. 그러면, 그 건축을 하시게 된 게, 아버님이 하라고 그러셨다고… 그렇게 된 건가요?

김. 어렸을 때부터, 저희 아버님의 형제가 밑에 세 분이 계셨는데 다 일찍

---

5. 청탄 김광추(金光秋, 1905-1983): 제주 출신의 문화예술인. 회화, 전각, 서예를 두루 익힌 제주의 대표적인 현대 서예가이다.

김광추의 글씨(사무사, 思無邪): 김석윤에 의하면, 한학을 공부하신 아버지가 평소에 교훈처럼 이 말을 즐겨 쓰셨다고 한다.

돌아가셨는데. 제일 막내, 그러니까 숙부. 건축 공부를 시켰으면 하는 그런 생각을 그때부터 가졌었던 거 같아요. 그래서 목포공고를 가가지고 잠깐 다니, 동생이 다녔다고 그러고. 그때 그 연배들이 이제 김한섭 선생님, 숙부님들하고 비슷한 연배인데. 저희 아버님이 그림을 좀 좋아하시니까 그런지 형제들도 다 그러셨던 거 같아요. 그래가지고 그림, 그 소질이 있으니까 "그림, 그 소질을 살릴 수 있는 방향을 좀 찾아보라"고 그래가지고. 막내, 그 숙부님을 목공에 보냈는데 계속하진 못하고. 어렸을 때 보니깐 집에 그 운형자들이 그렇게 많이 돌아다녀요. 이제 나무로 만든 운형자. {우. 아, 그랬어요?} 합판, 얇은 합판으로. 이게 뭔가 해가지고 나중에 봤더니 운형자인데, 작은아버지가 쓰던 거더라고. 중학교, 중학교쯤 이제 다니니까, 우리 광주에 계셨, 그때 계셨으니까 김한섭 숙부님이. 고향에 다니러 오셨어요. 여름방학인데 마루에 앉아가지고 이렇게 책 보고 계시니까 "야, 너 이제 어디, 저기 대학도 진학하고 해야 될 텐데 어떻게 할래?" 이러고. (웃음) "건축해야지." (웃음) 그런저런 농을 해가지고. 그냥 일찍감치 "너는 그냥 건축 공부나 해봐라." 어렸을 때부터 그렇게 되었던 거에요.

전. 김한섭 선생님이 몇 년생쯤 되시는 거죠? {**김.** 20년생.} 그럼 아까 그 {**우.** 숙부님.} 막내 숙부님보다?

김. 막내보다는 한 6살 위시죠.

우. 그럼 26년생 정도 되셨네요.

건축가 김한섭, 출처『건축가 김한섭』, 금성종합설계공사, 1984.6.

전. 그래서 김한섭 선생님하고 선친하고는 6촌간이라고 그랬잖아요? {**김.** 네.} 그런데 또 저기, 김홍식[6] 선생님도 있지만 또 김상식[7] 선생님하고는 어떻게 돼요? 김홍식 선생님하고 김상식 선생님하고 사촌 아니었어요? {**김.** 사촌. 네, 사촌.} 거기는 어디서 갈라지는 거예요?

김. 가다가 같은, 그 홍식이 교수의 위 갈래가 광주에 근거를 뒀어요. 그러니까 할아버지, 저 위에 할아버지가, 어른이 4형제인데 제일 맏이, 장손의 대가 저고. 홍식이 교수가 두 번째에요. 그러니까 요 가지가 광주로 진출했어요. 전라도 쪽으로 나가가지고 여기저기 다니다가 이제 광주에 정착하게 됐죠. 그러니까 형제들이, 아버님 형제들이 전부 광주를 근거로 해가지고 계셨어요.

전. 6촌이니까 증조에서 갈라지는 거죠? {**김.** 네, 네.} 증조에서, 김한섭 선생님의, 그러니까 선친의 증조니까 선생님으로부터 치면 고조에서 갈라지는 거잖아요? {**김.** 그렇죠, 네.} 궁금해서….

우. 그래서 궁금하죠. 그런데 왜 광주로 가셨어요? 목포로, 아까 숙부는, 숙부님께서는 목포로 나가셨다가….

김. 아, 여기서. 그때에는 목포, 광주가 이렇게 생활권이었어요. 그래가지고 광주는 그래도 좀 이제 호남지방의 중심지역이니까, 주변에 목포 사람들도 뭐 광주, 최종적으로는 광주 쪽에 가서 정착하려고들, 최후 목표를 그렇게 보았지. 일제 때에는 제주인, 제주 사람들이 한 거의 한 20~30만이… 아니, 2만 정도가 광주에 살았대요. 목포에 유명한, 그 오래된 점포들도 저희 사람들이 많아요. 갑자옥[8]도 제주 사람이에요. {**전.** 갑자옥모자점.} 네.

전. 아주 거기가 상권의 아주 중심, 카도(角: かど)에 있어요. 일본말로. "카도에 있다." {**우.** 목포에서요?} 네.

우. 그래서 그런 영향으로 건축을 하시게 됐고, 그래서 전남대 건축과로 가시는 거죠?

김. 전남대에 이제 김한섭 아저씨가 계셨으니까.

우. 전남대, 예. 그 말씀을 좀 들려주시지요.

김. 광주에 아저씨도 계시고, 집안 어른들이, 친척들이 여러분 계셨으니까 광주에서 생활할 조건이 좋았었죠. 그런데 내가 전남대학 갔더니, 제주도, 제주도식 호칭으로는 "삼촌", "삼촌" 그러는데, 삼촌이 서울로 가셔가지고….

---

6. 김홍식(金鴻植, 1946-): 1980년부터 2011년까지 명지대학교 건축대학 건축학부 교수를 지냈다.
7. 김상식(金常植, 1944-2019): 1980년부터 2019년까지 ㈜금성종합건축사사무소 대표이사를 지냈다.
8. 갑자옥모자점(甲子屋帽子店): 1927년에 문공언(文孔彦)이 목포에 설립하였다.

(웃음)

우. 그래서 서울로 따라가신 거예요?

김. 그렇죠. 가서, 가서 보니까, 1학기만 다니고 2학기는 아예 학교 안 다닌다고 하고 내려와 버렸어요. 서울 안 보내주면… 전남대학교. 전남대학교… 그때만 해도 대학교 교육이 말이죠, 고등학교 교과 수준의 연장이었어요. 대학교를 갔는데 엄청나게, 고등학교 수준 때 했던 학과 과목을 빡세게 시키는 거예요. 수학, 수학이나 뭐 외국어는 그렇고. 과학 교육을, 전남대학교에서는 세게 시키데요. 자연과학. 그때가 뭐 공대 건축과는 생겨가지고 얼마 안 돼서 그런지 모르지만 그 교수님들이 전부 저쪽, 이과 대학계 쪽에 있는 교수님들이 와가지고 강의를 하는데. 건축은 생각하려고 마음을 먹었어도 원래 바탕이, 수학-과학 쪽에 실력이… (웃음) 달려가지고 공대는 진짜 가기 싫었거든요. 워낙 수학 실력이 없으니깐, 공부하기 싫은데 엄청 빡세게 시키는 거야. 그리고 또 가자마자 삼촌은 그냥 보따리 싸가지고 서울로 올라가 버리시고. 사무실만 광주에 뒀어요. 김한섭건축연구소는 광주 충장로 한복판에. 그것만 정리해가지고 바로 갈 수는 없으니까. 몸만 우선 서울로 옮기고 사무실 거기다 뒀으니까. 거기 사무실 나가가지고 시간 보내면서 한 학기를 지내다가, 그해에 63년도에 쌀 파동[9]이 있었어요. {**우.** 쌀 파동이요?} 쌀 파동. 조기 여름방학.

우. 아, 쌀 파동 때문에요?

김. 네. 하숙집에 쌀이 없어요. 그래가지고 조기 방학을 해가지고 5월 말? 6월 초?

우. 그게 전국적인 현상이었어요?

김. 전국적이었어요. 정부에서 조기 방학하라고 그래가지고. 재밌는 얘기들이지.

우. 그래서 다시 제주로 오신 거예요? 그러면은?

김. 방학을 핑계로 해가지고. {**우.** 방학해서 들어왔다가.} 와가지고 여름방학 겸 해가지고 집에 와가지고 있다가, 그때에 〈제주동문시장〉[10] 설계를 하셔가지고, 김한섭 선생님이. 그게 시공 중이었어요. 그래가지고 제주도에 내려오면 거기 이제 감리사무실. (웃음) 거기 가가지고 아침에 최저온도계, 최고온도계를 갔다가 달아놓고, 감리일지에 쓰는 거. (웃음) 학교를 다니면서 그랬죠, 1학년 때. 그게 이제 그 숙부 덕택에 상당히 건축에 조기 교육을 받은 편, 셈이에요. 대학교 1학년 들어가자마자 이제 현장 가가지고 막 착공을 해가지고,

---

9. 『동아일보』, 1963년 6월 7일자, 「쌀파동 수습하라」, 참조.
10. 〈제주동문시장주식회사〉는 1963년에 설계되어 1965년에 준공되었다.

일 시작하는 현장에 왔으니까. 건설하는 프로세스도 보고. 뭐 슬럼프 테스트, 그때는 참 현장에서도 제대로들 뭘 하려고 그러더라고요.

전. 슬럼프 테스트를 했어요? 매일?

김. 슬럼프 테스트를, 네. 매일. 아주 시작하면. 떠다가 10번 다져가지고 또 하나, 3분의 1 채우고 3분의 1 채우고 하면서. (웃음) 그렇게 슬럼프 테스트를 해가지고 그거 재가지고 기록하고.

전. 그러니까 안 무너지고 저렇게 잘…. (웃음)

김. 요새는 뭐 레미콘으로 다 하니까. 그때는 현장에서 그런 것들을 다 관리하고, 그래서 재밌었어요.

우. 그게 이제 1학년 2학기 때를 그렇게 보내신 거죠?

김. 네, 1학년. 겨울방학 때 끝나고. 그래가지고 실습하다가 2학년 때 이제 홍대로 갔죠.

우. 편입이 쉬웠어요? 그렇게 자유롭게… {**김.** 시험 봤어요.} 편입 시험을 보셨구나.

전. 2학년으로 편입하신 거예요?

김. 네. 편입 시험을 보는데, 홍대는 가니까 시험에 석고 데생하고 외국어 시험을, 두 과목 보더라고요.

우. 아, 거기에 수학을 안 봤네요, 그러면?

김. 수학 과목이 별로 없었던 거 같아, 원래.

우. 그렇죠, 홍대는. 건축미술과였죠?

김. 건축미술과였어요, 네.

우. 석고 데생과 외국어. 건축미술과. 거기 갔더니 교수님들이 정인국 교수님, 이런 분들이 계셨던 거죠?

김. 정인국 교수님이 이제 과 주임 선생님인데, 학교를 제대로 안 다녔으니까 성적표가 시원치 않으니까 "너, 이 실력 가지고 너 여기 이 학교 다닐, 다니기 힘들 것 같다"고 그러면서…. (웃음)

우. 야단을 맞으셨구나.

김. 학교 다니면서 좀, 그것 때문에 고생했어요. 1학년 때에 인정 못 받은 학점이 많으니까, 여기서는 설계 과목도 없지. 그런데 홍대는 1학년부터 {**전.** 1학년부터 설계가 있어요?} 설계를 하더라고요.

전. 두 개를 들어야, 어떤 학기는 두 개를 들어야 했겠네요.

김. 네. 설계를 두 과목을 들었죠. 또 제2외국어가 세가지고 홍대가. 그거 써먹지도 못하고 다 까먹는 불어, 불어를 그렇게 빡세게 시켜.

우. 아, 거기는 마음이 파리에 가 있으니까.

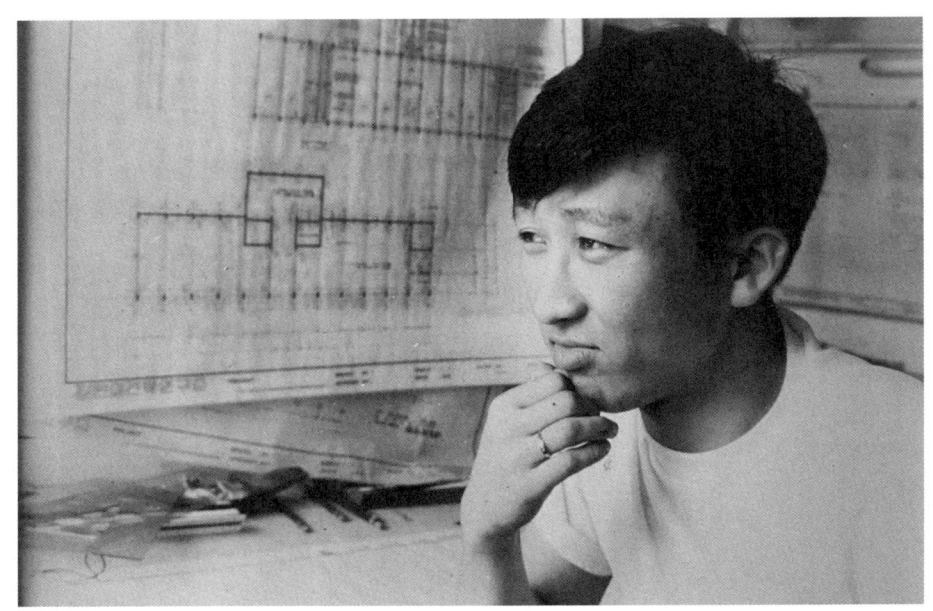

김한섭건축연구소에서, 1968년경
김한섭건축연구소 풍경, 1968년경

현장에서 수준 측량 중에, 1968년경
김한섭건축연구소에서 동료들과, 1970년경
아랫줄 왼쪽에 김석윤, 오른쪽에 김홍식, 윗줄 오른쪽에 강요준

김한섭건축연구소에서 동료 송건과 함께, 1970년경
김한섭건축연구소에서, 1970년경

김. (웃음) 네. 그때는 전부 뭐 파리에 가고 싶은 생각들이… 제2외국어 때문에 굉장히 힘들었어요. 그래서 제2외국어도 이제 따라가느라고 불란서문화원에 알리앙스 프랑세즈(Alliance Française)[11]. 불어 특강 받으러 쫓아다니고 그러면서.

우. 대학, 홍대 다니실 때 뭐 또 기억나시는 것이 무엇이 있을까요?

김. 홍대는 상당히 공부 별로 안 해도 잔소리 안 하는 학교여가지고 그게 좋았어요.

우. 아까 정인국 선생님은 뭐 잔소리하셨다고요?

김. 그분하고. 그분 한 분이 그랬지. (웃음)

전. 교수님들은 누가 또 계셨어요? {김. 예?} 교수님들은 또 누가 계셨어요?

김. 강명구[12] 교수님, 엄덕문[13]… 우리 3학년, 2학년 때 김수근 선생님이 설계를 담당하셨는데, 제가 들어가자마자 학교에 게으름 피우기 시작하시더라고요.

전. 그때부터 바쁘셨, 바빠지신 모양이네요.

김. 네, 네. 그 큰 프로젝트, 저기 한국개발… {전. 한국기술개발공사.} 그거 맡아가지고 막 시작할… 2학년 때도 개강해가지고 한, 두 번? 강의하고 안 나오서. {우. 좋다.} 3학년 진급해가지고도 설계 과목을 김 교수님이 전담을 하셨는데, 시작할 때쯤 와가지고 한번 얘기는 엄청 멋있는 얘기를 하셨던 것 같아. (웃음) 얘기하고 그냥 안 오셔. 그게 대학교 공부는 학교 공부가 좀 시원치 않았어요. 3학년에 올라가니까는 교내전을, 그때는 교내전에 그렇게 비중들을 많이 뒀어요. 그러니까 우리 바로 앞선 선배들이 김수근 선생님이 주도로 해가지고 진짜 빡세게 전시를 했어요. 가봤더니 그 전시했던 패널들이 복도에 쭉 늘어져 있는데, 마침 '새로운 도시 형태들에 대한 제안.' {우. 도시요?} 네. 뭐 해상 도시도 있었고, 산악 도시도 있었고. 뭐 이런 것들이 손으로 그린 그런 투시도들이, 큰 패널에다가 쫙 이렇게 널려 있었는데, 그 전시할 때 얘기를 들으니까는 아무튼 간에 대단했다고 그래요.

전. 그게 몇 년 일이에요 그러니까?

김. 제가 가기 한 해 전이었으니까. {전. 63년이네요.} 네. 제대로 1학년에

---

11. 알리앙스 프랑세즈(Alliance Française): 1883년 파리에서 창설된 공익재단으로, 프랑스 문화교육기관이다. 서울에는 1964년 회현동에 설립되었다.
12. 강명구(姜明求, 1917-2000): 1955년부터 1969년까지 홍익대학교 건축미술학과 교수를 지냈다.
13. 엄덕문(嚴德汶, 1919-2012): 1954년부터 1968년까지 홍익대학교 건축미술학과 교수를 지냈고, 이희태와 함께 엄이건축을 1977년에 창립하였다.

들어갔던 친구들은, 그때 1학년이어서 포스터를, 시내에, 포스터 붙이러 다니고 그랬다고 하더라고. 포스터 붙이는 사람으로 뽑혀도 영광스러웠다고.

우. 아, 정말요?

전. (웃음) 그때 참여했던 사람들은 어떤 분들이 참여했던 거에요? 어떤 학년들이, 그 학년들이 누구였어요?

김. 그때 참여, 그 심부름했던 친구들이 그 삼우 사장을 했던 박승[14], 이상헌[15]. 먼저 간 이중렬, 이중렬하고 이관영은 경기고등학교 나왔는데, 둘 다 빨리 죽었네요. 그 친구들이 그 전시에 1학년이니까, 뭐 석고, 판 뜨는데 심부름들을 하고 포스터 붙이러 다니고.

우. 여기 선생님 동기라고 지금 찾아놓은 사람, 분들인데요. {**김.** 네.} 여기 뭐 좀 기억나시는….

김. 기억 다 나죠. 이상헌. 제대로 이제 건축에 집중했던 게 이제 김상식, 이상헌. 공성숙, 김낙춘[16]은 학교에 가버렸고. 민영백[17]이는 뭐 인테리어를 지금도 열심히 하죠. 원대연[18]이도 인테리어. {**우.** 『플러스』에.} 『플러스』 관리인. 박승은 삼우건축 사장을 했었고.

우. 몇 분이셨어요? 동기생들이?

김. 어… 처음에 인원이, 정원이 40명이었나 그랬는데, 20명밖에 안되더라고요. 20명 정도긴 한데 이제 3학년 되니까 많이 늘었어요. 3학년에 진급하니까는 그때 그, 홍익공업전문대학이 있었거든요. 그런데 공업전문대학이 5년제인데 1학년하고 4학년을 동시에 모집을 했었어요. 전문대학이 처음 제도가 생기면서 1회, 1회가 지금 김정동, 오인욱, 이 친구들이 1학년으로 들어갔고, 우리 동생들이 3학년으로 들어간 거예요. 거기에 졸업생들, 이제 김낙춘 같은 경우, 전문대학에서 4, 5학년을 마치고 3학년에 합류. 그러니까 3학년 되니까는 인원수가 확 거의 배로 늘더라고. 군대 갔다 와가지고 선배들, 뭐 복학하는 선배들도 이렇게 해가지고. 우리 동기생들이 수가 엄청 많아요. 그래서 3학년 진급하면서는 이제 미술대학에서 건축과가 빠져나와요. {**우.** 아, 그랬어요.} 네.

---

14. 박승(朴昇, 1944-): 1963년 홍익대학교 건축학과에 입학하여 1967년에 졸업하였다.
15. 이상헌(李相憲, 1944-): 1967년 홍익대학교 건축학과를 졸업하여 한국종합기술개발공사 건축부에서 근무하였다.
16. 김낙춘(金洛春, 1942-): 1967년 홍익대학교 건축학과를 졸업한 후 충북대학교 건축공학과 교수를 지냈다.
17. 민영백(閔泳栢, 1943-): 1964년까지 홍익대학교에서 건축학을 수학하고 1965년 계선에서의 실무를 거쳐, 1970년에 민설계를 설립하여 대표이사를 지냈다.
18. 원대연(元大淵, 1943-): 1967년 홍익대학교 건축학과를 졸업한 후, 안영배건축연구소에서 실무를 익힌 후 1979년에 플러스건축을 설립하였다.

공학부.

우. 공대로 갔어요, 그러면?

김. 공대도 아니고 그냥 학부로. {우. 아, 학부로요. 공학부.} 공학부.

전. 그럼 과 이름은 그때 '미술' 자를 빼나요?

김. 뺐죠, 네. {우. 건축공학과예요, 그러면은?} 학교 배지도 바뀌고. (웃음) 미대하고 공학부하고 배지도 바뀌고. 학위도 우리 1년 선배들은 미학사고. {우. 그렇죠. 미학사였죠.} 저희들부터 이제 공학사.

우. 여기가 엄청난 변화가 있었네요.

미. 서상우 선생님이…?

전. 지금 선생님이 홍대로는 몇 기가 되시는 거예요? {김. 10, 10기….} 서상우 선생님이 4기라 그러지 않았던가요? {김. 4기?} 4기였던 거 같은데.

우. 미학사라고 그러셨어요.

김. 네, 저희들 1년 위까지가 미학사예요.

우. 그렇게 해가지고….

전. 가만 있어 봐, 김홍식 선생님하고 김상식 선생님은 한 해 늦게…?

김. 아니, 김상식이는 이제 1학년은 조각과로 다녔어요.

전. 어디요? 아, 조각과로. (웃음) 입학은 몇 년이시고요? {김. 같이.} 1963년에요.

우. 미대에서 전과를…?

김. 건축과를 가려고 생각을 하긴 했는데, 이제 1차에서, 1차 시험. 그때 저희들 고등학교 졸업하기 1년 전부터 대학교 입시, 자격시험 제도가 있었거든요?

우. 자격시험이요?

전. 박정희가 들어서서 만든. 박정희가 들어와서 만든.

김. 그래가지고 그 자격시험에 패스하고 다시 입학시험을 보는 거였어요. 그래서 자격시험 보는 사람들이 대학 1차에 이제 서울, 서울대학으로 다 몰리니까 뭐 2차는 텅텅 비는 거예요. 그래가지고 김상식이는 딴 데 1차 시험을 어디 봤죠. 그런데 안 돼가지고. 2차로 들어갈라 그러니까 건축과로 넣기는 조금 밀릴 거 같고 그러니까, 제일 안전하게 조각과로 가겠다고 그래가지고. (웃음)

전. 조각으로 입학했다가 건축과로 전과를 한 거죠?

김. 조각과를 1년을 다녔죠. 그러니까 나하고 같이, 나는 전대 있다가 가고, 이 양반은 조각과 1년 다니다가 오고. 건축과에서 이제 둘이. 거기서 이제 합쳐졌죠.

전. 그래서 동기생이 됐고, 김홍식 교수는요?

김. 김홍식도 대학교 입학 과정은 좀 지저분해요. (웃음) 서울대학을 떨어졌어. 서울대학 공대 건축과를 떨어져가지고 2차로 들어가려고 그러니까 이제 다 끝나버렸네? 홍익대학교 상학부로 들어갔어요.

전. 상학부. 아, 어떤 과든지 일단 적을 걸어놓자. {**김.** 네, 네.}

미. 상학부면 경제…? {**전.** 경제.}

김. 그때 이제 공학부, 상학부, 이렇게 생겼거든요. 대학이 이제 커지려고 이렇게 하면서. 이제 상학부에 이름만 걸어놓고 수업은 건축과 가서 수업을. (웃음)

전. 같은 해인가요? {**김.** 1년 뒤에.} 1년 뒤에. 64년.

우. 그래서 건축과로 편입을 하신 거에요, 그러면? 김홍식 교수님도?

김. 그런 셈이죠. 제도적으로는 편입을. 그냥 뭐, 어물쩍어물쩍하면서 그냥 수업은 건축과, 적은 상학부에 두면서 이쪽 와가지고 수업받으면서 그렇게 다니다가, 1년 있다가 이제 행정적으로 다 정리해가지고 건축과 학생이 됐죠. 이런 얘기는 잘 안 하던 얘기들인데. (웃음) 몰라, 지금 아무도.

우. 그러겠네요. 그래서 경제사 책을 좀 읽으셨나 보네요.

김. 제주도는, 제주도 사람들이 좀 생각들이 좀 늦게, 많이 늦게 가지고, 이 양반들이 선대에, 우리 그 홍식이, 제주도 그냥 식으로 표현하면, 광주까지 광주까지 그런대. 밖에 나가지고 있으면서도 고향 일을 아주 철저하게 돌봐요, 선대들이. 여름방학에 제주도를 꼭 보내는 거야. 상식이하고 홍식이 둘을. 가가지고 고향, 고향에 좀 풍습을 좀 배워가지고 오라고. 그 중학교, 중학교에 진학하니까 둘이, 여름방학이 되니까 못 보던 친구들이 오더라고요. (웃음) 그래가지고 만나가지고 방학 때마다 이제 같이 만나가지고.

전. 같이 지내고. 그러니까 거의 연배가 거의 비슷하니까 같이. {**김.** 네.} 그때 배를, 목포에서 배를 타고 왔겠죠? {**김.** 목포에서 배 타죠.} 얼마나 걸렸어요, 그 시절에는? 그게 1950년대에.

김. 네. 빨라야 7, 8시간이고, 10시간 이상 탔어요. 배 타는 게.

전. 그러니까 목포까지는 기차로 와서 광주에서. 기차를 타고.

김. 우리 대학교 졸업하던 해에 배를 또 친구들하고. 그러니까 이제, 상식이 형하고 친구들 몇몇이 "제주도, 우리 집에 놀러 가자"고 그래가지고 놀러 왔는데, 배에, 그때 배에 타가지고 어떻게 고생을 했는지. {**전.** 날씨가 안 좋아서요?} 날씨가 안 좋아서. (웃음) 동기생 넷이, 김상식이하고 나하고, 이상헌, 그다음에 먼저 간 이관영, 넷이서 "제주도 가자." 그래가지고 왔는데 목포 가니까 태풍 경보가 내렸어요. 하루 이제 부두 옆에 여인숙에서 하루 자고 기다렸는데 다음 날 배를 탔는데 그때도 파도가 이제 가라앉질 않은 거야. 뜨기는 뜨는데 어떻게 파도가 센지. 아무튼, 고생했지. 그렇게 오다가 제대로 항해가 안 돼서 추자도에 기항을 했어요. 추자도에서 밤을 새우고 다음 날 아침에 제대로 내렸어요. 나는 뭐 제주도가 고향이지만, 그런 배로 그렇게 고생해본 게 참 일생에 처음이자 마지막.

전. 비행기는 언제쯤부터 다녔을까요?

김. 그때 비행기가 있었는데요. {**전.** 있긴 있었어요?} 네. 우리 갈 때는 이제 "절대 배 타지 말자." 그래가지고 비행기 탔어요. (웃음) 비행기에 손님이 없어, 비싸다고.

전. 그러니까 1960년대에 있었어요, 비행기가?

김. 60년대에, 그때 있었죠. KNA[19]였던 거 같아요.

우. KNA, 예. 비싸서 배를 타는 거였어요?

김. 네. 그런데 실은 크게 비싼 것도 아니었는데, 손님들이 비행기 타는 거는 엄청 고급스럽다고 생각을 했는지, 좀 무서워했는지 모르겠지만 비행기를 잘 안 탔어요.

전. 김포로 내리셨나요? {**김.** 네.}

우. 아, 그때도 김포였어요?

김. 네. 그리고 제트기도 아니고, {**전.** 프로펠러.} 프로펠러. {**우.** 그 두 개 달린 거요?} 두 개 달린 거. 활주로에 내리면 이렇게 구부리는. (웃음)

미. 무서워서였을 거 같아요. (웃음)

우. 그러면 우리 김상식 선생님과 김홍식 선생님하고는 학생 때부터 가까우신 거네요, 이미. {**김.** 그렇죠, 중학교.} 학생 이전부터, 중학교 때부터.

김. 겨울방학에는 이제 내가 광주로 놀러가고. 여름방학에는 이 친구들이 오고.

전. 서중 다니셨던가요, 두 분이?

김. 둘 다 서중·일고 나왔어요.

우. 그러면 건축과도 같이 다니신 거잖아요, 말하자면? {**김.** 네.} 그때 누가 설계를 더 잘했어요?

김. 설계요? 설계는 김상식이 잘했죠.

우. 조각을 하셔서 그런가요?

김. 뭐 자르고, 열심히 했어요, 열심히. 숙부가, 숙부가 학교에 계시니깐 안 할 수가 없지. (웃음)

---

19. 대한국민항공(大韓國民航空, Korean National Airlines, KNA): 1961년부터 제주 노선을 운영하였다.

우. 김한섭 선생님이 중앙대로 또 옮기시잖아요? 그건 언제[20], 그건 나중, 훨씬 나중인가요?

김. 우리 졸업하고 나서 한참 후에, 예. 강명구 교수님이 먼저 중앙대학교로 가시고. 그래가지고 그쪽으로 오시도록 부른 거 같아.

우. 그래서 이제 대학을 졸업하셔요. 67년에 졸업하시는데 몇 월에 졸업하셨어요, 그때는?

김. 그 홍대는 졸업이 언제나 2월 24일? 졸업 날짜가 정해져 있는 것 같아. 22일인가 24일인가. 해마다 그러대.

우. 하시고, ROTC를 갔다 오시네요.

김. 네. ROTC를 했는데 상식이도 같이 하고 그랬는데, 내가 운이 좀 좋아서 병과를 공병을 받았어요. 상식이는 공병을 못 받고.

전. 건축과 나와도 공병을 못 받고요.

김. 네. 공병이 우선 지원병과인데 숫자를 많이 안 주더라고. 동기생 다섯 사람만 공병이 되고 나머지는 다 포병에 들어갔어요. {**전.** 공대 나온 애들은 포병 주죠.} 네. ROTC 가서 군대 가가지고 보니까는 마침 또 시기가, 콘크리트 라멘 구조로 된 2층 막사가 초기 보급되는 시기야. 딱 학교에서 배운 거 실습하기 좋은. 신 콘크리트 막사를 한 동 짓고, 또 다른 프로젝트 하나 하니까 뭐 2년이 다 가더라고요.

전. 현장은 어디신 거에요?

김. 저기 용문에서 조금 지나서 광탄이라고 있어요. 1101 야전공병단. 지금 거기 엄청 변했을 텐데. 양평, 양평군인데, 양평에서 강원도 마지막, 홍천 바로 가기 전에. 막사 한 동 짓고, 그게 현대적인 난방 설비를 갖추고. {**전.** 라디에이터요?} 네, 네. 보일러. 서울 보일러. 급배수가 다 되고. 시기적으로 진짜 좋은 시절이었죠.

전. 대학 다니실 때도 김한섭 선생님 사무실을 다니셨, 아르바이트하신 거에요?

김. 아르바이트고 뭐고 그냥 뭐, {**전.** 그리로 출근하셨어요?} 그냥… (웃음)

전. 학교도 아니고 그리로.

김. 과제도 그냥 사무실.

전. 그때 사무실이 어디에 있었어요?

김. 여기저기 다녔어요.

전. 서울에서 자리를 몇 번 옮겼어요?

---

20. 김한섭은 1976년에 중앙대학교 건축학과에 부임했다.

김. 처음에는 남대문로4가 시경 앞에 있다가, 충무로에. 중구청 앞에도 잠시 있었고. 나중에 내가 제대한 다음에는 정식으로 이제 직원으로 채용됐을 때는 삼각동. 지금은 이제 재개발해가지고, 다 없어져버렸는데, 지금 한화 있는 근처에.

우. 그다음에 1.21 사태[21]가 나가지고 뭐 3개월을 더 근무하셨다고요?

김. ROTC, 네. 3개월 더 했죠.

우. 운이 좋으셨는데 또 안 좋은 것도 있었네요.

김. 그 3개월을, 군대는 지루하니까 뭐.

전. 69년이죠. 그러니까, 그게?

김. 네, 제대하던 해. 69년.

우. 중요한 사건이랑 다 연결이 되시네요. 아까 쌀 파동 때문에 또 방학이 빨라졌고, 이번에는 1.21사태가 나서 제대가 늦어졌고.

김. 대학교 다니면서는 시간을 많이, 정말 공부할 시간을 별로 갖질 못했어요. 교내전 준비를 3학년 내내. 그리고 4학년 전 학기까지. 1년 내내 학교에서 합숙하면서 교내전 준비를 했는데, 뭐 앞에서 끌어주는 교수님이 없으니깐 이게 나가질 않는 거야. 예정은 잡아놔도 또 자꾸 (속도가) 안 나고 안 나고 하니깐, 연기하다가 3학년 1년 동안은 학교에서 제도실에서 합숙하면서 다

---

21. 1968년 1월 21일에 북한군 31명이 청와대를 기습하기 위해 서울에 침투한 사건.

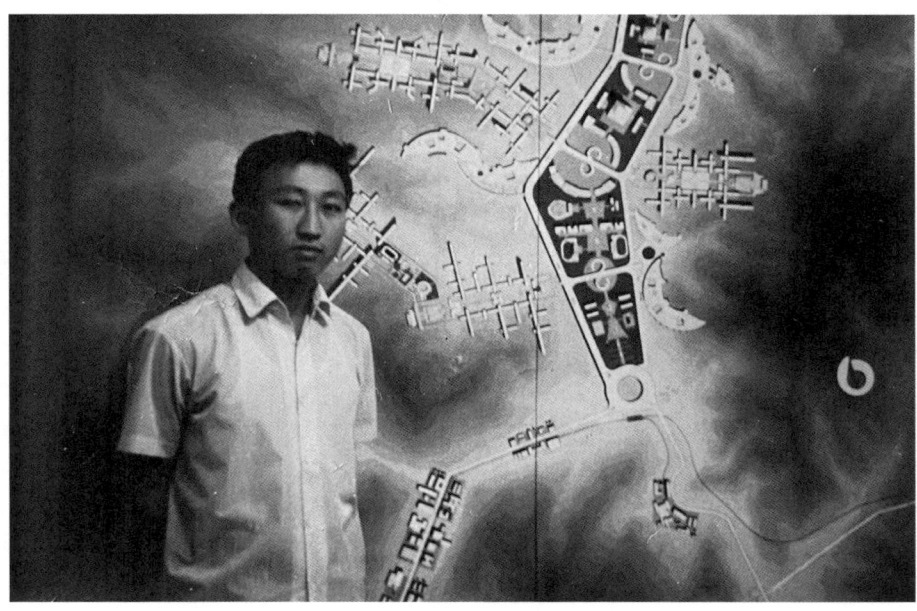

홍익대학교 건축공학과 교내전에서, 1965년

보냈어요. 주임 교수님은 김수근 교수님인데 잘 안 나오시고. (웃음)

우. 아, 안 나오셨어요. 시작만 해놓고 안 나오고.

전. 아니, 선생님이 안 나오시면 조교라도 하나 둬둬야 하는 거 아니에요?

김. 그런데 아니, 윤도근[22] 선생님도 있고, 돌아가신 강건희[23] 교수님, 다 돌아가셨지만, 이분들이 계시는데, 이분들이 얘기하는 것이 좀, 귀에 들어오지도 않고. 얘기 같지도 않고. 그 정도는 나도 하겠다, 뭐 이런 식으로. (웃음) {**전.** 네, 아무래도…} 그래서 우리끼리 어쩌고저쩌고 해가지고, 4학년 거의 이제 1학기 끝날 때쯤, 6월에 전시에 올린 다음에 뭐, 대학교 시간 다 간 거죠. 한 학기 남았으니까.

우. 전시회를 어디다가, 어디서 열었어요?

김. 〈예총회관〉[24]. 부숴버린, 지금 〈세종문화회관〉[25] 자리에, 예총회관이 있었죠. 그래서….

전. 거기 있다가 그럼 세종문화회관 해서 예총회관이 인사동, 그 낙원상가 앞에 거기로. {**김.** 네, 네.} 그러다가 동숭동[26]에 지어진 거고요. {**김.** 네.} 그럼 낙원상가 앞에 있었던 게 임시로 있었던 거네요, 그러니까?

김. 그렇죠. 광화문에 있던 예총회관은 진짜 멋졌거든요. 뭐 앞에 광장도. 그 어떻게 그런 좋은 자리에 찾아서… 강명구 선생님이 설계했다고 그러던데요. {**전.** 옛날 건물이요?} 네, 없어진 건물. 거기서 전시를….

우. 그러니까 홍대는 건축과가 이 교내전을 위해서 있는 거네요?

김. 그럼. 거기에 다 올인했던 거 같아.

우. 멋있게 하려고 3년 가까이 막 이렇게.

김. 저희들이 끝난 다음에 이제 좀 무슨 변화가 있었을 거예요. 그때 교수님들도 좀 그러고. 4학년에 후학기가 되니까 김중업 선생님이 한 학기 동안 현대건축론을 가르치셨는데, 강의하셨는데, 거의 한 학기 동안 현대건축론 재밌게 들었죠.

우. 주로 무슨 얘기하셨어요? {**김.** 네?} 주로 무슨 말씀을 하셨어요? 현대건축론에서.

---

22. 윤도근(尹道根, 1935-2021): 1961년부터 2000년까지 홍익대학교 건축학과 교수를 지냈다.
23. 강건희(姜健熙, 1939-2016): 1964년부터 2004년까지 홍익대학교 건축학과 교수를 지냈다.
24. 〈예총회관〉: 1964년 강명구의 설계.
25. 〈세종문화회관〉: 1974년 엄덕문의 설계.
26. 예총회관은 1987년에 동숭동으로 이전하였다.

김. 뭐 현대건축이론. 코르뷔지에의 건축이론이죠. 학생들이 굉장히 좋아했어요. 그때 그 강의 끝난 다음에 우리 졸업하고 나서 홍대에 그 뭐, 도시건축연구소?[27] {**우.** 네.} 그런 연구 기구 하나 만들어가지고 김중업 선생님이 그걸 주도하셨던 거 같아요. 저희가 군대에, 군대 생활하는 그 시간 동안. {**전.** 김중업 선생님이요?} 네. 그러고 난 다음에 그 기관이 박병주 선생님한테로 넘어가고, 그 후에 도시계획과가 생기고, 그래가지고 나중에 이제 산업 대학원 쪽, 그렇게 변해간 것 같아요.

전. 국민대학에 박길룡[28] 선생이 여기 있었다는 거 아니에요, 졸업하고요? {**김.** 그 연구소.} 그 연구소죠? {**미.** 맞아요.} 졸업하고 있었다는 데가.

김. 김낙춘, 우리 동기. 김낙춘이 동기긴 해도 나이는 많아요. 우리보다 두 살, 세 살인가 위지.

우. 박길룡 선생님은 선배에요, 후배에요? {**김.** 후배죠.} 후배에요, 네. 그때 학생 때부터 아셨어요?

김. 굉장히 얌전이잖아요, 박 교수가. 조용하고. 딱 신부님 같았어. 나는 신학교 학생인가 하고, 똑같아. (웃음) 옷도 그 신부님이 입는 옷 같은 까만 와이셔츠, 그랬거든.

전. 아주 성실하시고 그러셨다고.

김. 이제 이 양반하고 더 자주 만나게 된 거는, 내가 늦게 대학원 과정을 하느라고, 국민대에.

전. 아, 대학원은 국민대로 가셨어요?

김. 네. 국민대 가가지고 자주 만났죠.

우. 그게 언제죠, 선생님? 몇 년이었죠?

김. 국민대 간 거는, 졸업은 86년에 학교 논문[29] 썼는데, 처음 등록한 게 82년에 했나?

우. 그러면 그 사이에 금성건축 계시다가 제주도로 오셔서 건설회사 다니셨던 거죠?

김. 네. 건설회사에 들어가기 전에 어떤 일이 있었냐 하면, 그 제주, 박통이 보문단지 관광단지를 계획했잖아요? 그래가지고 거기 계획 사업이 종료가 되니깐 그 팀을 제주도에다가 투입을 했어요. 그러니까 그게 72년도인데,

---

27. '홍익대학교 생산미술연구실 도시건축연구소'를 지칭한다.
28. 박길룡(朴吉龍, 1946-): 1973년부터 1974년까지 홍익대학교 건축도시계획연구소 연구원을 거쳐 1982년부터 2011년까지 국민대학교 건축학과 교수를 지냈다.
29. 김석윤, 「제주도 주택의 의장적 특성에 관한 연구: 조선후기 와가를 중심으로」, 국민대학교 대학원 건축학과 석사학위논문, 1986.

청와대에다, 청와대, 관, 제주관광개발계획단. 그거를 만들어가지고
제주도개발계획을 이제 지시를 해가지고 착수를 했는데, 그 팀에 보문단지
팀들이 투입이 된 거예요. 그때는 건설부. 지금은 건교부지만 그때 건설부,
교통부가 따로 있을 때니까. 건설부 그 팀들, 건설부의 엘리트들. 여기 와가지고
그 프로젝트 착수할 시기에 제가 여기 제주도에 들어오게 된 거예요. 그런데,
보문단지에 계획할 때에 거기에 심부름을 1년, 저의 1년 선배 김한일[30]이라고
있어요. 홍대 다닐 때 투시도는 아주 제일 잘 그린다고, (웃으며) 이름난 선배.
보문단지에 심부름을 그 양반이 했어요. 그거 한 다음에 제주도에 이제 사업이
또 있으니까 그 일까지 이 양반이 맡은 거야. 여기, 그 일을 맡아가지고 여기
들어와서 보니깐 얽매어 있을 형편은 좀 너무 부담스럽고 하니까, 그 시대, 그때
마침 내가 여기 제주로 왔으니까 "야, 이거 너가 좀 심부름 좀 해" 그래가지고
거기다가 날 알바로 끼워 넣은 거예요. 그 개발계획단하고 쫓아다니면서 제주도
관광개발계획단지, 12개 단지인가 이거를 건설부의 그 팀하고 같이 이렇게
쫓아다니며 심부름하게 됐었죠. 이 양반은 나한테 일 맡겨놓고 서울로 올라가
버리고.

전. 마침 내려와 있으니까, {**김.** 네.} 예.

김. 그때 착수했던 그게 확정된 것이, 74년 12월인가 그래요. 74년 12월.
어… 74년, 아, 74년 12월이 아니고 73년 12월인가? {**우.** 73년이요, 네.} 시기가
좀 헷갈리는데, 확인해보면 시기를 맞출 수 있을 텐데. {**우.** 네.} 그런데, 그 개발
계획에 참여했던 건설부 팀들이 제주도개발 특별건설부[31]로 사업 착수하면서 그
기구가 발족이 돼요. 그 발족이 된 시기하고 내가 설계사무실을 시작하는 시기가,
시기가 같아요. {**전.** 1974년이요.} 74년, 네.

우. 그러면 그 건설회사에 계시면서 {**김.** 끝난 다음에.} 아르바이트했어요?

김. 아니, 아니. 거기 들어가기 전에. {**우.** 아, 들어가기 전에요, 네.}
아르바이트하고, 그때 쫓아다니면서 이제 뭐, 스케치하는 거, 뭐 그리는 거,

---

30. 김한일(金漢一, 1945-): 1966년 홍익대학교 건축학과를 졸업하였다. 제1회
한국건축가협회상 입상(1963), 제2회 신인예술전 특상(1964), 1965년에 국전 국무총리상을
수상하였다. 1969년부터 트랜스아시아에서 실무를 가졌으며, 1982년에 동도건축연구소를
개설하여 1985년 그룹한종합건축으로 상호를 변경하여 활동하였다.
31. 제주도지방국토관리청은 1961년 10월 국토관리청 이리지방국토건설국 소속으로
설치된 제주축항사무소로 시작하였다. 본 사무소는 1962년 2월 영남지방국토건설국을
거쳐 1963년 9월 건설부 산하 영남국토건설국 소속으로 변경되었다. 1973년 12월
다시 제주개발특별건설국으로 변경되었다가 1974년 6월 제주특별건설국으로
기관명칭을 변경하였다. 제주특별건설국은 1975년 6월 18일 '지방건설관서직제'에 의해
제주도지방국토관리청으로 승격되었다.

그렇게 심부름을 해주다가 난 건설회사에 들어가고, 건설회사 근무하는 사이에 계획이 확정돼가지고 집행기구가 발족이 된 거지. 제주개발 특별건설부. 그 특별건설부, 그 개발 초기에, 그 계획단에 있던 용역팀들 비슷한 사람들, 이 양반들이 그걸 주도를 하게 되니까 관광개발 초기 단계에 시작하는 프로젝트들, 그거를 나한테 이제 시키게 된 거야. 그게 한라산 국립공원, 공원에 편의시설들, 쪼끄만 것들. 뭐 대피소, 공중화장실, 매점 뭐 이런 것들.

우. 이거는 굉장히 중요한 거잖아요? 제주도의 역사에서, {**김.** 중요한 거예요.} 관광개발이 되는 거는. {**김.** 네, 네.} 거기에 일정하게 관련하신 거네요.

김. 네. 그런데 이분들이 뭐, 서울에서도 이제 큰 프로젝트들 주도하는 그런 팀들이고 그래가지고, 나중에 다 이제 본부로 올라가가지고 중요한 자리에서 활동들을 하셨는데, 이분들이 여기서 계실 때 이제 나 불러가지고 심부름을 시키면서 "어이 뭐, 제주도의 일은 뭐 김 군." (웃음)

전. "앞으로 많이 해야 되겠다."

김. 네, 네. 그래가지고, 크게 도움이 된 거 같아요. 계기가 된 것 같아요. {**전.** 그렇죠.} 그리고 나도 이제 그거 일단 좀 이렇게, 원하는 대로 부응하려고 좀 많이 노력하고. 그전까지는 제주도에 설계사무소들이 그냥 시골 허가방, 그런 수준이었고. 그런 계기가 없었으면 여기 현지 분위기에 그냥 나도 휩쓸려 갔겠죠, 뭐. 그런데 그 시기하고 이렇게 맞아 떨어지고, 그게 계기가 되어가지고 제주도가 이렇게 계속, 뭐… 발전하게 되잖아요. 그때가 시기가 상당히 중요한. {**전.** 그러네요.}

우. 네. 그사이에 면허를 따신 거네요? 1급 면허[32]를? {**김.** 네.} 공부는 언제 하셨어요? 이렇게 아르바이트하시고 뭐 그러면서.

김. 73년. 그때 건축사 시험 별로 힘들지 않았던 거 아닌가?

우. 합격자들은 그런 식으로 다 말씀을 하시죠.

김. 그런데, 2급 시험을 볼 때요, 그런데 그때 처음 건축사 면허제도가 시행이 되어가지고, 별로 달갑지 않은 그런 분위기였잖아요, 다 거부 운동하고. 그게 그, 거부 운동했던 사람들, 소위 이제 엘리트층들이 건축사 시험들을 전부 배척했지. 반대 운동. 특히 홍대는, 홍대는 공부하기 싫어하는 친구들만 많이 모이는 데여가지고 그 분위기가 아니었어. 그런데 숙부, 김한섭 숙부님이 "아, 이건 아니다. 너네들은 꼭 시험 봐라. 어느 때든 제도가 정착되면 그때는, 그걸 어떻게 해볼 {**우.** 수가 없다?} 수가 없다. 시험 얼른 봐라" 그래가지고 2급 시험을 다 봤어요. 그런데 아주 그냥 소문날 정도로 우수한 성적으로 우리 사무실

---

32. 구술자는 1974년 1월 25일에 건축사 면허를 발급받았다.

친구들이 다 붙은 거야. (웃음) 그런데, 그때 김상식이는 금성건축에 있질 않고 숙부님이 "넌 좀 바깥에 가가지고 바람 쐬가지고 와" 그래가지고 딴 사무실에 보냈었어요. 그래가지고 그 분위기를 타지 못해가지고 면허 시험을 안 봤어. 뭐, 책 보는 거 다 싫어하니까. 그런데 2급을 얼른 따고, 1급도 뭐 경험, 실무 경력 2년, 그다음 3년, 그거에 맞춰가지고, 또 ROTC에 가서 그, 가점 얻었잖아요? 그래서 바로 시험 봤지. 그냥 붙었어요, 그냥.

전. 2급은 어떤 시험, 어떤 시험을 봤습니까? 저희 때 같으면 2급이라고 하는 제도가 없어졌잖아요? {**김.** 네.} 2급이 기사 비슷한 건가요?

김. 2급 시험이 그때 시험 문제가 대개 기억에, 시공 문제, 시공 공법, 시공법에 대한.

전. 객관식이었어요? 아니면 주관식이었어요?

김. 객관. 주관식 문제가 두 문제인가가 있고.

전. 그럼 오히려, 나중에 건축 기사 시험이랑 비슷한 거네요, 오히려? {**김.** 네, 네.} 그것에 비하면 1급은 좀 더…?

김. 1급은 설계가 있었죠, 네. {**전.** 설계 실기랑, 네.} 2급은 설계는 없었죠.

전. 아닌 거고. 그럼 뭐 2급은 그렇게 치면 기사랑 오히려 비슷할 수도 있겠네요. 시공 문제 많이 나오고 계획 문제 조금 나오고.

김. 홍대 졸업생으로는 라이선스를 가진 숫자가 우리 동기가 제일 많아요. 그 전에는 뭐, 본 사람도 없고. 나중에 좀 쉬워지니깐들 다 붙었는데. 내가 붙을 그 시기만 해도 워낙 숫자를 합격 많이 안 시켰으니까. (웃음)

우. 59명이네요, 59명. {**김.** 69년?} 아니요, 59명이 합격했다고. {**김.** 아, 그럴 거예요.} 신문에 다 났나 봐요. {**김.** 네.} 장응재[33] 선생님도 이때 붙었네요.

김. 안장원[34]. 최창규[35] 선생님도 여기 있었네.

우. 이걸 붙으면 탄탄대로예요? 막 술을 막 엄청 많이 마셨다고 그러던데, 합격하면.

김. 합격하면요? {**우.** 네.} 할 일이 없으니까 그 이상, 그 이상 더. (웃음)

우. 그래서 이제 면허를 따시고 개업을 하시는 거죠?

김. 네. 뭐, 73년에 시험 보고 면허 붙고 74년에 개업했죠.

우. 그러면 아직, 30 전이시네요? 29세네요, 만으로요? {**김.** 네, 네.}

전. 그러니깐. 당연히 제주도에서는 최연소, 가장 어린…?

---

33. 장응재(張應在, 1944-): 원도시건축에서 파트너 건축가로 활동하였다.
34. 안장원(安將元, 1938-): 신아건축사사무소 대표를 지냈다.
35. 최창규(崔昌奎, 1919-1991): 1957년 신진건축설계사무소를 설립하였고, 제8대 한국건축가협회 회장(1972-1974)을 지냈다.

김. 최연소, 나하고 동기생이 한 사람 더 있었어요.

전. 아, 개업한 사람이요?

김. 개업한 사람.

전. 우와. 그러면 어디, 어디 졸업생인데요?

김. 그 친구는 2급 때부터, 2급 때부터 개업을 했어요.

우. 아, 2급도 개업을 할 수가 있었어요? {**김.** 네.}

전. 2급도 개업을 할 수가 있어요? {**김.** 2급으로. 2급.} 그러면 설계할 수 있는 건물이 제한되어 있어요?

김. 3층 이하. {**우.** 아, 3층 이하.} 1,000평방 이하.

전. 네. 일본은 아직도 그러는데, 일본 제도랑 똑같네요. 일본이 아직 그러잖아요? 일본에 2급 건축사가 있어요. 그런데 전문대…?

김. 건축사법을 일본, 일본 거 그냥 베꼈으니깐.

전. 그래서 주택 정도는 할 수 있게, 2급이. {**김.** 네, 네.} 일본은 주택 수요가 많으니까.

우. 이거 괜찮네요.

전. 거기는 어디 출신이세요?

김. 한양대학교. 나하고 동기, 고등학교 동기[36].

전. 고등학교 동기인데 대학을 한양대학 가서, 음. 그분도 그럼 아직까지 활동하고 있어요?

김. 나하고 비슷한, 그런 거예요. 거의, {**전.** 이제 은퇴하는…} 네, 은퇴.

전. 완전히 신예의 두 젊은 건축가가 딱 등장한 거네요, 제주도에. 아, 참, 그분은 먼저 2급 때부터 개업했다고 그랬죠? {**김.** 네.} 빠르네. (웃음)

김. 그런데 이 친구는 어… 개업을, 서울에서부터 개업을 시작했는데. 좀 가는 방향이 좀 달랐어요. 좀 편하게, 편하게 해요. 그러니까 나는 숙부님이 학교 강의하시면서 사무실 하던 그 분위기를 보고 첫 아주, 건축하고 처음 만남에서부터, 그런 분위기 속에서 만나가지고, '저, 저쪽은 저건, 갈 길은 아니다, 조금 다른 길이고, 다른 길로 가야 된다'는 생각을 가졌고. 또 학교에서 워낙 뭐, 대가라고 하시는 교수님들을 뵙고 그러면서, 좀 조심스럽게 해야 될 얘기긴 하지마는, 롤 모델은 김수근 선생님이었어요. '난 제주도 가가지고 아마 꼭 저렇게 좀, 저, 저분 하시던 모습대로 내가, 하고 싶다'는 생각을 이렇게 머릿속에 좀. 이런 집 하나 좀 짓고 싶은 생각 했는데, 그 양반은 워낙 큰 양반이고 난 이제 좀, 스케일이 작아가지고 잘 안 되더라고. (웃음) 그런 것들이 좀 제주도, 그리고

---

36. 김희수(金希洙, 1935~2013): 1967년에 현신건축사사무소를 설립하였다.

그때 시기적으로 관광개발이 발표되고, 제주도가 어떻게 변해갈, 가야 되느냐 하는 거에 대한 관심들이 보편적으로 이렇게 다. 관에서도, 그런 것들을 자꾸 이제 요, 기대, 기대를 하고. 그런데 아까 그, 얘기한 계획단하고 처음 이렇게 만나게 된 그게, 상당히 좋은 기회가 되고, 그분들이 제주도에다가 "야, 뭐 이런 이런 일 있으면 이건 김석윤이한테 맡기면 되는 일인데." 뭐, (웃음) 이런 식으로 얘기를 하니까, 도청 사람들이 당연히, 네. 편하게 이렇게 활동할 수 있게 됐죠.

전. 조금 내용을 신경 써야 된다든지 디자인을 신경 써야 되는 일 같으면 {**김.** 네.} 선생님한테 맡기고, {**김.** 네.} 돈 버는 일은 다른 사람한테 맡기고. (웃음) 돈 되는 일은.

우. 아까 그, 동기생한테요, 예.

전. 오현이 사립이에요, 공립이에요? {**김.** 사립이에요.} 제주일고도요? {**김.** 그건 공립이죠.} 그게 공립이에요? {**김.** 네.} 그래서 둘이 그렇게 라이벌이에요?

김. 지금은 라이벌 의식들이 좀 이렇게 흩어졌는데, 초기에는 상당했죠. 오현고등학교가 먼저 워낙 앞서가니깐, 공립이 그것 좀, 수준 올리려고 엄청 의식적으로, 네. 이 교육청에서도 거의 다 힘 실어주고. 우수한 학생, 오현고등학교 못 가고 그쪽으로 가게 이렇게 몰고.

전. 제 동기생도 한 명이 제주 출신이 있는데 오현고등학교 나왔어요. {**김.** 오현?} 오현 출신인데. 그다음에 원희룡 지사가 오현이 아니죠? 원희룡 도지사… {**김.** 거긴 일고예요.} 일고죠? 음. 그런데 그때 아무튼 그런 얘기를 들었던 것 같아요. 그렇게 막, 이렇게, 애들을 좀 몰아주고 했다고.

김. 오현고등학교가 좋아지는 거는 6.25에요.

전. 아, 피난민이 많이 와서요?

김. 피난 고등학교. 피난 고등학교가 처음 이렇게 별도 운영하다가 오현고등학교가 같이 이렇게 된 거예요. 그게 유명한, 서울의 유명한 선생님들이 오셨다고.

전. 그렇죠. 와 있을 때니까.

김. 예술 쪽도 그렇고 스포츠 쪽도 그렇고. 좋은 선생님들. 문학에서는 시인 문덕수[37], 제주대학교의 국문 담당 교수였는데. 오현고등학교 선생님[38]. 지금 그거에 대한 근거를 정확하게 마련하진 못했는데 오현고등학교 본관 건물이

---

37. 문덕수(文德守, 1928-2020): 1955년 등단한 현대 시인이자 교육자이다. 1953년부터 마산상업고등학교에서 교편을 잡았고, 1957년부터 1961년까지 제주대학교 교수를 지냈다.
38. 양중해(梁重海, 1927-2007): 1959년에 등단한 현대 시인이자 교육자이다. 1950년대 후반 오현고등학교에서 교편을 잡았고, 1961년부터 1992년까지 제주대학교 국어국문학과 교수를 지냈다.

석조 건물이었는데, 지금 그게 철거해버렸어요. 사진으로만 남아 있는데, 6.25 때 내려온 분들, 분이 설계를 했다고 전해지거든요, 말로는? 그런데 내가 짐작, 짐작으로, 저기 김경환, 아천[39], 그 선생님이었다는 얘기를 얼핏 들었, 그랬을 가능성이 많아요. 설계가, 집이 엄청 설계가 좋아. 건축이 그렇고, 문학계도, 문학계에도 유명한 소설가들, 계용묵[40]. (**우.** 아, 예.) 또, 시인으로는, 누구야, 아주 유명한 시인인데. 박, 박, 박목월[41]? {**우.** 박목월, 네.} 네.

전. 여기로 피난 오셨더랬어요?

김. 네. 문학계, 예술계, 스포츠. 탁구하고 축구가 제주도에 크게 보급된 것도 6.25. 제주도 출신들이 아시아, 그 대회 가가지고 입상한, 그런 기록, 기록들을 만들어내거든요? 그게 6.25 때 피난 온 선생님들이….

전. 그때는 전라남도였죠? 언제 제주도가 독립된 거죠?

김. 아니, 해방, 해방되자마자 거의 바로.

전. 바로 되나요? {**김.** 네, 네.} 음. 그럼 해방 전이 그럼 전라남도?

김. 네. 해방 전에. 해방되어가지고 얼마 안 돼서 제주도로 독립이 됐지.

우. 그, 개업하셔서가지고 이제 하신 작업들에 대해서는 좀 낱낱이, 이제 이후에 좀 살펴보도록 하고요. 아까 김수근 선생님 말씀이 나왔기 때문에 여쭙는데, 그럼 국민대 대학원에 간 것도 김수근 선생님 따라가신 거예요?

김. 아니, 김수근 선생님, 그때는 어… 그냥 홍대에서 석사도 해볼까 해가지고 홍대에 처음 원서를 넣고 시도를 하기도 했어. 그런데 가보니깐 교수님들이 다 바뀌고, 서상우 선생님 때문에 국민대로 가게 됐죠.

우. 아, 서상우 선생님 때문에요?

김. 응. 80년대 초반쯤 돼가지고 내가 여기서 뭐 일들, 프로젝트, 규모가 크지는 않지만 뭐 재미있는 프로젝트들을 한참 할 때, 그 양반이 제주도 와가지고 사무실 찾아왔어요. 찾아가지고 "야, 밖에서 얘기 들었더니 너 제주도에서 꽤 뭐 재밌게 하는 거 같은데, 그냥 그렇게만 하지 말고 대학원 와가지고 한번 이렇게 생각들을 정리해보는 기회를 가지라"고. 그냥, 그냥 걸어놓기만 하면은 이제 붙여주겠다고 하길래. 석사 하긴 해봐야 되겠다고 생각을, 마음먹었는데, 막상 '가자' 그러니까 또 그리로 얼른 가질 않더라고요.

---

39. 김경환(金敬煥, 1912-1988): 1931년 황해도 해주 공립고등학교를, 1936년 만주 대련공업전문학교를 졸업하였다. 1961년 이화여자대학교 동대문부속병원을 설계하였다.
40. 계용묵(桂鎔默, 1904-1961): 소설가이자 언론기자, 기업인이다. 제주에 머문 3년 반 동안 종합교양지 「신문화」(1952~1953)를 발간했다.
41. 박목월(朴木月, 1915-1978): 시인이자 교육자이다. 1939년 문단에 등단하여 1946년 조지훈, 박두진 등과 청록파를 결성하고 시집 「청록집」을 발간하였다.

그런데 이제 홍대 가가지고 이렇게 보니까 교수님들 다 바뀌고. 대학원장, 호주 가버린, 학교 다닐 때에 교수님은 안 계시고, 그 김, 그 양반이 이제 건축계에서 중요하게 거론도 안 되시는 분인데 갔더니 "설계사무소 소장들, 요새 좀 무슨 어… 뭐 훈장 하나 붙이려고 하는 것처럼 대학원들 오는데 그거 해서 뭐 할 거예요?" 그러길래, 그런 시각으로 보면, 나한테… (웃음) "뭐 할 생각 없습니다." 그래가지고 다음, 다음 해에 이제 국민대학 갔죠. 국민대학 갔더니 또 이제 거기서 김수근 선생님 또 만난 거예요. 그래서 만났어요. 가서 또 설계 주과목을 이 양반이 맡, 강의를 하시는데 건강이 안 좋으시니까, 직접 하진 못하고. 첫 개강한 날 한 시간 와가지고 강의하고. 그때 공간에 패독이라는 외국인 건축가가 와 있었어요.[42] 외국인 친구한테 강의 다 줘버리고 해가지고, 아파가지고, 좀 있으니까 병원에 가시더라고. 이 양반하고는 좀 연이 잘 이어지지 않은 거 같아.

우. 그러니까 이번에는 편찮으셔서 그렇고, 아까는 바쁘셔서 그렇고. 좀 그러니까 수업을 열심히 안 하신 분으로 역사에 남으실 것 같네요. (다 같이 웃음)

김. 얼마 안… 안 돼가지고 돌아가셨어.

전. 그렇죠. 86년에 돌아가시니까.

우. 이때, 그 석사학위논문을 제주도로 쓰신 거죠? 제주도 주택.

김. 제주도의 뭐 여기, 토속 건축 같은 거 썼죠.

우. 토속이라고 표현했군요, 그때는.

김. 토속, 토속 건축이라고 쓰면… 난 뭐 그냥, 제주 민가.

우. 어디서는 향토성, 향토성이라고 쓰신 것 같기도 하고요. 제주도 민가 가지고. 오전은 여기까지 하고 쉬었다가, 어떻게 할지 계획을 세워보겠습니다.

---

42. J. A. Paddock: 미국 건축가. 1972년부터 1975년까지 서울대학교 관악캠퍼스 계획에 참여하였다.

2

답사 현장에서-1

일시. 2022년 12월 8일 목요일 오후 1시
장소. 한라도서관, 도지사 관사, 탐라도서관
구술. 김석윤
채록연구. 우동선, 전봉희, 김미현
촬영 및 기록. 김태형, 김준철
참여. 권정우

제주도지사 관사(현 제주꿈바당어린이도서관) 전경

〈제주한라도서관〉(2008)

우. 여기까지 다 원래, 같이 계획하신 거예요?

김. 예, 같이. 저쪽에 식당동. 저 뒤에 주차장은 자꾸 차가 많아지니까 나중에 증설, 땅 더 확보해서.

전. 지금 한라산이 이쪽이 한라산이에요? 이렇게요? {**김.** 예.} 아, 이쪽이 가렸네. 저기가 남쪽이니까. {**김.** 향은 거의 정남향인데.} 이렇게가 남향인 거죠? {**김.** 네. 여기 하천이.} 사이로 지나가네요.

우. 하천이에요? 곶자왈이에요?

김. 하천, 예. 큰 하천은 '한' 자 쓰잖아요, 한강(처럼). 여기는 한천이에요. 제주 한천. 여기가 자연이 좋아요. 여기 위에 가면 아주 명승, 조선 말에 고관대작(高官大爵)들, 주연(酒筵), 술 놀이하는.

전. 읍내에서 한참 올라온 거잖아요.

김. 예. 지금은 도시가 막 올라와 있지만, 한참 떨어진. 조금씩 변했어요, 안은. 나중에 관리하면서 좀 편하게 하느라고 슬슬 고쳤더라고.

전. 건축문화대상을 2008년에 받았네요. {**김.** 예.} 아, 여기는 어린이 도서관이구나.

김. 어린이, 예. 어린이 입구를 이렇게 구분한다고 저렇게 썼었는데, 관리 아마 좀, 직원들 인원수 좀 줄이느라고, 돌려놨어요. (직원에게) 수고하십니다. 여기 이 도서관 설계한 사람인데요, 건물 오래간만에 구경하려고. 건축계 분들 모시고 왔습니다.

직원. 어디 분들이요?

김. 이 건물 설계한 사람이 저거든요. (이분들은) 건축과, 건축 전공하신 교수님들. 그냥 구경만 하고.

(로비에서 열람실을 바라보며)

김. 여기는 내려다보이게 이제.

전. 개가식으로 다 이렇게.

우. 너무 좋네요.

(시설 담당자와 대화)

김. 서울대학교 건축과에 계신 교수님들이신데, 작업 한번 돌아보겠다고 오셨어요.

전. 선생님 작품 좀 보러 왔습니다. (열람실 안에서 입장해서) 이런 방이 몇 개나 돼요?

김. 여기가 주 열람실이고요, 이 뒷부분으로. 원래 이게 주 액세스인데. 좀 구분을 해놨어요.

전. 그럼 진입을 이리로 해서….

김. 밑에서, 지하실에서. 이쪽은 관리 부분.

전. 아까 온 데가 이 계단을 어떻게 하는 거예요?

김. 예. 이 계단으로 오면 저기까지, 레스토랑까지 바로 연결되게 해놨어요.

전. 여기가 지하 1층이 되는 거예요?

김. 네. 대지가 꺼져 있어서. {전. 그러네요.} 이 동선이 좀 활성화됐으면.

우. 넘어질까 봐, 그냥. 옆이랑 만나네요.

김. 여기가 선큰가든처럼 되어 있는데, 이렇게 뭐가 건물이 들어섰네. {우. 좋네요.} (권정우[1]에게) 수고했어. 우동선 교수는 얼굴 봤잖아요. 한예종의 우동선 교수님이고, 저기는 전봉희 교수님. 여기, 설계사무소 소장이에요. 후배인데. 차 가지고 올라오라고 했죠. 이 사람 차 좀 쓰게. (웃음) 목천문화재단.

우. 저번에 선생님 하신 거, 그 뭐야, 도서관 갔었잖아요.

권. 아, 그때 오셨었어요? 뭐로 오셨었어요?

우. 아우리 심포지엄.[2]

김. 아우리. 그리고 여기는 김정식 회장님 따님이 이사장이어서.

권. 팀이 뭐로 오신 거예요?

김. 목천문화재단. 김정식 선생님.

권. 따님이요? {김. 응.}

태. 저희는 건축아카이브 사업을 진행하고 있고요, 이번에 선생님 구술채록사업 진행을 시작했습니다.

권. 선생님 구술을 할 거예요?

김. 목천에서 해주신다네.

태. 그래서 저희가 답사를 왔고요. 교수님들은 구술채록사업의 채록연구자로 오셨습니다. 선생님, 저 끝에 지붕이, 경사면이 저 지점에서 저렇게 만나는 것은 어떤 의도인가요? 이게 기존에 있는 어떤 대지 레벨에 대한 질서 같은 것들이 있었나요?

김. 예. 지형의 생김새에서 지붕, 그걸 의식한 것도 있고. 지붕이 좀, 동적인 형태였으면 하는, 그렇게 만들었죠.

태. 예. 이게 먼저인가요, 아니면 나중에 세워진 건가요?

김. 동시, 거의 동시에. 오픈은 저기는 좀 늦게 됐고. 설계 착수는 저게 먼저

---

1. 권정우: 서귀포 '초네따이'로 서울에서 건축실무를 하고 고향 제주로 돌아와, 현재 탐라지예건축사사무소 대표로 활동하고 있다.
2. 제주특별자치도와 건축공간연구원(AURI)은 2022년 7월 15일에 〈2022 제1차 AURI-광역지자체 건축자산 진흥 정책 심포지엄〉을 제주문학관에서 개최하였다.

한라도서관 조감
한라도서관 조감도
한라도서관 열람실

됐고.

태. 아, 예. 알겠습니다. 지붕 선을 보니까 좀 어려운 작업일 것 같은데요. {**김.** 여기…} 상부에서요. 지붕 열에 맞는 것도 아니고, 이렇게 내려오는 지붕 선하고 저쪽에서 오는 지붕 선을 이렇게 약간, 입체적으로 만나는 방식이.

김. 평면 놓고 보면 그게, 그 기준선들하고, 변곡점이 확실하게 보여요. 그 어려운 형태는 아니에요. 구조 접점(불확실)이어서, 지붕이 좀 이렇게 지붕 형태가 좀 색다르게 되죠.

태. 그러니까 여기서, 어디선가 만난다는 말씀이시죠?

김. 네, 네. 구조 기준선하고 이렇게, 접점들이 이어져 있어서.

태. 저 상부는 철골인가요?

김. 철골이죠. 콘크리트 기둥이 철골철근콘크리트, 지붕은 철골로 해서.

태. 선생님, 지금 사무소로 쓰시고 있는 건물이, 90년에 준공된 건물인가요? {**김.** 네, 90년.} 그럼 그때, 직원 규모가 가장 많으셨을 때 몇 명 정도 계셨나요?

김. 많을 때가, 7~8명이었고. 그다음 한 5명. 한 7~8명 정도 얼추 됐던 것 같아요.

태. 그럼 1년에 몇 개 프로젝트 정도 하셨나요?

김. 프로젝트 수로는, 규모가 문제지.

전. 여기 2층에 외국 자료실.

우. 바다가 보인다는데요?

전. 그 가운데 저쪽이 좋다는데요. {**김.** 네.}

(외부로 이동)

전. 그래서, 이 아래쪽에다가 주차장을, 밑으로 만드셨군요. {**김.** 예, 예.} 이렇게 넓게 만들었는데도 부족하다 그래요?

김. 여기가 거의 시유지로 확보가 되어 있어서.

우. 한라산이 여기서 보이네요? {**김.** 네.} 좋네요. 여긴 낮추고, 저기는 올리고. 저쪽이 바다긴 바다인 거죠?

김. 네. 바다가 전에는, 소나무가 좀 자란 것 같아. 이 사이로 지금, 흐려서 안 보이는데 바다가 보이네요.

우. 도서관이 좀 많은 편이죠, 제주도가?

전. 다른 도시에 비해서.

권. 아닌 것 같습니다.

전. 그건 아니에요?

우. 도서관만 봐서 그런가 보다.

김. 〈우당도서관〉, 인구 비례로는 많은 편은 아니구나.

우. 그런 거죠?

권. 작은 도서관이 좀 많이 있습니다.

김. 〈우당도서관〉은 김종성 선생님이 설계했죠. {**태.** 네, 네.} 서울건축에서. {**태.** 네.} 이 설비들이 엄청 확충돼서.

전. 여기 공간들을 다 막아놨네요. 바로 내려갈 수 있는 길도 있고, 1층에서 올라오고, 2층에 가서는 그거 하고. 계단 3개가 이 축에 있는데, 이 축을 다 막아놨네요.

김. 다 막아놨어요. 관리 문제.

전. 그러니까요.

우. 그런 거예요? 아니면 코로나 때문인 거예요?

김. 조금씩, 조금씩 이 양반이 조금 손대면, 또 다음 와서 그러고. 이것도 장애인 통로 때문에 채워서. 램프 때문에.

(식당동 답사)

김. 저기로, 익스펜션(조인트)으로 비가 새요.

권. 같이 지은 거죠?

김. 같이 지었지. 일부러 잘라서.

박. 저 창은, 선생님 사무실에 있던 창하고 약간, 길고 비슷한 것 같아요. {**김.** 저기?} 저 길쭉한 창이요.

김. 아, 벽돌 때문에. 측면에는 좀 좁게 내놓은, 옆에 서로 프라이버시 때문에. 시야 좀 줄이려고 좁게 하고. 남북으로는 크게 내고 그랬죠. {**박.** 네.}

전. 선생님, 저 천장 구조는 그냥 슬라브인가요? {**김.** 아뇨, 철골.} 철골인가요? {**김.** 예. 저쪽 큰 지붕하고, 저거.} 요즘 같으면 목재를 쓰겠어요. 그렇죠? {**김.** 예.}

우. 이쪽이랑도 짝을 맞추시려고 그런 거잖아요? 저쪽이랑 지붕을.

김. 예, 예. 그 흐름 같이 가져가려고.

전. 여기가 너무 아까운데요? 여기 공간이 제일 재미있는데 지금, 이 공간이.

김. 사람들이 왔다 갔다 했으면….

전. 그러니까요. 막 다닐 것 같은데요.

전. 여전히 지금 보니까 도서관이 너무 여전히 폐쇄적으로 쓰고 있네요. 닫힌 방이 너무 많네요, 보니까. {**김.** 그러니까요.} 저기 보면, 저기 열람실도 사실 전부 다 하나도 안 닫혀도 되는 공간들이잖아요. 다 열어놔도. 이쪽 코너는 무슨 코너, 저쪽 코너는 무슨 코너면 되는데, 저걸 전부 다 칸막이를 쳐서, 참.

김. 그거를, 시민단체에서 좀 건의해서 좀, 그러지 말라고 그래도 그게 잘 안 되더라고요.

전. 이 사람들도 공무원인가요, 그러면? {**김.** 그렇죠.} 그러니까 전부 다 자기 책임 범위를 딱딱 나눠서, 이 방은 내가, 저 방은 네가 이렇게 되니까.

김. 그리고 또 관리하는, 관리하는 관리직하고 사서직하고도 또, {**전.** 갈등이 심하겠네요.} 갈등이 있으니까요.

전. 어느 도서관이나. 시작은 시에서 시작했다가, 도립.

김. 시립이 또 둘 있어요. 김종성 선생님이 한 〈우당도서관〉하고, 제가 한 〈탐라도서관〉하고. 그 둘은 시립이고.

전. 지금, 어두워지기 전에 보려면, 탐라를 빨리 가야겠네요.

김. 탐라보다도 여기 가까이 있는 제주꿈바당어린이도서관. {**전.** 아, 가시죠.} 거기는 원래 관사인데. (권정우에게) 거기로 차 좀.

권. 나눠서 가시면 되겠습니다.

김. 두 사람 이상만 가면 되니까.

〈제주도지사 관사〉(1983)

김. 지금 가려는 곳은 원래 관사인데.

전. 관사, 아, 아까 말씀하셨던, 지사 관사요? {**김.** 예, 관사.} 요즘 관사, 지사들이 아파트로 많이 들어가죠? {**김.** 예, 예.} 옛날처럼 관사에서 뭐 할 수 있는 일이 없으니까. 요즘, 뭐, 만찬들도 다 호텔에서 많이 하고. 전에는 관사도 참 대단했는데.

김. 저거는, 5공 때 전국에 하나씩 다 박아놨잖아요.

전. 그러니까요. 대통령이 자기 순시할 때.

김. 청남대, 그 시리즈로.

전. 순시할 때 와서 자기 자려고.

김. 예. 제주도는, 제주도의 좀 토속적인 주택, 주거, 그런 냄새가 나게 현지 건축가가 해라 그래서. 그런데 청와대에서, 경호실에서 체크를 해서, 애먹었어요. (웃음)

태. 선생님, 70년대 말이었나요? 호텔도 설계하시지 않으셨어요?

김. 호텔 했죠. 호텔도 몇 개 했는데.

태. 그것도 많이 변형됐을까요?

김. 호텔은 변형될 일이 상당히 더 많아요. 많이 변해요. 상업시설이니까. 그리고 어떻게 설계할 때 여유를 부려서 했다가, 그 부분 다 변경시켜요.

태. 그거는 따로 잡지나 이런 데 소개하거나 그러시진 않으셨던 작업이었나요?

김. 호텔들이 좀, 소개를 한 번도 한 적 없어요. 빨리 변하니까. 건축주들의 생각하고, 설계할 때부터 엇갈려가는 경우들이 많고, 호텔이. 지으면서도 변경하고. 그리고 나서 또 뭐, 주차장법 강화되고, 뭐 이러고저러고, 소방법 강화되고, 그런 제약, 그런 일들이 많이 생기잖아요. 그래서 호텔이 많이 변해요. 여기 도서관도 그 모양이고. 거기, 라마다 호텔 로비에 퍼블릭이 엄청 좋아졌죠?

전. 예, 괜찮아요.

김. 여기가, 여기가 대통령 침실이에요. 수행원들 저 뒤로 이렇게 있고, 여기 가운데.

태. 몇 년도 건물인가요, 준공한 것이요?

김. 82년? 83년? 아, 84년, 85년이다. 전, 전 통. 5공 때. 5공 때 전국에 이 시설들을 하나씩 다 박아놨어요.

전. 저 별동이 용도가 뭐예요?

김. 여기는 지사.

전. 그러니까 평소에 지사는 이 건물을 사용해요?

김. 예. 여기는 지금, 대통령 VIP 침실이고.

전. VIP 침실이 여기고, 예.

김. 수행관실, 그리고 여기 저쪽, 큰 홀이 접견실.

전. 예, 접견실. 그럼 평소에는 여기는 비워두고요?

김. 거의. 거의 비워놓고.

전. 대단한 사람이네. (웃음)

김. 각하 아니면 못 들어가는 거야. (웃음)

전. 저들은 여기 쓰고, 여기를 수행원동이나 식당동이나 이런 걸까 생각했는데 아니고. {**김.** 지사, 지사 상주.} 상주 공간이군요.

우. 저 돌을 눌러 놓으신 거예요? 돌을 붙였어요? {**전.** 지붕.}

김. 그냥 이렇게 쌓은 거예요. 몰탈로 해서 붙였어요.

전. 몰탈로 붙이고. 그러면 방수는 그 밑에다가 하나요?

김. 예, 그 밑에서 다 해결하고.

전. 저기 지금 저, 난간 위에 돌이 뭐예요?

우. 저건 돌이죠? 사암이죠? {**김.** 저건 현무암.} 현무암.

전. 위에, 마감돌은요?

김. 그 마감돌도 현무암.

전. 그런데 옆에 어떻게 그런 무늬를 냈어요? {**우.** 갈았는데 물결처럼 이렇게.} 제일 위에 것들은 콘크리트 아니에요? 콘크리트?

김. 콘크리트는 저기 하얀 부분만 콘크리트. {**우.** 돌을 잘 갈았어요.} 저것이 그냥, 톱으로, {**우.** 예, 썰어서.} 썰면, {**전.** 저렇게 잘라져요?} 예. {**전.** 결이 저렇게 나오는구나.} 그 질감이 그렇게 나와요.

전. 얘가 자기 결이 있으니까, 매끈하게 잘리는구나.

우. 이것은 화강암을 이렇게? {**김.** 예. 이건 뭐, 화강암 섞어서.} 돌은 다, 동원된 거 같아요.

전. 좋아했겠는데요? 전 통(전두환 대통령)이 좋아했겠는데요?

김. 한두 번? {**전.** 밖에 안 왔어요?} 노 통(노태우 대통령)이 한 번 자고, 전 통이 한 번 자고 그랬어요. 86년에 제주도에서 최초로 소년체전이 열리거든요. 소년체전을 열게 되니까 그거에 맞춰서 지었어요.

우. 아깝네요. 이렇게 잘 지어놓고. 이거는 연회장이에요?

김. 도지사. 상주 공간.

전. 도지사 공간에는 현관도 없는 거잖아요?

김. 예. 이 양반이 여기서 들어가고. 저쪽에 별도 또, 진입하는.

전. 그쪽에 출입구가 있군요. 아, 이쪽이 접견실이고요.

김. 이게 접견실. 대접견실. 소접견실은 저쪽 후면에 또 있고.

우. 저 나무는 그때 다 심은 거예요?

김. 예, 그럴 거예요. 그때 다 심은 거예요.

전. 그렇구나, 이쪽이, 퍼블릭. {**김.** 여기엔 문양을 박아놨네.} 아, 남아있네요.

태. 선생님, 여기는 공관 들어오기 전에는 어떤 땅으로 쓰였나요?

김. 여기? 밭이었죠. {**태.** 그냥 밭이었군요.} 예. 여기 밑에 대도로 밑에까지는 도시 개발이 되고, 여기는 그냥 녹지 지역이었어요. 그래서 이 터를, {**태.** 나라가 사게 된 건가요?} 어, 풍수. (웃음) 풍수에 이름있다는 사람이 명당 골라서. 지금 여기에서 현관 향이, 저 앞에 작은 봉우리가 있었어요. 이젠 안 보여요. 옛날 여기 나무 크기 전에는 저 끝에 보였는데, 지금, MBC 동쪽에. 한라의료원 원장 아들 큰 집 지은 뒤에 자그마한 봉우리 있잖아? 그게 보였다고.

박. 아, MBC 동쪽에, 가새기오름이라는 오름이 있어요.

김. 예. 그거. 그 축으로 해서 앉혔어요.

전. 그러니까 지금 신제주 도청 뒤야, 바로. 여기는 시내랑 가깝네. 도서관은 좀 멀었는데.

김. 땅 고를 때 일일이 쫓아다니진 못했는데. 도청 간부들이 명당 찾느라고 굉장히 많이 여기저기 다녔대요. 그래서 고른 땅이에요. 아마도 요새도 그럴걸?

관리들. 특히나 주거시설 이런 거는. 실내, 인테리어는 청와대 전속, 오인욱[3]이가 했어요. 오인욱. (웃음) 그때 흔적이 남아 있네.

전. 그래도 인테리어는 하나도 안 건드렸네요.

김. 예, 여기 장식은 그대로 살렸네요. {**전.** 그게 대단하네요.} (도서관 직원에게) 원래 이 집 설계한 사람이거든요.

직원 1. 아, 설계하신 분이세요? 반갑습니다. (건물이) 너무 럭셔리해서 너무 좋아요.

김. 대통령 시설이니까. 원래 관사 때. (지금은) 도서관이니까 막 쳐들어왔죠. (웃음)

전. 이 계단이랑 이 높이 차이도 원래 다 있던 그대로인가요?

김. 예. 이 계단 차이는.

전. 이리로 들어와서, 자기 침실 가려면 여기를 올라가야 하고. {**김.** 예.} 그리고 이제, 옛날에는 계단으로 올라가고. 여기가 대접견실이라고요?

김. 대접견실. 여기는 그냥 칼라 안 하고, 신발 신고 다닐 수 있도록 카펫만 깔았었어요.

전. 아, 신발 신고 다닐 수 있게, 네.

김. 그때 광주 시설은 박춘명 선생이 했어요.

전. 아, 그런가요? {**김.** 예. 그런데…} 어디다가 했어요?

김. 상무대 가는 쪽에. 그런데 부숴버렸지.

전. 그렇죠? 그러니까 제가 지금 전혀 기억이 없어서요.

김. 거기에는 빨간 벽돌로 해서, 라이트 스타일로.

권. 처음부터 이렇게 되어 있는 거예요?

김. 여기, 그럴 것 같은데.

전. 특별히 바꿨을 것 같지는 않은데, 위치를.

김. 그냥 놔둔 것 보니까. 그대로네. 바깥에 기둥, 세종문화회관 기둥이잖아요. (웃음)

미. 엄덕문 선생님한테도 홍대에서 수업을 들으셨어요?

김. 들었죠, 예, 예. 의장 과목 들었어요.

태. 선생님, 아까 예총회관이라고 하셨던 것, {**김.** 예.} 시민회관 옆에 있었던 것 말씀이시죠?

김. 예. 옆에 있었죠. 도서가 어린이용 도서뿐만 아니고 어른 쪽도 많네.

---

3. 오인욱(吳仁郁, 1947-): 1988년에 (주)오실내건축을 설립하였고, 청와대 본관 및 관저 등의 실내를 설계하였다.

이런 것들, 장애자 시설을 하느라고. 저기, 화장실을 고쳐버렸나? 화장실은 이쪽에 있고, 여기가 침실이고, 여기가 소접견실이었네.

전. 소접견실.

김. 이게 방탄유리였는데, 바뀌었는지 모르겠네.

준. 지금도 방탄유리랍니다.

전. 이게 방탄유리라고요? {**김**. 네.}

미. 그때 가구도 그대로 남아 있나요?

김. 예, 가구, 그때 것들.

미. 저, 스탠드도 너무 재미있어요.

전. 여기는 거실이네요, 그렇죠? 여기까지 들어오게 하면….

미. 청남대랑 되게 비슷하네요. 그런데 여기가 훨씬 잘 보존되어 있어요.

전. TV를 뭐, 그때 세계 TV를 다 틀어놓은 모양이네요. 연회장이 아까 우리가 봤던? {**김**. 예.} 거실이라고 되어 있는데요?

김. 거실이고, 여기 응접실이 이 앞에. {**전**. 아, 따로, 건너편에?} 예. 정문, 정문 설계하느라고 또.

권. 디자인하셨어요? 지금 그대로입니까, 저게?

김. 그대로.

우. 지팡이까지 오인욱 교수가 하신 거예요?

미. 아까 선생님이 말씀하셨는데, 도면이 안 남아 있다고 하셨죠?

김. 이거요? {**미**. 네.} 도면, 준공이 끝난 다음에 와서, {**우**. 도면을 가져가지요.} 싹 다 가져가더라고. 뭐, 종이쪽지에 메모되어 있는 것까지 그냥 싹.

미. 옛날에 회장님도 그 얘기 한번 하셨던 것 같은데. 그, 청와대 하셨을 때. {**김**. 그랬을 거예요.} 도면이 완전히 다.

김. 처음 스터디 모델을 만든 사진, 사진하고 조감도는 있어요. 평면은 싹 다 가져갔고. (웃음) 현장에 한라기업사 직원들이 와서 상주, 경비로 상주하고. 현장에 공사할 때 내가 오면은, 점검, 신원, 신분 확인하고 들어오고 그랬어요. 그때는 도청, 시청에 전부 보안대 요원들이 파견돼서 다 할 때니까.

전. 여기는 응접실인 것 같아요. {**김**. 예.} 여기도 속에 벽지 좀 남겨놨네. 그리고, 뒤에 그러면 가족실, 식당 같은 것들이?

김. 예, 이쪽으로 되어 있고. 이쯤에 식당이, 부엌 있었던 것 같고. {**전**. 부엌이요?} 예. 벤츄리(ventilator)하고 피복하고, 여기 뒤쪽에 수행원실이 두 칸인가 세 칸. 예, 두 칸.

권. 이게 몇 평 정도 되는 건물인가요?

김. 한, 연건평이 450평 정도? 저쪽까지 합쳐서. 처음에는 600평 했었어.

설계해서 납품 다 끝났는데. {**권**. 줄여라.} 끝나서 설계비 다 받아서 소화됐는데, "설계 다시 해, 450평", "450평. 설계비 주세요" 하 니까 돈 없대.

권. 그럼 그건 그냥 서비스로 하신 거세요?

김. 그렇지. 그냥 해줬지. 국장이 와서, "야, 좀 해주라" 그러는데 어쩔 거야. (웃음) 저기 키친 있던 자리.

전. 여기가 식당이고 저기 뒤가 그건가 본데요? 여기가 식당이고 뒤가 부엌인.

김. 예. 소접대실. 여기가 사무실이군요?

직원. 지금 도서관으로 만들어진 지 딱 5년 정도 됐고, {**전**. 5년.} 예. 리모델링을 공간의 상징성 때문에 굉장히 최소화시켜서, {**전**. 그렇죠. 옛날 걸 남기고.} 예. 그대로 이제, 등이라든지, 다 그대로 하고, 바닥 같은 데만 지금 저희가 손을 봤거든요. 그리고 굉장히 좁은 공간은 이제 하나로 연결해서 트는 과정만 했고, 벽지도 심지어는 거의 건들지 않았어요.

김. 그러네요, 그대로 있네요.

직원. 그런데 아무래도 건물이 오래되다 보니까 자꾸 비가 새서, 고치고 고치고 계속 그렇게 하고는 있습니다.

전. 여기가 예전에 뭐였던 공간인가요?

직원. 거기, 지금 응접실, 여기 공간마다 다 적혀 있거든요.

전. 여기가 응접실.

직원. 예. 공간마다 그렇게 다 적혀 있어요. 여기는 저희 도서관 직원들 근무하고 있는 사무실입니다. 책방은 공간 두 개를 합쳐서 이용하고 있어요. 원래는 작은 공간 두 개를….

전. 식당, 그렇죠. 식당이 지금 안 찾아져서.

직원. 이 공간은, 도서관보다는 그냥 그대로, 그대로 놔둬서.

전. 집기는 여기 있던 것들이 저기로 간 거죠?

직원. 예, 여기 있던 것을 저 안에 옮겨 뒀어요.

김. 이 프로젝트 설계할 즈음에, 적선동 그쪽에 안가 작업을 하던, 궁정동. 그 설계하던 친구가 그때 부도가 나서. 여기 와 있었어요. 박선호, {**우**. 아, 예.} 박선호가 궁정동 공사 같은 것을 전부 다 관여를 했지. 그때는 그냥 시켜서 하면 그냥 될 때니까. 그거 해서 엄청, 돈을 많이, 재산을 많이 모았는데. 가구 사업에 투자했다가, 박 대통령 시해 때 그냥, 사업이 다 터져서. 부도 내서, 제주도에 왔어요, 그 친구가. 당분간 좀 여기 있겠다고. (웃음) 그래서 그 친구가 청와대 관계를, 작업을 좀 했으니까. 많이, 내용을, 어드바이스를 많이 했죠. 도와주고.

전. 어떻게, 선생님하고는 대학?

김. 대학 동기. 이주보[4]라고, 아주 인테리어 쪽에 유명했었어요. 그때 그, 박통 시해 안 당했으면 고생 안 했을 친구인데. 엄청 설계 잘하고, 일도 열심히 하는 친구인데.

직원. 선생님, 저희 리모델링할 때, 설계 도면이 없어서 여기저기 못 찾아서 굉장히 고생 많이 했거든요, 그 당시에. 그때 그게, 그거 자체가 존재하지 않는다 그래가지고, 대통령 별장 공간이라. 그래서 처음에 저희가 리모델링하고 또 지하에 벙커가 굉장히 넓잖아요? 그래서 그곳에 있는 것들 좀 철거하고, 연결라인이 어떻게 됐는지 알려고 하는데, 그런 것들이 하나도 없어서 저희가 진짜….

김. 도면 포함해서 다 가져갔어요.

직원 2. 예, 그러니까 그 도면 자체가 저희가 전혀 알 수가 없어서.

전. 지하 보고 싶은데요. {김. 예?} 지하 보고 싶은데요.

직원 2. 아, 지하 벙커요? 지금….

전. 어디로 내려가요?

김. 저기 기계실로 이어졌을 텐데, 지금 안 쓰지 않아요?

직원 2. 지금, 저희가 그곳에 물탱크도 갈려고 했다가 며칠 전에….

김. 그런데, 대피 시설로 특별하게 한 건 없어요.

직원 2. 그렇지는 않고. 그런데 그 안에 있는 파이프들 거의 다 철거를 했어요.

김. 기계설비?

전. 벙커는 아니군요.

직원 2. 그런데 지금, 전기 단자함은 그대로 사용하고 있습니다.

김. 방탄 시설, 유리, 유리. 방탄유리만. 그때 제주도에 전 통 내려올 때는, {전. 뭐, 군인들이 쫙 있을 테니깐, 뭐.} 군인들, 예. 뭐, 골프장 가면 골프장에 한 200, 300명 가고 그랬으니까. 공수부대 오다가 사고 나서 죽었잖아요. 그러니까 경호 문제에 굉장히 신경 쓸 때죠.

전. 개네들이 훈련하다 떨어진 게 아니라 경호하러 내려오다가 떨어진 거예요?

김. 경호하다가. 그것 때문에 숨겼다고 그래서 화제가 됐죠. 제주 방문 한, 이틀 전에 내려오려다가.

전. 산간도로 가다 보니까 위령탑이 있더라고요.

김. 위령탑 있어요. 좀 이렇게 굽이진 쪽에 있는데.

---

4. 이주보(李柱保, 1943-): 1970년 홍익대학교 건축학과를 졸업하고 환경디자인연구소를 개소하였으며, 1985년에 팀디자인연구소(펜타곤)를 설립하였다.

전. 그런데 거기 써놓기로는 훈련 중이라고.

김. 그렇게 써놨죠. (웃음)

우. (직원에게) 잘 구경했습니다.

전. 고맙습니다.

직원 2. 영광입니다. 이렇게 설계하신 분 만나게 돼서.

김. 오래간만에 오니까 추억이, 감회가 또 있네.

직원 2. 이런 공간으로 사용될 줄 미처 생각 못 하셨죠?

김. 공관으로 설계는 했죠, 공관으로, 대통령 시설로. 설계해서 엄청. 도서관이 되는 거는 생각을 못 했지.

전. 지하는 여기서 내려가나요?

직원 2. 지하로 내려갈 수 있기는 한데요, 이 모든 공간이 지하예요. 이 아래가 다 지하인데.

전. 다 파여 있는데, 이리로 내려간다….

직원 2. 아, 네. 거기로도 내려가고, 밖으로도 내려갈 수 있어요.

전. 그런데 이게 위로도 있잖아요. 올라갈 수도 있어요?

제주지사공관 조감도와 전경

직원 2. 이거는, 물탱크예요. 저희가 올라가는 곳이 아니에요.

김. 물탱크실? {**직원 2.** 예.} 예. 설비실 가는 거예요. 밖에서 직접 들어가는 출입구는 없을 거예요, 아마. 아마 보안상 안에서 다 관리하게.

직원 2. 기계실, 지하요? {**김.** 예.} 지하 저쪽, 기계실로 들어갈 수 있어요.

김. 저, 지사 공간 저쪽에 어디 있나?

전. 지사 공간, 그러게요. 재밌는 공간을 봤습니다.

(공관 외부에서)

김. 설계를 할 때는 좀, 애먹었던 게, 이게 지형이 변화가 심한데, 저기는 푹 꺼지고. 이거를 관리들이 평면도를 놓고 얘기를 해주라. 지형하고 맞추는 거를. "이렇게 매립하면 되잖아." 이래서. 그런데 "매립하지 말고 지형을 살려야 됩니다." 그래서 일 시키느라고. 애 좀 먹었지. 한번은 슬라브 한번 한 층 했다가 전부 부셨어. 꺼지는 건 안 되고 높이자고 해서 마음대로 시공해버려서. 지형에 맞춘 것이, 설계, 이제, 의도대로 하는 게 아주 성과였지. 이 계단이 자꾸 있는 것이 되게 싫었나 봐요. 지형 때문에 할 수 없는데. 평평한, 반듯한 평지에다만 건물 놓던 생각들만 해서. 이걸 더 들어 올리자고. (웃음)

태. 이 흙은 어디서 가져오셨나요?

김. 이건 원래 지형이 그냥, 원지형을. 여기를 야외 파티장으로 썼어요, 늘.

미. 여기는 계속 숙소로 사용을 했던 거죠? 도지사가?

김. 지사는, 예, 예.

전. 보면 침실이, 창이 딱 여기서도 보이네요. {**김.** 예.} 이쪽이 정면이 되는 거죠, 그렇죠?

제주도지사 관사 주출입구 내부에서
제주도지사 관사 정좌측면 전경

김. 이쪽이, 예. 이쪽으로 들어가죠. 현관이 이쪽이에요.

전. 그때 설계비는 잘 받으셨어요?

김. 설계비를, 제대로 받지 못해서 애먹었죠. {**전.** 아이고.} 아니, 설계를 두 번을 했어요.

전. 아, 그런데 그 두 번 한 거를 안 쳐줬어요?

김. 안 쳐줬죠. {**전.** 한 번 걸로만?} 예. 한 번 걸로만 해서. 그런데 설계 받을 때도 무슨 내가 뭐, 공모를 했다든지 뭐 했다든지. 이 동네 양반들, (웃음) {**전.** 추천으로.} 추천으로 한 일이어서. "아, 이거 도에 예산이 없는데…." 아, 그리고 처음은….

전. 아, 청와대에서 준 게 아니라, 도에서 줬어요, 예산을?

김. 도에서, 네. 설계비는. 도에서 처음에는 무슨 얘기를 했냐면, 처음에 600평을, 600평 정도 2,000평방 정도를 설계했었거든요? 그런데 "좀 줄이자." 그래서 이게 한… 1,300, 1,350평방으로 줄었을 거예요. 그러니까 "줄어들었는데 무슨 설계비가 드냐?" (웃음) {**전.** 아, 이 사람들이. (웃음)} 공사비가 늘지도 않는데 말이야, 무슨. 설계비 다시 받냐고. 그런데 그때 국장님, 부지사 이런 분들이 다 여기, 선배들이고 아는 사람들이고 그러니까. 국장님 와서, 설계사무실 와서 맨날 같이 오는 거야. "김 소장, 고생하는데…" 그런데, 소년체전이 결정돼서 뭐 이건, 시간은 급하고, 안 지을 수는 없고.

전. 시공은 누가 했어요?

김. 여기 현지에 회사, 건설회사. 명지건설. 망해버린 회사. 큰 회사였는데. 제주도에서 시공회사는 참, {**전.** 어려워요?} 어려워요. 더군다나 과거보다 더 경쟁이 많아져서.

전. 여기가 일반 공사 단가는 조금 더 치기는 하나요?

김. 더 치긴 하는데요, 그게 큰 도움이 안 돼요.

전. 전에 전라남도 같은 경우는 섬일 때는 좀 더 쳐주거든요, 이게 운반비도 있고 하기 때문에.

김. 그런데 섬 할증을 제주도가 초기에 인정해주다가, 그게 없어진, 없어졌어요.

전. 그러니까요. 이게 섬이라고 쳐야 되냐, 말아야 되냐가. 사실은 너무 크니까. (웃음)

김. 수송 수단이 좀, 좋아지면서 그게 없어지고. 이제 여기는, 시공회사들이 기술적인 차이, 이런 것의 경쟁보다는, 부동산 장사가 되어버려서. 이때까지만 해도 여기 현지 건설회사들이 랭킹 같은 것들이 있었어요. 기술이나 자본적으로 여기가 그래도, 등급이 있었는데.

전. 없어졌어요. (웃음) 너무 마감도 좋고, 좋은데요.

권. 저 형태는 콘크리트로 형태를 다 잡아낸 거예요?

김. 끝에? 처마 끝에? {권. 예.} 응, 응. PVC 파이프 반쪽 자르면. (웃음)

태. 지금 캐노피의 기둥, 저 재료는 원재료는 아닌 거죠? {김. 어느 거요?} 이 캐노피 기둥이요.

김. 기둥? {태. 예.} 원래 할 때 그걸로 했어요. {태. 아, 저렇게 하신 거예요?} 예. 설계 마감은, 제주도 돌로 했으면 했는데, 고급스럽게 하자고 그래서. 이때는 제주도 돌은 마이너였거든.

태. 다른 것들과 좀 달라보여서요.

김. 화강암은 양반이고. {태. 아, 오히려요.} 지금은 제주도 현무암이 평가, 재평가되기 시작한 지 얼마 안 돼요. 승효상 선생님이 제주 돌 쓰기 시작하니까 비싸지더라. (웃음) 여기, 호텔(〈보오메 꾸뜨르 부티크 호텔〉), 이젠 안 하지? 외장이 현무암인. 이쪽으로 서비스 동선이, 서비스 동선이 있었지. 처음 설계에서부터 시공할 때까지 도지사가 셋. {권. 바뀌었다고요?} 응. 처음 설계는 이규희 지사, 끝난 사람은 최, {권. 대통령 시설이니까 아무도 건들지 못했겠네요? 도지사라고 해도.} 최, 무슨. 육군 공병 단장했던 사람, 출신인데, 육군 대령 출신인데.

전. 탐라. {김. 탐라, 가볼까요?} 가는 게 낫지 않겠습니까? 미루는 것보다요.

김. 〈탐라도서관〉 갑시다. 아마 지금, {전. 안 그러면 내일 가야 하는데 오늘 가는 게 낫지.} 문은 닫았을 테고, 밖에서라도 보죠.

전. 잘 봤습니다. 여기는 선생님 원래 하실 때도 주차장이었어요? 이 땅은?

김. 그때는 아니었어요. {전. 그때는 그냥 자연이었어요?} 예. 나중에 구입해서 확장했어요.

(탐라도서관으로 이동)

〈제주시립 탐라도서관〉(1989)

김. 3번 있는 데가 마당이었는데, {전. 3번이요?} 네, 마당이었는데, 거길 채웠어요.

우. H자 비슷하게 되어 있었는데.

김. H자로 되어 있었죠.

우. 태양열은 나중에 붙였나 봐요?

김. 그렇죠. 그리고 여기, 글라스로 한 것도 나중이에요. 벽돌로.

우. 그런 거죠? 저 뒤쪽이 옛날 면인 거죠?

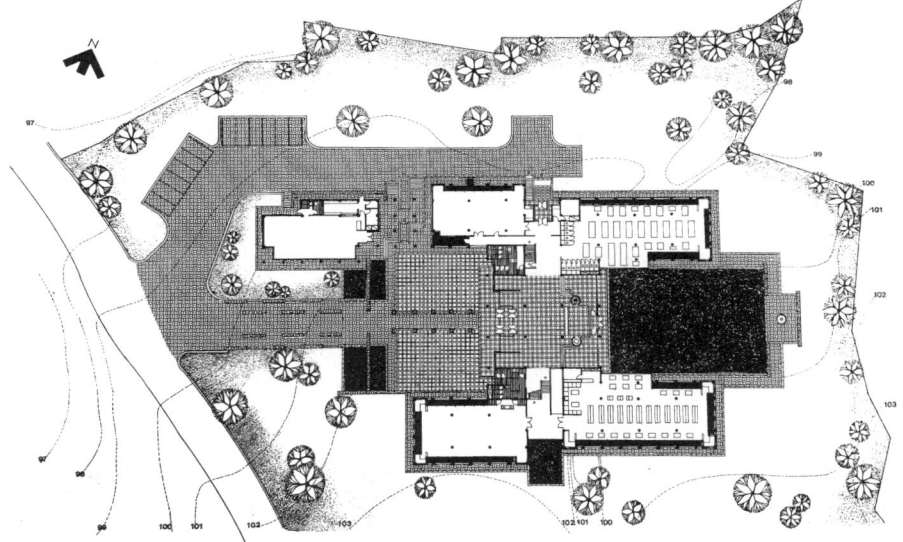

제주시립 탐라도서관 전면
제주시립 탐라도서관 전면부 부분확대
제주시립 탐라도서관 배치도

김. 예, 예. 저기가 서고였는데, 서고였는데 지금 열람실로.

우. 벽돌이 예뻤을 것 같은데요.

김. 이때만 해도 도서관이 폐가식 위주였으니까. 그, 여기서 도서 목록을 찾아서 신청하면 받아가지고 가서 읽고. {**전.** 여기는?} 여기는 관리, 예. 관리실이고. 위에 층은 열람실. 이거는 식당. 원래 식당. 별동으로 해서. 이거는 레이아웃을 제주도의 전통 민가 공간 조직, 그 레이아웃을 그냥 그대로. 아주 직설적으로 해놨어요.

우. 아, 민가의 안거리 밖거리를.

김. 예. 안거리 밖거리하고 마당 놓고, 뭐. 진입로 올레, 이런 개념.

우. 올레, 예. 규모를 크게 한 거다. {**김.** 예.} 재밌네요.

김. 초기 준공 당시의 외관이 『건축사』[5]지의 표지로 한번 실렸어요. {**우.** 아, 그랬구나.} 예. 그때 그 표지, 정면에서 아주 이렇게, 문양 쌓기를 해서.

우. 벽돌을 아예 털어낸 거였군요. {**김.** 털어낸 거죠.} (채록자에게) 벽돌을 유리로 바꿨대요, 나중에. 원래 이런 벽돌이었대요.

김. 예. 사진 남아있어요.

미. 아까 선생님 건물에 있던 벽돌과 똑같은 거죠? {**김.** 그거예요, 예.} 저거는 제주도에만 있는?

김. 이 벽돌을 여기다가 제일 처음 썼어요.

미. 요즘도 만들고 있나요, 저 벽돌은?

김. 요새 이게 채취가 안돼서. {**미.** 아, 금지가 된 거예요?} 금지가 된, 예. 저거 채취하려 그러면 오름이 하나 없어져야 하거든요. {**우.** 아, 그래요?} 그러니까 이제 채취 금지된 거예요.

우. 그런 걸 털고 유리로 지금.

미. 그럼 그 턴 벽돌들은 다 어디로 갔어요?

김. 그거 뭐, 폐기물 됐죠. 도서관이 몇 시까지 문 여는 건가? 이게 다 바뀌어서. 엄청 바꿔버렸네. 나도 모르겠어, 이제. 다 바뀌어서. 길이 다 싹, 리노베이션 하면서.

태. 여기(로비 중앙 코어)는 원래 비어 있는 공간인가요?

김. 원래 엘리베이터 박스가 이쪽이었어요. 아니, 아닌데, 엘리베이터는 없었고, 그, 덤웨이터로, 서고에서 책 올렸다 내렸다 하는. 여기는 카운터만 있고 폐가식으로 해서 여기서, 신청한 거는 카드 받아서 직원이 책을 갖고 와서 보고 그랬으니까. 그 시스템이 바뀌면서 싹 바뀌었어요. 여기 지금 흔적 남아있는 거는

---

5. 〈제주시립 탐라도서관〉은 1991년 7월호 『월간 건축사』에 소개되었다.

외부공간하고 레이아웃밖에, 원래 거는 흔적이 거의 없네.

태. 저기 좌우 계단실 플로어 계획이 재밌는 것 같습니다. 스킵플로어 형식이 있는데요.

김. 여기 서고, 서고를 저쪽하고 이쪽은 서고, 글라스로 파티션을 해서 서고는 이렇게 눈으로 보고 왔다 갔다 하게. 여기가 서고였거든요. 그러니까 여기를 오픈 이렇게, 브릿지로 이렇게 되어 있어서 지나가면서 서고의 책들이 보이게. 열람실은 구분해서 따로, 독립시켜서 따로따로 있고. 그런 정도, 책하고 접근하려고 하는 의도였고. 그때는 상당히 폐쇄적이었으니까, 도서관이. {**태.** 위에서만이라도 열어주시려고…} 예. 시각적으로만 접근하게. 상당히 상징적인 그런, 해법이지. (웃음) 지금까지 아주 개가식으로 하던, 그때는 생각 못 할 때니까. 책이 엄청 비쌀 때고, 도서관에서 책 잘라가는 사람들 엄청 많고 그럴 때니까.

태. 이 공간이 좋아서, 운영자가 '저 바깥 공간도 털어내겠다'라는 생각도 했을 것 같네요.

전. 여기 약간 증축된 부분이 어디인 거예요?

김. 증축이 아니고, 저쪽, 저 뒤에가 증축된 거고. 이 위에는 서고가 개가식으로 바뀐 거예요. 폐쇄 서고였거든요, 이 위에 가.

전. 여기도 한국도서관상[6] 받았네요.

김. 운영하면서 도서관 기능으로는 조금 많이 불편해졌을 것 같아. 이런 것들은 좀 이렇게, 고전, 고전 어휘들을 좀 이렇게 채용해서 썼어요. 서원 같은 데 어프로치 그런 것. 여기는, 그늘 공간.

우. 원래는 뻥, 다 뚫려 있던 겁니까?

김. 다 뚫려 있었어요. 저 덩어리하고 이것만 이어진다고. 저 지붕 이어준다고. 이 위에다가 아주 유리를 씌워놨네.

우. 원래 없었던 거예요? 위에 거는?

김. 넝쿨을 올렸었어요. 등나무.

우. 약간 선생님, 이렇게, 떠 있는 것처럼 보이게 하시는 걸 선호하셨나 봐요? {**김.** 지붕, 지붕.} 예, 아주 가볍게 보이게 하려고.

김. 예. 지붕 가볍게 보이게 하려고. 저쪽은 이제 새시로 밑에 가렸는데. 새시가 원래 설계에는 없었어요. 저 안에만 새시가 있었고. 바깥에는 이렇게 열린, 일본식, 바깥, 제주도 비바람, 태풍 같은 거, 윈드 블록 되게, 1차로 완화시켜서 창에 닿게. 창문, 그때는 알루미늄 새시 디테일이 태풍에 대처가 안

---

6. 〈제주시립 탐라도서관〉은 2008년 3월에 한국도서관협회의 한국도서관상을 수상하였다.

됐었거든. 태풍 불면 물 다 들어와요. 요새는 섀시가 좋아져서 괜찮은데. 그래서 그거를 좀 완충시키려고 겉, 헛벽만. 지금 1층에 섀시 있는 그 라인에서 섀시를 뒀었죠.

미. 그런데 이 펜스는 왜 있는 거예요? 사람이 나오진 않잖아요.
김. 나중에, 나오지는 못하는데.
미. 그러니까 워낙 말씀하신 것처럼 여기 유리가 없었으면, 그렇죠?
김. 저쪽은 유리가 없었고, 여기는 사무실에, 사무실 부분에는 있었고.
우. 해가 좀 있을 때 왔으면 색깔이 예뻤을 것 같아요, 벽돌이.
전. 이게 먼저예요, 한라가 먼저예요?
김. 이게 엄청, 한 10년 앞섰죠.[7]
전. 예. 훨씬 단정하고, 예.
김. 10, 15년 정도 차이 나네요.

---

7. 제주시립 탐라도서관은 1991년에 준공되었고, 제주 한라도서관은 2008년에 준공되었다.

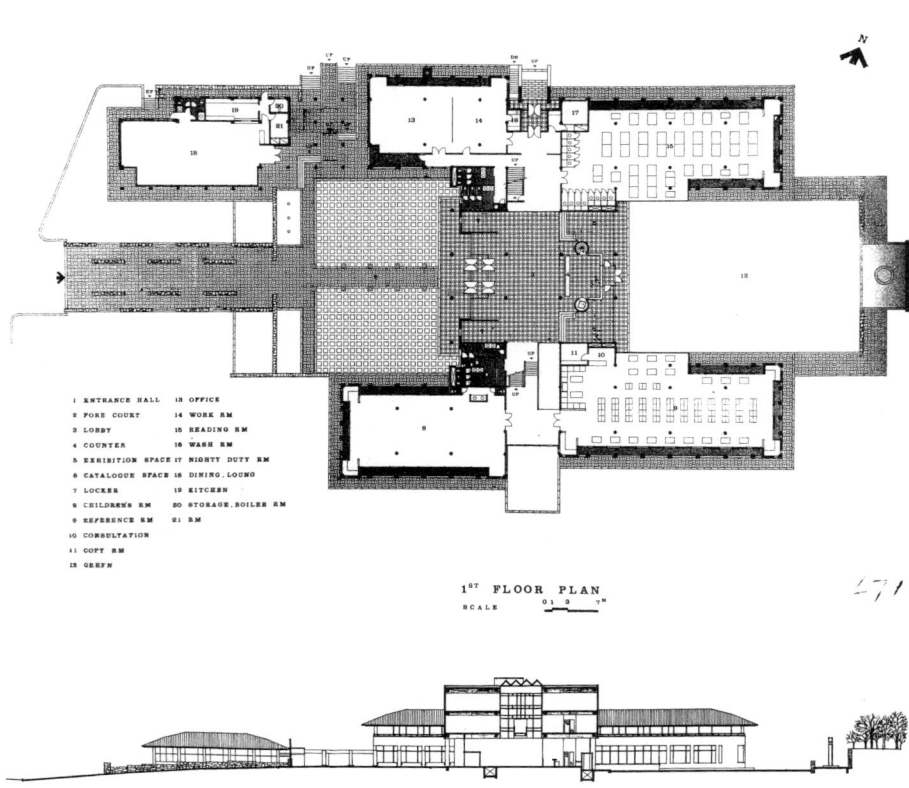

제주시립 탐라도서관 1층 평면도
제주시립 탐라도서관 종단면도

우. 저 벽돌을 만들려면 오름을, 쪼개가지고 거기서 나오는 흙을 가지고 굽는 거예요?

김. 굽는 게 아니고, 콘크리트처럼 믹싱을 해서.

우. 아, 이렇게, 다지는 거예요?

김. 예. 그래서 이렇게, {**우.** 틀에 넣어서.} 예. 그게 한, 1미터 정도, 1입방 정도 만들어서 톱으로 썰어요.

우. 멋있을 것 같아요. 두부 만들 듯이 하는 거네요.

김. 예. 그렇게 자르니까 단면이, 예상치 않은 단면들이 나오는 거죠. 무늬가. 그런데 물이 투수될 정도니까. 약점이 있죠.

우. 아, 물이 새는군요.

김. 김수근 선생님 전돌 마냥. 그러니까 서울에서는 안 되지. {**우.** 비가…} 여기는 결로가 없으니까. 방수하려 하면 엄청, 에폭시 스프레이를 해야 하니까.

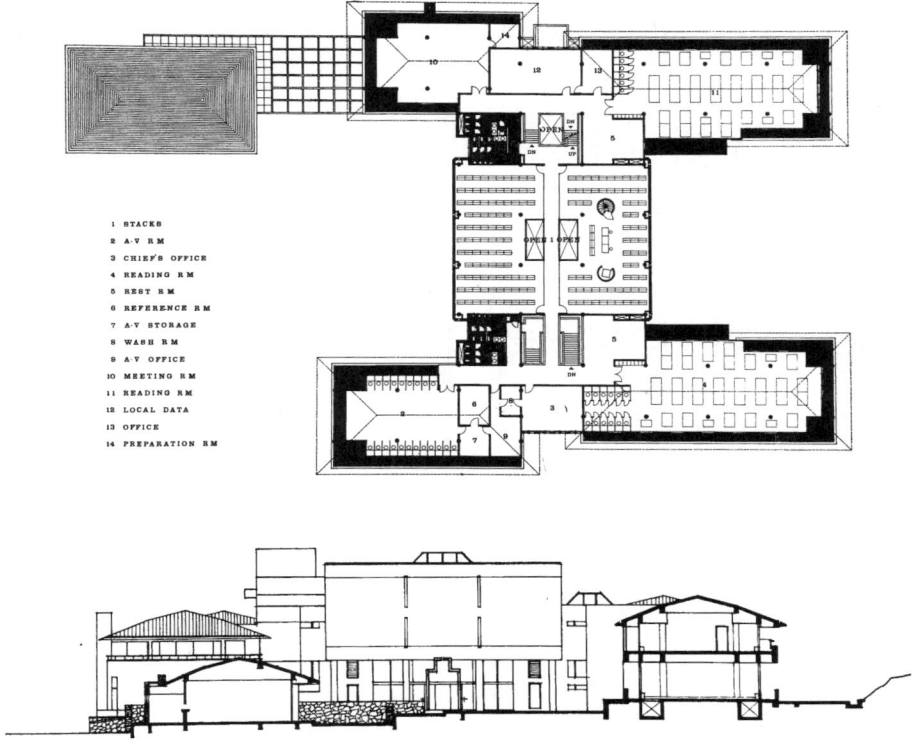

제주시립 탐라도서관 2층 평면도
제주시립 탐라도서관 횡단면도

주기적으로 해야 돼요.

우. 언제부터 야자수를 심기 시작했어요?

김. 관광객, 70년대 후반.

전. 귤나무는 언제부터 심기 시작했어요?

김. 귤나무가 본격적으로 된 거는, 김종필 때예요.

전. 김종필. 60년대요 그러면. {**김.** 예.} 보급을 했어요, 그러면 식물을? 권했어요, 정부에서?

김. 정부 차원에서는 지원했고, 여기 지방정부에서 엄청 했죠. 엄청 했지.

전. 그럼 뭐였던 것이 귤밭으로 바뀐 거예요?

김. 그냥, 뭐, 보리밭. 지금 신서귀포 신시가지. 그 월드컵 경기장 있는 맞은 쪽, 거기가, 김종필 감귤밭이었어요, 원래. 목장도 있었고. 여기 제주도에다가 운정, 운정목장, 그래가지고.

전. 70년대에는 귤이 얼마나 귀했어요.

김. 예. 그래서 종자 개량하고, 일본에서 가져왔거든요, 묘목을. 그래가지고 재일교포들이 고향에 묘목 보내기 캠페인을 해요.

전. 전에 저기 후쿠시마, 가가와현, 그쪽을 갔더니 자기네가 귤을, 원산지인 것처럼.

전. 그, 제주 책, 그 책 쓰신 분, 이재성인가 하는 분 있잖아요? 그분은 누구세요?

김. 사진.

전. 아, 그분은 사진 쪽이구나.

김. 박 교수 제자예요, 국민대.

전. 아, 건축과 출신이에요, 그러면?

김. 사진으로, 예. 건축 사진을 열심히 찍더라고요. 출판사도 하고.

3

서울건축학교(SA) 제주 워크숍과
제주문화포럼

일시. 2022년 12월 9일 금요일 오전 10시
장소. 건축사사무소 김건축 사옥
구술. 김석윤
채록연구. 우동선, 전봉희, 김미현
촬영 및 기록. 김태형, 김준철

김석윤건축사사무소 사옥, 1992

우. 그러면, 오늘은 2022년 12월 9일 오전 10시 8분인데요. 김석윤 선생님 모시고 말씀을 이어서 듣겠습니다. 선생님, 어저께 답사를 세 군데 했는데요. 그곳 현장에서도 말씀해주셨지만, 그 세 개의 건물이 아주 특색이 있었다고 생각이 되는데, 그걸 한번 정리하고 또 다른 말씀을 나눴으면 좋겠습니다. {**김.** 네, 네.} 맨 처음에 봤던 게 이제 〈한라도서관〉이고, 두 번째가 〈제주지사 공관〉이라고 그래야 되나요, 〈대통령 공관〉이라고 그래야 되나요. 그리고 〈탐라도서관〉이었어요.

김. 시기별로는, 그 〈도지사 공관〉이 제일 {**전.** 아, 그런가요?} 앞선. 80년대 초. 〈탐라도서관〉이 그다음에 89년, 90년인가 그럴 거예요. 〈한라도서관〉은 2000년 들어와가지고. 그 98년에 SA,[1] 여기 여름 워크숍, 다음에 좀 제가 작업하는 생각을 좀 많이 다르게 했어요.

전. 아, 그런가요. {**우.** 예.}

김. 그게 〈한라도서관〉하고 〈현대미술관〉, 또 저기 저 〈클럽하우스〉하고, 여기에 붙어 있는 것들이 98년, 99년 《건축문화의 해》 지나고 그래가지고, 그 후에 작업들이에요.

우. 아, 그게 그러면 뭐랄까, 전환하는 계기가 된 거네요?

김. 아, 아마 생각의 동기는 제가 SA의 그때 워크숍. 그때 나눈 그 얘기들, 그런 것들이 상당히 좀, 그게 계기가 됐어요.

우. 무슨 얘기를 많이 나누셨어요? 어떤 말씀을 나누셨길래 이렇게?

김. 그전에는 작업하는 것들이, 이게 밖에 있는 분들하고 같이 얘기할, 나눌 기회가 많지 않았잖아요. {**우.** 아, 예.} 그리고 내가 하는 작업이 '이게 뭐, 그래도 뭐 제대로 가고 있는 건가' 하는 그런, 그것에 대한 이렇게 확고한 그 뭐지… 이렇게 신뢰도 없었고. {**우.** 네.} 그 워크숍을 한 다음에 '아, 내가 좀 방향을 이런 방향으로 좀 틀어봐야 되겠구나' 하는 생각을 했던 작업들이 조금 변화가 보이는 것 같은 생각, 스스로 해보죠. 초기에 80년대는 형태적으로나 재료는 좀 여기, 지역 재료. 그것 가지고 뭐 지역성을 좀 쉽게 전달할 수 있으니까. 제일 그 소재 문제하고. 형태도 그냥, 과거 여기에 그 토속 건축의 이미지가 주는 그런 형태적인. 우선 형태로 그냥 좀 유사하게, 그런 해석을… 80년대에는 쭉 그런 그걸 했던 것 같아요. 그리고 김홍식이 여기 〈제주민속자연사박물관〉[2] 그 작업 초기 할 때부터 그 생각이 뭐 주택, 주택도 그 작업을 여러 개 했어요. 그러다가, 이제 그거에 대해가지고 늘 좀 불만족스러운 게 있지. 이게 너무 형태

---

1. 1998년 여름, 서울건축학교는 제주 귀덕마을을 대상으로 하여 워크숍을 개최하였다.
2. 1977년에 설계하여 1983년에 준공되었다.

모사를 해가지고 편하게, 안일하게 가는 작업이어가지고, 다른 거를 모색하고 싶은 그런 욕구가 이제 늘 이렇게 쌓이고 있었는데 〈탐라도서관〉에서 이제 좀 그걸 좀 깨려고 그랬어요, 그 생각을. 그런데 썩, 거기서도 뭐 크게… 그 범주를 벗어나지는 못했고.

우. 네. 〈탐라도서관〉에 벽돌하고 이 건물(〈김석윤건축사사무소 사옥〉) 벽돌하고 같은 거더라고요. {**김.** 네.} 어저께 못 봤는데 지금 보니까, 네.

김. 그 벽돌을 〈탐라도서관〉에 처음 썼어요.

우. 네, 네.

전. 이 연보 보면 같은 해던데요, 90년. 완공이. {**김.** 완공은?} 네, 이 건물하고. {**김.** 네, 비슷, 비슷해.} 공사는 거의 비슷한 시기에.

김. 이게 좀 뒤에, 후에 했고.

우. 예. 그럼 이 건물하고 〈탐라도서관〉하고 좀 관련이 있는 거네요?

김. 〈탐라도서관〉? 뭐 재료 말고… {**우.** 재료 말고는 없어요?} 재료 말고. 여기서는 이제 좀 고전적인 언어들의 좀 직설적인 표현 말고 다른 얘기를 좀 해보자고 해가지고 좀 달라지기 시작했죠, 어떻게 보면. 땅이 또 이렇게 경사가 심하고 그래가지고 좀 재미, 공간을 재밌게 다룰 여건이 됐어요. {**전.** 이 집이요?} 예. 후원이 좀 특색이 있어요. {**전.** 그러니까요.} 꺼져가지고 저 밑에 숨겨진, 이렇게 외부 공간이 있는데.

우. 못 본 것 같은데요, 어제는.

전. 중정도 이렇게… 출입구를 왜 이렇게 낮췄어요? 170, 180, 클리어런스가 그거밖에 안 나올 것 같아요.

김. 많이 낮췄어요. 이게 층고를 최소로 했어요. 지금 1층, 1층은 3미터 60이고 나머지 2층부터 위에까지는 전부 2미터 50이에요, 저기 뼈대 높이가. 그래가지고 천정, 가리지 않고 그냥 콘크리트 노출해가지고. 이 밑에 층 전부 콘크리트 슬래브 바닥을 그냥 노출시켜가지고 마감 안 하고. 그 돈, 돈 좀 아끼려고. (웃음)

우. SA 얘기를 좀 더 듣고 싶습니다, 선생님.

김. SA가 의미가 좀 많았죠. 전 교수님도 다녀가셨지만. 건축의 얘기, 이론적인 얘기들 지식들을 많이 전달해주셨고. 또… "좀 모더니즘에 충실하는 작업들을 했어야 되지 않냐"하는 그런 얘기가 굉장히 좀, 굉장히 깊게 와닿았어요.

우. 네. 그 말씀은 누가 하셨어요? "모더니즘에 충실해라." {**김.** 김봉렬 교수가 했던가?} 김봉렬 교수님이요? 아, 그때 무슨 20대는 아니고 30대 아니에요? 그러셨구나.

전. 어느 분이 전화하셨어요? {**김.** 예?} 어느 분이 전화하셨어요? {**김.** 전화?} 예. 같이 저기 "SA를 제주에서 하자."

김. 아, 그거는, 그때 어떻게 SA가 어떻게 해가지고 제주로 오게 되었나요?

전. 그러니깐요. 굉장히 그때 이 양반들이 경제적으로 사실 쉽지 않았을 땐데. 힘들게 돈 모아서 온 거거든요. 그래서 어저께 말씀드린 것처럼….

김. 다 결정하고. 결정이 나가지고 조성룡[3] 선생이… {**전.** 누구요?} 조성룡 선생.

우. 아, 조성룡 선생님.

김. "이렇게 금년에 제주도로 가기로 했으니깐 좀 같이 참여해주세요" 전화가 와가지고. {**전.** 그렇죠.} "SA 운영위원으로 추천하겠습니다." 뭐 "그러십시오." 해가지고. 거의 계획이 확정돼가지고 같이 참여하게 됐죠. 그래, 제주도 오게 되니까 제주도에 대한 우선 기초 지식이 있어야 되지 않겠어요? (웃음) 그래서 이 공간의 지하실에서 SA를 할 때 제주도 얘기, 이제 제주도 와가지고 건축 고민하려고 그러면 필요한 기초적인 얘기들 가지고 제가 가서 한두 번쯤 강의하고. 그러고 이제 계획 확정돼가지고 진행을 했는데, 그때가 또 제주도는 시기적으로도 상당히 바삐 돌아가던 시기였어요. 특별자치도가 되기 바로 전이고. 과거에 기존의 2개 시. 제주시, 서귀포시하고 남북 제주군. 군 둘, 시 둘, 이렇게 있을 때. 자치단체가 이제 네 시스템이었다고. 대상 지역을 여기 귀덕리로 정해가지고 조성룡 선생님하고 같이 이제 내려와가지고 지역에 후원을 받으려고 관에, 북군청에 가가지고. (웃으며) 군수님 만나가지고… "우리 뭐 이런 이런 일을 하려고 그러는데 좀 관에서 좀 도와주십시오." 평소에는 그냥 얘기하면 참 좋아, 잘 도와주시던 분이야. 그런데 개발 붐이 한참 굉장히 활발하게 시군별로 막 이렇게 경쟁적으로 그랬는데. 이 양반이 워낙 머리가 잘 돌아가는 분이에요, 군수님이. 신석하 교수 작은아버진데 그분 고향이야. 그 귀덕리, 예. 이 양반은 이렇게 해안도로, 원래 일주도로가 있는데 같은 마을인데 길 위쪽에 있는 동네고. 해안 쪽에 있는 귀덕3리 대상 지역으로 해가지고. "야, 이거 참 좋은 대상 지역이 되겠다." 그래가지고 골라가지고 가서 지원받으려고 그랬더니 이 양반이 얼굴색이 싹 변해. (웃음) 이것들 와가지고 얘기하면 뭐 보나 마나 뭐 하지 말자고 그럴 텐데. {**우.** 음…} 또, '이거 지원, 관의 지원받기는 틀렸다'고 이제 생각하고. 우리들끼리 했지, 뭐. 마을에서도 그때 그래도 많이 도와주고 그랬어요. 그래서 그 귀덕에서 가까운 쪽에 그… 장소 정하느라고,

---

3. 조성룡(趙成龍, 1944-): 조성룡도시건축의 대표로 활동하고 있으며, 1996년부터 2003년까지 서울건축학교 교장을 지냈다.

수련원. 그 청소년 수련원, 유스호스텔이 하나 있었거든. 거기서 했죠. 그래, 거기에 일주일 동안 했던 내용은, 전 교수님은 대개 알고 있을 테고.

우. 전 선생님만 아셔서, 여기다가 좀 말씀하시면….

전. 아니, 저도 하루 왔다 간 거잖아요. 저도 와서 강연하고 간 거여서, 설계 워크숍에 참여했었던 건 아니라서요, 네.

김. 그런데 그때 이제 제주대학에 건축과 생겨가지고 얼마 안 될 때. 93년 학과가 생겼으니까.

우. 어우, 너무 늦게 생겼네요. 93년이면.

김. 제일 꼬래비⁴예요. 국내 건축과에서 제일 꼬래비. 그래가지고 학생들, 제주대학 학생들한테도 많이 도움이 될 프로그램이고 해가지고. 대학교에서 대체적으로 다 참여하고. 우리 아무튼, 제주대학 건축과 학생들이 좋았지 뭐. 촌놈들.

우. (웃으며) 그러면 제주대 건축학과 학생들도 이미 한 절반쯤 된 거에요?

김. 참여 인원이? {**우.** 네.} 거의 절반, 상급생들 거의 절반쯤 참여했을 거에요.

우. 이쪽에서도 사건이고 그랬군요. 조성룡 선생님하고는 원래 교분이 있으셨어요?

김. 그냥 간접적으로. {**우.** 간접적으로요.} 네. 멀리서만. 뭐 '생각이 조금 같이 갈 수 있는 분이구나' 하는 그런 정도. 그러다가 SA를 계기로 해가지고 본격적으로 만나게 됐죠. 그런데 그때 아마 조성룡 선생이 나를 이렇게 알아보게 된 거는 〈제주대학교 본관〉 보존 캠페인⁵ 때문이었을 것 같아요.

우. 아, 예.

전. 그것도 그 시절이었던가요? 그 시기의 일인가요?

김. 한참 전이죠. 90, 92년.

우. 아, 그때 이제, 알게 되신 거네요, 존재를?

김. 92년에, 92년에 4.3그룹⁶이 결성되죠?

우. 아, 예 그렇죠.

전. 92년인가요?

태. 90년입니다. {**김.** 90년?} 네, 네.

---

4. '꼴찌'의 방언.
5. 1992년 11월에 한국건축가협회 이사회(건축역사분과위원회와 건축구조분과위원회)와 제주지회장(김수현)이 주관하였다.
6. 1990년 4월 3일에 곽재환, 김병윤, 도창환, 동정근, 백문기, 방철린, 승효상, 우경국, 유원재, 이성관, 이일훈, 이종상, 조성룡 등 건축가 13인이 결성한 그룹이다.

전. 결성. 결성은.

김. 결성돼가지고.

전. 90년이면 제일 활발할 때니까.

김. 첫, 첫 전시회를 하고 난 바로 다음일 거예요. 동숭동에서. 전시회하고 난 다음인데 건축가협회, 이게 제주지회에서 보존 캠페인을 들고 나왔죠. 들고 나오니까 가협회 본부에서 또 이렇게 분위기가 쉽게, 뒷받침해주는 그런 분위기가 돼가지고. 저기 돌아가신 그 어른들이… 상황 기억이 자꾸 잘, (웃음) 머리에 떠오르지가 않는다. 회장, 그때 가협회 회장님은 장석웅[7]. {**우.** 아, 예, 예.} 저기, 저기 윤승중 선생님[8]하고 같이 계시다가 돌아가신, 사고로 돌아가신….

우, 미. 변용[9] 선생님.

김. 변용 선생님. 역사분과위원장이었어요, 가협회의. {**우.** 변 선생님.} 네. 그런데 변용 선생님 찾아가서 이렇게 말씀을 드렸더니 이 양반이 "어휴, 이거 이거 우리가 나서야 돼." 하여튼 간에 굉장히 적극적으로, 나서가지고 "이거 우리 일을 좀 벌이자." 그래가지고 그게… 김중업 선생님 사무실에 있던 제자들이 이제 이렇게 몇 사람들이 힘을 모아가지고 재정적으로도 이렇게 좀 바탕을 마련하고 그래가지고 일이 잘 됐어요. 그런데 여기서는 그 일을 벌이는데 좀 그렇게 순조롭지는 않았어요. 이게 좀 사람들의 생각이 좀 늦으니까. 내가 이제 막 이렇게 공개적으로 이렇게 터뜨리지 않고 여기 언론에 있는 아주 야무진 기자, 이 양반을 좀 많이 수고하도록 시켰지. 기사 좀 열심히 써주고 계속 다뤄달라고 그래가지고. 오히려 건축계보다는, 건축 내부에서보다. 제가 얘기, 얘기가 또 거슬러 올라가는데 설계 사무실 처음 와가지고 시작해가지고 좀 말썽꾸러기였거든요. 여기서. "야, 이렇게 같이 하자." 그러면 "아, 나 그거 안 해요. 나 혼자 하지", "그거 아닙니다." 그래가지고… (웃음) 선배들한테도 "뭐, 이건 아닌 건 아닙니다" 그래가지고. 되게 좀 선배들한테 밉보였어요. 혼자 하려고 그러니까. 그런데 그때 와서 보니까 이렇게 합동으로 해가지고 카르텔. 이런 거를 하려고들… 다 분위기가 한참 그렇게들 해가지고 합사들을 했어요. {**전.** 그랬죠.} 혼자, 그러니까 선배들은 별로 안 좋아해가지고 뭐 나서가지고 뭐 하려고 그러면은 같이 동조를 안 해줬어요. 굉장히 조심스럽게, 신문 기자,

---

[7] 장석웅(張錫雄, 1938-2011): 아도무건축의 공동대표로 활동하였고, 한국건축가협회의 부회장과 회장(1990-1994)을 각각 역임하였다.

[8] 윤승중(尹承重, 1937-): 원도시건축의 공동대표로 활동하였고, 한국건축가협회의 부회장과 회장(1992-1996)을 각각 역임하였다.

[9] 변용(卞鎔, 1942-2016): 원도시건축의 공동대표로 활동하였고, 한국건축가협회의 부회장과 회장(2002-2008)을 각각 역임하였다.

그 친구도 참, 아주 고마운 친구인데. 기자 한 다음에 이제 아주 잘, 딴 데로 빠져가지고 잘됐어요. 아주 야무진 친구, 그 기자가 있었어요. 진행남[10]이라는 친구인데. 그 친구가 이제 여기서는 역할을 많이 해줘가지고 분위기를 좀 띄워주니까 예총, 문화계의 이분들이, 언론계 사람들이, "야, 이거 그건 우리 지역에서도 같이 해야 될 일이 아니냐." 해가지고. 그 일 때문에 4.3그룹에 연락도 안 했는데 4.3그룹에서 몇 사람이 왔어요.

우. 아, 네. 신문 보고 아셨나 보네요.

김. 예, 예. 뭐, 가협회에서 이렇게 소문 듣고 해가지고. 조성룡, 백문기.

우. 아, 백문기 선생님…, 네.

김. 곽재환이. {**우.** 예.} 아, 4.3 그룹에, 김인철이 왔었나? 김인철이도 왔었을 것 같고. 조건영[11]. {**우.** 예.} 뭐 이런 사람들도. 저기 최동규[12]. {**우.** 최동규 소장님.} 기억나는 게, 그래. 이런 양반들 그냥 멀리서 이렇게 이름들이나 듣고 할 정도였는데 제주도로 다 그냥… 연락도 안 했는데 자기네가 다 왔더라고요. {**우.** 네.} 그래가지고 조성룡 선생하고 연결이 되었, 그게 연결된 거예요. {**우.** 네.} 그래서 SA 프로그램, 워크숍이, 여름 워크숍이 여기 제주도, 아주 좀 얘깃거리가 될 만한 그런 이벤트였죠.

전. SA 전체로 봐서도 제일 중요했던 행사 같죠? {**김.** 첫, 첫 행사니까.} 첫해죠. 그러고서 이제 그다음에 여수, 순천 가고….

우. 아, 첫 번째를 제주로 갔어요.

전. 목포 가고 이렇게. 조금 상징적으로 제주를.

우. 일부러, 일부러 그런 거네요, 그러면.

김. 두 번째가… 두 번째가 무주에 갔다 했나? 무주[13]가 두 번째인가, 세 번째인가….

전. 그건 저희들이 어디 따로 정리해 놓은 게 있죠? 그 4.3 저기에서도 있고.

태. 4.3그룹 아카이브에 있습니다, 네.

전. 구술집에도 있고. 한번 저도 한번 정리를 했었어요. 현대미술관 발표할

---

10. 진행남(1955-): 제민일보 편집국 부국장을 거쳐 제주평화연구원에서 연구위원으로 활동하였다.
11. 조건영(曺建永, 1946-): 기산건축 대표를 지냈고, '민족예술인 총연합회'의 건축분과 위원장 등을 역임하였다.
12. 최동규(崔東奎, 1947-): 현재 서인종합건축사사무소의 대표로 활동 중이며, 1990년대 초부터 2000년대 중반까지 한국건축가협회 이사로 활동하였다.
13. 서울건축학교는 1998년 제주 귀덕리에 이어서 1999년에는 무주에서 워크숍을 열었다.

때도.

우. 예, 예. 아까 그 진행남… {**김.** 기자.} 기자님은 어느 신문사에 계셨어요?

김. 제남신문사(濟南新聞社). {**우.** 제남신문사.} 그때 이제 제주도에 있는 신문사가 크게『제주신문』,『한라일보』,『제남일보』. 셋이 아주 대표 지방지였는데 그 친구가 어떻게 기자 돼가지고 이 소식을 듣고 왔어. "이거 뭐, 이게 훼손돼가지고 어떻게 하려고 그러는데, 좀 건축 전문가니까 얘기 좀 해주십시오. 기사 좀 쓰겠습니다." 해가지고 사무실에 찾아왔어. 그래가지고 "이거 진짜 우리 지역에 중요한, 앞으로 보물, 이 문화자산 될 거니까 당신 나서가지고 좀 이거 애써가지고 좀 일을 만들어달라."

우. 이때 이분 기사들만 봐도 무슨 역사책이 되겠네요. 그러면, 그래서 조성룡 선생님하고 이제 알게 돼서 뭐뭐 하신 분들이 제주도로 왔고. 그래서 SA를 열게 됐고. 그런데 그럼 몇 명쯤이나 어떻게, 어떤 스튜디오를 하고….

김. SA요? 그거는 SA의 기록들이 있을 거에요. 그게 한 120명? {**우.** 아, 120명.} 120~130명.

우. 어마어마했네요. 일주일 정도 했나요? {**김.** 일주일.} 일주일, 네.

김. 일주일 하고. 성과물을 가져와가지고 우리 지하에서 전시회하고.

우. 이 건물에서요? {**김.** 네.} 그 사진 같은 것도 있겠네요, 찾아보면?

김. 그게… 그때 어떻게 그렇게 사진도 하나 별로 없었던….

미. 그건 SA 쪽에, 그 관련된….

김. 그런데 1회 기록은 SA도 별로… 어떻게 다… {**미.** 여기가 1회였죠.} 조성룡 선생이 사무실 뭐 왔다 갔다 뭐하고 그러면서….

우. 그거는 제가 한번 추려볼 텐데 여기가 이 부분이 좀 흐릿해요, 자료적인 면에서.

전. 이종호[14] 선생이 돌아가셔가지고, 이종호 선생님이 저기를 한 건데, {**김.** 예, 예.} 그때 이종호 선생 아이디어가 많이 들어가 있어요. {**김.** 맞아요.} SA에서 제가 생각할 때 제일 중요했던 게 학생들도 학생들이지만 선생을 꼼짝을 못하게 합숙을 시켜버렸어요. {**우.** 네, 네.} 와 있었잖아요? {**김.** 네, 네. 다 합숙했죠. 일주일 동안.} 자기가 지도 크리틱을 해주지만 그리고 남는 시간이 많거든, 선생들이. 그렇잖아요? {**김.** 그렇지.} 남는 시간이 많으니까 그동안 뭐해요, 선생들끼리 모여서 얘기를 많이 하고. {**우.** 음, 좋네.} 학생들끼리도 얘기를 하겠지만, 사실 선생님들끼리 얘기가 더 많았을 거에요, 시간이 있으니까.

---

14. 이종호(李鍾昊, 1957-2014): 건축사사무소 메타를 운영하였고 한국예술종합학교 건축과 교수를 지냈으며, 1994년부터 2013년까지 서울건축학교에 깊게 관여하였다.

김. 일주일 동안 진짜 합숙한.

전. 그러니까, 제가 강의를 오전에 했나요? 아무튼, 오후에 했나요. 외부 사람들을 한 번씩 불러가지고 강의를 시키고, 학자들을. 그다음에 나머지는 크리틱하고. {**김.** 그렇죠.} 그리고 난 다음에 학생들은 밤새 작업을 하고, 선생님들은 따로 가가지고 밤새 술 마시지 않았을까. (웃음) 어떠셨어요? 저도 아무튼 그때 좀 늦게까지 있었던 걸로 기억하는데요.

김. 그런데 학생들하고 같이 얘기도 많이 하고 술도 학생들하고 많이 마셨던 것 같아요, 선생끼리보다는.

전. 아, 학생들하고. {**김.** 학생들하고.} 이렇게 일주일 동안. 그리고 마지막 날 전체 크리틱 하고 전시회를 한 거죠?

김. 네, 네. 전체 크리틱하고. 크리틱 한 거를 또 이제 조금… {**전.** 전시를 여기 와서 했다고요?} 네. 선정해가지고. {**전.** 아, 선정해가지고.} 네. 그 팀별로 했던 작업들은 다, 다 참여시키고. 조금 손대가지고 손질, 크리틱에서 나온 얘기들을 이제 손질해가지고 전시회를 지하층에서 했었죠. 그 흔적들도 다 어디로 갔는지…. 뭐 모형들 만들고 뭐 그런 것들….

전. 조금 수소문해보면 그때 참여했던 학생들도 있을 거예요.

우. 그러니깐요.

김. 네, 자기네들이 이렇게 찍어 놓고 있는 것들이 있을 거예요, 학생들이.

우. 그것도 좀 한번. 주제가 뭐였어요? 아까 그 마을 가지고 뭘 했나요?

김. 제주에서의 한국성의 발견. 한국성,《한국성, 제주에서의 발견》.[15]

우. 아, 엄청나네요. 한국성 제주에서… 발견.

김. 승효상 선생님이 교장 선생님, 교장 했거든요. {**우.** 아, 그랬어요?} 그 기획을 이종호. 이종호한테가 뭐가 있을 가능성이 많은데 이 양반이 뭐.

우. 기획. 아, 이종호 선생님이 이런 거에 생각을 많이 했군요, 옛날부터.

김. 그때쯤 해가지고 90, 80, 그러니까 80, 90년대 말, 98년이었죠. 이제 여기에 제주의 프로젝트가 이제 뭐가 자꾸 보이기 시작했어요. 〈핀크스〉, 이타미 준,[16] 저기 프로젝트. 그것도 그때 얘기했을 시기였고, 또 〈4.3 메모리얼〉.[17]

우. 커다란 프로젝트들이 이제 있었네요. {**김.** 네, 네.} 그러니까 안으로는

---

15. 서울건축학교는 1998년 여름 제주 귀덕마을을 대상으로 워크숍을 마치고, 갤러리 제주아트에서 '제주의 정체성'을 강조한 '한국성-제주에서의 발견'을 주제로 전시회를 열었다.
16. 이타미 준(伊丹潤, 1937-2011): 1998년 제주도에 〈핀크스 멤버스 골프클럽하우스〉와 〈핀크스 퍼블릭 골프클럽하우스〉를 시작으로, 〈포도호텔〉(2001), 〈수·풍·석 미술관〉(2006), 〈두손미술관〉(2007), 〈방주교회〉(2009) 등을 설계하였다.
17. 〈제주 4.3 평화기념관〉: ㈜공간종합건축사사무소가 2005년에 설계하였다.

개발 붐이 불고 밖으로는 지금….

김. 네. 그런데 건축에서 그런 큰 프로젝트들이 예상이 될 시기였으니까 제주의 지역에 대한 또 건축가들 나름대로 스터디가 또. 목이 말랐던 거지. 그래서 아주 그 워크숍이 성공적이었어요.

우. 그건 연구를 해보고 싶어지는데. 그런데 거기에서 "더욱더 모더니즘에 충실해라." 이것을 김봉렬 교수가 던졌어요?

김. 네. 그때 그 시기에 『공간』에 썼던가, '한국성의 모색을' 해가지고는, 처절하게 모더니즘을 우리가 실험하고 시도해본 적 있냐, 뭐 그런 얘기였던 것 같아요.[18]

우. "처절해지자." 그게 4.3이랑도 연결이 되네요.

김. 4.3 프로젝트가 그때 상당히 좀 관심 가는 프로젝트였는데, 그건 꼼페가 재미가 없어요. 그래가지고….

우. 네, 꼼페요, 네.

전. 어느, 어느 사건 말씀하시는 거예요?

김. 지금 실현돼 있는 〈4.3 평화공원〉.

우. 아, 예. 〈4.3 평화공원〉.

전. 아, 〈4.3 평화공원〉이요. 두 "4.3"이 지금 헷갈렸어요. 가만히 있어 봐, 저게 누구 거죠? 저 가봤어요.

김. 저기 공간. {**전.** 예?} 공간.

미. 이상림 선생님이 하신 거예요.

김. 이상림의 공간.[19] {**우.** 아, 예.} 심사위원들이 현지에서 전문가 아닌 분들이, 심사위원들이 대거 참여를 해가지고, 로비에 넘어가지고. 조성룡 선생도 정기용하고 같이 했고.

우. 네. 선생님은 안 내셨어요?

김. 안 했어요. 안 했죠. 김, 승효상하고 저기 저 누구냐. 유홍준, 홍준. 거기 같이 해가지고 냈었고.

우. 유홍준 선생이 선수로 됐어요?

김. 그 같이, 공동 작업들을 했죠. 정영선 선생 조경이 아마 그 팀에 있었던가?

우. 승효상 선생님 쪽에.

---

18. 김봉렬, 「한국성을 다시 생각한다」, 『건축과 환경』, 1993년 12월호, 100-105쪽.
19. 〈제주4.3평화공원〉 기본 설계 현상 공모는 2002년에 개최되었으며, ㈜공간종합건축사사무소가 최우수작품으로 선정되었다.

김. 저게 꼼페가 두 번을 했어요. 처음에 한 대상지는 좀 이제 조그맣게 해가지고 지역에서 그냥 그렇게 크게 터트리지 않고 꼼페를 했는데 그때 심사, 심사위원으로 위촉이 돼가지고, 위촉이 됐는데 참 상당히 힘든 그런 상황이 되더라고요. 여기저기서 자꾸 얘기가 들어오고 그래가지고 내가 도망가 버렸어, 심사 안 하고. 뭐 학교에 선배들도 뭐 들어 와가지고 뭐 그랬길래 심사하는 날 그냥 숨어버렸죠. 여행 가버렸어. (웃음)

우. 심사 거부하셨네요, 거부. 난처한 일이 좀 많으셨겠어요.

김. 예. 여기 뭐 좁은 데 있다 보면 그런 일이 막, 자꾸 있죠. 그것을 이제 한 다음에 "이건 4.3으로는 규모가 너무 적고 조그마한, 본 이벤트 하나 가지고 될 일 아니지 않냐." 도민에서 이제 여론이, "이게 무슨 그 사건인데 뭐 그런 정도냐." 해가지고 그냥 들고 일어나니까, 중앙정부에서도 어떻게 분위기가 또 저쪽, 배려 많이 받을 형편이 돼가지고. {**우.** 네.} 그거 백지화시키고 뭐 몇 만 평을 대상으로 해가지고 재설계.

우. 그래서 2차로 된 거예요. 땅을 넓혀가지고?

김. 그래서 2차 할 때는 좀 잘됐으면 하고 내가 기대를 했는데. {**우.** 네.} 심사위원에 김태일[20]이가 심사 들어갔다고 했었는데 건축 쪽에 심사위원들은 거기 가서 뭐 힘써보지도 못하고….

우. 김태일 교수님은 그때 뭐 온 지 얼마 안 됐는데도 심사위원이 됐네요. 2차 때.

전. 제주대학이 있으니까. {**김.** 응. 제주도에.} 그러니까 어디 쪽 사람들이 많았다고요, 심사를?

김. 현지에 뭐 유족회, 또 4.3연구소 팀, 뭐 이런 데 해가지고. 좋은, 좋은 안들이 다 나가떨어졌어요. 그것도 어디, 어디 흔적을 가지고 다시 한번씩 보여줄, 봤으면 하는 프로젝트들인데 그냥 없어져 버려서.

우. 낙선 안들을 좀 보고 싶어요.

김. 낙선작들.

미. 남아 있지 않을까요? 보통 그런 꼼페를 하면….

김. 있어요. 개인별로들 했으니까.

미. 그렇지 않나요? 그런 집, 도면집 같은 걸로 남아 있지 않나요?

김. 그런 것들에 대해가지고 얘기를.

우. 그러면 좋고, 아니었을 것 같은 확률도 있어요.

김. 지역의 건축에 대한 그런 얘기들이 주변에 그냥 이렇게 먹혀 들어갈

---

20. 김태일(金泰一, 1962-): 1995년부터 제주대학교 건축학과 교수로 재직하고 있다.

만한 그런 파워가 없으니까. {**우**. 네.} 그냥 그렇게 그렇게 쭉 지나가버리게 되는….

우. 그러면 아까 전시회도 여기 지하층에서 하셨고. 여기를 문화 공간으로 이렇게 사용하시고 그러신 거죠? 이 건물을.

김. 예. 여기 문화 포럼,《제주문화포럼》이라고. 그게 이 문화 프로그램하고가 연결된 게 그때쯤이었는데 저하고. 딴, 제주도에 하순애,[21] 여자분이 시작한 단체예요. {**우**. 네.} 그게 7, 80년대에 제주도의 문화적인 그런 현상들이 상당히 열악하니까 문화운동으로 시작은 한 단체인데, 98년, 99년 《건축문화의 해》. {**전**. 99년.} 네, 그때 이제 김정철[22] 회장님 때죠, 당시에. {**우**. 네.} 제주도 지역의, 지역 추진을 어제 잠깐 얘기 나왔던 강행생 선생님.[23] {**우**. 네.} 강, 누구야, 아들 이름이?

우. 강성원.

김. 성원이 아버지. 이 양반을 추진 위원장으로 하고. 집행 실무를, 내가 집행위원장 해가지고. 그때 제주도 건축사회 회장직도 제가 하고 있었고. 가협회 회장도 하고. 그런 입장이 돼가지고 집행위원장. 그 행사가 여기 지역 그냥 건축계가 전부 총괄해가지고 치르는 그런… 요새는 따로따로들 이렇게 노는데 섬 전체적으로 다 참여해가지고 그 행사가 됐어요. 그 행사 하면서 시민들하고 건축 얘기를 좀 해야 될 필요가 생기니까 이제 문화 포럼, 거기에 멤버들이 그 얘기들을 할 만한 그런 분들이 있어가지고 초대해가지고 건축 얘기를 시작한 게 그쪽으로 하고 얽히기 시작했어요. 그때가 그 단체가 시작돼가지고 한 10년쯤 되던 시기인데,《건축문화의 해》가 끝나고 나가지고 그쪽하고 연결돼서 같이 활동하는 상황이 됐어요. 문화단체, 시민단체가 힘드니까. 공간은 내가 가지고 있고 그러니까 여기 와가지고 딱 프로그램들이 그런 것들을 활용하기에 알맞으니까 여기 와가지고 있으라고 그래가지고 여기 온 게, 그때 그 직후에 바로《건축문화의 해》지나고 나가지고 얼마 없다가 여기 와가지고. 그 단체에 뭐 내가 이사장도 하게 되고 뭐 이래가지고, 와 있긴 했죠. 그러니까 거기 참여하는 인원들이 일반 시민들인데 건축 교실을 운영했어요. 그리고 건축 투어 프로그램이 해마다. 코로나 전에는 뭐 서원 기행도 가고 고찰 기행도 가고. 『문화유산 답사기』 이후로 그것들 되게 좋아하게 되니까. 그런 행사 하면서 저희들이 쭉 끌고 온 셈이죠. 그때 와가지고 지금, 이제 계속 있어야 될 것 같아.

---

21. 하순애(河順愛): 동아대학교 철학과에서 박사학위를 취득하였고, 사단법인 제주문화포럼 원장을 역임하였다.
22. 김정철(金正澈, 1932-2010):《'99건축문화의 해》조직위원회 위원장을 역임하였다.
23. 강행생(康幸生, 1939-2019):《'99건축문화의 해》제주지역 추진위원장을 역임하였다.

그 멤버들이 화가들, 또 글 쓰는 사람들.

전. 작가들하고.

김. 뭐, 처음 그 캠페인을 시작할 때 주된 행사가 이제 의식주에 대한 관심들. 음식 연구 뭐 이런 게 굉장히, 아줌마들이 많아요. 아줌마들이 많아가지고 그 분야가 아주 굉장히 활기 있게 돌아갔어요. {우. 중요하죠.} 제주도가 옛날 토속 음식, 이쪽 연구. 뭐 이런 거.

우. 그, 여기가 그래서 중심지가 됐는데, 건물 지을 때도 다 그런 걸 의식하시고 공간을 만드셨어요?

김. 예. 여기는 그런 문화 이벤트가 될 수 있는 그런… 저기 〈공간 사옥〉을 흉내 냈어요. (웃음)

우. 그러니까요. 예, 예.

김. 전시장 갤러리로 주로 쓰고. 화가들이 많이 참여할 수 있어가지고 전시 가끔 하고 그래요. 얼마 전에도 전시회. 문화포럼에서 이제 연례 기획으로 하는 주제의 전시회가 꼭 있으니까, 하고. 외국, 외국 화가들하고 교류도 하고.

우. 김수근 선생님이 그… 롤 모델이라고 하셨는데, 이렇게까지 철저하게 실천하시는 분은 처음 뵌 것 같아요.

김. 철저해요?

우. 이렇게 공간까지 만들어서. 보통 행동이나 뭐 이런 제스쳐나 이런 거는 많이 따라 하지만, 집을 지어서 그렇게까지 '공간사랑'을 이렇게 하시는 거는.

김석윤건축사사무소 사옥, 1992
건축사사무소 김건축 로고

김. (웃음) 아니, '여기 지역에는 그 일을 꼭 해야 될 입장이다'라고 이제 스스로, 스스로 이제 그렇게 생각을 했죠. 그게 우리 아버지한테 물려받은 그런 생각이에요. 우리 선친이 이제 그런 역할을, 뭐 이렇게 공간까지 마련해가지고 하지는 않았지만, "문화적으로 좀 빨리 깨야 된다"고 하는 그런 생각들을 펼치려고 많이 했고. 미술계의 또 사진계, 또 문화재, 그러니까 무슨 골동, 이런 데에 어른 노릇을 많이 했어요. 그 주변에 이제 그것들을 공부하라고 자꾸 시키고. {**우.** 선친께서요?} 네. 컬렉션을 좀 많이 했으면 내가 덕 봤을 텐데 컬렉션을 안 하고 다 줘버려. (웃음)

우. 또 그런 분들이 또 그러시더라고요.

전. 어제 말씀에 선친께서 중학교 2학년 때인가 돌아오셨다고 그랬잖아요? 일본에서. {**김.** 일본에서.} 네. 그러니까, 몇 년이 되는 겁니까? 50, 58년? {**김.** 58년.} 58년쯤 돌아오신 걸로 되는 거죠? {**김.** 네.} 그래서 돌아오셔가지고, 여기서 그럼 무슨 돈은 뭐로 버시고 어떤 단체를 만드셨어요?

김. 돈을 벌지는 못하시고. 내 기억에 돈을 벌었던 유일한 기억이 60년대, 이제 그 마을에서, 그때는 이제 귀국하시니까 얼마 없어가지고 지방선거….

전. 네, 자유당 정부에서.

김. 자유당 정부 말기에.

전. 예, 말기에. 선거에 나가셨어요?

김. 그때 이제 마을 단위로 공동체적인 그런 이렇게 운동들이, 분위기가 그랬어요. 그러니까 이제 지방의원을 하셨어요. 지방의원, 그러니까 제주도 의원. 4.19로 이제 민주정권 수립돼가지고 그 선거에 입후보해가지고, 이제 도의원이 되니까 도의원 수당 받은 것이 아마 우리 아버지 일생의 유일한 수입 아니었을까. (웃음)

전. 그러면, 그럼 그 할아버지가 물려준 재산을 평생 쓰신 거예요?

김. 그랬어요. {**전.** 소진을…} 환갑 때는… 환갑 때는 할아버지가 돌아가셨고. 아버님, 아버님이 거의 환갑 가까이 돼서도 할아버지가 용돈을 주시더라고. {**전.** 우와. 멋쟁이시네요.} 그런데 할아버지가 손자한테는 용돈 안 줘. (웃음)

우. 네… 오우, 멋있네. 그 기죽지 말라고 이제 주신 거 아니에요.

전. 아니, 할아버지는 경제적 기반이 뭐세요? 땅이에요?

김. 뭐 농사를 지었죠. {**전.** 땅.} 예. {**우.** 알뜰하셨네.} 그때 뭐 제주도에 뭐 좀 부자이긴 했는데, 뭐 돈 모은 거는, 젊었을 때 장사. {**전.** 할아버지께서.} 예. 장사. 그때는 제주도의 그 시대에는 오사카의 이쪽에 왔다 갔다 하면서, 사업들을 저기 포목 장사, 옷감 장사를 했대요. {**우.** 네.} 그래가지고 재산을 좀 많이 모아가지고. 꽤 많이 모았는데 뭐 어디에 투자해, 노름도 하다가 좀 잃어버리고. (웃음) 그래가지고 화북에 다시 고향 마을 그냥. 노년에는 밖에, 장사하다가 집어치우고 앉으셔가지고 이제 농사. 내가 자라니까 이제 농사만 짓고 계시더라고.

우. 그렇게 번 돈을 선친께서는 그림 사고 뭐, 그러신 거 아니에요, 지금? 골동품 사고.

김. 예, 예.

전. 무슨 단체도 만들고 그러셨어요?

김. 단체. 그때는 몇 분 안 계셨어요, 어른들이. 그리고 4.3 때문에 광주 쪽에 나가서 6.25 될 때까지 한 2년 반, 3년 피해 계시는 동안에 광주의 그 의재(毅齋)²⁴ 선생님.

우. 의재까지. 예, 예.

김. 목재(木齋)²⁵ 선생 같은 분들하고 교류를 하셔가지고.

전. 서화와 골동을 모으시기 시작했다. {**김.** 예, 예.} 그리고 그 사람들이랑 교류하고. {**우.** 서화, 골동.} 그래서 소암(素菴)²⁶ 선생하고도 그때 교류를 하고요.

김. 예, 예. 그리고 귀국하신 다음에도 주로 가가지고 이제 당신이 즐겨 하시는 건 광주 나가가지고 그분들하고 놀다 오시는 게. {**우.** 아, 멋지다.}

전. 의재 선생이 오래 살아 계셨으니까. 선친이 몇 년생이신 거죠?

김. 을사(乙巳). 을사생. {**미.** 1905년.} 05년 생. {**우.** 1905년 생.}

김. 남농(南農)²⁷ 선생님하고가 아주 그냥, 격이 없게 지냈어요. 진도. {**미.** 남농 선생님이요?} 남농.

우. 예. 어디 없어요? 잘 찾아보면? {**김.** 뭐 어떤?} 그림. 그림 좀 없어요?

김. 조금씩 있어요. 아버지 컬렉션 한 것들이 이제 조금씩 가지고 있고.

미. 추사 그림도 갖고 계시다고. 글씨? 추사의 글씨를 갖고 계신 건가요?

김. 그거는 가지고 있다가 누가 줘버렸어. (웃음) 그런데 그 대작은 아니고 서간(書簡). 그… 우리 성품이 좀, 성격이 그러세요. 이 물적인 거에 대해가지고 집착이 없으신 분이야. 와가지고 "아이고, 저거 마음에 듭니다. 참 좋습니다" 하면

---

24. 허백련(許百鍊, 1891-1977): 한국화가. 1949년에 대한민국미술전람회(이하 국전)에 초대작가로 추대되었고, 1960년에 대한민국예술원 회원이 되었다.
25. 허행면(1905-1966): 한국화가. 1939년에 조선미술전람회에 〈하경산수(夏景山水)-아지랭이〉로 입선하였다.
26. 현중화(玄中和, 1907-1997): 서예가이자 교육자. 1957년에 국전 입선을 시작으로 추천작가, 심사위원 등을 지냈으며 개인전을 개최하였다.
27. 허건(許楗, 1907-1987): 한국화가. 1952년부터 국전에 참가하여 추천작가, 초대작가, 심사위원 등으로 활동하였다.

"진짜, 너 이거 진짜 좋냐? 진짜 좋으면 줄게." 그래가지고 줘버려. (웃음)

전. 함자가 어떻게 되시나요?

김. 저희 아버지? {전. 예.} 광자, 추자라고 그랬지.

우. 맞아요. 어저께 말씀하셨죠.

전. 그래서 그러면 저, 돌아가신 해는?

김. 돌아가신 해가 83년.

전. 선생님도 이미 귀향하시고 난 다음에 같이 계시다가.

김. 예, 한참. 10년, 10년. 상당히 그냥 부드럽고 그런 분이셨어요. 어머니, 어머니의 고생, 여자들 고생은 시켰지만. (웃음) {우. 그러네요.}

전. 귀국하실 때 둘째 어머님도 모시고 같이 오셨어요? {김. 예, 예.} 책임감이 강하신 분이네요.

우. 대단하신 분인데요.

김. 그런데 좀, 뭔가 그거는… 도대체 이 양반이 왜 주위에서 왜 이렇게, 형제들끼리도 친척한테도 이렇게 존경만 받으실까 하면, 그게 이유에 대해가지고 무슨 이유인지 잘 모르겠어. {전. 네.} 그런데, 그게 그런데 그냥 하늘이 주신 것 같아.

우. 다 주셔서 그런 거 아니에요? "좋다"고 그러면… 뭐 좋다고 그러면 다 진짜로 좋다고 그러지 뭐. 어디서 "가짜다" 그럴 수는 없는 거죠.

김. 그, 그냥 이렇게 옷, 옷 입는 것도 참 깔끔하게 입으시고. 한복 입기 좋아하시고.

우. 한복을 입으셨어요? {김. 응.} 한복 입은 댄디셨군요.

김. 뭐, 액세서리도 그럴듯한 것만.

우. 보통이 아니시네요.

전. 지금 저희들이 오후에 저기 갔다가 이제 갈 수 있을 것 같은데, 화북에 있다는 생가는 그 아버님 생전에 고쳐놓으신 거에요?

김. 이미 원래 생가였던, 거기서 이제 젊을 때까지 거기서 지내시다가. 이제 일본에서 귀국하셔가지고는 이제 살림이 두 살림이 되니까. 이제 또 따로 이제, 말년은 하고. 저는 그냥 본가에 할아버지하고 같이 있게.

우. 따로 사셨어요, 그럼 나가서?

김. 네. 아버지는 동생하고 새어머니하고 그래가지고. 조금 떨어진 데에 게셨죠. 주로 이제 와가지고 여기에 미술 문화계에 있는 사람들 무슨 일 벌이면 가가지고 거기 후원해주는 거. 그때 그 제주도가 이제 열리기 시작해가지고 처음에는, 아무래도 광주, 목포, 이쪽하고 교류가 {전. 그렇죠.} 많았어요. 그러니까 특히 문화적으로는. 그런데 그쪽에서 이렇게 와가지고 순회하면서 전시하러 오잖아요. 그러면 "전시하겠습니다" 해가지고 저희 아버지 찾아와가지고 "어, 그래 괜찮아" 그러면 하는 거고 "저거 아닌데" 그러면 못 하는 거야. (웃음)

우. 그게 계속 이어지네요. 여기 보니 선생님께 《소정 변관식》 전시한다고 온 거 보니까.

김. 네. 소암 선생님은 저희 아버지보다 두 살 밑인데, 그 당시까지만 해도 당신 작업도 별로 이렇게 주목이 안 될 시기였고. {**전.** 그런가요…?} 별로 그렇게 알려지지 않았고 학교에서 선생님 하셨어요. 서귀포중학교. 서귀포에 고향이 있는 중학교의 서예 선생. 나중에 제주사범학교에 한문 서예 선생을 하셨는데. 그래도 시골에 이렇게 묻혀 있는 것처럼 돼 있는데, 저희 아버지는 좀 광주 쪽에 좀 먼저 {**전.** 교류가 있으니까.} 교류 있게 되니까 같이 어울리면서 더 알려지기 시작했죠. 그러니까 소암 선생님이 엄청 잘 모셔요. 두 분 이제 손 위라 그래가지고. 아버지 잘 모시고 그 덕택에 내가 소암 선생님한테 사랑을 많이 받았지.

전. 그렇구나.

김. 그 아버지 돌아가신 다음에도 불러가지고 다 잘하라고 격려도 해주시고.

우. 자, 그러면 오늘은 이 정도로 하고 답사를 가는 게 좋을 것 같습니다.

김. 그러시죠.

우. 오늘은 인터뷰는 여기까지 하겠습니다. 선생님, 감사합니다.

김. 수고하셨습니다.

4

답사 현장에서-2

일시. 2022년 12월 9일 목요일 오후 1시
장소. 화북포구, 김석윤 가옥, 현대미술관
구술. 김석윤
채록연구. 우동선, 전봉희, 김미현
촬영 및 기록. 김태형, 김준철

김석윤 가옥 조감, 2010년 촬영

〈제주도의 와가 김석윤 가옥〉(1913)

전. 해안선이 있었구나, 과거에는.

김. 탐라현령(耽羅縣令)¹ 때 보면 이 흔적은 그대로 있어요. 그려져 있어요. 저기 방파제는 경사가 좀 급했었는데, 사라호 태풍 때.

전. 아, 사라호 때. 58년, 예.²

김. 그때 다 허물어져서, 그 후에 쌓느라고 이렇게 다 좀, 평평하게, 경사가 심하게 됐어요.

전. 선생님, 제주도에선 땅 파서 돌을 캐면 다 저 돌입니까? {**김.** 예.} 전체가요? {**김.** 예.}

우. 멋지다. 대책이 없네. (웃음)

전. 전체가 다.

김. 예. 뭐, 저쪽, {**전.** 모래가 그 색깔이더라고요, 아닌 게 아니라.} 산방산 쪽 가면 성격이 조금 다른데. {**전.** 다른 돌이 있어요?} 그거는 기공, 기공이 좀 없는. 조면암이라 그러던가? 이쪽은 기공이 많고. 거기는 기공이 없는 돌들이 좀 있고.

우. 주상절리 그쪽은 못 건드리는 거잖아요? {**김.** 그렇죠.}

전. 아, 거기는 돌이 좀 다른 거겠구나.

김. 그런데, {**전.** 벽재로 쓰는 것들은 다 이거구나.} 파도, 파도에 금방 마모되더라고요. 그래서 지금 해안도로에 그, 판석 만들어서 보도로 쭉 깔았는데, 전부 그냥, 뼈대 드러난 것처럼. 다 마모되어서. 파도에서는 금방 씻기고, 파도, 젖어도 그냥 다 씻기는 것 같아요. 결정이 긴밀하질 못하니까.

미. 선생님, 여기서 오사카로 가는 배가 있었던 거예요? 여기 항에서?

김. 일제 때? {**미.** 네.} 아니, 항구가 없으니까 큰 배가 이렇게 제주도를 한 바퀴 돌면서, 마을마다 종선(從船)이라 그래서 작은 배가 들어가가지고. 여기들을 모아서. 저기 멀리 서 있으면 거기까지.

미. 아, 네, 네. 그러면 오사카에서 와서 제주를 한 바퀴 돌았다고요? {**김.** 예.} 너무 신기한데요.

전. 목포 앞바다에서 가는 배들도 작은 섬에는 접안을 못 하니까, 그 섬 앞에 서 있으면 작은 배가 와서. (웃음) {**우.** 실어 날랐구나.} 흑산도 가는 배가 쭉 지나가면.

---

1. 고려의 탐라군이 현으로 개편된 것은 1153년의 일이다.
2. 태풍 사라호로 1959년 9월 10일 밤부터 12일까지 제주시, 남제주군, 북제주군 일대에 가옥 침수, 도로 파손 등의 피해가 있었다.

미. 그러니까요. 여기서 여기까지가 내항이라고 그러면 여기까지 들어올 것 같지는 않고.

전. 큰 배가 여기는 지금 못 들어오죠.

우. 밑에 가 닿아서.

김. 우리는 어렸을 때 자라면서, 일본에 식구들이 있으니까. 옷이, 이거, 일제 실로 만든 거지. 아주, 다림질하면 그냥 줄이 쫙쫙 서는. (웃음)

미. 선생님, 어릴 때 사진 갖고 계세요? {**김.** 그런데, 그때는 카메라가 없어서.} 사진을 찍지는 못하셨고.

김. 찍긴 찍었는데, 별로 없어요. 우리 중고등학교 다닐 때만 해도, 조그마한 밀무역, 밀무역에 돈이 되는 품목이 바늘. {**미.** 일제 바늘. 네.} 바늘. 바늘이 부피도 크지 않고, 돈 벌기 딱 좋은 품목.

전. 그 뭐야, 조선시대 때 연경사(燕京使)들, 국경 갔다 오는 사람들. 그 사람들이 가장 많이 사 오는 게 바늘이래요. 제일 인기가 좋은 게 바늘. {**미.** 북경에서요?}

김. 한 주먹만 가져와도.

전. 그러니까. 오죽하면 조침문(弔針文)이라고 하는 게 나왔겠어요. {**김.** 예.} 물려받은 바늘을, 그게 중국 바늘인데, 정말 잘 쓰고 있다가 똑 부러지니까 눈물이 났다는 거죠.

(김석윤 생가로 이동하며)

미. 선생님은 이 동네에서 가장, 좋았던 기억이 어떤?

김. 뭐, 어렸을 때 기억이, 기억이야, 어릴 때 기억은 다 좋죠.

미. 아, 다 좋은, 여기는 다 좋은 기억만.

김. (웃음) 뭐, 좋은 기억만 있겠어요? 꺼림직한 것도 있고.

미. 네. 아니 뭐, 어느 특정 장소랑 관련된 좋은 기억이나, 어딜 보고, 어디를, '경치가 어디서 너무 좋았다'라든지, 그런 게 있을까요?

김. 여기, 경치는 변해버렸는데. 사봉, 사라봉, 제주십경[3]. 제주십경에 제일 마지막, 성산일출로 시작해서, '사봉낙조'(沙峰落照) 이래가지고 열댓목이 있거든요. {**미.** 네.} 사봉낙조가 가장 좋은 데가 저쪽, 포구. {**미.** 낙조가 좋은.} 예, 낙조. 특히 여름에 태양이 내려갈 때 아주 좋은데, 지금도 뭐, 참 좋은데, 항구가 이렇게 확장되면서, 포구가 이렇게 가려버리니까 좀 이상해지긴 했는데. 아직도 좋아요. 그거 보러 많이 와, 지금.

---

[3] 조선 말 제주의 학자였던 이한우(李漢雨)가 영주십경(瀛洲十景)으로 선정한 경승지를 뜻한다.

미. 그, 제주분들이 관광개발 사업 같은 게 딱 내려왔을 때요. 그러니까, 보문단지 팀들이 와서 이런 거를 하고, 개발한다. 이런 거를 할 때, 되게 좋아하셨나요?

김. 그때는 기대가, 엄청 부풀어. 뭐, 국가 전체가 다 그랬잖아요. 뭐, 새마을운동, 뭐 이래서. 뭔가 변화되고, 잘사는 것에 대한 기대들이 엄청 클 때니까.

(김석윤 생가에서)

전. 여기가 선생님 집인가요? {**김.** 예.} 얼마나 부잣집인지를, 부자였는지를 이제, 제일 한가운데 딱 차지하고 있네요. 그냥 이 집이라고 얘기할게요. 제가 화북 출신이 아니라.

김. 여기, 지금 이 자리가, 홍식이 할아버지 살던.

전. 아, 작은 집. 작은 집이라고 해야 하나, 큰 집이라 해야 하나.

김. 할아버지가 원래 생가고. 저쪽, 지금 동아아파트[4] 아래쪽에, 그쪽이 강병기 교수 생가고.

우. 누구요? {**전.** 강병기 교수님.}

김. 구획정리를 하면서, {**전.** 이 길을 새로 났어요, 그러면?} 이걸, 이 집이 허물, 아니, 도로에 접촉이 돼서, 허물리게 돼서. 그래서 김홍식한테, "야, 이거 없어지게 되면 어떡하냐, 살려야지." 그래서 문화재로 지정. 그때.

전. 그래서 그러면, 집이 약간 옆으로 나간 거예요?

김. 삐뚤어졌죠. 저쪽, 큰길에서부터. 저 길이 직선으로 내려오다가, 이렇게 틀었죠.

전. 길이 바뀌었다고. 잘린 게 아니라.

태. (돌담을 보며) 따로 몰탈을 바르거나 그런 건 아니네요?

김. 이게 보강하느라고. 허물어지지 않게. 지금 벌어지고 있잖아요. 손봐야 하는데. 이걸 어떻게 허물지 않게 하려고. 돌 쌓을 때 경사를 상당히 줘야 해요. 안 그러면 자꾸 무너져서. 신용하 교수님 아시죠? {**전.** 네.} 저기, {**우.** 저기도 제주 사람이에요?} 원래, 강병기 교수님 생가를 거기 할아버지가 받아가지고 거기서. 같은 집이야. 신용하 교수 어머님이 강 씨에요.

우. 아, 고집 센 사람이 거의 다 화북이군요. (웃음)

김. 신용하 교수 증조할아버지의 기념, 공원을 그 증조부가 만든 거예요. 신 선생. 이분이 신용하 선생 증조할아버지예요.

우. 그 사람이 전기 놔줬다는 사람이에요?

---

4. 제주 제주시 화북일동 진남로4길 30-3에 위치하고 있다.

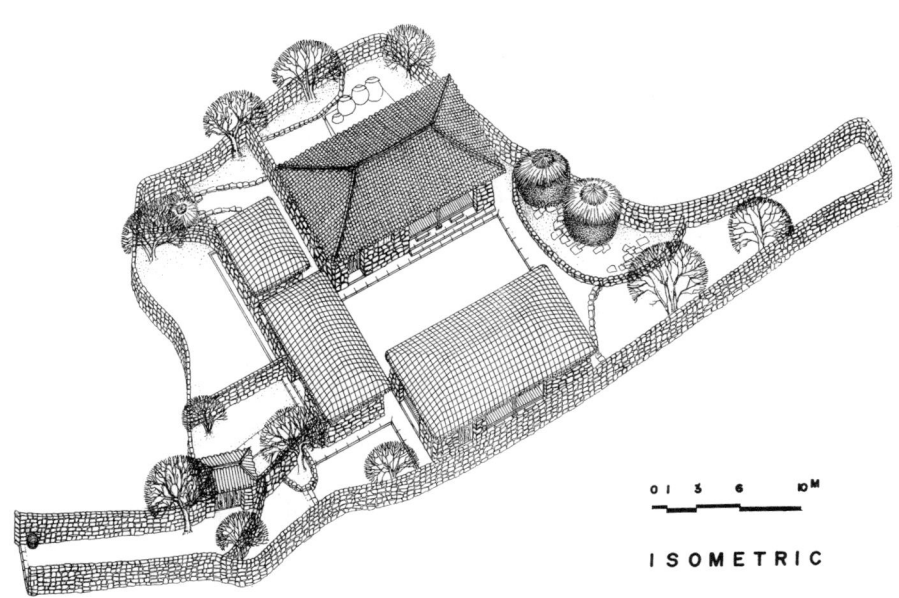
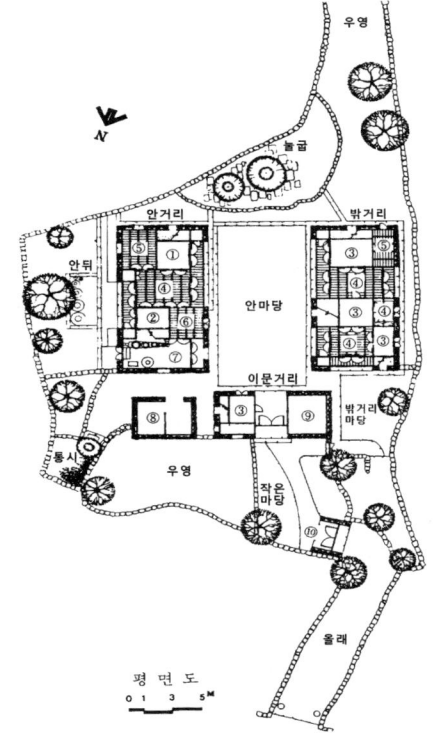

김석윤 가옥 투상도, 2010
김석윤 가옥 전체 평면도, 2010

김. 아, 그건 여기 재일교포들.

전. 청풍대, 여기 지명이 청풍이에요?

김. 예. 여기 지명이 청풍. 마을 동네, 공회당 지을 때 헌금한 사람들 기념비인데. 이 공회당이 4.3 때 지서가 됐다가, 지서. 4.3 때. 그러니까 이제, 그, 관련 인물들이 공격해서 불타버렸지. 그 자리가 바로 여기 밑에.

전. 조금 아래요.

김. 예. 그 자리에 있던 비석을 여기로 옮긴 거예요. 여름에는 마을 사람들이 나무 밑에 다 모이죠.

전. 역시 김 씨들이 많네요. 주민 구성이 김 씨들이 많아. 우리나라 전체 김 씨들이 많겠지만.

김. 여기에, 김 씨가 한 세 갈래 있어요. 빈집이에요. 비어 있는 집이라.

태. 현재 이 모습은 몇 년도부터의 모습인가요? 이게, 이 채까지 들어가는 게요.

김. 이렇게 바꾼 게 한, 80년? 80년대. 이게 손본 게 2010년에 손보고.[5]

전. 집 전체를 한번 들어 올리신 거예요? 이게 제주도 집에서 이렇게 밑에 댓돌이랑 기단석이 있는 경우는 못 본 거 같은데요.

김. 그러니까 연도별로, 제일 늦게 지은 것 같아요.

전. 아, 나중에 지을수록 좀 더 올리나요?

김. 뭐, 지형도 그렇고. 안, 밖거리가 그냥 이렇게 높지 않은, 같긴 한데. {**전.** 안거리, 밖거리.} 이런 경우가 거의 없어요. {**전.** 없어요.} 여기, 여기가 제일, 뭐, 연도 보니까 제일 늦어요.

전. 1900, 아까… 여기는 워낙 와가였고, 여기는 초가였고.

김. 초가였고. 저쪽 이 앞에, 큰할아버지 집이 있는데, 거기는 한 채가 더 와가가. 초가가 한 동만 초가고.

전. 얘를 '이문간'[6]이라고 부른다고요? {**김.** 예, 예.} 그리고 대문은 원래 따로 있었어요?

김. 예. 배치는 똑같아요. {**전.** 네.} 여기 옆에 있는 데. 제주 한옥인데. 굉장히 좀 소박해요.

미. 너무 멋있는데요.

전. 아니에요. 제가 가본 집 중에서 제일 좋은 것 같아요.

---

5. 〈김석윤 가옥〉 보수공사는 2010년 1월부터 2010년 10월까지 제주특별자치도의 시행으로 진행되었다.
6. 문간채를 말한다.

김. 뭐 이렇게, 기교 부린 게 하나도 없고.

미. 어디서 주무셨어요, 선생님은?

김. 이쪽(안거리), 반쪽이 아버지가 주로 쓰던 공간이었고. 나는 어머니하고 이쪽(밖거리), 이 방 썼죠. 어렸을 때. 아버지 돌아가신 다음에는 내가 이제 이쪽으로 와서.

전. 여기는, 할아버지가, {**김.** 할아버지, 할머니.} 쓰시고. {**김.** 예.} 들어가 봐도 되죠?

김. 예. 문, 열까요? {**전.** 예.} 이쪽으로.

김석윤 가옥 안거리, 1980년대 중반 모습
김석윤 가옥 안거리, 현재 모습

우. 관리가 잘되어 있네요. 한 단을 올라가면.

전. 처음 봤어요. 기단이랑 댓돌이랑.

김. 예. 이렇게 높게 있는. 거기가 창고 칸이었는데, 방으로 만들었어요.

전. 전에는 이 방을 무슨 방으로 두셨어요?

김. 여기가 큰방. 안방이죠.

우. 할아버지가 계신 거예요? 아, 할머니가 여기?

김. 할아버지.

전. 할아버지. 여기는 원래, 창고.

김. 창고였어요. 고팡7, 고방.

전. 그리고 상방이 그러면.

김. 여기가, 찬방이라고, 찬방. 저쪽에. 머리 조심하세요. 네 칸 집.

우. 학위 논문을 선생님 댁 가지고 쓰신 거네요? 민가의 특성.

김. 그렇죠. 우리 집하고, 친척 집하고. (웃음)

전. 그러면 끝나는 거네. {**우.** 이건 너무한데요. (웃음)} 그럼 찬방에서는, 여기서 식사도 하셨어요? {**김.** 식사를 하죠.} 여기도 입식으로 바꿔 놓으셨구나.

김. 예. 배수, 배관 때문에. 입식으로.

전. 안에만 바꾸셨네. 겉에랑 구조는 그대로 두고.

김. 원래는 토방(土房)이었어요, 그냥.

전. 음. 저기까지 쭉. 아궁이는 저기 있었고. {**김.** 예.} 여기 벽이 있었어요, 없었어요?

김. 벽 없었어요. 벽이, {**전.** 외벽이에요? 저기가?} 벽이, 이렇게 있었어요. {**전.** 아, 그렇죠.} 여기, 바깥에 가. {**전.** 없이.} 뒷간이.

우. 여기가 흙바닥이었어요, 그러면 원래?

전. 여기 전체가 다.

김. 흙바닥이었어요.

우. 여기가 이렇게 만나네.

전. 을해(乙亥)잖아. 아까 35년인가 뭐, 그렇죠?

김. 14년이 맞을 거예요. {**전.** 14년이요.} 예. 아버지 8살일 때 딱.

우. SA 할 때도 이 집 와서 다 구경했어요? 98년도에? {**김.** SA 때 여기 못 왔죠.} 못 왔어요? 너무 멀어서요?

김. 예. 여기 이제, 제주도에 가끔 태풍이 오면, 이게 없으면 아주 뭐. 태풍

---

7. 고팡: 제주지역의 전통 가옥에서 곡식 등을 보관하는 공간으로 안방(구들) 뒤에 배치되었다.

올 때면 아주 뭐, (웃음) 전투, 전투.

전. 변소는 저쪽에 있었어요? {**김.** 예?} 변소.

김. 변소? 저기에. 변소 자리 그대로. 거기다가 그냥 개량해서 만들었어요.

전. 아. 그리고 전에는 예전 변소 쓰셨어요? 그, 돼지 키우는. {**김.** 그랬었죠, 예.} 변소가, 변소 바닥이 이만큼 있죠?

김. 아니, 저기가 깊었어요. 저쪽이. 아주 깊었는데 다 채워져서. 푹 들어가서.

전. 거기 돼지들이 있다가. {**김.** 저 도로 레벨하고 거의 같은. 변소 바닥은 여기 맞고요.}

김. 예. 바닥은 이 레벨 정도.

전. 한두 단만 더 올라갔고. 이만큼 정도 차이가 났겠네요, 돼지 있는 데하고 변소 바닥하고.

미. 아, 여기가 화장실.

김. 원래 돈변소가 있던 자리에요.

전. 이 문간에는 누가 살았어요?

김. 여기는, 방 하나. 작은 게 하나. 여기는 헛간이에요. 주로 이제 방아. {**전.** 무슨 방아요? 돌리는 거?} 아니, 절구질하는. 방아, 농기구, 멍석 같은 것 쌓아놓고. 방이 이 작은 방이었는데. 그냥 뭐, 손님이 쓰거나 아니면, 심부름하는 사람 살고.

전. 하인을 두고 있지는 않으셨어요?

김. 하인이, 제주도에는 제대로 된 하인이 없었죠. 그냥. 제주도 사투리로 도사리.

전. 도사리. 그러면 새경 받고 연 단위로 계약직.

김. 예. 그런 정도. 독립. 자기 취사 다 따로 하고. 도사리. 도는 들어가는 입구 쪽을 '도'라고 하는데. 입구 쪽에 산다고 그래서 도사리, 도사리라고 하는데. 농사 크게 할 때는 이 사람들이 있게 되는데. 저희 클 때까지도 이제, 그런 사람이 나이 든 젊은이가 살았었어요.

전. 입구에 골목은 원래 어땠어요? {**김.** 어디요?} 골목. 입구 골목이요. {**김.** 골목은 길었지.} 골목이 나기 전에는 어땠어요?

김. 저 앞이 입구죠. {**전.** 자리는 그대로고?} 그대로고.

전. 그대로고, 이 골목 이렇게 앞으로 나와 있었고요. {**김.** 골목이.} 이쪽은 막혔네. 이렇게 돌아갔어요? 어떻게 됐어요? {**김.** 저 건너.} 절로 나갔어요? 이렇게? 음.

김. 저기 지금 '주차금지' 있는, 그 땅에, 여기가 입구인데.

전. 윗길이구나, 저게. 그럼 저기서 이렇게 들어왔어요?

김. 예. 이렇게 들어왔죠. 저쪽 길. 저쪽 길. 저쪽이 길 다르잖아요. 그게 길.

전. 그러면 여기도 집이, 다른 집이 하나 있었고요? {**김.** 예.} 이쪽에도 집이 있었고. {**김.** 여기는 밭인데.} 밭이 여기. 집이 잘려서.

김. 예. 여기 같이 집에 붙어 있는, 우리 소유의 밭.

전. 예. 이거는 진짜 오래된 향나무인데요?

김. 예. 집에 지을 때보단, 좀 그때 좀 큰 거 가져다가 심었을 테니까 나이가 더 들었지. {**전.** 예.} 저기까지가 같은 밭이었어요. 붙어서.

전. 이렇게, 이렇게. {**김.** 예.} 그럼 이 주차장은 지금 누구한테 내준 겁니까?

김. 아, 이거는 구획정리 해서 대지로 바뀌니까 제가 시에다가, 도에다가 주차장으로 팔아버렸죠.

전. 그러면 저렇게까지가 집터였고. {**김.** 그냥 텃밭.} 그러니까 텃밭. 집에서 갖고 있는. 와, 정말 마을 안에서 제일 큰 집이네요.

김. 저쪽 건너 주차장 땅도 그랬어요. 붙은 땅이었어요. {**전.** 아, 붙어 있는.} 할아버지가 가지고 있는.

전. 그리고 옛길은 저 길이었고. {**김.** 예.} 그러면 저 길 따라서 쭉 이렇게, 학교 가실 때.

김. 예. 저쪽에 들어오는 골목이 한 20미터 됐어요.

전. 그러니까 이런 길이 깨지니까 이 동네가 어떻게 됐는지를 모르겠어요. 이게 이렇게 들어와야.

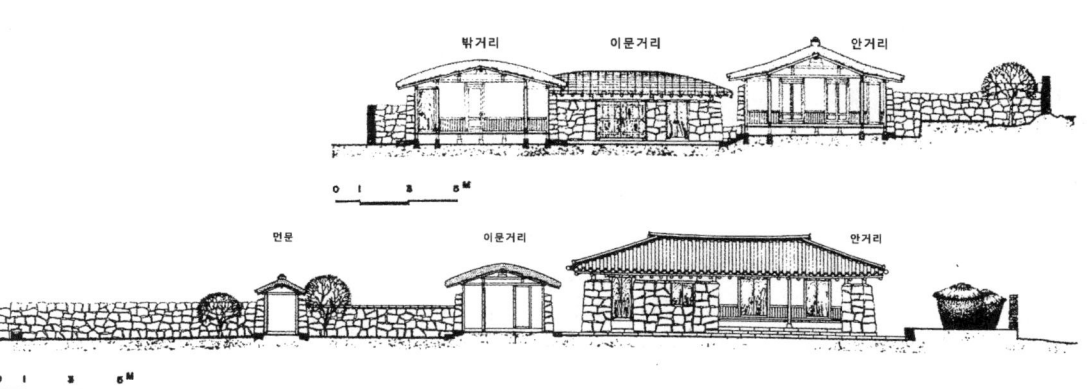

김석윤 가옥 종단면도, 2010

우. (문을) 잠그셔야 될 것 같은데요.

김. 예, 잠그죠.

(식당으로 이동하며)

전. 아, 저기 나무가 또 있네요. 여기가 뭐가 제법.

김. 저기가 밭이었, 저기까지 밭이었는데. 구획정리하면서 체비지(替費地)로 잘라서.

전. 그러니까 이게 옛길이, 옛길 모양이.

우. 이게 옛날 길이에요?

김. 옛길.

전. 그런데 이게 팍 자르고 들어오니까, 이게 얘기가, 전혀 다른 얘기가 돼버렸지. 그러네, 그렇죠? 이제 보이죠, 그러니까 집이, 얼마나 큰 집이었는지 알겠죠, 이제. (웃음)

(식당 도착)

전. 제주 인구가 늘어나도, 출생으로 늘어나는 게 아니라 이주로 늘어나는 거죠?

김. 이주가, 이주가 비중이 높아요.

전. 다들 제주도에 살고 싶어 하니까요.

김. 이 동네, 이 동네도 꽤 많이 들어와 있어요. 저쪽 변두리에, 좀 조용한 데에 자리들 잡아서. 여기는 마을이 구획정리로 반쯤 깨졌지만, 기존의 토착 조직이 아직 깨지지 않고 좀 있어요. 그런데 이제….

전. 아, 예. 외지인이 못 들어오네요.

김. 상당히 더 폐쇄적으로 되지. 마을에 제상들이 있고 그래서, 돈 때문에 울타리가 생기잖아요.

전. 그 선생님 건물에 있는 김영갑[8], 사진 찍는. 그 친구가 쓴 글을 읽어보면, 아주, 마을에 못 들어가서 고생했던 얘기들이. 절대로 외지인 안 넣어준다고.

김. 그런 강박 관념들이 상당 부분 있었어요. 그런데, 조선 말기에 또, 해방, 일제 때도 그렇고. 대개 제주도 유입 오는 사람들이, 저기서 이제 밀려난 사람들이 오거든요.

전. 그렇죠. 사고 치고 오는 사람이 많죠.

---

8. 김영갑(金永甲, 1957-2005): 1985년부터 제주에 정착하여 2002년에 김영갑갤러리두모악을 개관하였다. 김영갑의 정착에 관해서는, 「고향이 어디꽈? 빈방 없수다」, 『그 섬에 내가 있었네』(휴먼앤북스, 2004), 52-58쪽 참조.

김. 사고 치고. 그런 사고들을 많이 경험들 하니까, 다 경계하죠.

전. 어느 마을이나 마찬가지구나. 외지인을 쉽게 받아들일 수는 없지. 시간이 필요하죠.

김. 대개 다, 우리 선조들도 보면, 이제 다, 호남에서 온 선조들인데. 그런데도 묘하게 지금 전라도에 대해 가지는 반감들이 있는 게. 좀 비난하는 친구들이 들어오고, 60년대 쌀 파동 때, 제주도에 아주 대거 유입되거든요, 전라도인이. 그래서 해남촌[9]이 생겨. {**미.** 해남촌이요.} 이제 지금은 그 이름은 거의 안 쓰고, 기억하는 사람들 우리 세대나 기억들 하고 그러는데. 지금 사라봉 밑에, 항구 쪽, 포구 쪽, 절벽 위에 가 그 해남촌.

전. 해남 사람들이 와서요.

김. 예. 집단적으로 이렇게. 그래서 좀, 조금 몇 대 올라가면은 전부 피가 호남 피인데. 광주에서 왔다고 그러면 안 좋아하고 그래. 지금도 그런 사람들이 있어. 거꾸로 올라가 보면 증조나 고조 쪽에 전부 지금 거기서 왔을 건데. (웃음) 오지 말라고.

전. 6.25 때 피난민들은 주로, 휴전 후에 많이 올라갔겠지만 남은 사람들도 있을 텐데. 한때는 그 사람들 정착촌도 있었죠? 어느 쪽에들 주로 많이 갔어요?

김. 김진균 선생 살았다는 그 동네. 저쪽 하천, 제주 원도심 동서로 이렇게 하천이 있는데, 서쪽 하천이 병문천이에요. 그 연변에 그 촌이, 집단적으로 만들어졌었지.

전. 집이 없던 건데 그 사람들이 와서 집을 짓고 산 거죠?

김. 막 그냥, 판자촌처럼들. 거기 떠나서 이제 많이 비어. 정착, 6.25 이후에 정착한 인구가 그렇게 많지는 않아요. {**전.** 아, 많이 돌아갔어요?} 예. 많이 돌아가고. 우리 학교 같이 다니던 친구들, 고아원 출신들도 그렇고, 정착한 친구들이 별로 없어요. 드물게 몇 남아 있어서 성공한 사람들이 드문드문 있는데. 여기 와서 좀, 빨리 정착한 사람들. 대부분 금은방 한 사람들이 그냥 남더라고요. 그때는 돈 많이, 빨리 버는 모양이에요. 금은방에 6.25 때 와서 정착한 사람들이 좀. 서북청년단 출신들 여기 와서, 이 마을에도 지금, 여기서 장가들어서. 4.3 평정하는 거기 참가들하고 난 다음에 가서 장가들고. 그런 집이 한 세 집 있어요. 북한에서 와서.

전. 결혼할 때 문제가 돼요? {**김.** 별로 안 좋아하죠.} 신경 써요?

김. 안 좋아하지만, 그냥 어떻게 어떻게들 하는 거지.

---

9. 해남촌은 건입동에서 시작되어 사라봉 아래까지 공간적으로 확장되었는데, 1980년대 중반 도시개발에 의해 해체되었다.

전. 요즘 애들은 모를 거고.

김. 거의 모르죠. 거의 모르고, 대개 정착한 사람들 보면 상당히 좀, 친화성이 있는 양반들.

전. 그래서 호남 사람들이. (웃음)

김. 여기 와서 지금 그 후대도 잘들 정착. 외가 쪽 연결해서 잘 섞여진 집안들이 있죠.

전. 옛날에 그, 『순이 삼촌』인가? 썼던 사람이 누구죠?

김. 현기영[10].

전. 예. 그 사람도 여기 사람인 거죠? {**김.** 노형(출신).} 하긴 뭐, 현 씨들. 아, 아까 제가 말씀드렸던 그 학생이 현 씨였어요. 그래서 제가 제주도냐고 물어봤더니 제주도라고 하더라고요.

김. 현 씨면 서귀포일 확률이 많아요. 서귀포가 훨씬 많고. 노형, 화북에 현 씨하고 노형 현 씨가 있고, 서귀포에도. 현 씨가 해방 후에, 현 씨 집안에서 국회의원, 이런 양반이 한, 세 번인가? 나왔어요. 우리 가까운 선배로 현경대[11]. {**전.** 예. 의원 하셨던 분.} 예. 국회의원 여러 번 하고. 그래서 현 씨 종친회가 결집력이, 빵빵해요. 경제 쪽, 경제계에는 한라산 소주, 거기 사주. 거기도 현 씨고.

전. 원래 제주가 토성은 아닌가요? 현 씨들이? 다른 데도 있나?

김. 들어온 지 꽤 오래됐어요. 현기영, 현경대가 동기생이에요. 고등학교 동기.

우. 거기도 오현고등학교에요?

김. 오현고등학교.

전. 아니, 우리 동기가 서귀포에서 유학을 왔다니까, 오현으로. 중학교까지는 거기서 나오고. 그러니까 제주도 내에서는 다 모이는 거지. 어디든. {**우.** 말이 안 되는데.} 그러니까, 얘네들, 고등학교에 출퇴근, 통학 못 했을 테니까 자취를 했다는 거겠죠? 학교 앞에서?

김. 자취, 자취들 많이 했어요.

전. 그때. 얘네들이 독립심이 강해. 집을 일찍부터 떠나 있어서. (웃음) 순환도로가, 일주도로가 먼저예요, 넘어가는 도로가 먼저예요?

김. 일주도로가 먼저죠. {**전.** 그게 먼저죠.} 일본 사람들. 이거는 일본….

전. 5.16 도로가 처음이에요?

---

10. 현기영(玄基榮, 1941-): 소설가. 제주 4·3사건을 바탕으로 『순이 삼촌』을 썼다.
11. 현경대(玄敬大, 1939-): 정치인. 제11, 12, 14, 15, 16대 국회의원을 역임하였다.

김. 5.16 도로가, 30년대, 30년대 중반. 중일전쟁 대비해서 여기에 관동군 오잖아요. 이 사람들이 만들어 놓은 군사도로예요. 넘어가는 거 하고, 하치마키[12] 도로라고 해서, 중턱으로 이렇게 한 바퀴 돌리는 거. {**전**. 하치마치 도로라고 했어요?} 하치마키.

전. 하치마키. '하치'가 뭐죠? '마키'는, {**김**. 배.} '감는다'는 뜻이고. {**김**. 배에 감는다고, 허리에.} 복권도로.

김. 예. 그때 만들어놓은. 일주도로는 이제, 일찍 만들어서 주민들 생활에 상당히 활용 크게 됐고. {**전**. 마을 길을 다 이어주니까.} 이어주니까. {**전**. 그걸로 다 잇더라고요.} 그러니까 서귀포 가려면 뭐, 그때 차 타가지고 3시간은 가야 했으니까. {**전**. 다 들렀다 가니까.} 다 들렀다.

전. 그게 먼저고. 군사도로로 하치마키.

김. 군사 도로가 포장된 것이 5.16 군사정권 들어서서 그 이후에 개통해서. 60년대 초?

전. 아무튼 지금은 길들이 좋아져서, 마을 간 이동이나 지역 간 이동은 되게 빠른데. 정작 막히는 건 다 들어와서. (웃음)

김. 여기서, 러시아워 때는요, 시내 나가려면은 한 30분 이상 걸려요.

전. 그러니까요. 진짜 답답한 게, 여기 다 왔는데 못 가니까. 오히려 먼 데는 금방 가는데, 길이 좋아서. (웃음) 그래서 제주 여행 전문가가 해놓은 거 보면, 그래서 제주는 먼 거리나 가까운 거리나 의미가 없대요.

김. 어저께 관사, 그 옆에 좁은 길. 빨리 와서 그 길 아는 사람들이 빨리 빠지려고 더 몰리는 길이에요.

태. 쌀 파동과 보릿고개는 다른 의미인가요?

전. 쌀 파동은 그해의 얘기고, 보릿고개는 매년 있는 얘기고.

김. 쌀 파동은 그때 한 번 있고, 그 이후로 그런 파동은 별로 없었던 것 같아. 그때는 대단했어요. 집에 밥을 못 해줘서 하숙집에서들 방학 빨리 하자고. (웃음)

우. 그래도 이 마을이 좀 넉넉한 것 같아요. 저쪽은 조금, 그렇지 않은 느낌이지만, 여기는 좀 부유했을 것 같아요.

김. 이 다음 마을은 좀, 여기보다 조금 더 나아요. 해수욕장이 있어서. 여기보다 좀 더 낫고. 거기 또 신시가지를 많이 개발해놔서, 조금 더 활기가 있고, 사람도 많고. 지금, 원도심 가까운 마을로는 상당히, 제일 조용한 데가 여기예요. {**전**. 첫 번째 마을인 거죠?} 예. 첫 번째 마을인데 침체된 게, 그것 때문에

---

12. 하치마키(はちまき, 鉢卷): 머리를 수건 등으로 동여매는 일 또는 그 천.

이상하게 좀 오해가, 저 집 때문에 좀, 안 좋아하는 사람들이 있어요.

전. 음. 거기 개발을 해야 하는데, {**김.** (웃음) 문화재 때문에 묶였다고.} 문화재가 가운데 차지하고 있다 이거죠.

김. 마을에서는 뒤에서 구시렁구시렁하고.

전. 엉뚱한 말씀은 아니네요.

김. 그게 상대적으로 좀, 박탈감 같이 받아들여서. 이쪽, 저 건넛마을만 가도 이렇게, 발전소가 거기 있어요. 그러니까 한전에서 마을에, {**우.** 보상을 해주는군요.} 보상을 엄청 해주는 거야. 그 마을에서 조금 위에는 저기, 쓰레기 처리장. 그러니까 또 거기는 마을이 부자야. 엄청 지원하고 투자도 많이 해주고. 그런데 여기는… (웃음) 개발되면서 큰, 개인사업체 개발 프로젝트 들어가는 데들은, 그냥 이렇게, 노출 안 되게 마을에다가 돈들을 많이 줘서 생각지 않은 돈맛 보는 마을들이 많아요. 그런데 그것들을 또 좋아해서, 부러워하지, 부러워하지. 그러니까 이 마을은 불만이 많아. 지원을 안 해주니까. 옆에 마을에 가면 뭐 이렇게, 목욕 시설도 크게 해서. 발전소에서 지어주니까, 대중목욕탕을 아주 대단위로 지어서 마을 사람들이 그거 다 이용하고, 지역의 수입원으로도 쓰고. 그러니까 관광개발 때문에 이렇게 동네의 생각들이 이상해진 성향들이 있어요.

전. 그렇죠. 아무래도. 관광의 비중이 크기는 굉장히 크겠네요. {**김.** 어디요?} 관광의 비중이 굉장히 크겠어요.

김. 많이 커졌어요. 이제는 뭐, 관광 의존도가.

전. 그러니까요. 이번에 코로나 때문에 더 좋아졌잖아요. 더 좋아진 게, 위험한 게 또 (사람이) 빠지면 바로 피해를 받으니까. {**김.** 예.} 중국인들 들어온 것도 그렇고.

우. 그 성당 설계하실 때 신자가 되신 거예요? 아니면 그 전부터?

전. 교회도 하셨는데? (웃음)

김. 신자가 되기 전에 성당을 했고. 〈성산포 성당〉 거기를 하고 나서, 'ME(Marriage Encounter) 프로그램'을 먼저 했어요. 'ME 프로그램' 한 다음에 세례 받고 나서 〈신제주 성당〉 설계를 했죠.

전. 제주 올레 한 사람도 제주 사람이에요?

김. 예. 『시사주간』. 거기, {**전.** 거기 기자 출신?} 출신. 여자.

전. 아니, 그런데 진짜로 아이디어가 좋잖아요. 그래서 대성공을 거둔 거고요.

김. 거기가 피난민 정착한 사람이더라.

우. 그것 때문에 정말 많이 왔잖아요?

전. 엄청나게 많이 오고. 아니, 규슈에서도, 규슈에.

김. 예. 규슈 올레. 규슈 올레, 거기도 하고.

전. 가봤어요. {**우.** 아, 따라 한 거예요, 규슈가?} 규슈가… 마크를 똑같이 달아서. {**김.** 거기다가 줬어요. 노하우를.} 마크를 똑같이 해서. {**김.** 똑같아요.} 이게 왜 여기 있냐. (웃음)

김. 제휴해서. 지금 제주대학교의 흐름이, 호남 쪽으로 연결이 아니고 저쪽으로. 내부적으로 부산대학 출신들이. 수산학부 그쪽으로 해서. 건축과도 그 바람으로.

전. 그렇구나, 그래서 부산대, 부산 애들이 오고 그러는 거군요.

김. 예. 공대 출발이 수산학부로부터 시작하고. 그래서 공대에서 건축과가 생긴 거죠. {**전.** 그러네.}

(김태식 건물 이야기)

태. 아, 선생님 그리고, 김태식 선생님 건물이 여기 남아 있나요?

김. 김태식 선생 건물이 둘 남아 있어요, 둘.

태. 극장 건물하고….

김. 호텔하고. 극장이, 극장이라고 하기보다는, 그냥, 이것저것, 실내체육관 기능도 있고, 영화관, 행사. 주로, 복합.[13] {**태.** 그거는 지금 뭔가 보존하려고…} 시민회관을 철거하기로 해서. 그거를 같이 이렇게 좀, 연속성을 반영해서 신축하는 걸로 해서 콤페 해서 지금 하나 뽑아놨어요.

태. 아, 그럼 걔는 철거가 완전히 돼버리고, 다른 건물이 들어오는….

김. 그, 주 구조물 몇 개 가져서 옛날 흔적 남기고.

태. 그 건물, 건물 자료 같은 거 조사할 수 있는 방법이 있나요?

김. 그거 지금, 아카이브 만들고 있어요.

태. 아, 하고 있나요? 다행입니다.

김. 김태일 교수가 하고 있어요. 관에서 뭐, 자금 지원 받은 모양이야.

(〈제주현대미술관〉으로 이동하며)

전. 저지에 문화예술인 마을? 그런 것 있잖아요. {**김.** 예.} 그거는 그냥 시민단체들이 만든 거예요? {**김.** 아니, 군에서.} 아, 군에서. 그래서, 그 사람들 오면 좀 지원을 주고 그랬어요?

김. 그거를, 아까 그 SA 할 때 못 만났다는 군수, 그 양반이 벌인 사업인데. 이 문화예술인들한테 우선 분양권을 줘서. 그것이 곶자왈, 군유지, 못 쓰는

---

13. 건축가 김태식은 제주도에 〈구 제주관광호텔〉(1962)과 〈제주시민회관〉(1964)을 설계하였다.

땅이거든요. 거기다가 그걸 분양을 해줘서.

전. 그게 저지오름하고는 조금 떨어져 있나요? {**김.** 떨어져 있어요. 한 1킬로미터.} 그런데 저는 거기는 못 가고, 저지오름은 한번 올라갔다가 내려와서 봤는데, 저지오름 밑으로도 작은 집들이 쭉 있는데 느낌이 분위기가 되게 좋더라고요.

김. 오름 밑으로 마을이 있었고. 거기는 마을이 없어서 좀, 한적한. 농사도 안 되고, 곶자왈. 예술인들한테 싸게들 줬지, 땅을. 지금 꽤 돈 됐지. 그거에 앞장서서 심부름 좀 열심히 한, 김홍식이 마누라가 그걸 열심히 심부름해서.

전. 선장헌(船匠軒)[14]도 그 근처인가요? {**김.** 거기죠, 거기.} 거긴가요? {**김.** 예.} 선장헌을 한번 가봤는데. 언제 갔지? 하여튼 김홍식 선생님이랑 같이 한번 선장헌도 갔었어요.

김. 가나화랑에 팔았대요, 그걸.

전. 여기가 문화예술인 마을이네요.

김. 예. 저기 이타미 준. 이거. {**전.** 저기요?} 예.

전. 이타미 준이 자기 집이라고 지은 거예요?

김. 아니요, 유이화 씨가 지금, 뮤지엄 지은 거.

전. 아, 저기다가 했다는 게 저거예요? 이번에 개관했다는 게? {**김.** 예.}

우. 김창열미술관도 있구나.

김. 이리로 들어갑시다. 여긴 김창열. 지금 (미술관에서) 제주 비엔날레 중이어서.

〈제주 현대미술관〉(2006)

전. 그, 〈지사 공관〉은 어떻게 했길래, 이렇게 했더니 결로 다 있어서. 이런 물갈기 한 것처럼.

김. 예. 그건 톱이 좀 다른 톱이었던 것 같아요. 이런 구멍이 없고 매끈하게 됐었는데.

전. 이거는, 그러니까 제주 돌인 거죠? {**김.** 제주 돌.} 제주도에서는 쓸 수가 있어요, 이 돌을?

김. 이때 이 제품을 개발해서, 이렇게 장려할 때야, 아주. {**전.** 아, 장려할 때요. (웃음)} 장려할 때 이거를, 조달청에 납품 재료로 지정해서.

전. 아. 그런데 육지에서는 이거 막 쓰고 싶어서 몰래 하다가 중국 걸로 다.

김. 그런데 자원이 부족해서, 뭐 중국 것, 베트남 것, 뭐 이렇게 많이 오니까.

---

14. 김홍식이 설계한 선장헌(船匠軒)은 저지예술정보화마을에 있다.

안전시설 하느라고. 저기 이제.

전. 예. 아무튼 저렇게 나왔었던 기억이 나네요. 안 보고 가면 서운할 뻔했어요. {**김.** 예. (웃음)} 그때는 건물 본다는 생각은 못 했는데… 저기서 여기까지 다시 이렇게.

김. 저쪽 뒤로 넘어가 야외공연장.

전. 아, 그렇죠. 아까 저 지붕 있는. 천막.

김. 예, 예. 건물 저, 한 덩어리가 무대 뒤에 이렇게, {**전.** 배경처럼.} 배경처럼 되고.

전. 이쪽은 교육동 같은 곳인가요?

김. 아니요, 여기도 전시실이에요. 교육, 세미나실은 저쪽 1층 밑에. 관리 부분하고 같이 있고. 관리는 저기, 입구에서부터 밑으로, {**전.** 내려가서.} 예. 내려가서.

전. 저리로 지금 들어갔었죠?

김. 예. 처음에는. 금년이 10주년.

전. 아, 그 정도 되나요?

김. 처음에 개관해서, 개관 바로 후에 전시가 그 민족작가협회에서 전시했는데. 그때 저 대나무로 엮는 작업하는, 첫 작업. 어떻게 작업이 저 자리에 딱 알맞다고 그래서. 여기 기증받은 것 같아요. 이 돌 이렇게 생긴 질감하고 대나무 질감하고 또 유사하고 그래서.

전. 곶자왈이 보통명사죠? 그렇죠? 고유명사가 아니죠?

김. 보통명사죠.

전. 그렇죠? 아까 말씀하신 대로 농경지로도 쓰지 못하고, 뭐도 못하고.

김. 나무도 잘 크질 않고. 불 때는 용밖에 안 되는 용도.

전. 이거는 이타미 준 설계예요?

김. 아니, 유이화 씨. {**전.** 유이화 씨 설계예요?} 예. 현대미술관에서 했던 전시품 가지고 전시하는 것 같아요. {**전.** 아, 그래요?} 예. 김 교수님 영상도 쓰고 있는 것 아닌가?

전. 그런데, 〈방주교회〉가 괜찮더라고요. 우리한테 잘 없는.

그때 어디서였는지, 그 안을 한번 들어가 봤어요. 그, 〈포도호텔〉 말고 그 뒤에, 이렇게 빌라 단지 있죠. {**김.** 예. 단지 안에.} 단지 안에 한번 들어가 봤어요.

김. 초기에는 다, 열어줬었거든요. 그런데 입주자들이 그걸 이제 막아서 일정 날짜만 열어뒀다가. 그것도 안 해서 이제, 잠갔어요. 요새, 공개 안 하고 있을 거예요. 그 안에 이제 도로 일부가 공로로 되어 있어서. 공로 가지고 서귀포시에서는 "공개를 해라." 주민은 "막았으면 좋겠다." 개인권 때문에 상당히 불편이 많으니까. 그런데 주민이 졌어. 또 상고해서 재판을 계속하고 있는지는 모르겠는데, 1심에서 져서.

전. 선생님의 주택들이 있는데, 우리가 이번에 주택을 하나도 못 봤네요.

김. 못 봤죠. 몇 개 오래돼도 남아 있는 게, 좀, 여기 있는 사람들은 그냥 잘 단장하면서 그냥 계속 쓰더라고요. 그런데 뭐, 사업하다가 망한 사람들은 집 다 부숴버리고 없어요. 몇 개 남아 있어요.

전. 이쪽 편이, 제주도 저쪽 편보다 이쪽 편이 조금 더 풍요롭다는 거잖아요? {**김**. 예.} 농사도 좀 더 잘되고.

김. 예. 여기는 조금 중산간이어서 좀, 목축 위주인데. 좀 밑에, 이 바로 밑에 명월진성(明月鎭城) 있는 데 거든요. 그쪽 땅, 넓기도 하고.

전. 그래, 4.3 때 이 사람들이 중산간으로 도망을 간 거죠? 위로 올라간 거죠? 군인들이 아랫마을을 잡고.

김. 군인들이, 중산간, {**전**.까지 못 올라갔나요?} 피한 거지. 피해 간 거지. 산으로. 산쪽 올라간 사람들이 같은 주민들이니까, 따라서. 올라가고, 중산 마을을 군인들이 다 불태워 버리지. 산에서들 숨어 있다가 잡혀서 내려오고. 산에 올라간 사람도 뭐, 젊은 사람들뿐만 아니고 동네 노인네들, 어린애들 다 올라갔었지.

전. 중산간 마을은 그때 이후에 다 새로 지은 마을이라고.

김. 예, 예. 중산간 마을 사람들이, 엄청들 피해 많이 봤죠. 해안 가까이, 일주도로 연변에 있는 마을들은 자체 내에서들 이렇게 성 쌓아서 방위들을 하고. 여기는 다 버렸지. 다 불태우고 다 내려오라고. 사람들이 내려오니까 내려오지 않고 산으로 올라간 사람들이 있다고. 우리, 4.3 경험한 사람 중에 한 10년 선배가 있는데, 산으로 올라가면서 조카, 누님이 애들이 둘이어서 조카를 하나 업고, 누님이 업고 그래서 갔는데. 조카를 도망 다니면서 떨어뜨렸대요. 그래서, 나중에 쫓기다가 떨어뜨려서 놓쳐서, 벗어나가지고 그걸 찾느라고, 그런데 못 찾았다고. 젖먹이 조카 잃어버려서. 도저히 못 찾겠대.

전. 6.25 때도 그랬잖아요. 1.4 후퇴 때. 눈앞에서 이렇게 멀어지는 것 보이고. 대만에 갔더니 똑같은 게 있더라고요. 2.28. 거기도 상황이…. 한림공원 있잖아요, 한림공원. {**김**. 한림공원, 예.} 그거 만드신 분도 제주분이세요?

김. 예. 그 마을분.

전. 그 마을분이에요? {**김**. 예.} 이번에 오랜만에 갔거든요? {**김**. 어디서?} 이번에, 올해. {**김**. 공원을 봤어요?} 그 안에 식물원 해놓고. 그거를 보니까, 졸업여행이나 신혼, 저는 신혼여행 때 일로 왔는데, 88년에. 이때 가보고 한 30 몇 년 만에 왔어요. 잘했던데요.

김. 그, 열심히, 아들이 이어받아서 지금.

전. 어쩜 이분도 참 대단한 분이다. 새삼 그걸 갖다가 느끼게 됐어요. 그 시절에 이걸 할 생각을 하셨을까. 그때는 돈이 좀 됐겠죠?

김. 아니, 엄청 시간 오래 걸렸어요. 당시에는 손으로 다 만들어서 공원으로 개장하기까지 시간이 한참 걸렸고. 개장한 다음에, 더 넓히고.

전. 요즘은 사람이 뜸하더라고요.

김. 요새는 테마공원들이 좀 많이 생겨서. 그 친구는 후배인데, 거기 아들이 셋이에요. 큰아들이 건설부에 국장까지 하고 물러나서, 건설공제조합 이사장도 하고 그랬어요, 큰아들. 그런데, 외국으로 돌아다니고 뭐 이러다 보니까 점점 관심이 없어서, 둘째가 맡아서 경영하다가. 얼마 전에 작은아들이 맡아서 몇 년

제주 현대미술관 외부투시도
제주 현대미술관 전경

하는데. 또, 다시 공동대표 사장해서 또, 좀 어떻게, 변신하는, 테마공원의 변신을 시도해보려고 콤페 해서, 이렇게. "대구에 뭐 〈사유원〉이 생겼던데 그런 데도 가보고, 그런 식으로 해서 좀, 건축 프로그램도 사이에 끼고, 예술 프로그램을 넣어서 좀 해보면 어떠냐" 그랬더니. "가보겠습니다" 하면서. 좀 다듬어서 얘깃거리를 만들려 그러면, 예술 콘텐츠가 좀 어디 꼈으면.

전. 바탕이 좋으니까요. {**김.** 예.} 바탕이 좋더라고요. 역시, 예전에 잡은 거라서. 예전엔 이시돌[15] 목장에서 무슨, 밍크인가, 앙골라인가 무슨 천 만들지 않았어?

김. 수직, 수직.[16]

전. 이제는 안 하는 거죠?

김. 이제, {**전.** 누가 했다고요?} 장사가 안 돼서 그만뒀어요.

전. 마을 주민들한테 시킨 거예요?

김. 그렇게 사람들 모아서 시켰죠. 70년대에 좀, 그게, 돈이 됐어요.

전. 그게 상당히 비싼 가격에, 다른 것보다 훨씬 비싼 가격에 팔렸어요.

김. 양모 스웨터, 꽤 팔렸는데, 가벼운 합성 섬유들 나오면서. 수직 스웨터가 그때는 하나씩은 가지고 있어야 되는. (웃음) 직판장 시내에 있고. 이시돌에 최근에 우유공장 하나, {**전.** 지었어요?} 지었는데, 승효상 선생. 아까 그, 그 마을, 지난 데, 금덕 마을. 바로 위쪽에, 얼마 떨어지지 않아서.

(공항에 도착하여)

김. 그럼 여기서, 작별하시죠.

우. 예, 선생님. 덕분에 아주, 재밌었습니다.

김. 연락 주십시오, 나중에. 수고하셨습니다.

전. 곧이어서, 서울이든 제주든 이어서 해야 할 것 같아요. 일정 연락 드리겠습니다. 선생님, 감사합니다.

김. 예. 수고했어요.

---

15. (재)이시돌농촌개발협회는 패트릭 제임스 맥그린치(P.J. Mcglinchey, 한국명 임피제) 신부의 주도로 1961년부터 성이시돌 목장 건설과 '개척농가' 사업(금악, 선흘, 월평에서)을 진행하였다

16. 한림수직은 1959년에 성 이시돌 목장에서 시작하였으나 2005년 재정난으로 폐업하였다.

제주 현대미술관 주출입구
제주 현대미술관 1층 기획전시실
제주 현대미술관 2층 기획전시실

5

제주 민가 연구

일시. 2023년 2월 28일 화요일 오전 10시
장소. 목천문화재단 회의실
구술. 김석윤
채록연구. 우동선, 전봉희, 최원준
촬영 및 기록. 김태형, 김준철

김승택 씨 주택 전경, 1984

우. 오늘은 크게 세 덩어리일 수 있겠는데요. 선생님이 민가 연구를 많이 하셨어요. 그러면서 제주의 지역성을 제주도의 민가에서 찾으려고 하셨습니다. 그런 얘기를 들려주시고요. 그게 주로 석박사 논문하고 또 여러 글을 많이 쓰셨는데요. 그런 쪽에서도 드러날 것 같고요. 그거 한번 좀 여쭙고 싶고. 또 한 가지는 그런 작업하고, 선생님이 주택을 많이 설계하셨는데 그게 주택하고 어떻게 연결이 될지 그것도 궁금하고요. 그게 크게 보면 두 가지, 크게 보면 하나지만 내용적으로는 두 개일 것 같고요. 또 한 가지는 지난번에 제주도에 가서 보여주신 데에서, 거기서 주신 책 중에서 제주 포럼이었나요?《제주문화포럼》. {**김.** 네.}《제주문화포럼》을 중심으로 그리고 또 건축 외에 여러분들하고, 문화계 인사들하고 또 많은 교분을 나누셨어요. 거기서 주로 하신 게 건축에 관한 강연도 많이 하셨고 그다음에 답사, 기행 이런 것을 또 이끄셨어요. 그래서 그것이 또 선생님의 건축하고 어떻게 연결이 되는가? 그렇게 궁금해져요. 그러니까 오늘은, 그 공부하신 내용들을 이제 이론과 실천에서 어떻게 바라보고 계셨는지 그런 게 궁금합니다.

김. 공부, 쉰 지가 오래돼가지고. (웃음) 기억이, 기억이 잘 나지 않을, 않을 것 같아.

우. 시작하겠습니다. 오늘이 2023년 2월 28일이고요. 10시 20분경부터 김석윤 선생님을 모시고 제3차 구술채록을 시작하도록 하겠습니다. 지난번에 1, 2차에서 많은 말씀을 들려주셔서 무척 흥미로웠는데, 이제 그것의 갈래를 잡는 일이 중요할 것 같아요. 오늘 오전에는, 선생님께서 민가 연구를 많이 하셨어요. 그래서 그 관계를 여쭤보려고 하는데요. 제가 찾은 걸로는 1986년 12월에 내고 1987년 2월에 학위를 받으셨을 거라고 생각이 되는데, 국민대학교에서「제주도 주택의 의장적 성격에 관한 연구: 조선 후기 와가를 중심으로」라는 논문을 내셨어요. 이때 지도 교수가 서상우[1] 교수님이셨고 국민대학에 이재우, 정재철, 이재환, 박길룡, 이런 분들이 계셨고요. 그 감사의 글에 보니까 최영기, 심영훈, 변영환, 이런 분들이 도와주셨다고 나옵니다. 나중에 또 이 석사학위 논문을 회상하시는 글에서는 이재우 교수님을 좀 많이 강조하셨어요. 많이 영향을 받으신 건지. 그리고 최영기라는 분이 그 조선시대 불천위(不遷位)에 대해서 이제 연구를 하셨더라고요. {**김.** 예.} 이분이 좀 도움을 주셨던 걸로 기억이 되는데요. 이 석사학위 논문부터 말씀을 풀어가고자 합니다. 학위를 하시려고 매주 그 비행기를 타고 다니셨다고 하고요. 이게 6년, 7년 걸리셨네요, 석사학위 논문까지.

---

1. 서상우(徐商雨, 1937-): 1976년부터 2002년까지 국민대학교 건축학과 교수를 역임하였다.

김. 예, 시간이 좀 걸렸습니다. (웃음)

우. 왜 갑자기 공부를 하게 되셨고, 이 주제를 어떻게 정하시게 된 건지 여쭙고 싶습니다.

김. 공부, 대학원에 입학하게 된 동기는, 결정적인 동기가 서상우 교수님이 80년대 초인데, 무슨 일로 제주도에 오셨어요. {**우.** 예.} 오셔가지고 사무실을 찾아오셨더라고요. 그래. 오셔가지고, 제주도 와가지고 아마 그냥 바로 오시면서 저를 찾아온 게 아니고, 제주도로 이렇게 다른 일 보면서 이렇게 뭐 구경하고 난 다음에 찾아오신 것 같아요. 그 제주도 와보니까 "참 열심히 일 잘하고 있는데 이제 작업한 것에 대해가지고 좀 정리를 해가지고 나름의 얘기, 건축 얘기를 만들어내는 일을 해야 될 거 아니냐, 대학원에 와라." 그래가지고 대학원 가게 됐죠. {**우.** 네.} 그런데 그때 80년대 초반에 상당히 서울 출입하는 것이 편하고 쉬웠어요. 그때 내 입장에서는, 환경에서는. 비행기 삯도 별로 비싸 보이지 않고. 또 학교 일주일에 한 번 오는 게 힐링하러 오는 것도 같고. 일에서 벗어나가지고. 매일 쫓기다가 아침에 비행기를 타고 나면 참 그렇게 머리가 맑아지고. 서울에 와가지고 서울에 있는 친구들의 얘기를 들으면 또 주위들을 얘기도 많고. 열심히 다녔죠. 재미있게 다니긴 다녔는데 논문을 쓰려고 그러니까 이게 잘 안 되는 거야. 미루고 미루고 하다가, 막바지 2학기에 안 쓰면 안 되니까 꼭 쓰라고 그래가지고 논문을 썼는데. 충분히 제주도의 전통적인 걸 근거를 가져가지고 얘기를 한 거를 그냥 의도를 그렇게 두고 시작한 일이니까 당연히 그렇게 되는데 이거를 이재우 교수님이 그때 그 시기에, {**우.** 네.} 박사 학위를 그 시기에 받으셨어요.

우. 와세다 대학에서 하셨죠?

김. 네. 박사 논문을 한국의 민가, 농촌 건축의 변화에 대해가지고 박사 논문을 쓰셨는데, 제가 학교 다닐 때, 석사과정 다녔는데 한참 후였어요. 그래서 논문 나오니까 이제 논문도 주시고 그러는데 논문 내용에 새마을운동으로 해가지고 지금 한국 농촌 건축이 변화하는 양상이 돼가지고 조사를 하고. 그 논문 내용이 그거예요.. 그게 여기 반도 지역의 민가들에 대한 얘기니까 제주도는 우리가 하고 (논문과는) 이렇게 대비적으로 이렇게, 아주 비교해가지고 특성을 만들어내기가 좋은 대상이 됐죠. 그래서 그분 박사 논문이 상당히 도움이 됐어요. 비교하면서. {**우.** 예.} 공간의 구성의 차이라든지, 그, 뭔가 주택의 작업 공간하고 생활 공간하고, 공간의 짜임새에 대한 분석들이 많아지고. {**우.** 예.} 제주도의 민가도 그런 공간 구성에 대한 쪽으로서의 시각은 그때까지 그런 얘기가 없었던 때거든요. {**우.** 예.} 그렇게 제주도 문화를, 얘기를, 주거 문화를, 바탕을 얘기를 하면서 반도의 민가하고의 대비를 시켜가지고 특성을 이렇게 만들어내. 그렇게 해가지고 석사 논문을. 그런데 최영기[2] 교수가 나중에 석사 같이 다니고. 그 후에 박사까지 국민대학교에서 했는데 박사 논문은 불천위(不遷位). {우. 네.} 그런데, 그 제주도의 문화가 양반문화하고 상당히 대조적이에요. 유교성이 상당히 좀 희박하니까. 그런데 최영기 양반은 경주 아주 양반집, 아주 대단한 선비 집안이에요. 그 최 씨. 경주 최 씨 집안이에요. 경주의 문화원장도 하고, 현지에 가가지고 교편도 잡고 그러더라고. 그러다가. 그런 유교 문화하고 대비적인 그런 내용들이 상당히 흥미롭고 저한테는 도움이 많이 됐죠. {우. 대비적으로요.} 그분하고는 대학원에서 만남으로 시작돼가지고 내가 박사학위 논문 쓸 때는 경주에 가가지고 상당 시간, {우. 네.} 그분의 도움을 받으면서 경주에 한 두 달쯤 머물렀어요.

우. 아, 그건 박사 논문 때죠, 선생님? {김. 예.} 박사 논문까지 이제 인연이.

김. 상당히 제주도하고는 색다른 이런 것들이 재미있더라고요. 말부터가, 제주도는, 제주도 사투리가 상당히 투박하고, {우. 예.} 유교적인 예절의 시각으로 봐가지고는 이게 말이 안 되는 거예요. 아주 좀 상스럽지. 격조가 없고. (웃음) 경주에서 그 최, 최 박사 집에서 동생들하고 같이 이렇게 내 논문 쓰면서 같이 지내고 그러는데, 거의 양반들의 말투, 언어 구사하는 거 보고 참 굉장히 충격적이었어요. 제주도 사람들의 시각에서 보면 '야, 이거 대단한 차이구나.' 최 교수 동생이, 뭐 이렇게 집에서, 밖에 형하고 이제 같이 이렇게 집에 들어가면은, "형님, 차 한 잔 올리니껴?" (웃음) 제주도는 그런 표현 안 하거든요. 우리 동생들, "차 먹고 가?" 뭐 이런 정도지.

우. 아, 이런 게 뭐랄까, 질서? 그런 게 좀 다른 거네요?

김. 예. 이게, "올리니껴?" 하는 거는 뭐, 제사 때, 조상한테 올리는, (웃음) 뭐 그런 정도 수준의 표현이죠. 제주도는 그렇게 안 하거든요. 뭐 아무튼 "차 드시겠습니까?" 정도 하면 그건 대단한 거고.

우. 그 석사 논문에서 13채의 집을 조사를 하셨어요. 그때 화북동, 신천리, 신촌리 이제 이렇게.

김. 하고 조천, 그 정도인데. 그, 제주도의 민가의 아주 기본 형태는, 제주에서 주변에 같이 이제 관심 있는 선배들하고 식구들하고 이제 이런 얘기들을 하면서 "제주도의 대표적인 주거 형태는 안, 밖거리 집이다"라고 하는 거를 아주 기정사실화했어요, 우리들끼리. {우. 예.} 안거리, 밖거리가 마주 있고, 생활은, 경제 단위는 따로 해가지고 세대별로. 부모 세대하고 자식 세대하고

---

2. 최영기는 경주전문대학과 서라벌대학 건축과에서 교수를 지냈고, 2011년부터 2017년까지 신라문화유산연구원 원장을 지냈다.

이렇게 부분 생활하고 하는 것이 일차적인 제주도의 민가의 원형이고. 그다음 변화로 이제 그 와가(瓦家). {**우**. 네.} 후기 이제, 대개 18, 19세기에 들어와가지고 지어진, 좀 후기. 그때에는, 그때 와가지고 이제 제주도가 조금 이제 생활이 나아진단 말이에요, 역사적으로. 제주도는 농사로는 먹고살기는 힘든 곳이니까, 장사들을, 이제 국가에서도 '중산층 정책' 쓰고 뭐 그러면서 조선 후기에. 그런 공부는 김홍식 교수한테 이제 얘기도 듣고 이제 많이.

전. 김홍식 선생님.

우. 네. 그래가지고, 그러면 얘기가 이제 넘어가는데, 박사학위 논문이 1996년에 『19세기 제주도 민가의 변형과 건축적 특성에 관한 연구』로 되어 있고, 명지대에서 하셨고요. 김홍식 교수님이 지도 교수를 하셨네요. {**김**. 예.} 그런데 이래도 되는, 됩니까?

김. 안 되는 거지. (웃음) 그게 박사까지 하려고 한 생각은, 그건 어쩌다가 그냥 형식을 갖추느라고 한 건데, 그걸 하려고 한 게 아니고 석사 논문으로 충분했었죠. 그런데 석사 논문 끝나니까 국민대학교에서 석사 했는데 우리 또 홍식이 교수가 이제 동생뻘이니까 와가지고 "아, 형님. 박사 논문까지 쓰십시오, 쓰십시오" 그러는데, 그러면 "야, 동생뻘 되는 사람한테 지도 교수로 해가지고 박사 내고 있으면 그 모양새가 되냐, 안 되냐" 그래가지고 그때 최춘환[3] 교수님을 지도 교수로 해가지고 박사 과정에 들어가긴 했어요. 그런데 이 양반이 돌아가셨다고 해서.

우. 아, 예. 중간에 돌아가셔서요?

김. 예, 끝나기 전에 돌아가시니까 이제 안 할 수는 없고. 그러니까 거의 아마 논문이 안 될 걸로 포기한 상태였는데. 제주대학교에 교수를 해 볼 생각이 좀 있었어요. '늦게 저희 대학교에 건축과가 생기니까 박사 과정 했던 거 매듭도 짓고 해가지고 서류 만들어가지고 한번 내볼까' 하는… 그거 갖추느라고 억지로 얻은 거죠. 그냥 박사 학위, 뭐 논문 같지도 않고. 어디다 내놓기 부끄러운 글인데….

우. 아니, 저는 재밌게 봤어요. 그렇게 말씀하시면 안 되고. 거기서 인상 깊었던 게 "제주도 주거 형태의 물리적 특성은 전부 바람의 영향이라고 할 만큼 많다." 그러고서 이렇게 학위 논문에서 하시고서 나중에 보면, 2014년쯤에 가면은 《바람이 만든 제주의 공간》 이런 걸 또 답사 주제로 삼으셨어요. 그래서 "제주 건축의, 건축이 바람에 대해서 생겨났다"고 지적하신 게 너무

---

3. 최춘환(崔椿煥, 1934-1996): 1967년부터 명지대학교 건축학과 교수를 지냈으며 한국건축역사학회 제2대(1993-1994) 회장을 역임하였다.

흥미로웠는데요. 그 말씀을 해주시면 좋을 것 같아요.

김. 뭐, 제주도 집은 자리 잡는 것부터 시작했을까? 바람, 바람인 것 같아요. 그리고 뭐, 고전 건축이 전부 이제 '별동 건축'인데. 별동 건축으로 형식이 아주 정형화되고 굳어지는 것도 바람 영향으로 보는 게 맞을 것 같고요. 이게 꺾이면은 바람이 휘몰아치니까, 그 공간, 공간이 참 만들어내기가 좀 쉽지가 않죠.

우. 그래서 'ㄱ'자 집이 없는 거예요, 제주도는?

김. 예. 'ㄱ'자 집이 없는 이유는 뭐 바람하고, 기술하고. 이 두 개가 제일 큰 걸로 보입니다. 'ㄱ'자로 만드는 게 구조 기술은 상당히 고급이어야 되는 그런 형태니까. 근데 별동으로 해가지고 오랫동안 그 특성이 그냥 쭉 이렇게 전래되는 거는 바람으로밖에 설명 안 될 것 같아요. 집하고 집 사이로 이제 이렇게 바람이 들어오면 빠져야 되니까. 형태부터, 자리 잡기 위해서부터, 그래서 이렇게 배치하는 거 전부, 이렇게 공간 조직하는 게 바람. 뭐, 공부 수준이 그 정도밖에 안 되니까. (웃음)

전. 바람의 방향을 예측할 수 있나요? {김. 그렇죠.} 예측할 수 있죠? {김. 예측되죠.} 이(한라산의) 경사랑 관계가 됩니까?

김. 바람의 방향이 몇 가지 주된 바람 방향이 지역마다 다 (있어요.)

전. 그러면 집을, 그 집을 놓을 때 바람에 이렇게 맞대서 놓습니까? 옆으로. {김. 피해서 놓죠, 예.} 바람골이 두 건물 사이로 지나가게 배치를 합니까?

김. 예, 예. 옆으로 차라고.

전. 바람, 그 지역 사람들은 당연히 어느 쪽으로 많이 분다는 걸 아니까요. {김. 어느 동네, 어느 동네는….} 그게 두 건물 사이로 지나가게요. {김. 예.} 바람 방향에 평행하게.

김. 이 동네, 이 동네는 이 바람이 드센 동네. 무슨 바람. 바람, 바람의 종류도, 내가 쓴 내용에도 그런 것들이 있는데, 바람의 이름도 상당히 다양하고.

우. 그것도 엄청 많더라고요, 예.

전. 어느 계절에는 어느 바람 불고요.

김. 바람 이름도 재밌고. {우. 예.} 마파람, 샛바람, 하늬바람. 하늬바람도 뭐 섯하늬바람이 있고 또 하늬바람 하고 또 조금씩, 조금씩 또 세분해요.

우. 신샛바람, 서밑바람, 동마바람, 늣사바람, 샛바람, 마파람, 갈바람. 이걸 다 찾으셨네요. 그, 집도 그렇지만 그 돌담에 대해서도, 그것도 바람을 이렇게 막는, 막으면서 공간을 "구획한다." 이렇게 설명하신 것도 흥미로웠습니다.

김. 돌담. 바람만 가려놓으면 제주도는, 저 어렸을 때, 저기, 기억으로는 크리스마스가 되는, 12월, 1월 그 정도에도 들에 나가가지고 그냥 낮잠도 자고 그래요. 따뜻해가지고. 바람, 바람… {전. 볕만 있으면…} 예, 가려 있으면. 제주도 얘기니까 그냥 생활하면서 얻은 체험하고 뭐 이렇게 관련지어가지고 그냥 글 써놓은 거죠.

우. 너무 흥미로웠어요. 그런데 그 와중에 지금 석사 논문하고 박사 논문 얘기가 다 나와 버렸는데, 중간에 석사학위 논문을 하시고 나서는 1987년에 「제주 건축의 향토성 개념 적립과 보급 방안 확대 연구」를 하셨고요. {김. 예, 예.} 그거를, 그거를 강행생 선생님하고 미술하시는 문기선[4] 선생님, 이렇게 해서 세 분이서 연구를 하셨네요.

김. 그때는 관청에서, 그러니까 제주도에서도 '제주도의 건축의 전통적인 요소들을 지속시키기 위해가지고 어떤 정책들을 준비해야 될까' 하는 관심이 굉장히 높았어요. 그런 것들에 대해가지고 접근하는 방법은 그렇게 능숙하지 않으니까, 마침 석사 논문 끝난 다음에 시기적으로 크게 바깥으로 애깃거리가 돼가지고 소문이 나고 그러니까, {우. 네.} 도에서 건축 심의 제도가 그때 또 시행돼버렸잖아요, 전국적으로. 제주도는 특히나 관광개발에 대한 관심이 집중돼 있을 때니까. 그 기준을 만들어가지고 건축 심의를 강화시키고, 거기에 얘기들이 이제 좀 "구체화시켜가지고 기준을 만들자." {우. 네.} 그래가지고 논문 쓴 걸 바탕으로 해가지고 제주도의 향토성. {우. 네.} 건축의 개념 정립하고, 보급하고. 그런 목적으로 용역을 받았어요, 도에서. 그때 당시에는 제주도의 전문대학 건축과가 건축 교육에 상위 학교였으니까 거기에 강행생 교수님하고. 문기선 교수님은 제주대학교의 미술학과를 만드신 어른이신데 조각 전공을 하셨고. 그때까지는 제주도청의 무슨 조형물이나 무슨 문화재 관련한 업무들에 어른 노릇 하시던 분이. 그런 것들을 이제 글로 쓰고 먹으려고 그러면, 건축 쪽에서 그걸 해야 한다고 그래가지고 아마 도에다가 얘기한 거는 그분이 얘기를 했던 것 같아요. 그런 동기를 만들어주셨으니까 같이. {우. 예.} 그리고 이제 조각 전공을 했으니까 또 조형 문제에 대해가지고는 공통 관심사, 관심을 가지는 어른이고 그래가지고. 또 성과품을 만들어가지고 바깥으로 내놓더라도 그분이 좀 이름이 가치 있고 이래야 주변에서 받아들이는 수준도 달라지고 그럴 테니까, 셋이서 했습니다, 그걸. 근거로 해가지고 제주도의 건축 심의, 심의 기준을 만들었죠.

전. 내용도 좀 기억하시는 게 있으세요?

김. 그(심의) 속에 기준을 만들었어요. '제주도 건축의 전통적인 것의

---

4. 문기선(文基善, 1933-2018): 조각가. 제주대학교 미술교육과 초대 과장, 한국미술협회 제주도지회 지회장(제6대·8대·9대), 제주조각가협회 초대회장을 역임하였다.

특징은 형태적인 특성은 이런 것들이 있고, 공간적인 특성은 이런 것들이 있고. 공법적인 것들은 이런 것들이 있고. 또 미학적으로 이렇게 마감 같은 거, 질감, 색조, 이런 것들은 이러이러한 것이 우리의 어떤 근접된 생각들이다.' 이런 쪽으로 해야 된다고 하는 기준을 만들어가지고. 상당 시간 오래 그거를 적용해가지고 건축 심의도 했어요. 그게 이제 자연히 부작용이 나오게 되죠. 너무 획일화시키는 그런. 지금도 그거에 대해가지고, 요새는 그런데, 중간까지만 해도 지금도 지구 단위 계획에 보면 도시 설계하는 사람들이 규정 만들면서 형태 규제에 "지붕을 경사지붕으로 해라" 이런 것들을 지금도 쓰고 있어요. {우. 네.} 그것을 기준으로 해가지고 활용을 하다가, 거기다가 수정들이 가해지고. 지금 와가지고는 아마 그거 보지도 않고 있을 겁니다. {우. 예.} 제주도는 관의 영향력이 상당히 다른 지역보다 강한 데가 돼가지고요. 한참 동안 그 기준이 "제주도는 꼭 이래야 된다"고 하는 좀 경직되지만 그런 기준으로 해가지고, 상당히 다른 지역보다는 장기간 그 기준에 의해가지고 시행이 됐었죠. 그러면서 그거에 대해가지고 이제… 보고서를 만들고 난 다음에 우리가 다시 딱 그걸 되돌아보고 수정하고 하는 그런 관심을 몇 번 쭉 진행을 했어요. 근래까지는 "제주도에 이제 지역성에 대한 문제들을 조금 좀 더 심도 있게 고민하자" 하는 게 2000년대까지도 후배들도 그 주제로 해가지고 이제 뭐 얘기들도 많이 하고. 연구 과업들도 하고. 그런 분위기가 됐었죠.

우. 네. 그 와중에 1992년에는 제주도 건축사회가 연세대학교 산업기술연구소에 의뢰를 해서 「제주도 주거 건축의 향토성에 관한 연구」라는 결과 보고서가 나오는데요. 이분들은 한 1년 좀 넘게 작업을 하신 것 같은데, 그쪽하고는 선생님은 관여를 안 하신 거죠?

김. 그게 이제 좀 생각이… 다른 방법으로 접근이 돼가지고. 건축사협회에서 그 작업을 주도로 해가지고 했는데, 연세대학교 송종석[5] 선생님. 학교에 제일 어른으로, 어른 교수님으로 계실 때. 그걸 용역으로 연대에서 받았어요. 그리고 우리, 저하고 동기뻘이 되는데, 박, 박영… {우. 박영기, 예.} **김.** 박영기? {우. 예.} 연대 박 총장님 아들. 그분이 이제 그 연구용역의 주문을 하셨고. 그런데 용역을 그분들이 이제 받아가지고 다시 좀, 한 단계 높은 단계의 뭔가를 만들겠다고 이제 시도를 했는데. 받아가지고 지역 건축이니까는 참, 그렇게 쉽게 풀리지가 않았던 것 같아. 그것 때문에 좀, 뒤에서도 좀 갈등들도, 갈등도 있고 그랬었죠. {우. 그렇습니까.} 중간, 중간 보고서를 냈는데 도청에서

---

5. 송종석(宋種奭, 1930-2005): 1961년부터 1996년까지 연세대학교 건축공학과 교수를 역임하였다.

전에 했던 그 뭐야, 향토성 연구. 그 내용을 그냥 그대로 다시. 그거를 이렇게, 해가지고 중간보고를 한 단계에서, 그거를 그렇게 하죠. 이제 "하면 안 된다고" 이제 얘기를 드려가지고. 그걸 다시 딴 방법으로 가지고 한다는 게 그렇게 쉽게 줄 알았던 거죠.

우. 그래서 뒤에 뭐 이상한 설문조사, {김. 정량적으로.} 엄청 많이. 이걸 왜 하나 싶더라고요.

김. 그거를 그렇게 건축 이론을 논리적으로 정해가지고 정리한다는 게 참 쉬운 문제가 아니었고. 그때의 연대의 연구소 역량으로는 안 되는 작업이었어요.

우. 거기에 이제 이경회, 김기환, 이런 교수님들도 계셨고. 실무선에서는 이제….

김. 이경회 교수님도 뭐 건축 얘기하려고 그러면, 한 이론을 한 분이고. 김기환 그 친구도 뭐, 이상한 무슨 뭐 칼라 얘기나 하고.

우. 아, 그렇죠. 색채감 얘기가 많이….

김. 그러니까. 박사 논문인가 석사 논문이 그러는데 그 양반이 그걸로 해가지고 그냥 끝이 난 것 같아요. 보이지도 않더라고요. 부산 친군데. 어쨌든 재미없는 보고서가 됐어요.

우. 거기에 양건 소장이 있더라고요. {김. 대학원…} 예, 대학원생으로.

김. 대학원에서 참여를 했죠.

우. 유명한 사람들이 많이 있던데. 이한석, 한광야, 강인호, 양재혁, 정세구, 이런 사람들이 있는데….

김. 인원은, 인력은 대거 투입이 됐는데. 송종석 교수님이 참, 돌아가셨지만, 저한테는 상당히, 제가 너무 지나치게 해가지고, (웃음) 죄송스러워. (웃음)

우. "방향을 좀 이렇게 갈팡질팡해가지고 그렇게 됐나?" 하는 게 좀 이해가 생겼네요.

김. 애초에 기획 단계에서부터, 이건 좀 무리하게 해가지고. 그것 때문에 생각들이 다 갈려가지고, 나중에 뭐 감정적인 문제도 생기고 그래가지고 이상하게 되고 그랬죠.

전. 그때쯤이, 제주도 개발이 본격화되는 시기랑 비슷합니까? {김. 예, 예.} 제 기억으로는 아무튼 90년대가 한창, IMF 전에, 90년대가 한창 우리나라가 최고로 경제적으로 상황이 좋을 때. 그래서 뭐, 전국 어디든지 개발의 바람이 막 불어서….

김. 제주도는 뭐, 아주 80년대 초반부터 해가지고. {전. 80년대 초반.} 큰 대형 프로젝트들이 계속됐죠. 호텔, 관광 시설들 위주로 했지만 공공 분야에서도 좀 그렇고….

전. 중문 단지 개발이 80년대 초반인 거예요?

김. 예. 계획이 70년도 중반쯤 계획이 확정돼가지고 80년대 되면 아주 본격적으로, {**전.** 특급 호텔들이 들어가는…} 예, 들어가고. 그런 시기였죠.

전. 그것에 비하면 서귀포는, 그러니까 서귀포를 어떻게 할 생각이 아니라 아예 서귀포로부터 꽤 떨어진 곳에서 그냥 개발을 가버린 거잖아요. 그 판단은 도에서 한 건가요?

김. 청와대에서 했죠. 보문… {**전.** 국가적인…} 예. 경주 보문단지 작업이 끝나가지고 그다음 단계에 이제 착수한 게 제주 관광개발 계획이었거든요. 그런데 그때 중문 단지가 중심지역이었어요.

전. 뭐였습니까, 개발되기 전에는? {**김.** 아주 황무지 같은 데였어요.} 경치가 좋은 곳, 구석은 있었어요?

김. 농사는 잘 안되고. {**전.** 농사 안되고요.} 서귀포에서, 서귀포하고 중문인데, {**전.** 네.} 중문 단지 있는 데에 기후 조건이 서귀포하고 전혀 달라요. {**전.** 아, 그래요?} 겨울에 눈도 많이 오는 지역이 중문 단지 있는 데에요. 바람도 엄청 세요.

전. 그러니까 사람이 살기 좋으니까 서귀포에 살았을 거 아니에요.

김. 그렇죠. {**전.** 어떻게 보면은…} 마을은 서귀포 쪽이 크게 이렇게 형성이 됐는데, {**전.** 그러니까요. 원래부터 서귀포에 사람이…} 지금 단지, 중문단지 있는 데는 진짜 아주 경사도 심하고 그래가지고, 농사짓기도 그렇게 마땅치 않고.

전. 좀 버려진 땅이었는데 그거를….

김. 밭이, 밭하고 그때는 목야지가 많았어요. 목초지. 그런데 그 내용을 제가 좀 자세히 알게 된 계기가, 그 관광단지 초기에 계획할 때 거기에 연결돼가지고 좀 심부름을 할 기회가 있었어요. 그래가지고 그 단지, 관광 제주도, 1차 관광개발 계획에 대상이 10개 단지인가 그런데, 중문 관광단지를 중심으로 해가지고 함덕 지구하고 협재 지구. 뭐 이래가지고 제주도 이렇게 주변 돌아가면서 한 10개 지역, {**우.** 네.} 단지를 지정해가지고 계획을 하는데, 그 계획에 심부름을 좀 할 기회가 있어가지고. {**우.** 아, 예.} 그때 내용을 좀 소상하게 알죠. 보문단지에 투입됐던 인원들 중에 선배들이, 저희 홍대 건축과 선배들이 몇 분 있었는데. 그 계획한 거를 투시도를 그려가지고 브리핑. 그때는 군대처럼 브리핑 자료 만들어가지고 효과적으로 이렇게 하면은 잘 팔리는 그런 시대였어요. {**전.** 네.} 투시도 잘 그리는 우리 1년 선배 김한일 선배가 있는데, 보문단지의 작업을 그 양반이 다 했어요. 계획하면 그리고. 이거 무슨 집, 그러면 스케치해가지고 이렇게. 그러니까 경주 작업이 끝난 다음에 제주도의 작업을 하면서 청와대에서 제주도 관광개발계획단이 구성이 됐죠. 청와대 사람으로. 그때 정소영 장관 그 양반이 거기 단장했고, 건설부 소속 직원들이 아주 중견층 인물들이 거기에 참여했었어요. 그분들이 제주도에 작업을 할 시기에 제가 서울에서 귀향을 했어요. 일자리는 없고 그냥 가서 쉬고 있으니까 경주에서 작업했던 1년 선배가 "야, 시간 있으면 이거 와가지고 좀 도와라" 그래가지고 나한테 거기 일 시켜놓고 이 양반은 서울로 와버려가지고. 그 계획단하고 현지에 도청의 공무원들은 이제 고향, 아는 선배도 있고 그러니까 어울려가지고, 쫓아다니면서 "여기다가 이런 계획이 있는데" 말로 이야기하기론 "무슨 빌라, 방갈로 이런 것들이 이렇게 배치가 되고, 여기에 무슨 지원 시설이 이렇게 있고. 이렇게 구상을 하는데, 구상을 하는데 스케치를 좀 해봐" 그래가지고 이제 그리는 작업을 했어요. (웃음) 그러니까 제주도 관광개발계획에 대해가지고 초기에 성안되는 과정하고 내용을 좀 정확하게 알지. 그런 경험이 있고 난 다음에, 그 계획에 의해가지고 제주도 개발을, 관광개발을 위해가지고 특별건설국이 생겨요. '제주개발특별건설국'. 그때 계획단에 있던 단장, 나중에 건설부에 고위직까지 올라가고 그러는데, 제주도에 건설국장으로 오셔가지고. 그 계획 초기 1차적으로 초기에 시작한 게 한라산 국립공원 개발이거든요. 그 시기에 내가 설계 사무를 시작한 거예요. {우. 아, 예.} 74년. 72년도에 그 계획들이 되고, 계획이 성안되니까. 실행이 이제 74년 초 되니까 이제 사업들을 조그마한 사업부터 실행을 시작하더라고요.

전. 특별건설국이 그러니까 제주도 내에 생겼다는 말이에요? 도청 안에?

김. 건설부. 건설부 기관인데.

전. 아, 건설부 산하로.

김. 제주개발특별건설국. 거기에 계신 분들이 실행 프로젝트를 하면서 한라산의 국립공원, 그 뭐야, 거점시설, 지원시설들. 편의시설, 화장실이니 뭐 이런 것들이요. 매점, 휴게소, 뭐 이런 것들. 이런 것들이 계획이 있으니까 설계사무소 시작한 그때쯤에 그 일들을 이렇게 자연스럽게 연결이 돼가지고 하기 시작했어요. 초기에 그런 여건 때문에 상당히 제가 좋은 기회를 잡은 셈이죠. 그때까지만 해도 제주도에는 그렇게 설계를 체계적으로 설계해가지고, 그, 관공서 발주한 것 그대로 설계 서류 다 만들어가지고 만드는 설계사무소는 별로 없었으니까. 서울에서 큰 사무실들이 대개 했고 현지 사무실에서는 그런 걸 할 수 있는 능력이 없었죠. 그래서 좀 제가 좀 빨리, 앞에 나갈 수 있는 그런 형편이 된 거예요.

우. 그렇게 해서 도면을 많이 그리시고 하다 보니까 이걸 이론적으로 살펴봐야겠다고 생각하셔서 대학원에 가신 걸로 이렇게 짐작이 되고요. 그

용두암 휴게실, 1975
서귀포호텔 신축 투시도, 1970
라곤다호텔 전경, 1988

언저리에 전 선생님 말씀하신 것처럼 제주도 개발이 많아져가지고 건축미에 대한 어떤 지침도 80년에 생기고, {김. 예.} 83년에는 이제 해안변, 일주도로 변 건축 제한 조치, 그다음에 85년에서 97년에는 고도 제한, 이렇게 해가지고 관청 쪽에서는 법규적으로 이렇게 제한하는 것들이 생기고. 또 민간에서는 제주도, 이걸 민간이라고 봐야 될지 잘 모르겠는데 말하고 보니까, 제주도 특유의 주택 설계 공모를 해요, 84년에. {김. 어디에서? 도에서?} 도에서요. 그래서 31점이 공모를, 응모를 했는데 그중에 10점을 골라가지고 여기서 어떤 "표준 설계안을 이렇게 만들어서 보급하겠다." 뭐 이런 계획도.

김. 도에서 그런 것들을 시도를 했었죠.

우. 네. 그때 응모하셨어요, 그래서?

김. 응모했죠. 해가지고 몇 점 뽑히기도 하고. 그때는 서울에서도, 금성설계에서도 지역하고 관련이 있으니까 그 안을 좀 내라고 그래가지고 금성에서도 냈었고. 지역 출신들이 서울에 있는 분들이 호응해가지고 참여한 분들이 몇 분 있었죠. 그런데 표준 설계를 가져가지고 보급하겠다는 의도가 그렇게 쉽게 성사가 안 되잖아요. {우. 그렇죠. 약간 어색하죠.} 표준 설계가, 그 시기에 건설부에서도 농촌 표준 설계 도서들을 만들어지고 보급하려고 하는 정책들을 많이 쓰고 했지만, 그런 노력들이 크게 그렇게 효과를 만들어내지는 못했죠. 건축 쪽에서는 지역에 대한 고민을 해야 되는 그런 동기로 작용하는 그런 효과는 있죠.

우. 그런 와중에 김원 선생님이 뭘 설계를 하셨고, 그걸 높이 평가하시는…?

김. 예. 김원 선생님은 제가 설계사무소를 시작해가지고 첫해인가 그다음 해인가, 그렇게 오래되지 않은 시기로 기억이 되는데, 사무실에 서울대학교 건축과 학생들이, 몇 사람이 우르르 몰려왔어요. {전. 제주도에요?} 예. 나중에 얘기를 들어봐가지고, 들어가지고 안 얘기인데. 그때, 그때 온 학생들 중에 김현철이가 있고 그래요. 나는 그때 뭐 얼굴 기억도 없는데. 사무실 몰려와가지고 "뭐 이러이러한 뭐가 있는데 좀 제주도에 오래된 집, 볼 만한 몇 군데 이렇게 집어주면은 저희들이 찾아가서 보겠습니다." 그래가지고 와서 묵고, 나가지고 이제 돌아보고 그러는 모양이었는데. 김녕리에다가 재일교포분의 주택 설계를 받아가지고 그거를 학생들한테 경쟁, 공모를 했대요. 이제 그 공모해가지고 나는 그 성과가 나중에 김현철[6]이가 글 써가지고, 『꾸밈』에 싣고[7].

---

6. 김현철(金賢哲, 1957-): 1994년부터 2022년까지 서울대학교 건축학과 교수를 역임하였다.
7. 김현철, 「동김경리주택 재론」, 『꾸밈』, 통권 48호 (1984년 6월).

우. 이거 말씀하시는 거죠. 〈동김경리 주택〉?

김. 예. 학교에 강의 나가면서 그 학생들을 대상으로 공모를 했었대요. 그런데 정리를 아주 좀, 어떻게 했어요. 우리가 현지에 있으면서도 알지 못하는 것들, 또 그리고 그런 것들을 "어떻게 건축에 풀어낼 건가? 어떻게 표현할 건가?" 하는 실현하는 방법. 이런 것이 상당히 좀 좋게 보였어요. 이런 일이 있던 걸 찾아낸 건 아마 김정동 교수가 찾았던 것 같아. {**우.** 아, 예.『꾸밈』.} 그때『꾸밈』편집장이 김정동이었거든요. 특집이 된 다음에 보니까 그렇게 좋은 그런 작업들은 근거가 있더라고요. 제주도의 민가에 대해가지고 오래전부터 굉장히 관심을 가졌던 것 같아요. 김원 선생님.

우. 아, 김원 선생님이요?

김. 예. 한국의 건축 사진으로 한, {**우.** 네, 네.} 그 광장에서 만들어낸 책[8]. 그 책에 그, 한 10권 나왔나? {**전.** 예.} 다시 이번에 뭐, {**전.** 복간했습니다.} 복간. 그, 10권 나온 후속이 예고, 광고에 제주도 민가를 내겠다고 광고가 돼 있었던. {**전.** (웃음) 그랬었던 것 같아요.} 오래전부터 제주도 민가를….

전. 생각했었는데.

우. 안 나온 거죠, 그거는? 나왔나요?

김. 안 나왔어요. 광고만 하고. {**우.** 광고만 하고.} 나중에 김(원) 선생님을 만나가지고 얘기 듣고 그래가지고 안 사실인데, 고등학교 때 제주도를 갔었대요. 내가 아주 제주도 출신, 친한 친구가 고등학교 다닐 때. 그 제주 시장 아들인데, 제주도에서 여기 유학 와가지고 같은 반 다니면서 아마 방학 때 제주도에 초청해가지고 놀러 갔던 모양이에요. 그때 그런 일로 해가지고 제주도에 민가에들 가지고 관심을 갖게 되고, 제주도를 엄청 좋아했던 것 같아요.

우. 예. 이 특집에는 많이 관여하신 거죠? 이『꾸밈』48호, 1984년 6월호에 나온「특집 제주도 건축」요거. 요거 하실 때는 선생님이 많이… {**김.** 김정동이가 기획을 했어요.} 글도 쓰셨는데.

김. 그때 저가 석사 과정 다닐 때였는데, {**우.** 네.} "제일 먼저, 선배님이 제일 먼저 여는 얘기를 먼저 쓰십시오" 해가지고. 할 수 없이 썼죠. 김정동인가, 김정동이 후 그다음 뒤에『꾸밈』에 갔던 친구인가, 김정동 다음에가 저기 대전, 대전에 가 있는, 한양대 나온, 누구죠?

태. 김병윤 선생님.

우. 대전대학, 맞습니다. 거기도 친척이세요? '윤' 자가 들어가는데.

---

8. 1976년부터 1981년까지 도서출판 광장은『한국의 고건축』을 주제로「비원」,「경복궁」,「종묘」,「칠궁」,「내설악 너와집」,「소쇄원」,「수원성」을 출간하였다.

전. (웃음) {**김.** 제주도…} 김석윤 선생님 '윤' 자는 이름에서, {**우.** 아, 달라요?} 되게 (보기) 힘든.

김. '윤' 자는 지금은 '윤'으로 바꿨는데 '륜'이에요.

우. 예. 그, 선생님 주택이 실렸는데 이것 좀 말씀해주시면 좋겠어요. 〈김한주 씨 댁〉 이거, 이거는 그런 어떤 제주도 민가에 대한 탐구하고 관련이 있는 것이죠?

김. 예. 뭐 그 생각들을 제주도의 민가하고의 형태적인 것, 그냥, 그냥 바로 직설적으로 그냥 차용해가지고 하고, 재료만 바꾸고.

우. 이게 흥미로운 거는 선생님의 석사 학위 논문이나 박사 학위 논문[9], 그다음에 여러 개 쓰신 글 중에 뭐 이렇게 거기서 이제 선생님 댁이 자주 나와요. {**김.** 예?} "화북 김석윤" 그래서. (웃음) 그거하고 이 집(〈김한주 씨 댁〉)하고가 이렇게 자꾸 비교가 되는데요.

김. 오래전에 지은 집은 그냥 뭐, 가는 대로 땅에 제약 없이 좋은 터를 골라가지고 앉혀가지고 지은 집이고, 이건 이제 구역 정리 해가지고 아주 반듯반듯 잘라놓는 데다가 이제, {**전.** 예.} 도시에서 존재하는 방식은 뭐, 아주 용감하게 한 방법이 있고 그렇죠. (웃음) 그런 것들을 받아주는 건축주분들이 계셨고, 이 집하고 그 바로 옆에 나란히 2채가 있는데. {**우.** 네.} 이런 집들을 일생 동안 아주 아끼면서 그렇게 사시는, 고마운 분들이 계시더라고요.

우. 거기도 또 다른 주택이 나오고, 김 선생님 댁도 나오는데….

〈김승택 씨 주택〉(1984)

김. 이거(〈김승택 씨 주택〉)는 고등학교 때 은사, {**우.** 네.} 음악 선생님. 그래서 하여튼 댁인데, 이게 제주도적인 고민을 좀 하도록 만들게 했던 선생님이에요. 상당히, 일생 동안, 지금 이제 나이가 이제 90 해가지고 거의 활동 안 하시는데, 우리 젊었을 때부터 상당히 재밌게 사시는 어른이에요. 집을 저한테 설계를 맡길 때도 그 사시는 집이 상당히 색다른 집이었는데 개성 있는 집에 살고 계셨는데, 그 집이 어떻게 헐리게 될 형편이 돼가지고 저한테 설계를 의뢰하셨어요. 와가지고 제주도에서 초가집에 살던 어렸을 때 기억을, 얘기를 한 거야. 아, 그냥 엄청 참 힘든 주문인데,'초가집에서 살 때는 공부를 하면 그렇게 책을 읽어도 머릿속에 쏙쏙 들어가게 기억이 잘되고, 잠을 자도 그렇게 아주 포근한 잠을 잘 수 있었던 집이 초가집이다.' 그런 집을 나한테 설계를 한 거에요.

---

9. 김석윤, 『19세기 제주도 민가의 변용과 건축적 특성에 관한 연구』, 명지대학교 대학원 건축공학과 박사학위논문, 1997

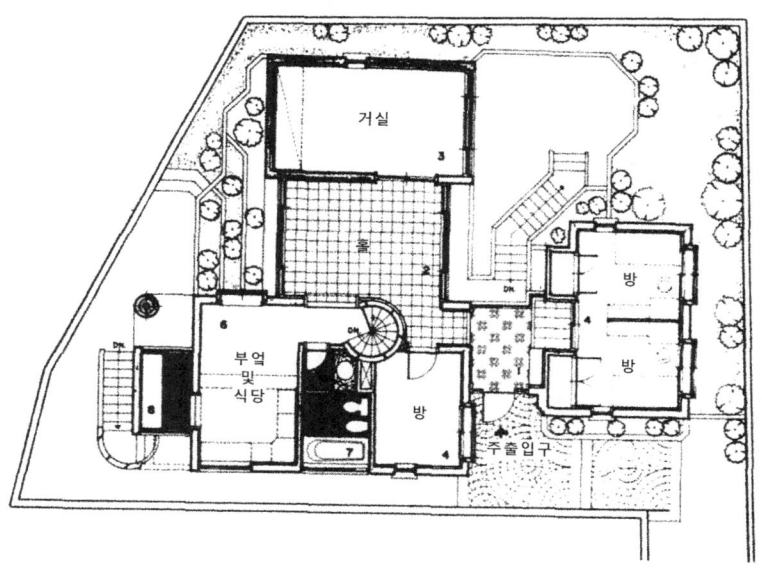

김승택 씨 주택 동측 외관
김승택 씨 주택 1층 평면도, 출처: 『꾸밈』 1984년 6월호

(웃음) {**전**. (화면을 가리키며) 지금 저 집을 말씀하시는 거죠?} 이 집이요. {**전**. 네.} 네. 고등학교 때 상당히 절 좋아하시던 은사님이세요. 그림도 잘 그리시고. 음악을 가르치셨는데 음악 시간도 아주 재밌게 가르치던. 그 숙제가 그렇게 쉽게 풀리지가 않죠. 성과를 이렇게 내보이지 않고 시간만 질질 끌어가지고 보니까 탁 와가지고 재촉을 하시고. 나중에 다른 자리에 가서도 "너무 시간이 많이 걸려가지고 좀 답답했다"고 했던 말씀도 하시고. 그거를 안거리하고 밖거리에 있는 걸 이렇게 푸는 거예요. 현관에 이제 들어서면서는 저쪽 안에 마당, 외부 공간이 좀 이렇게 여기서 투명한 유리를 써가지고 투명하게 다 보이게 하고. 이쪽은 애들 공간이고, 이제 이거는 어른들 공간으로 한 거예요. {**전**. 네.} 그런데, 여기, 이거는 선큰보다는 그저 공간을, 저기 정원을 크게 했어요. 지형이 푹 꺼져 있어가지고.

전. 네. 앞쪽이 길 쪽이고요? 앞쪽으로 진입하는데 뒤가 꺼져 있다고 하시는 거죠?

김. 집 자리가 앞에 도로, 원래 과수원이었는데 구획 정리가 되면서 앞에 도로를 높게 해버려가지고 푹 꺼진 땅이 돼버렸어요. 이게 1층인데 지하실이 돼버렸어요.

전. 네, 네. 〈김건축 사옥〉이랑 비슷하네요. 그렇죠? 거기도 뒤가 꺼져서, {**김**. 네, 네.} 그쪽으로 내려가면….

김. 접근하는 쪽이 높고, 뒤에는 낮고. 선큰이 아주 좋아요.

전. 그러네요. 지하에 있는 공간도 크고.

김. 음악 선생님이시니까, 그런 큰 서재 같은 그런 공간 꼭 넣어달라고 요구하시고 그래가지고. 설계를 해드렸더니 굉장히 좋아하셨어요. 초가집의 공간의 느낌을 재현시켜본다고 하긴 했는데.

전. 저 집이 몇 년도 (건물)이죠? {**김**. 이것도 80년대 초반.} 80년대 초반.

우. 이, 99년 제주의 건축에는 선생님 주택이 하나, 둘, 셋, 넷, 다섯 채 정도 나오는데요. 다 김 씨 주택이네요 다. {**김**. 점령… (웃음)} 거의 김 씨 주택만 하셨네요. {**김**. 그러네요.} 〈K씨 주택〉이 이게.

김. 네. 저거는 아주 초기의 작업인데.

우. 74년이고요. 화북이면 선생님 자택입니까?

김. 저희 누, 누나 댁.

우. 아, 누님요. 그, (주택을) 좋아하셨어요, 누님은?

김. 매형의 주도로 지었는데. {**우**. 네.} 그러니까 매형이 워낙 날 좋아하고 사랑하는 분이니까. (웃음) 처남이 예술적으로 해줬으니까 그거에 맞춰가지고 고맙게 살겠노라고.

우. 누님 댁. 이거 다 시작은 저, 뭐 이모, 누님 뭐 그런, {**김.** 그렇죠. 처음 시작이니까.} 그런 걸로 하는 거죠, 건축가들은 다. 그다음이 이제 76년에 〈김 씨 주택〉, 이것도 같은…?

김. 그거는 선배, 먼 집안에 형님뻘 되시는 분이고, 의사하고.

우. 그다음에 이, 78년에는 〈현 씨 주택〉 요건 좀…?

김. 이건 친구예요. {**우.** 아, 친구.} 한라산 소주.

우. 아, 예. 엄청난 친구분이시네요. 그다음에 또 볼까요. 그다음에 이건 아니고, {**김.** 그게, 아까 봤던 거.} 이게 아까 봤던 거네요. 83년에 대표작으로 나왔던 〈김 씨 주택〉. 요 김 씨도 또 같은… {**김.** 선배님.} 아, 선배님이시군요. 그리고 한두 채 더 있었던 것 같은데, 마저 보죠. 여기, 여기도 또 〈김 씨 주택〉이네요.

김. 예. 그것도 이제 선배 되시는 분인데, 이 집은 없어져 버렸어요.

우. 아, 예. 그러니까 기본적으로 이제 '안거리, 밖거리'를 생각하시고 공간을 구획하시는, 것이라고 생각되는데요. 그거, 그거를 논문으로, 논문 제목으로 맨 처음에 쓰신 분은 강행생 선생님인가요? 석사 논문에 {**김.** 예.} '안거리, 밖거리', 예, 예. 그런데 접근하는 방법이 선생님하고 좀 달라서 선생님이 좀 역사적이랄까 인류학적이랄까… 이렇다면 그분은 약간 건축계획학적이어서 좀 숫자 가지고 이렇게 많이 하죠.

김. 그분은 학교에서 강의하셨던 분이니까 접근하는 방법이 좀 달랐었죠.

우. 그분은 주로 서귀포를 근거로 하신 거죠? {**김.** 고향이 그분 쪽은…} 아까 연구용역도 같이 하셨고, 《'99 건축문화의 해》의 제주지역 추진위원회 위원장이 강행생 선생님이고, 실행위원장이 선생님이셨어요. 집행위원장. 그 말씀을… 어떤 관계

김. 저보다 5년 선배님이신데 전남대학교를 나오셔가지고 김한섭 교수님의 제자예요. 또, 군대, ROTC를 선배, 선배님이시고. {**우.** 예.}

전. 강행생 선생님은 빨리 제주로 오셨나요?

김. 빠른 게 아니고 저하고 거의 비슷한 시기.

전. 그럼 71년 뭐 이럴 때, {**김.** 예, 그렇죠.} 그럼 어디, 어디 좀 계시다가 (오셨나요)?

김. 부산에 나가 계셨는데….

전. 예. 입도, 그러니까 귀도한 시기는 비슷하다는 말씀이시죠?

김. 원래 서귀포였는데, 초기에는 남제주군청에 임시직 공무원으로 시작을 하셨다가 그냥 그만두고. 지금은 (제주도에) 군이 없어졌죠. {**전.** 그렇죠.}

우. 아, 그래요. 남제주군, 북제주군 그랬던 것 같아요.

전. 그렇죠. 그리고 제주시, 그렇게 3개 있었던 것 같은데.

김. 그 양반을 처음 만난 거는, 제가 대학교 2학년, 3학년 때. 3학년 때인가? 제주 동문시장에 김한섭 선생님이, {**전.** 네.} 설계한, 거기 현장에 겨울방학에 실습을 하고 있으니까, 이 양반이 군에 복무하면서 제대, 아니 휴가 와가지고 현장에 놀러 오셔가지고. 거기서 첫 대면해가지고 인사하고 그랬는데. 나중에 제대한 다음에 부산에 정착해 계시다가, 제주도에 제주 공업전문대학, 전문대학이 처음 생겼어요. 그때까지는 공고의 건축과 밖에 없었거든요, 제주에. 그게 개교가 73년인가 74년인데. 개교하면서 거기 건축과 과장으로 오셨어요. 학교에서 강의를 하시는 중에 전문대학교, 처음에 건물을 설계를 하셔가지고. 공사 끝나니까 건축과의 교수로 앉으셨는데. 그 설계를 한 학교 건물 시공을 제가 있는 건설회사에서 시공. 그래서 이제 자연스럽게 막 자주 만나게 됐죠. 그전에는 가끔 만나다가. 건설회사에 있을 때 학교가 개교를 하길래, 저 설계사무실 개업하면서 선배한테 "그거 학교 강사 시간 좀 달라"고 그래가지고. 그땐 뭐 학교에 가르칠 사람이 없어가지고 그냥 엄청 아쉬울 때니까. 시간 달라고 그러니까 되게 고마워하대요.

전. 이 학교가 강석범[10] 씨가 세웠다는데, {**김.** 예, 예. 그 집안…} 72년 7월이네요. 개교가, 개교는 72년 7월이고. 지금은 학교 이름이 제주정보산업대학이네요.

김. 하다가 이제 국제대학으로 되고 뭐 이렇게. {**전.** 이름이 계속 바뀌나요?} 지금은 학교가 없어질 위기까지 되고 그랬어요, 지금.

전. 설립자 강석범 씨가 그 강행생 선생하고 집안이라고요.

김. 예, 예. 그, 강행생 선생 선배 아들이 강성원. {**전.** 알죠.} 그 선배하고 뭐 이렇게 일들이 힘들어. 여럿이 합쳐가지고 해야 되는 일들이니까. 늘 같이 그렇게 하는 그런 형편이 돼서요. 용역 할 때도 같이 했고. 늘 그 양반은 뭐 학교에서 강의 끝나면 이제 저희 사무실 와가지고 놀고. {**우.** 예.} 제주에서 건축 얘기를 할 수 있는 유일한 상대였죠.

전. 지금은 제주도 내에도 건축과가 있는 대학이, {**김.** 제주대학하고, 한라대학.} 한라대학이요. 탐라대학도 있지 않나요? 그건 다른 건가요. 탐라대학은 없나요? (제주대학과) 한라대, 그렇게 두 군데 있나요?

우. 탐라대학에 있었지 않아요?

김. 탐라가 어디서… 탐라라고 이름을 붙였더라? 지금 건축계열이

---

10. 강석범(姜錫範)이 운영한 학교법인 제주명륜학원은 1972년 7월에 제주실업전문학교를 설립하였다.

있는 데가 관광대학교에도 있고, 한라대학교에 있고, 국제대학, 이게 실업산업정보대학 전신. 국제대학 거기에 있고.

전. 아, 지금 제주산업정보대학하고 탐라대학이 통폐합돼서 국제대학이 됐네요.

김. 거기가 중간에 한번 탐라라고 이름을 썼던 때가 있는 것 같아요.

전. 그래서 제주국제대학으로 통폐합됐다는….

김. 거기 산업정보대학 시절에 거기서 오랫동안, 저 시간강사 오래 했어요. 70년대 초반부터 해가지고 한 88년까진가 89년까진가.

전. 거기 출신들이 그럼 지금 제주도에서 많이 활동을 하고 있는 거예요?

김. 예. 주도층들이죠. 지금 제일 메이저 그룹이요. 이제는 이제 제주대학이 좀 많이 이제 올라가고 관청에도 가 보니까 제주지역 출신들이 많아졌더라고요.

우. 제주대학이 늦게 생긴 거죠. 건축과가, 건축학과가?

김. 우리나라에서 제일 우리나라에서 제일 늦었죠. (웃음)

우. 토속건축 마무리를 해야 할 것 같은데요. 선생님이 어떤 다른 인터뷰에서, 건축의 스승을 묻는 질문에서 제주도의 "토속건축이 내 건축의 스승이다." 이렇게 말씀하셨어요. 이게 아주 심오하다고 생각이 되는데요.

김. 하다 보니까 결론적으로 얘기를 그게 하게 될 수밖에 없더라고요. 그리고 그런 것들에 대한 얘기를 이렇게 주목하게 해 주신 분으로는 김원 선생님 같은. 김원 선생님이 말씀하신 것이 뭐 이렇게 머릿속에 많이 이렇게 새겨져 있는 것 같아요. {**우.** 김원 선생님이요?} 김원 선생님. 처음에 그분 뵙기는 78년쯤. 저쪽 경복궁 저쪽 동십자각 앞에… {**전.** 사간동에요.} 예. 거기에 사무실 있을 때. 78년쯤 제가 제주건축사협회 총무 간사하고 그럴 때, "제주도에 특강 한번 와주십시오." 해가지고 청해가지고 모셨어요. 그래가지고 제주도 와가지고 한 1박 2일 이렇게 하면서. 뭐, 특강도 하고 제주도 민가도 돌아보고 이러면서 재미있게 얘기하고 그렇게 돌아온 적이 있는데. 이제 제주도의 민가가 가지고 있는 그런 것들의 특성이, 그게 그냥 건축 교과서가 같은 것들이다. 바람이며, 별이며 이런 것들에 대한 얘기들이 민가에서 보이는 그게 뭐 그게. "건축이 해야 할 일, 그 교과서 같은 거 아니냐." 그런 말씀을 해주시더라고요.

전. 언제쯤이라고요 그때가?

김. 78~79년 정도였어요. {**우.** 시인이시네요.} 그런데 그때 초청했다가 건축사협회 본 협회에서 되게 뭐라고, 얘기 듣고 그랬는데. (웃음) {**우.** 왜요?} 그 건축사협회에서 김원 선생님 되게 안 좋아했잖아요. {**전.** 그렇죠.}

우. 아, 예, 예. 면허가 없어서요.

김. 면허 없는 분 모셔다가 뭐 했다고. 건축사협회에서 그런 행사 하면 어떻게 하냐고. 뭐, 이렇게.

전. 아, 초청을, 건축사협회로 초청을 했다고요? 안 되죠. (웃음) 건축사를 초청해야죠. (웃음)

우. 아니, 이 특집 뒤에 무슨 대법원에 가서 재판한 것도 실려 있어서 좀 흥미롭게 봤어요. {**김.** 누구요? 김원 선생님?} 예. 자격 없는 사람이 건축 도면을 그려도 되느냐, 가지고 소송이 붙었더라고요.

김. 그래가지고 빠져나왔잖아요. 인증을 받았잖아요.

우. "스케치는 도면이 아니다." 그런 걸로 빠져나간 것 같더라고요.

전. 80년대 일이 아니에요, 그거는?

우. 예, 86년. 이 특집 실린 것에 같이 실려가지고요.

전. 그거는 신문에도 났었어요. {**우.** 아, 났었어요?} 사건이었죠.

우. 충격이어서요. 그런 건 왜 안 가르치는? 가르치나, 다른 분들은?

김. 그거에 대해서 뭐라고, 뭐라고 잔소리를 듣고 그런 적 있어요. {**전.** 예.} 사협회에서 김원 선생님을 모셔서 특강하면 어떡하냐고.

우. 그렇게 보면, 조성룡 선생님의 글에서도 그런 걸 좀 느꼈는데, 제주도의 어떤 특성, 향토성, 그런 거를 제주도 바깥에서 바라보는 시선이 있고, 제주도 안에서 바라보는 시선이 있는데, 그런 것의 차이를 선생님은 좀 확실히 느끼세요?

김. 타자의 시각으로 보는 거를 많이 의식하려고, 그러고 그 얘기를 들으려고 그러죠. 그러고 그걸 대상으로 해가지고 이제 논리를 좀 객관화시키려고 그러고. {**우.** 네.} 배우는 것이 제가 공부하는 방법이었죠.

전. 그러니까 그 대목이 지금 제일 걸리는데요. 제주분들조차도 제주 건축의 특성을 생각하게 되는 계기가 외지인의 시선이잖아요. 그러니까 관광 때문이잖아요, 관광이 촉발시켰잖아요. 경우에 따라서는 '제주 건축의 특성을 바라보는 시각의 내지인과 외지인의 차이가 없어진 것 아닐까?', '내지인조차도 외지인적 시각으로 바라보는 거 아닐까?' 이런 생각이 든단 말이죠.

김. 지붕에 뭐 이런, 이런 것이, 그런 현상이죠. {**전.** 그렇죠.} 그런 것 때문에 실은, 주체적인 그런 선택은 아니죠. 형태만 따라가서 본다는 게. 정확하게 건축적인 기준으로 보면은, 그렇지 않은 어떤 미적 기준이나 기술적인 기준들이 적용이 돼야 맞는 건데. 그거에 대해가지고 그러니까. 지금은 "곡선으로 해라" 뭐 이런 논리가 그렇게 설득력이 없죠.

전. 그러면 아까 말씀하신 그 90년대인가 그때 할 때는 곡선에 대한 기준도 있었나요? 건축 그, 도청에서 만든 기준을 할 때는?

김. 어, 권장했죠. {**전.** 권장했나요?} 예. 지금도 그 생각하는 사람들이 많고.

공무원들, 담당 공무원들은 지금도 머릿속에 그것들이 있어가지고.

전. 저는 그럴 수 있다고 생각해요. 이게 "무조건 어느 쪽이 맞다"라는 생각은 아닌데요. 그래서 그때 그 이후에 우리가 이렇게 제주도 가다 보면 마을마다 있는 마을 회관이나 이런 것들이 다 비슷한 모양이 된 게, 걔네들 정도가 그런 기준을 따른 것들이죠.

김. 예, 예. 그 기준이 이제 용역 결과물로 해가지고 심의 기준을 만든, 그 영향의 결과물들이에요.

전. 그러니까요. 이렇게 큰 건물 같으면은 그 기준을 뛰어넘는 것들일 테니까요. 그런데 대개 관청에서 그런 기준을 만들면 그게 적용되는 게 대개는 관에서 발주하거나 그 지역에 지어지는 작은 건물들에, 소규모 건물들이 적용되니까요.

우. 그 92년 송종석 선생님의 그 연구에도 자꾸 둥근 지붕 얘기가 나오는데, 그게 지금 그 얘기인 거죠?

전. 따라 하죠. (웃음) 그런 거죠.

김. 지금 큰 규모, 공공 작업으로는 이제 〈제주민속자연사박물관〉 같은, {**우.** 예, 예.} 〈문예회관〉. {**전.** 그렇죠. 그건 큰 건데도…} 그 논리, "지붕은 꼭 있어야 된다"는 거에 대해서 그때도 설계하면서도 우리들끼리는 상당히 논란들이 있었던 문제들이죠. "꼭 지붕, 지붕을 꼭 둬라."

전. 그리고 그 둥근 지붕은 역시 초가인 거죠? {**김.** 네.} 그럼 지금 아까 기와가 제주도에, 말씀 중에 언뜻 19세기나 되어서야 기와집이 조금 보급되었다. 그런가요? 그러니까 관청 아닌 경우는? 관청, 관아 같으면은 그렇지만, 관아 아니고 일반 살림집은 19세기나 되어야 기와집이 지어진다.

김. 예, 예. 돈 좀, 민간인들이 비축된 재산이 좀 있게 된 다음에.

전. 그래서 기와집이라고 하는 건 그런 면에서 보면 제주도의 아주 고유한 향토적인 거라고 보기는 좀 어렵다.

우. 그게 선생님 논문에는 진흙이 없어가지고 이제 그걸 지적하셨더라고요. 저기, 제주도에는….

김. 진흙 자원이 있긴 있는데 상당히 제한적이에요. {**우.** 제한되어 있어요?} 조금만 나오고.

우. 그럼 연구하신 와가에서의 기반은 그러면 가지고 온 거예요, 바깥에서? 아니면 여기서 구운… {**김.** 아니, 제주도에서.} 제주도에서 그걸 굽기는 하는데 귀했다.

김. 귀했죠. {**우.** 귀한 거죠.} 귀하고, 생김새도, {**우.** 다르고.} 투박하고, 크고, 무겁고.

전. 아닌 게 아니라 황토가 많이 없겠군요.

김. 예. 황토가 있는 지역이 상당히 제한, 한정돼 있어요. 그리고 황토가 있어도 또 화산 토분이 섞여 있어가지고 치밀하지 못하고. 그 옹기, 제주도 옹기가, {**전.** 그렇겠네요.} 흡수율이 높잖아요. 기와도 그래요, 기와도.

전. 뭐, 알려진 그 기와 가마 같은 건 있어요?

김. 이제 거의 다 없어져 버렸는데, 와요(瓦窯)가 어릴 적에 봤던 거는 한 제주 시내 두 군데 있었어요. 지금 제주시청에 있는 지역, 거기가 토질이 좀, 황토 토질이 좀 있어가지고. 삼성혈, 그 지역. {**전.** 거기, 약간 거기가 저 흙이 좀…} 흙이, 예. 배수도 잘 안되고. 그런 토질인데 거기에 와요가 있었어요.

우. 흥미로운… {**전.** 그러네요.} 이거하고 이제 선생님이 모더니즘을 공부하시고 또 모더니스트랑 친한 거하고 또 충돌이 생기신대요. 어떻게 설명을 해야 될지 잘 모르겠네요.

김. 그거를, 어…, 시대의 주도적인 건축에 대해서 좀 너무 몰랐었다? 거의? {**우.** 아, 예.} 건축을 너무 조형 위주의 작업으로 생각하고 뭐 그런 것들. 좀 상당 기간 동안 그 생각에 젖어 있었던. 그거에 대한 반응이….

우. 또 쓰신 글 중에서 "늘 변방에 소외되어 있다는 경계심으로 서울로 향한 안테나를 세우고 지냈다." 이렇게 쓰셨고요. 그다음에 홍순인[11] 선생님이 말씀해주신 것이 또 마음에 {**김.** 예.} 남았다고 이렇게 하셨어요.

김. 건축사협회, 대한건축사협회가 최초로 작품전을 한 게, 한창진 선생님 회장[12]일 때였어요. 70, 아, 75년인가 76년인가. 최초로 작품 전시회를 했어요. 그때 공모를 했어. 제가 그때 제주도에서 시작한 지 얼마 안 되고 그래가지고. 시작했으니까 이제 좀 나서서 이렇게 좀 보여주려고 작품을 냈더니 입선이 됐어요. 그때 입선될 때의 최고상은 홍순인 선배가 받았어요. {**우.** 아, 예.} "시상식에서 상 줄 테니까 오라"고 그래가지고 연락 왔길래 이제 갔더니, 시상식장에서 이제 그 선배님을 만났어요. 그 선배님이 그때 대상 받은 게 여기 그 〈출판문화회관〉[13]. 저쪽 건너에 있는 거. 지금 {**전.** 까만색.} 까만색. 그게 그걸로 이제 최우수상 받고, 우수상 몇 개 뽑은 다음에 이제 한 열 몇 점 입선작을 뽑았는데, 이제 거기에 제가 낀 거예요. 그 선배님 졸업한 다음에 이제 얼마 뵐

---

11. 홍순인(洪淳寅, 1943-1982): 1975년 대우건축연구소를 설립하여 〈출판문화회관〉(1975), 〈종로코아빌딩〉(1976), 〈이마빌딩〉(1981) 등을 설계하였다.

12. 한창진(韓昌鎭, 1928-2008): 1973년부터 1975년까지 제7대 대한건축사협회 회장을 역임하였다.

13. 〈출판문화회관〉: 홍순인의 설계로 1975년 서울시 종로구 사간동에 준공되어, 같은 해에 대한건축사협회상을 수상하였다.

기회도 없었는데. 거기서 보니까 "야, 너. 그 시골 가가지고 고생을 하는데 참 기특하다." (웃음) 그러면서 "딱 한 해, 한 점이라도, 소품이라도 뭐 작품 하라고 꼭 마음먹고 그래라", "잡지에다가 꼭 하나씩 내라" 그 선배님이 그렇게 말씀을 해주시더라고요.

전. 참, 좋은 일이네요.

우. 요절하셨죠. 홍 선생님은?

김. 그 후에 보니까 이제 사무실을 이제 김홍식이 하는 금성하고 같은 빌딩에 잠깐 있었던 기억이 있어요. {**전.** 그런가요?} 저기, 서울대학에 있던. {**전.** 아, 네. 동숭동에요.} 예, 동숭동. 토탈[14]….

전. 아, 예. 그 선생님이 {**김.** 거기에…} 토탈 건물에 있었어요?

김. 네. 홍순인 선배도 있고, 금성도. 몇 년 동안 있었죠. 서울에 와가지고 그때 같이 서울을 자주, 서울 안 오면은 촌스러워지는, 뒤떨어지는 생각만 내가 좀 늘 불안해해가지고 서울을 자주 왔어요. 안테나를 세워가지고 있고. 형편이 제주도에서는 앉아가지고 건축을 주제로 해가지고 얘기를 나눌 상대가 없어요. {**전.** 네.} 그때에는. 혼자 하고, 책도 봐도 내가 혼자 보고 나가지고 그걸로 끝이죠. 저 책 보고 난 얘기 누구하고 나누려고 그래도 누가 없고. 그래가지고 가능하면 서울에 기회만 있으면 올라와가지고 친구들하고 어울리려고 그러고. 그런 생각으로 서울에 자주 왔는데, 80년대 초반 되니까 제주도에 이렇게 프로젝트들이 많아져가지고, 서울 사람들이 제주도로 많이 오더래요. (웃음)

전. 내려와요. {**우.** 아, 거꾸로, 네.}

김. 거꾸로. 그냥 앉아 있어도 찾아오는 사람이 많아요. 어떨 때는 학교 동창들이 서울에서 만나는 뭐 회의할 때 만나는 것보다는 제주도에 더 많이 모여. 그런 형편이 되더라고.

전. 80년대 초에 이제 서울 사람들이 많이 자꾸 일 때문에 내려왔다는 게, 중문 일 아니면 신제주일 것 아니에요.

김. 시기가, 거의 같은 시기가 됐어요. 80년대 중반쯤.

전. 그러니까 이제 그런 프로젝트가 있어야 서울에 있는 큰 사무실이나 이런 데가 자꾸 덤벼들겠죠. {**김.** 네.} 그런데 아직 제주에서는, 제주도 안에서는 그렇게 큰 프로젝트를 감당할 사무실이 없고, 아직은 다 작았고요.

김. 네, 사무실들이 없고. 능력들이 없으니까 그걸 쳐다보지도 않고. {**전.** 큰 건물들은.} 주택들이나 하고. 주택들만 해도 상당히 재미있었으니까. 재미있다는 게, 뭐 일하는 재미가 아니고, 돈 버는 재미. (웃음) 그때 설계사무소는 상당히

---

14. 문신규는 1977년 12월에 서울 종로구 동숭동에 토탈디자인 사옥을 준공하였다.

성황기였잖아요. {전. 그렇죠.} 작은 주택도 허가 다 받아야 되니까. 제주도만 하더라도 설계사무소가 소득 랭킹 1위로 해가지고 세무서에서 발표하고, 뭐, 그런 시절이 있었어요.

우. 좋았네요.

전. 한 달에 뭐, 허가를 백 개를 넣었니 뭐, 뭐 그런 얘기도 들었습니다. {김. 예, 예.} 서울에서 한창 좋을 때는.

김. 호텔, 제주도에서, 안병의 선생님이 제주도에 꽤 오래 계셨었어요. {전. 아, 그런가요?} 예. 80년대, 90년대 초반까지 있던 건가? 하여튼 말년에 김중업 사무실에 대표로 들어가기 전까지는 제주도. 제주도의 〈그랜드 호텔〉,[15] 지금 '메종 글래드'라고 하는 그 호텔, 거기에 그게 설계가, 니켄세케이 설계인데, {전. 예.} 허가 대행은 그 양반이, 우리보다 한 3년 선배 되는, 김, 한양대학교 나오신. 한참 동안은 자주 뵙고 그랬던 분인데, 사람은 생각 안 나네. 그분이 했고. 현장에 건설본부에서 설계 감독을 하셨어요. 그것도 하고, 호텔 프로젝트를 몇 개 했어요. 그거 한 다음에 저쪽 서귀포에, 절벽 위에 있는 호텔, 호텔이 또 이름이 기억이 안 나네. 그것도 안병의 선생님이 하셨어요.

전. 어떻게 안병의 선생님이 그렇게 가셨죠? 신기하네요.

김. 미국에 가셔가지고 뭐, 있다가 들어와가지고 그 호텔 프로젝트를 제주뿐만 아니고 부산에, 부산 하얏트? 뭐 이런 것도. 그런 방법으로 관여하시고 그래요. 호텔에 한참, 호텔 프로젝트에 많이 관여했어요. 신제주, 신제주에 이제 공사를 한참 할 때니까 그때에는 그, 안병의 선생님이 거기 감독으로 계시고, 제주도 아니, 서울에서도 그쪽 프로젝트에 관여하는 분들이 우리 학교 동문들 중심으로 해가지고들, 자주 이제 출입들을 많이 하시더라고요. 선배님들, 특히 또 인테리어 하시는 선배님들.

우. 또 뭘 빼놨을까 싶은데요, 아, 민가에서 여쭤보고 싶었던 게, 그 가족 구성하고 이제 평면에 대해서 기술하셨는데요. '안거리, 밖거리'가 있고, 부모님이 있고 자식이 있는데, 취사를 할 때, 여기 시어머니가 계시면 여기 거는 안 한다고, 며느리가 안 한다고 그러는 게 좀 흥미로웠고. {김. 따로?} 예. 그다음에 이 시아버지 취사, 저, 진지를 차려드리는 거는 이 시어머니가 돌아가셔야지 한다고 그래서 그게 좀, 저, 좀 생소해가지고요.

김. 그런 것들은 뭐 민속 문제에요. 시어머니가 먼저 타계하게 되면 남자가 부엌에, 먹을 수는 없으니까 그때는 이제 통상 며느리들이 하죠.

---

15. 〈제주 그랜드 호텔〉(현 제주 매종 글래드 호텔): 안병의와 니켄세케이의 설계로 1981년에 준공되었다.

우. 그전에는 절대로 출입을 안 하는 거죠? 그러니까 저기, 시어머니 살아계시면 이쪽 거는 안 하는 거죠. 완전 독립. {**김.** 독립} 독립인 걸로요.

김. 그건 뭐, 꼭 어떤 것이, 전형적인 것이 꼭 이렇게 정해진 것은 아니지만, 어쨌든 좀 거리를 둬가지고 관심을, 알고 있으면서도 표현을 안 하고. 짐작은 하지만 아 저, 저 안거리에서 그날 저녁에 뭐 메뉴는 뭐고 어떤 거라고 하는 거는 알 수 있지만 관여는 안 해요.

우. 관여는 안 하고요.

전. 저렇게 되면은 저기 저 도면에 보면, 결국은 구들이 안거리가 됐건 밖거리가 됐건 하나밖에 없잖아요? 하나씩밖에 없잖아요, 각각? 온돌방이라고 할 수 있는 구들은 하나씩밖에 없잖아요. 그러면 온 가족이 다 구들에서 자요?

김. 이런 경우는 식구가 비교적 구성이 단출한 경우인데.

전. 물론 이제 부모 세대는 다 나갔으면 할머니, 할아버지만 주무시면 될 거고요.

김. 구들이, 방이 하나인 경우가 그렇게 흔치는 않아요. {**전.** 아, 그래요?} 네. 대개는 둘이에요. {**전.** 둘이에요.} 예. 그리고 저런 형태의 평면에서도 그냥, 아주, 이게, 정리된 모양이 아니고, 정지 쪽에 정지방을 하나 만들어요, 허술하게라도. 그래가지고 둘을 써. {**전.** 한 채에 둘은 있어야…} 식구, 식구가

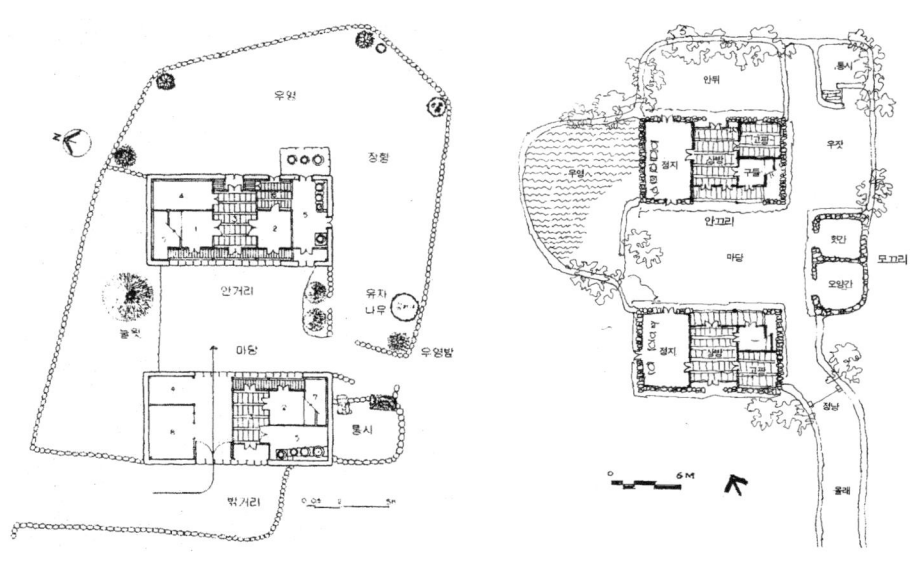

김윤삼 씨 댁 배치도, 출처 『건축과 환경』 1987년 10월
제주 민가도, 출처 조성기, 제주도 민가와 안마당의 구성, 『건축과 환경』, 1986년 02월

단출하게 되면, 둘만 있게 되면 하지만은. 방 하나는 있는 경우들이 아주 흔하죠.

우. 그게 박사 논문에서 주장하시는 거죠? 그러니까 세 칸이 기본이고 나중에 별동으로 정지가 들어간다.

김. 예. 김홍식이의 민가 책에 보면 요 정지에, 무슨, 그 방을 무슨 방이라고 하더라. 세 칸 집에다가, 뭐, 위에는, 위는, 상부 구조는 세 칸이고….

전. 〈김윤삼 씨 댁〉이 정도 되면 중농쯤 되는 거에요? {**김.** 그렇죠. 예.} 그럼 여기서 저 안거리에서는 구들이, 2번하고 4번이 구들인가요? 1번하고 2번이? {**김.** (1번하고) 2번이.} 그리고 4번은 뭐에요? 4번이 고팡이에요?

김. 예, 4번이 고팡이네.

전. 고팡이에요? {**김.** 예.} 고팡이 저렇게들, 다른 육지 집에 비하면 고팡이 상대적으로 크거든요? {**김.** 커요.} 수납공간이. 뭘 넣어서 그렇지요?

김. 뭐든 저장 욕구, 욕구가 좀 더 컸던 것 같아요. 남방의 민가들 보면 독립된 곡물 창고들이 있잖아요. {**전.** 아하.} 제주도는 독립된 곡물 창고가 없어요.

전. 곡물도 저기(고팡)에다 넣어 놓는다는 거죠?

김. 예. 그게 상당히 가난해가지고, 그런 식량을 비축하고 이러는 욕구가 굉장히. 욕구가 컸던 것 같은. {**전.** 그렇죠.} 정도가 심하고.

전. 그리고 그것이, 안거리 밖거리 따로따로 있고요. {**김.** 따로따로 있고.} 왜냐하면 부모 세대 재산이랑 내 재산이랑은 다른 거니까요.

우. 다른 거다. 그 시집와서도 또다시 친정으로 가고 그런다고 쓰셨어요. {**김.** 어떻게요?} 그래서 처음에 며느리가 시집와가지고 또 여기 뭐 볼일 없으면 다 친정에 가 있고.

김. 그런 것은 일반적인 건 아니고 특수한 거죠. 어떤 유교적인 사고하고는….

우. 다른 거죠. 유교가 나중에 들어온 거니까. 성리, 그다음에 기본적으로 성리학은 저, 농업 소농들을 위한 이념인데 여기는 아니니까 안 되는….

김. 또 여자들의 사고가 조금 더 좀 개방적이고. 시댁에 종속돼 있다고 하는 그런 의식이 좀 희박하고.

전. 그다음에 굴묵[16]이라고 하는 공간은 어떻게 봐야 돼요? 어떤 기능 공간(이에요)? 기능은 따로 없는 거에요?

---

16. 굴묵: 굴뚝, 아궁이의 제주 방언. 굴목: 구들에 불을 때게 만든 아궁이와 그 아궁이의 바깥 부분. 제주 방언. 「제주도의 민가」, 강행생, 『건축과 환경』, 1978년 10월호에는 '굴묵'이라 표기되었지만 이 구술에서는 '굴목'으로 발음하였다.

김. 채난(採暖) 공간, 채난 공간인데. 거기 이제 연료가, 채난 연료가 이게 좀, 이 체적이 좀 있는 게 있어가지고 그걸 옆에다가 많이 쌓아 놔야 되거든요. 그래서 공간이 좀 클 필요가 있어요. 주로, 아주 효율이 좋은 거는, 마분(馬糞)하고 우마분(牛馬糞) 말린 거하고. {**전**. 나무가 아니고요?} 나무가 거의 없죠. 뭐, 콩깍지 같은 거, 그 보릿겨, {**전**. 보릿겨, 콩깍지.} 그게 보리 껍질. {**전**. 그러니까요.} 예. 보리 이삭에서 나온 까끄기. 그거를 우마분 마른 거하고 섞은 것이 아주 양질 연료예요. 아주 화력이 효과적이고, 아주 효율이 높고.

전. 제주도 온돌도 이렇게 고래[17]가 있는 온돌이 아니라, 구덩이….

김. 하나. 고래가 단일 고래.

전. 단일 고래인데 그것도 방 끝까지 안 가고 아궁이 근처, 중간까지만.

김. 중간까지만, 예.

전. 나무를 안 때니까 연기도 그렇게 많이 나지는 않겠네요.

김. 말똥을, {**전**. 때면.} 좋은 연료로 쓱, 써가지고, 온돌 고래도 그렇게 단순하고 유치한 단계에 머무른 것 아닌가 하는 생각이 들어요.

전. 냄새는 나요?

김. 안 나요. 뭐 저, 몽골 사람들은 그걸로, {**전**. 그렇죠.} 요리도 해 먹고 그러잖아요.

전. '챗방'이라고 하는 뭐예요? 부엌에 붙어 있는 방 말씀을 하시는 거예요?

김. 예, 예. 이거는 뭐, 좀, 공간이 상당히 분화된 후기.

전. 훨씬 더, 조금 더 장기적이고 자족적인 그 상황을 유지하지 않으면 안 됐군요. 그러니까 주변 환경이 워낙 거치니까, 어떻게 보면 장기전으로 갈 수밖에 (없겠네요). 아닌 게 아니라 태풍이 온다고 그러면 당장 어느 동안은 꼼짝도 못하고 그 안에. 장에 갔다 올 수도 없고. 유지하고 버텨야 하니까요.

김. 우리 해마다 태풍은 한 번씩은 있는 걸로.

우. 이게 강행생 선생님이 약간 화북하고 뭐, 연구하셨던데. 보목, {**김**. 보목.} 보목[18]하고 연구하셨던데. 이 도면들은 그럼 다 학생들이 그린 건가요? 도면들이 엄청 많던데요.

김. 그럴 거예요.

전. 아까 그거(화면 크기) 괜찮아요. 그 정도 크기라도 돼요. {**준**. 네, 네.} 네. '이 집에서는' 그러면 저기서 6번이….

---

17. 고래: 방의 구들장 밑으로 나 있는, 불길과 연기가 통하여 나가는 길.
18. 강행생은 1985년에 「제주도 안팎거리형 살림집의 공간구성에 관한 조사연구」를 통하여 서귀포의 보목 마을을 연구하였다.

김. 6번이 고팡이겠네요. {**전.** 예? 6번을 지금…} 고팡.

전. 고팡이에요, 저게? {**김.** 예.} 2번은, 2번이 챗방인 거에요, 지금? {**김.** 2번이 부엌방이네.} 부엌방인 거죠. 그러니까 이게 지금 그림이랑 이게 숫자가, 번호가 {**우.** 안 맞아요.} 안 맞아요. 왜냐하면, 저도 뭐 충분히 짐작하는 게 87년이면, 이걸 우리가 이 그림을 출판사에 보낼 길이 없어요. 따로 프린트해서 원고를 보내줘야 돼요. 우편으로 보내주고, 리전드(범례)는 또 써가지고 팩스로 보내주고. 그러면 출판사가 그걸 받아가지고 이걸 식자(植字)를 해야 되는데, 요즘 같으면 그림에 해가지고 파일로 보내면 끝나는, 안 틀리는데… {**우.** 거기서 엎어지는 거죠.} 엎어져요. 논문의 리전드들도 다 뒤집어져요, 편집실에 가면. 그러니까 이게 지금 잘못돼 있는 거잖아요. 여기서 지금 6번을 챗방이라고 그래 놨는데, 말씀하신 대로 6번은 지금 고팡이어야 되는 거죠.

김. 6번은 지금 고팡이 맞아요.

전. 고팡이어야 되는 거죠, 당연히. 그다음에 2가 정지랑 붙어 있으니까 저기가 챗방에 되는 거고요. 7은 굴목이고. 정지의 위치가 한쪽 옆으로 가는 것은 항상 일정한데, 앞으로 가느냐 뒤로 가느냐는 뭐로 정해져요? 지금 저, 이 집 같으면은 둘 다 정지가 북쪽에 가 있는데, (전사자에게) 다른 집들로 가 봐요. 다른 집 보면, 또 그런 것도 아닌 것 같거든요? (전사자에게) 다른 집으로 돌아가봐요. 이 여러 집들 있는 데로. 됐어요, 그 앞 페이지. 그렇지. 여기 보면 여러 개 나오니까. 자기 마음대로 있는 것 같아요, 정지가. 한쪽 끝에 있다. 그러니까 이 집 같으면 제일 왼쪽에 있는 집, 김윤상 씨 집 같으면은 안거리하고 밖거리하고, 제일 왼쪽 집이요, 안거리하고 밖거리하고가 이렇게 마주 보고 있는 것처럼 있잖아요. 아닌가요? 이 밖거리가 되게 이상하죠. 밖거리가 구성이. {**김.** 이게…}

전. 8번은 우마, 우마 저기, 쇠막[19]이라는데요, 8번은. {**김.** 8번?} 네. 밖거리의 8번은 쇠막이고.

우. 이게 별동이 돼야 되는 게 이게 붙어버린 거 아니에요?

김. 이게 별동, 별동이죠. 별동인데….

우. 아니 그러니까, 여기 안에서요.

김. 저기가 틀린 거야. 이게 출입구, 여기 이거 주 출입구거든? 이게 애월에, 애월. 어디 있던 집 같은데, 여기가 이제 우, 마구간인 것 같고. 9번이 창고로 되어 있는 거야.

전. (전사자에게) 그 옆에 집 한번 봐봐요. {**김.** 이건 좀…} 이상해요. 그거는

---

19. 외양간의 제주 방언.

특이하다고 치고.

김. 이거는 좀 이상한.

전. (전사자에게) 그 옆에 집 봐보세요. 그 옆에 집.

김. 이게 부엌이 이렇게, 이렇게 될 수가 없는데.

전. 그렇죠. '이 옆에' 집 봐보세요. 이 집은 보면 지금 무슨 말씀이냐 하면, '안거리, 밖거리'가 있잖아요. 그런데 고팡의 위치가, 4번이 고팡인데, 고팡의 위치가 이렇게 마주 보고 있어요. 그러니까, 그, 상대적으로 있어요. 그게 좀 궁금하더라고요. 여기서는 고팡이 위에 가 있고, 여기서는 고팡이 아래에 가 있어요. {**김.** 예.} 그래서 일반적으로 육지에서 집을 짓는다고 그럴 것 같으면, 방을 다 같은 향에다 둘 것 같은데. 1, 4가 이렇게 안거리가 됐건 밖거리가 됐건 같은 방향일 것 같은데, 왜 뒤집어놨을까….

김. 같은, 같은, 같은 거 아니잖아요?

전. 이렇게 마주 보고, 데칼코마니처럼 마주 보고 있잖아요.

우. 이렇게 되어 있는. 제일 먼 데 둬야 되는 거 아니에요, 저기? 가져갈까 봐?

전. 그런 건지, 안 그러면 마당을 정면으로 생각하는 건지.

김. 마당을 정면으로.

우. 그럴 수 있네요.

전. 마당을 항상 정면으로 생각해서 그런가요? {**김.** 예.} 양쪽에, 양쪽 안거리 밖거리가 마당을 정면으로 생각해요?

김. 생각해요.

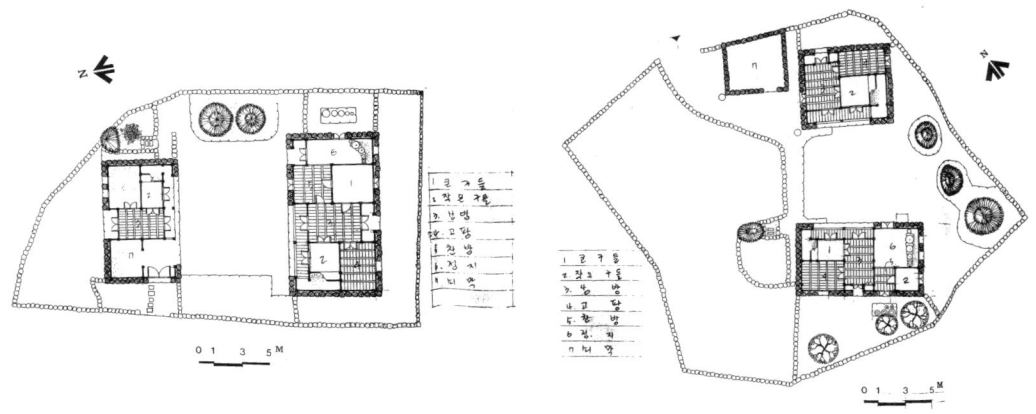

북제주군 애월읍 하기리 문귀인 씨 댁 배치 및 평면도, 김석윤 작성
북제주군 애월읍 하기리 문시행 씨 댁 배치 및 평면도, 김석윤 작성

우. 이쪽이 정면이 아닌 거죠.

김. 마주 보기. 마주 보기.

전. 그러면 좀 비밀이 풀렸어요. 마당을 정면으로….

미. 마당이 중심인 것이죠.

전. 마당을 정면으로 생각한다.

우. 마당에 면한 면이 정면이다.

김. 그런데 그게, 양반문화가 들어와가지고 뒤집어지는 거예요. {**전.** 아, 그래요?} 네.

전. 그랬으면, 남녀, 내외가 아니고 남녀도 아닌데….

김. 예. 등지는 거지. {**전.** 등지게 돼요.} 예. {**전.** 아, 그러면 이런 집도 있고 등진 집도 있어요?} 등진 집도 있고. {**전.** 마주 보는 집도 있고요?} 마주 보는 집도 있고. 후기, 후기 것으로 봐야 해.

전. 후기가 오히려 등지게 되고요.

우. 재밌네요. {**전.** 네.} 완전 재밌네요.

전. 지난번에 거기 가서도, 그 집(김석윤 가옥) 가서도 계속 그게 궁금했어요. 이게 지금 마주 보는 걸까, 등진 걸까. 마주 보는 것 같지 않았어요?

우. 김석윤 가옥? {**전.** 네.} 마주 보는 것 같았어요. {**전.** 화북리.}

김. 그런데, 마주 보죠.

전. 마주 보죠. 왜냐하면 거기서도 이제 밖거리가 이쪽으로 문들이 다 있었거든요.

김. 그런데, 그게 반만 마주 보고 반은 또….

전. 맞아요. 맞아요. 그래서 저쪽은 또 절로 가 있어요. 창도 저쪽도 있어요.

김. 그게 점차적으로 이렇게.

전. 아, 두 가지 요구가 다 있군요. 그러니까 저쪽 좋은 향 갖고 싶은 생각도 있고, 이쪽 온 식구들이랑 같이 마주 보고 싶은 생각도 있고.

김. 반, 반이 반이 이렇게 돌아앉은 평, 평면이, 19세기 걸로 보는 거죠. {**우.** 아, 예.} 유교 영향. 그게 저기, 추사 기록에도 그게 나와요.

전. 아, 그래요? {**김.** 예.} 아, 여기는 이상하게 마주 보고 있다고요?

김. 아니, 방금 이게 아니고. 내가, 밖거리의 반을 내가 쓰는데, 반은 주인이 쓰고, 반만 내가 쓰고 있다. 그런데 그, 당신이 머무는 쪽에는 앞에, 미퇴(眉退), 미퇴에 가 있다고. 미퇴. {**우.** 미퇴?} 이마 미. {**우.** 미퇴, 예.} 조금, 조그마한. {**우.** 조그마한 차이가 있다.} 그 설명이, 그 퇴가 바닥 쪽이 아니고 옆쪽으로.

전. 그래서 미퇴가 되는군요.

김. 예. {**우.** 옆쪽으로.} 그것이 그다음, 시대적으로 조금 뒤져가지고 나타난 현상으로 보죠.

전. '밖끄리'라고 하는 게 맞아요? '밖거리'라고 하는 게 맞아요?

김. '거리'라고 하죠. 거리.

전. 그게 맞을 것 같아요. 밖거리.

김. '끄리'는 발음이 좀, 기록으로 바뀌면서 그냥 편하게 써가지고 '끄리'라고. 소리를 그렇게 내는 경우들이 있으니까 '끄리' 같은 게 있는데….

우. 그거 왜 그래요? 아래아 때문에 그래요? 관계없어요?

김. 'ㅓ', 'ㅓ'.

우. 'ㅓ' 때문에. 오전은, 알듯 말듯 이제 또 많이 알게 된 것 같아지고 또 궁금해진 것도 많아지지만.

김. 오사카의 그, 민족학박물관에 있는 그 민가 모델, 제주도 민가 모델이, 성읍에 있는 곳일 건데.

전. 맞아요, 맞아요. 성읍이었어요.

김. 대문으로 들어가면서 그냥, 밖거리 옆구리에 퇴로 해가지고 들어가요.

우. 그게 성읍 거였어요?

전. 제가 지난달에 다녀왔는데….

우. 성읍의 평면을 가져갔구나.

전. 그게 아니라 그걸 다 찍어, {**우.** 뜯어간 거죠.} 그게 있잖아요. 저기, 그때 조사한 조사 기록표를 다 전시해놨잖아요. 그래서 성읍이라고, '성읍 고씨가'라고 하는 거네요.

김. 그거를 사랑방 기능이 제주도 민가에 접합되는 현상으로, {**우.** 봐요?} 본 거죠.

우. 사랑방도 그럼 유교랑 같이, 양반문화랑 같이 들어가는 거에요?

김. 그렇게 본 거죠. 유교 문화의 특성은 사랑방이니까. 그 사랑방이 제주도 민가에 영향 해가지고, 초기 별동으로 짓지는 않고, 이 부분에.

우. 오전은 여기까지 하겠습니다. 너무 흥미로운 점이 많아서, 많이 알게 된 것 같으면서도 또 궁금한 점이 많아졌어요. 선생님, 오랜 시간 감사합니다.

6

건축 단체 활동

일시. 2023년 2월 28일 화요일 오후 2시
장소. 목천문화재단 회의실
구술. 김석윤
채록연구. 우동선, 전봉희, 최원준
촬영 및 기록. 김태형, 김준철

한국건축가협회 제주지회 전시회에서, 1991

우. 2023년 2월 28일, 오후에 들어서 선생님 모시고 말씀을 더 여쭙도록 하겠습니다. 선생님, 여러 건축단체에 관여하셨는데요. 일단 대한건축사협회 제주지회, 그 말씀부터 들려주셨으면 좋겠습니다.

김. 사협회는, 사협회는 결성된 지가 제주건축사협회가 저, 제주에서 사무실 시작하기 전부터 선배들이 회의를, 회의를 결성해가지고 있었고. 사협회에, 건축사 사무실 시작하면 의무적으로 가입, 회원으로 가입이 되긴 했는데, 사협회 회원이 되면서도 그때, 입회하는 초기부터도 사협회의 모임은, 별로 기대하고 싶은 생각이 없었어요. 처음부터 사협회에 대한 첫, 선입(先入)한 그 인상이, 듣고 경험하면서부터도 사협회는 '아이고, 무척 마음에 안 든다' 하는 그런 생각을 늘 가지고 있어가지고. 그쪽에 활동은 별로, 초기에는 별로 하지 않고. 또 그 시기에 제주도는, 사협, 건축사사무소들이 합동 사무실을 창립을 이제. 사무소 개업을 초기에, 합동 사무실 들어가던 그런 식이었어요. 전체. 그래가지고 좀, 사협회 모임하고는 별개로 좀 거리를 두고 있다가. {**전.** 의무 가입이죠?} 그때는 뭐, 의무로 가입하게 됐었죠.

전. 의무 가입이었죠. (건축사) 면허 따면 바로 해야 되는.

김. 모임에는 그렇게 참여를 안 하고 있다가. 시간이 좀 지나니까 그냥 자연스럽게 거기, 이렇게 간부로 이렇게, 선출이 돼가지고. 사협회의 일을 해서 보니까 좀, 마음대로 좀 이렇게 기획을 해가지고 운영해도 되더라고요. 그래서 사협회 쪽보다는 건축가협회. 가협회에 대한 선입관이나 그것에 대한 이해는, 김한섭 선생님이 광주에, 전남 지회[1]를 맡아가지고 계셨거든요. {**전.** (서울) 올라가시기 전에요.} 예. 그리고 그 사무실에서 이제 건축가협회 지회 사무실, 사옥 겸. 이렇게 운영을 하고 있어가지고, 사무실 옆, 간판 옆에다가 건축가협회 전남지부 간판도 붙이고 뭐 이렇게 해가지고. 가협회 분위기가 좀 있었어요. 가협회의 형편이 어떻다는 거는 이제 좀 미리 알고 있었죠. 사무실 시작하면서도 '제주도에 가협회가 좀 만들어졌으면' 하는 그런 생각을 가지고 있었는데, 그게 뭐 제가 혼자 앞서 나서가지고 되는 일도 아니고. '회'(會)라는 게 혼자 하는 일이 아니니까. 그런데 그런 분위기가 이렇게 형성이 된 게, 그 최창규[2] 선생님이, {**우.** 네.} 건축가협회 회장을 맡고 계시다가, 그 임기가 끝난 후에 건축사협회 본부에다가 그렇게 출입을 하시더라고요. 이 양반이 거기, 사협회에 무슨 임원을 하셨나 어쨌는가, 그거는 확실히 모르겠는데. 건축사협회 본부에

---

1. 김한섭은 1962년부터 1966년까지 한국건축가협회 광주전남건축가회의 회장을 역임하였다
2. 최창규(崔昌奎)는 1972년부터 1974년까지 제8대 한국건축가협회 회장을 역임하였다.

출입을 하시면서, 지방 건축사협회 임원들이 이렇게 모임에 올라오면, "지방에 건축가협회 좀 주위에 만들라고." 이렇게 말씀을 하고. 그 활동을 이제 쭉 하고 계셨어요. 제주도의 사협회 회장 되는 선배가, 최 선생님 만나가지고 그 얘기를 듣고 제주도에 최창규 선생님을 초청을 하셨어요. 그래가지고 건축 강연도 하고, 또 강연 끝난 다음에 앉아가지고 좀 얘기하는 동안에, "야, 제주도에 가협회 지회를 만들어라. 그러면 서울에서 좀 이렇게 도와주마. 절차 같은 건 내가 다 알아서 이렇게 지원할 테니까, 지회를 만들라"고. 그게 힘이 돼가지고, 제가 나서가지고 그 건축가협회 결성, 건축가협회 제주지회, {우. 네.} 결성을 하는 움직임을 시작하게 됐죠.

　　전. 언제쯤이에요? {**김.** 82년.}

　　우. 82년 2월 13일에 발족했다고 (기록되어 있네요.)

　　김. 그전에 79년쯤, 최창규 선생님이 제주도 다녀가시고, 한, 두 회쯤 그런 과정이 있었어요. {우. 아, 예.} 그리고 김원 선생님 초청해가지고 강연하고. 김원 선생님 초청 강연할 때 강연하고 같이 곁들여가지고, 건축사협회, 제주, 건축사협회 제주지회의 주관으로 건축가협회에서 하는 《건축대전》. 지방 순회전을 유치했어. 사협회에서, (웃음) 가협회 행사를 유치해가지고. 마침 그 시기에 제주 시내, 원도심에 제주 MBC 방송국이 있었는데, 방송국이 신제주

한국건축가협회 제주지회 전시회에서,
앞 줄 왼쪽에서 세 번째가 윤도근, 오른쪽에서 세 번째가 김석윤, 1990

뉴타운에 새 사옥을 마련해가지고 이전을 하면서 공간이 비니까, 그 방송국 있던 자리에 미술관을 운영했었어요. 그 미술관 이름이, 〈남양미술관〉. 제주 MBC의 전신이 남양 방송인데, 남양미술관을 처음, 제주 원도심에 전시 공간이 처음 생긴, 생긴 거지. 거기다가 이제 건축전을 유치해가지고 전시회를 했죠. 김원 선생님 특별 강연을 오시고. 그런 행사를 이제 이렇게 기획해가지고 진행을 하니까, 지역의 관심들이 좀 이렇게 주목이 됐죠. 다른 인접 예술계, 문화계, 이런 어른들. 그리고 그때는 저희 아버님께서, 선친이 생전에 계실 때라, 저희 선친이 뭐 이렇게 그 지역에 미술 전람회나 예술 활동의 이런 행사에 어른 같은 그런, 위치에 계셔가지고, 그분이 이렇게 움직이시면 주변에 다들 따라와요. 제주도에서 처음 열리는 건축 전시회죠. 지역의 자체 내에서 작품들은 같이 못 걸었지만, 서울에 전시 유치해가지고, 지역의 관심사로 이제 그걸 이렇게 열게 되고. 그걸 계기로 해가지고 "가협회 만들자" 하고 움직임이 이제 좀, 좀 속도가 붙게 됐어요. 아주 82년에, 제주도에 개업해 있는 건축사들 중에서 학부 출신들, 또 학교에 계신 교수분들 중에서 대학교 나오신 분들, 그래가지고 열두 사람인가 열세 사람. 가협회 제주지회 처음 창립했어요. 82년 2월.³ 그래가지고 시작해가지고 그때 이제 총무. 창립 총무 해가지고, 한 10년? 10년 더 총무를 더 했던가? 92년까지 했나. 선배님들 처음, 창립총회, 창립 회장님은

3. 1982년 2월 13일에 사단법인 한국건축가협회 제주지부가 창립되었다.

한국건축가협 초대작가전에서, 왼쪽부터 윤승중, 송종석, 김석윤, 1991
한국건축가협회 전시에서, 〈제주시립 탐라도서관〉은 1991년에 한국건축가협회상 아천건축상을 수상하였다.(1992.02.28)

강행생. 전문대학교에 계신 선배님. 창립 회장 하시고. 그다음 다른 두 분 회장, 연임해가지고 한 10년 동안 제가 총무로 모셔가지고, 지낸 후에 가협회 맡을, 이제 주변에 맡을 사람이 없어가지고 시작한 게, 90년대 초쯤.

전. 그러니까 4대 회장이 되신 거네요.

김. 예. 4대, 연임을 했으니까 대 수로는 한, 뭐 5대인가 6대쯤 됐을 거예요. 연임을 하신 분이 있으니까. 총 10년 한 다음에, 가협회, 그, 지회장 맡아가지고. 99년《건축문화의 해》치룰 때까지. 그때까지 회장을 쭉 했죠. 그 행사 끝난 다음에 후배들한테 좀, "나 이제 좀 피곤, 피곤하니까 좀 맡아." 이래가지고, (웃음) 넘겼죠. 그때는 가협회 지회 총무하고 지회장 하면서 이제 서울 와가지고 이제, 여기 회장(김정식) 선생님, 또 정철 회장님, 이런 어른들을 이제 자주 찾아뵙고. 또 올 때마다 또 "제주도에서 왔다." 그러면 또 각별하게 또 귀여워해 주시니까, 사랑을 많이 받았죠. 해마다 순회전,《건축대전》순회전. 제주도 꼭 유치를 해가지고. 그때《건축대전》하면은 순회전이 지방에 뭐, 대구, 대전, 광주, 이런 정도. 그런데 제주도는 조그마한 곳인데 열심히 했어요. 대학교 건축과 과정은 없지만, 전문대학 건축과가 있고 그러니까. 그 애들 좀 이렇게 안목도 좀 넓혀주고 하려고. 그때는 또 여기 중앙 건축가협회에서도 전시회 할 때는 중앙 비용으로 전부 해줬어요. 지금은 안 그런데. {**우.** 지금은 안 그래요?} 예. 한참 전부터 안 그래요. 그 지역, "지역에서 유치하려면 너희들이 와가지고 예산

1996 제주건축문화대상 시상식에서, 아랫줄 오른쪽에서 두 번째에 김석윤, 1997.4

가져가지고 하라" 그래가지고. 지금은 서울에서 이렇게 장소, 공간만 확보해 놓으면, 아주 전시회, 전시 디스플레이까지도 전부 여기서 가가지고 다 하고 그래서. 가협회 그, 운영을 그렇게 오래 했어요. 가협회의 생각들이, 아무래도 건축사들은 대외적으로 이렇게 건축적인 활동들을 사협회 이름으로 나서는 데는 관심도 좀 덜하고, 그러고 있으니까 가협회의 젊은 분들이 이제 동참해가지고 쭉 해줬었죠. 인원수도 별로 변화도 없고 그러니까 처음에 창립한 인원들이 쭉, 90년대 말, 2000년대 가까이, 가까이까지. 그냥 연속돼가지고, 그냥 연명하는 정도지 변화가 별로 없었는데, 이제 90, 제주대학교가 90….

전. 아까 찾아보니까 92년이더라고요. {**김.** 92년인가요? 네.} 아, 학생 모집은 93년부터인데 개설이 92년입니다.[4]

우. 학과 개설이 93년부터.

김. 대학교 생기고 뭐 이러면서 좀 이제, 저변이 좀 이렇게 넓어지니까, 후배들이 맡아가지고 또, 또 이제 하려고 하는 후배들 좀 나오고 그러더라고. 그동안 회장 10년을 하는 동안은 누가 같이 해주려고 하는 사람들이 별로 없어가지고 좀 많이 힘들었죠.

우. 그래서 이맘때, 이제 91년 9월 7일에 제24차 공간 포럼이 《21세기 제주도 도시건축의 현황과 미래》[5]가 있었고요.

김. 그게, 그때가 지금 그 이벤트가 장세양[6], {**우.** 아, 예.} 네. 전진삼[7]. 공간, 거기에 후원을 받아가지고, 그때 서귀포에 우리 좀 연배가 후배 되는 허영주라고 하는 후배가 있었는데, 이 친구가 서울 아니, 서귀포 지역에서 전진삼 선생하고 같이, 그 행사 기획해가지고 고주석 박사. {**우.** 아, 예.} 초청해가지고, 이렇게 세미나처럼. {**우.** 네.} 지역의 사람들 좀 몇몇 참여하고, 고주석 선생님 모셔서 "제주도에 앞으로 미래를 어떻게 좀 예측해 가면 될 거냐" 하는 얘기를 가져가지고 행사를 한번 했죠.

우. 같은 해에, 그러니까 그다음 달에 또 한국건축가협회 《금요

---

4. 제주대학교는 1992년에 건축공학과를 신설하여 1993년부터 신입생을 모집하였다.
5. 1991년 9월 7일 공간사는 《제24차 공간포럼》을 서귀포 파라다이스호텔 1층 회의실에서 개최하였다. 본 포럼은 '21세기의 제주도-도시·건축의 현황과 미래적 과제/갈수록 좋고 가볼수록 더 좋은 제주도'란 주제를 갖고, 김석윤(건축가, 발제), 고주석(조경건축가, 주제발표), 장세양(건축가, 토론자), 고동희(교수, 토론자), 오성찬(소설가, 토론자), 전진삼(본지 편집장, 사회) 등이 참석하여 진행되었다. 본 내용은 1991년 10월호『공간』지에 실려 있다.
6. 장세양(張世洋, 1947-1996): 1977년 공간연구소에 입사하여 1986년부터 1996년까지 공간 대표를 역임하였다.
7. 전진삼(田珍三, 1960-): 1989년부터 1995년까지『공간』편집장을 역임하였다.

토론회》[8]에서 제주도 특별개발법 가지고 또… {김. 그거는 서울에서 했죠.} 그건 서울에서 하는 거니까.

김. 예, 예. 서울에서 본부, 본부에서 그 주제로 해가지고 토론회를 한번 했어요. 그때는 제주도, 강병기 교수님이 고향이 제주도시고 그러니까 제주도 개발을, 특별법 제정 앞둬 가지고, "그 법이 앞으로 제주도에 미칠 영향이나 그 법이 생겨가지고 제주도가 지향해야 될 방향들이 어떤 것이 돼야 되느냐" 하는 얘기들이 이제 건축가협회에서 토론을 했죠. 그게 그때쯤에 있었던 일이고. 어, 가협회를 만들어가지고 제일 보람된 일은, 김중업 선생님 (제주대학교) 본관 보존 캠페인, 그거였어요. 그게 90….

우. 93년 2월 5일에 《구 제주대학 본관 보존을 위한 세미나》[9]가 있었네요. {김. 예, 예.} 이걸 하셨네요.

김. 그게 가협회, 제주도 가협회의 좀 괜찮은 업적이었죠. 성공하지 못했지만. (웃음) 성공하기도 좀 쉽지 않은 형편이 됐었고요.

전. 구조적으로 불안했나요, 그 건물이?

김. 허점이 있었어요. 구조적으로 좀 무리한 데가 있어가지고. 결과니까 그렇게 된 건데. 하여튼 그게, 그러면서도 지역에서 '이게 그냥 범상한 건축은 아니다'고 하는 그런 생각들을 가진 분들이 몇 분 계셨었어요. 그 학교 교장 선생님도 그렇고.

전. 워낙 특이하게 생겼으니까요, 뭐, 사실.

김. 이제 그거에 대해가지고 "이걸 어떻게 할 거냐" 하는 것이 이제 선뜻, 행동으로, 상당히 '그냥 빨리 어떻게 치워버렸으면 좋겠는데' 하는 생각을 가지면서도 그러지는 못하고. 고민들을 하고 있던 차인데, 지역의 신문사 기자가, 그, 기사를 취재하면서 저한테 얘기를 좀 도움, 얘기를 좀 조언을 들으려고 취재 과정에 찾아왔어. 얘기를, 그 얘기를 듣고, 들어가지고 이제 그 기자를 이제 좀 이렇게, "이렇게, 이렇게, 이런 방향으로 좀 해줘가지고 이걸 여론을 좀 한번 크게 좀 만들어봤으면 좋겠다" 하는 얘기를 특히 저한테 부탁을 했죠. 그래서 여기 내 대학교 동기 중에 졸업하면서 가만히 있다가 김중업 선생님 사무실에 갔던 친구가 한둘이 있어요. {전. 아.} 이상헌이라고. 홍순인 선배 사무실을 맡아가지고 어떤 동기생하고, 삼우설계 사장했던, 박승. 이 친구들이 김중업 사무실에 가가지고들 있었지. 이상헌한테 와가지고, "그 여기 이런 이런 형편

---

8. 강병기는 1991년 11월에 '제주도 개발 특별법을 중심으로'라는 제목으로 발표하였다.
9. 한국건축가협회지『건축가』는 1993년 2월호에 '구 제주대학 본관 보존에 대하여'란 주제의 특집 기사를 실었다.

되는데 사회적으로 얘깃거리가 되게 어떻게 좀 터뜨렸으면 어떠냐" 자기가 그러면 역할을 좀 나서가지고, 역할을 한번 해가지고 그 사무실에 있던 선배, 친구들 이렇게 해가지고 그 얘기들을 해가지고 뭐 이거 뭐라 얘기를 "(제주대학 본관) 보존하는 방향의 얘기를 한번 시작합시다" 해가지고 의견을 모았어요. 그런데 그때의 여건이 좀 여러가지로 좀 그게 형성됐던 게, 장석웅 선생님이 가협회 회장, (당시) 현직 회장이었는데, 김중업 사무실 거기 출신이란 말이죠. 그리고 가협회 역사본과 위원장으로는 변용 선생님. {전. 아, 예.} 역사문화위원장 맡아가지고 계셔가지고. 그분한테 그 얘기를 말씀을 드렸더니 "가협회에서 좀 나섭시다" 하는 그런 분위기가 돼가지고.[10] 가협회에서 앞장서가지고 움직여주고, 이상헌이가 거기 사무실 출신 뭐 한 대여섯 사람(한테) 얘기들을 해가지고 돈도 좀 모으고. 그쪽에서 고생 많이 했어요. 예비 조사해가지고 리포트도 만들고. 그래서 "제주도에서 한번 세미나 하자."

전. 그래서 세미나를 아까 93년 2월에 제주도에서….

김. 예, 제주도에서. 그때 건축계의 어른들을 이렇게, 나이 드신 어른 분들을 전부 초청해가지고 연락하니까 전부 제주도 다 내려와 주시겠다고. 김형걸 교수님, 이광노 교수님, 엄덕문 선생님, 김희춘 교수님도 가셨어. {우. 예.}

---

10. 김수현(당시 제주지회장)과 김석윤은 1992년 11월에 한국건축가협회 이사회 건축분과위원회에서 〈제주대학 옛 본관〉의 현황을 설명하였다.

《제주대학교 본관 보존세미나》, 옥상노천강당에서, 1993.2

김희춘 교수님도 가셨고, 한창진[11] 선생님도 가셨고. 하여튼, 대단한 분들 이렇게 다들 가주셨어요.[12] 서울에서만 참여하는 인원이 뭐 한 40, 50명 될 정도로. 장석웅 회장님이 그때 가협회의 간부 멤버들을… 또 그때가 또, 4.3 그룹이 출발해가지고 얼마 안 됐을 때예요. {우. 아, 그래요?} 예. 그래서 4.3의 멤버들. 그리고 김중업 선생님 사무실의 제자들, 또 누구냐, 거기에 계시던, 곽….

미. 곽재환[13] 선생님.

김. 곽재환, 예. (그리고) 김 선생님 아드님, 이런. 하여튼, 제주도에서도 컸지만 한국 건축계에서도 규모로 보면 꽤 큰 행사가 됐죠.

우, 전. 네.

김. 제주대학교에 좀 얘기해가지고 "같이 참여합시다." 그래가지고, 지, 지역 예술계에 어른들, 가협회, 제주대학, 이렇게 해가지고. 제주도에서도 또 뭐 좀, 뭐 국회의원도 관심 가져가지고 응원 연설도 좀 해주고 뭐 그래가지고.

우. 반향이 컸겠습니다. 이때 뭐 아까 93년에 제주대 건축학과 신입생을 모집했다고 그러고 또 이런 세미나도 있고 그러니까. 건축이 중요한 일이 됐겠네요, {**김.** 예.} 제주도에서도….

김. 신입생들을 모집할 때, 대학교 교수는 없을 때고. 과 창설만 돼가지고.

우. 보존부터 시작해서 좀 그렇습니다만. {**김.** 그게…}

전. (구 제주대학 본관을) 그때는 뭐로 쓰고 있었죠? 93년 당시에는?

우. 비워져 있었을걸요, 그때는.

전. 그러니까 소유자가 누구죠?

김. 제주대학교 사범대학 부속고등학교. {**우.** 아, 예.} 뭐, 도서관으로 썼던가?

전. 그러니까 제주대학 거였네요. 그렇죠?

김. 제주대학교에서. {**전.** 여전히.} 제주 지역에서도 그걸 가져가지고 이러니저러니 이런 얘기도 나오고 저런 얘기도 나오고, "확 부숴버리지 뭘 무슨 보존 캠페인 하냐" 이러고. 하여튼, 지역에서도 꽤 화젯거리들이 됐었어요.

전. 만약 지금이었으면 어땠을 것 같아요?

---

11. 한창진(韓昌鎭)은 1960년 제네랄 건축연구소를 개소하였다. 1965년 창설된 대한건축사협회 발기인 중 한 명이다.
12. 1993년 2월 5일 제주하니 관광호텔에서 토론회가 개최되었다. 이상해의 사회로, 안병의(김중업의 건축과 인생), 김정동(희망과 좌절이 합력된 1960년대 한국의 건축), 김종수(제주대학 옛 본관의 훼손 조사 및 대책 보고), 신상범(제주대학 옛 본관 건축물의 문화적 의의)이 발표하였고, 이어서 김희춘, 엄덕문, 이광노, 강병기, 김홍식, 윤도근, 유정철, 김영철, 안병의가 토론하였다.
13. 곽재환(郭在煥, 1952-): 1980년부터 1987년까지 김중업건축연구소에서 근무하였다.

김. 살렸죠. 지금이라면. 지금이라면 살아날 수 있었죠. 그때….

전. 제주에서 그다음에 비슷한 일 하나 더 있었잖아요.

김. 아, 레고레타.[14] {**전.** 그것도 부쉈잖아요.} 레고레타는, 이제 그것은, 레고레타는 조금 상황이 좀 달랐던 게, 뒤에 그러니까 그 주체가, 그 장사꾼들이어서 좀….

전. 그건 민간이었고요. {**김.** 예.} 아, 보존 운동의 주체도 그 사람들이었어요?

김. 예. 그래서 좀 힘이 덜 실렸지. 여기(〈구 제주대학 본관〉), {**전.** 여기는 문화계 인사들이 했는데.} 여기는 공공건물, 공공건물이고, 이건 제주대학의 의지만 있었으면 살렸죠. 제주대학의 사람들 자체가 그게 돼가지고. 그렇게 큰 애정이 없더라고요.

전. 글쎄, 제가 볼 때는 보강을 해서 남겼으면 문화재가 될 수 있는 건물인데요.

김. 그렇죠. 그런데 보강하는 것들을 이제 우리가, 우리가 전문적인 안목을 가진 사람들이니까 그걸 보강하는 방법에 대해가지고 전부 이제 구체적으로 제시를 다 했죠.

전. 그러니까요. {**우.** 그런데도 안 된 거죠?}

김. 기록, 기록도 나오고.

전. 지금 문제가 되고 있는 〈청주시청사〉[15]나 그런 거랑 (비교)될 게 아닌데.

---

14. 리카르도 레고레타(Ricardo Legorreta, 1931-2011): 멕시코 건축가. 레고레타가 설계한 〈카사 델 아구아〉는 2009년 제주도 중문단지에 설계되어 2013년에 철거되었다.

15. 〈청주시청사〉: 강명구가 설계하여 1965년에 준공되었다. 청원군과 통합된 청주시는 2023년 기존의 〈청주시청사〉를 철거하였고, 2028년 준공을 목표로 신청사 건립계획을 추진하고 있다.

제주대학교 본관 전경사진, 1993

김. 결정적인 거는 저기 삼풍(백화점)하고 성수대교, 그것 때문에 후속으로 온 안전 문제. 그게 이제 국가에서 워낙 정책적으로 밀어붙이니까, 그거를 거슬러 올라가기가 쉽지는 않았었는데. 제주대학, 제주대학이 문제예요, 사실은. {**우.** 아, 이게 또…} 제주대학교가 보존하려면 보존했죠.

우. 삼풍하고 성수대교가 또 이렇게 영향을 미치는군요.

전. 언제, 최종적으로 언제 부서졌어요, 그러면? {**김.** 95년.} 아, 딱 삼풍이랑 그 사건 나오고 난 다음이네요.

김. 95년 5월. {**우.** 겹치네요.} 그러니까 보존 캠페인하고 난 다음에는, "그 정도 떠들었으면 차마 부수지는 않겠지" 피알하고 했었는데. 그, 부숴버리더라고. 무슨 일들이 되게 되면 주변에, 바깥에 여건이 형성이 되는데, 그 시기가 되니까 제주대학교에 간부들도 그런 문화나 역사에 대한 의식이 좀 덜 난 사람들이 또 총장 맡고 그러더라고요.

전. 그럴 수도 있죠, 예.

김. 그러니까 부숴놓은 다음에 이제 와가지고, 아이고 뭐 그냥 뭐… 땅을 쳐요, 제주도에서. 이번에 새로 된 총장이 다시 짓겠다고. {**전.** 그 도면대로요?} 예. 그래가지고. 없애가지고 다시 짓는 거하고, 있을 때에 망가져 있지만 건져내는 거 하고는 그거는 하늘하고 땅 차이니까, 쉽지는 않은 거니까 다른 생각들을 해봐야 된다고 그냥들 하고 있었는데. 보존하겠, 아니, 복원하겠다고 그래가지고 갑자기 부르고 그래가지고 한번 제주대학교에서 재작년인가? 막판에 한 번 벌인 적 있어요.

우. 아, 그래요? {**김.** 예.} 아직 살아 있는 문제네요.

김. 그런데 거의 이제 그냥 꾸물꾸물하면서 이제 말이 사라지기를 기대할 거, 하는 것 같아. 총장이 엉뚱하게 그냥 총장 입후보 공약으로, (웃음) 계속 들고 나와가지고. {**우.** 엉뚱하시네요.} 그때 그 캠페인 할 때쯤에가, 저기 알토의 〈비푸리 도서관〉(Viipuri Library)이 또 복원 캠페인이 UIA, 그쪽으로 해가지고 있던 그 시기거든요.

전. 그랬나요? {**김.** 예.} 그게 러시아 땅으로 넘어가서 쇠락해버린.

김. 예. 그거를 가협회에서, UIA에서 그때 그걸 복원….

전. 아, 러시아가 신경을 안 쓰니까요.

김. 안 쓰니까. 예. 그때 그 시기에 이게 나왔던 거야. {**전.** 그렇군요.}

우. 여러 개 겹치네요.

김. 예. 김중업 선생님 문하에 계셨던 분들이 몇 분들 상당히들 애 많이 쓰셨어요. 권희영 선생님 같은 분들.[16] 여러분들이. 그 후에 그 책, 김중업 선생님 전기 책 나온 거 보니까 권희영 선생님, 여기 그 을지로에 산부인과.

전. 네. 바로 옆에.

준. 〈서산부인과〉.

김. 그 어른들이 상당히 이렇게 좀 많이 희생들 하고 했어요. 잘, 결과가 괜찮았으면 건축가협회에도 큰 보람이 될 뻔한 사건인데, (웃음) 없어져 버려서. 가협회에서, 제주가 가협회에다가 한 역할로는, 얘깃거리로, 결과물을 만들어 내지를 못 하니까, 못 만드니까 의미가 없긴 하지만 열심히 했던 그런 시기였죠. 그때는 그런 것들이 지역에서도 이렇게 얘기를 하면은 많이들 참여해주고 호응해주더라고요. 그때 그 시기에, 그 바로 전 해였나? 좀 개인적인 일일 수도 있는 사건인데, 우리 김홍식 교수가 건축역사학회 행사를 제주도에서 기획해가지고 한번 한 적이 있어요. 목조 건축, 일본 목조 건축 포럼[17]하고….

---

16. 김중업건축연구소에서 근무한 권희영, 이대형, 김동길 등 3인은 1992년 12월 15일에 제주도를 방문하여 제주대 총장 등과 함께 〈제주대학 본관〉 기초조사를 논의하였다.

17. 《한·일 국제연구집회, 역사문화환경보전과 목조건축》의 제목으로 1992년 5월 2일부터 3일까지 2일간 제주도 제주시 우당도서관 강당에서 대한건축학회 제주지부와 일본목조건축연구 포럼의 주최로 열렸다. 김동현(문화재연구소 보존과학실장)과

한일국제연구집회,《역사문화환경보전과 목조건축》 포스터, 1992.5
「한국목조건축연구포럼」 창간호 자료집, 2001

전. 한일, 그렇죠? {**김.** 네, 네.} 한일 목조 건축 포럼.

김. 그 얘기에, 뒷얘기가 내가 꽤 있어요. 어떻게 그 처음, 저 일을 시작했는지 모르지만 그때 김홍식 교수가 제주도로 그냥 매일, 자주 출입할 때니까. 와가지고, "형님, 제주도에서 국제 건축 이벤트 한번 합시다.", "이러이러한 모임이다", "좋다, 하자" 그래가지고. 그런데 그때는 이렇게 지역에서 일을, 그런 일을 하려고 그러면은 주변에서들 많이 도와줬어요. 그때 나는 박사과정 학교, 학교 다닐 때였는데. "행사를 하기로 했으니까 제주에서 맡아가지고 좀 도와주십시오" 해가지고, 그 일을 준비를, 착수를 했죠. 해서, 주변에 언론계니 방송, 또 관청도 좀 얘기해놓고. 또, 지역의 건설회사의 스폰서도 전부 약속 받아놓고. 막 이래가지고 진행을 했는데, 한번 서울 올라와가지고 보니까, "이제 행사도 안 하기로 했습니다" 해가지고 취소 통신문을 만들어가지고 발송을 하려고 하고 있더라고. 무슨 소리인지도 모르고. 나는 지역에서 일을 추진시켜놨는데 이제 포기한다고 하는 게, 이상한 게, "이거 포기하면 큰일 난다", "나중에 욕 먹고, 욕 먹더라도 행사 해놓고 난 다음에 욕 먹어라" 그래가지고 포기하겠다고 한 통지 보내는 거, 발송하는 편지에 다 집어넣은 걸 다시 발송 못하도록 막아가지고 진행시켰죠. 건설회사에 가가지고 뭐, 회사마다 뭐 이렇게 찬조금 50만 원, 100만 원 이렇게 막 받고, 관청에서도 무슨 뭐 시장, 도지사 다 와주기로 했는데. 서울 와서 그러니까 행사 포기한다고. (웃음) 그런데 나중에 얘기 들어보니까 김홍식이가 너무 개인적, 혼자 독단적으로 진행을 하니까 역사학회에서 못 하도록 중단을 시켰던 모양이야. 중단시킬 형편이 못 돼가지고, 그냥 내가 제주도에서 진행해놓은 그 일 때문에 밀어붙였어요. 그거 행사 하면서 그때 영남대학교에⋯ {**전.** 김일진 교수님.[18]} 그 양반도 그냥, 엄청 못마땅히 생각해가지고 그냥, 할 수 없이 그냥 제주도에 참여는 해가지고. 김홍식이 얼굴도 안 보려고 하고. 그 양반 달래느라고 내가 애먹었어요. "그냥 겉으로 모양만 갖춰가지고 행사만 이렇게 내게 해주십시오" 해가지고. 결과적으로는 그냥 그렇게 해서 넘겼죠.

전. 한일 민가 포럼 아니었나요? 건축역사학회 생기고 초반의 일이라.

김. 민가 주제로 안 하고 그때는, 제주도에서 하는 걸로 이렇게, 지역의 형편하고 맞게 하느라고 그 주제를 좀 조정을 했어요. 역사, 문화, 환경. 하고 목조

후지이 케이스케(藤井惠介, 동경대학교 조교수), 이상해(성균관대학교 교수)와 미야자와 토모지(宮澤智土, 문화청 건조물과), 김홍식(명지대학교 교수)과 안도 쿠니히로(安藤邦廣, 쓰쿠바대학교 조교수)가 참여하였다.

18. 김일진(金一鎭, 1935-2016): 1967년부터 2001년까지 영남대학교 건축공학과 교수를 역임하였고, 한국건축역사학회 초대회장(1991-1992)을 지냈다.

건축. 억지로 막 끼워 맞춰가지고 국제 행사를 했지. 그게 이제 김홍식이하고 김상식이하고 나, 셋 이름 해가지고, '여란지 건축(如卵地建築) 동아리' 해가지고 명칭 거기다 끼워넣고 해가지고 한 건데. 그 여란지 건축 동아리가 우리 집안 얘기예요. 우리 집안 어른 중에, 제주도에 명당이라고 그러는 열안지[19]에 묘가 있는 할아버지가 있어가지고. 왜 제주도의 김 씨를 '열안지 김 씨, 열안지 김 씨' 하거든요. 그래가지고 내가 끼어들 일도 아닌데 돈 깨지고, 시간 깨지고 하면서 코피 나게. (웃음)

우. 그, 김홍식 교수님은 왜 이렇게 인심을 잃었어요?

김. 역사학회 내부에서 그러더라고. 나는 동생이니까 뭐 귀여워서 하자는 대로 다 따라주는데. 역사학회에서, 주변에서 자꾸 뭐 하려고 그러면 브레이크 걸고. 자기 멋대로 한다고 그래가지고. 그렇게 반대를 해서 난처하게 만들었더라고. 그래도 밀어붙여가지고 했어요. 그니까 그 일을 하고 나니까, 제주대학교 보존 캠페인도 "이거 뭐 그냥 그렇게 하면 되는 거구나" 해가지고 일 같지 않게 밀어붙여지더라고요. {**우.** 아, 예, 예.} 중요한 행사는 아니었지만, 목조 건축, 한일 프로그램은 제주대학 행사 때문에 이제 얘기가 되는 거고. 그런데 일본 사람들은 아주, 그거 뭐 행사 하는 것에 철저하거든요. 김홍식이가 일본 가가지고 뭐라고 어떻게 뻥을 쳐가지고 했는지 모르지만, 일을 하기로 약속을 해놓으니까 이게 진짜인지 아닌지 예비조사를 하더라고. 일본에서 쓰쿠바대학교(筑波大学)에 있는 안도(安藤)라고 하는 친구, {**우.** 예, 예.} 사실 조사하러 와가지고. 행사장이 어디, 얼마만 한 행사장이고, 오면은 숙소는 어느 호텔 어떤 데서 자게 되고, 뭐 이런 것도 와가지고 다 예비조사하고 가더라고. 아마 그때 김동욱[20] 교수가 중요한 역할을, 이상해[21]….

전. 그다음에 박언곤[22] 선생님도 있고.

김. 박언곤, 예.

전. 그런데 지금, 지금 학회 연혁에는 94년 12월 1일에 〈한일 민가 포럼〉 한 거가 나오는데요.

---

19. 열안지오름: 제주시 오라1동에 있는 오름. 여란지(如卵旨)라고도 불리나 김석윤의 동아리는 「한일국제연구집회, 역사문화환경보전과 목조건축」 포스터에 여란지(如卵地)로 표기되어 있다.
20. 김동욱(金東旭, 1947-): 1982년부터 2012년까지 경기대학교 건축학과 교수를 역임하였고, 한국건축역사학회 제5대 회장(2000-2001)을 지냈다.
21. 이상해(李相海, 1948-): 1986년부터 2012년까지 성균관대학교 건축학과 교수를 역임하였고, 한국건축역사학회 제6대 회장(2002-2003)을 지냈다.
22. 박언곤(朴彦坤, 1943-): 1977년부터 2009년까지 홍익대학교 건축학과 교수를 역임하였고, 한국건축역사학회 제4대 회장(1997-2000)을 지냈다.

김. 민가 포럼이 있었어요, 또. 박언곤 선생 때.

전. 네, 그건 다음이고요.

김. 그 후에 이제 박언곤 선생이 제주도에서 한번 해보니까 제주도 쉽거든. {**전.** 네.} 일본하고 일은. 그거는 이제….

전. 그건 94년이고요.

김. 네. 홍식이한테도 얘기 않고, 이제 박언곤 선생하고 나하고만. 홍식이도 오긴 왔지만 박언곤 선생이 회장할 때 했죠.

전. 맞죠, 네. 앞에 거는 우리 김일진 선생님 회장 때. {**우.** 아, 예.}

김. 예, 김일진 선생님.

전. 그럼 91년, 92년이 맞습니다. 한일 목조 포럼이었던 것 같아요.

김. 그때는 그런 행사들이 제주도에서는 상당히 목말라하던 행사거든요. {**전.** 아, 예.} 그 목적으로 한 심포지엄 할 때는 도지사가 와가지고 환영사 해주고. 제주시장이 환영 만찬 해주고, 뭐 그랬어요. 요새 그런 행사 하려고 그러면 누가 그런 거 해줘. 도지사 시작, 그러고 나니까 영남대 교수, 영남의 김, {**전.** 김일진 선생님.} 네. 그 양반이 조금, 얼굴 표정이 달라지더라고. (웃음) 그, 김 교수님, 그 행사 끝난 다음에 내가 개인적으로 대구에서 초청해가지고 와가지고 그분한테 또 크게 대접받고 그랬어요.

우. 건축가협회 회장 하실 때 이제 여러 가지 행사를 하셨고. 그게 또 의미가 있었는데요.

전. 새건협도 만들어졌는데, 그쪽에는 관여를 전혀 안 하셨어요?

한일국제연구집회에서, 좌측부터 김홍식, 김상식, 김석윤, 1992.5.2
한일국제연구집회에서,《역사문화환경보존과 목조건축》포럼 전경, 1992.5.2

김. 새건협, 새건협에도 창립할 때 관여했죠.

전. 그렇죠, 이때쯤이죠?

김. 그냥 뭐, 제주에 있으니까 크게 활동은 못 했고, 참여만 했죠, 새건협에. 발기인 모임 할 때 또 왔다 가고. 나중에 그냥 기록으로는 초기에 감사도 하고 그랬어요. {**전.** 예. 최관영 회장님 때요.} 예. 새건협이 생겼으면 하는, 제가 사협회 회장을, 제주도 사협회 회장을 했으면서, 건축사협회 본부 출입을 4.3그룹이나 이런 멤버들 중에서는 꽤 많이 한 편이니까. {**전.** 네.} 건축사협회 형편을 좀 알잖아요. 그거에 대해 속속들이 아는 사람이 누구 없었어요, 이쪽에는. 새건협 쪽에서는. 그래, 이제 뭔가 새 단체가 생겼으면 하는 생각에 오히려 좀 많이 절실했었죠. 꼭 뭐 하나 새로운 것이 됐었으면 생각해서. 참여는 모임, 회마다 자주 오지는 못하고.

우. 그리고서는 이쪽으로 이제 옮기신 거예요? 사단법인 제주문화포럼. 이건 병행하는 건가요, 아니면?

김. 아니요, 그거는 그냥 일반 문화단체예요. 문화 포럼, 시민 문화 운동 단체인데, 99년에 《건축문화의 해》, 지역별로 (건축)문화의 해 행사들을 이제 기획해가지고 추진을 하면서, 지역 프로그램으로 건축 얘기들을 하는데, 건축 전문가가 아닌, 타 분야에서 건축에 참여해가지고 얘기를 같이 나눠줄 분들을 물색하다 보니까, 제주문화포럼을 시작한 분이 철학을 전공한 분인데, 여자고. 건축 얘기며 도시 얘기고, 이, 전문가, 다른 전문 분야인데도 얘기를 많이 하시는 그런 분이 있더라고요. 우리가 그 《건축문화의 해》 행사에 초청해가지고 얘기도 듣고, 좌담회도 같이 하고 그러면서 참여를 하면서 이렇게 연결이 됐어요.

우. 하순애 박사님.

김. 하순애. 그 양반이 그런 얘기 끝난 다음에는, 거기에 참여해가지고 같이 활동해주셨으면, "참여해주십시오" 해가지고.

전. 아, 그러면 그거는 하순애 박사님이 먼저 하고 있던 거예요?

김. 주도하고 있었어요. 거기 가보니까 이제 학교에 교수님들, 역사 전공하시는 교수님들, 철학, 문학 하시는 이런, 제주대학교의 교수분들. 또 일반 시민들로 그냥 공공인처럼 거기 관여한 사람들. 문화 포럼이 그런 학계며 예술, 문화계뿐만 아니고, 그냥 아주 소박한 그런 그룹도 있어요. 지금은 제주도의 오름 탐방이 굉장히 확대돼가지고 일반 시민들 다 하는 걸로 돼 있는데, 오름 다니기 시작하는 그런 프로그램도 거기서 했어요. 굉장히 일찍. 그 하순애 박사가 오름을 그냥 운동으로만 다닐 게 아니고 다른 사람들의 오름 탐방하는 거하고는 좀 다른 방법으로 해가지고, 오름을 다니자 하는, 그런 취지로 교육도 시키고, 뭐 이제 실측도 만들고 그러면서, 식생 조사도 하고, 거기 역사에 대한 탐색도 하고. 그런 일반 시민이 그냥 편하게 참여해가지고 할 수 있는 그런 동아리, 음식 동아리, 음악, 그림, 그림 한 사람들이 많이 참여했고.

우. 네. 거기서 6년 동안 이사장을 하셨네요, 선생님. 여기서, {김. 한 번…} 2006년. 2002년부터 2006년까지.

김. 제가 한, 거기에 생겨가지고 한, 다섯 여섯 번째쯤. 이사장을 2년씩 하는데… {우. 3대, 4대, 5대 이렇게 하셨네요.} 응, 응. 몇 사람이 한 다음에 들어갔어요. 거기서 이제 건축 얘기들을 하고, 건축이 그런데 또 상당히 중요한 역할을 할 수 있는 콘텐츠들이 있잖아요. 이렇게 참여하면서 건축 답사 프로그램 운영을 했죠. 서원 건축도 하고, 사찰 건축도 하고, 현대 건축도 하고. 1년에 한 번씩.

전. 아, 제주도 사람들 모시고 바깥으로.

우. 《남도 문화 기행》, 《도회 문화 기행》 이런 거 하셨네요

김. 문화 기행. 하순애, 하순애 그 양반이 보니까 그, 서원 같은 공부는 뭐, 우리 건축하는 사람보다 훨씬 앞서 많이 했더라고요.

우. 철학 박사가 그러면 동양 철학 하신 건가요?

김. 네. 그리고 원래 고향이 부산이에요. 그래가지고 경상도 그쪽에 이렇게 인맥이 그냥 쫙 있어. 처음에 이제 하회마을 중심으로 해가지고 경상남북도, 포항 그쪽. 그게 서원들, 동쪽으로 한 번 하고 서쪽으로도 한 번 하고. 그런 건축 기행하는 것이 이제 시작하자마자 그냥 아주 정규 프로그램이 돼가지고 쭉 해왔죠.

우. 거기서 주로 〈제주 주거 문화 탐방〉, 〈제주 주거 공간의 이념성〉 이런 거를 주로 맡으셨고, 〈제주 취락과 주거 삶의 변화〉 등 이런 것도 다 하셨고.

김. 제주도에서 올림픽 한 다음에, 88올림픽 한 다음에, 델픽[23]을 제주도에서 한 번 한 적이 있어요. {우. 예, 델픽, 제주 주거 문화 탐방.} 델픽 할 때도 제주도 주거 문화, 그 주제로 해가지고 문화 프롬에서 프로그램 하나를 또 이제 맡아가지고. 제주 주거 탐방.

우. 이게 다 학위논문의 연장선에 있다고 느껴지는데요. (웃음)

김. 그거 가지고 뽑아가지고, 그냥 팜플릿만 만들어가지고 하면, 행사 하면 되는 거지.

우. 중국 답사, 이런 데도 다 가졌어요? 뭐, 토루(土樓), 마쓰모토, 그다음에 오키나와도 가고 뭐 그랬던 것 같은데. 중국 강남의 주거문화도 글 쓰시고.

---

23. 제주문화포럼은 김석윤의 해설과 진행으로 2009년 9월 12일에 도민과 델픽(Delphic) 참가자들과 '제주 전통 주거문화 탐방'을 개최하였다.

『쑥부쟁이』라는 잡지도 거기서 나오는데.

김. 『쑥부쟁이』는 월간으로 지금도 계속하고 있어요. 『쑥부쟁이』 월간으로 내고 해마다 『문화와 현실』 해가지고.

우. 아, 『문화와 현실』은 연간이고요.

김. 네. 1년에 한 번씩 정기 출판물 발행하고. 시민운동이 참 힘들어요. 지금도 꽤, 되긴 되는데 참 힘들게들 하고 있죠. 전에는 뭐 음식, 제주도에 전통 음식 교실 이런 것들을 해가지고 사람들이 활발하게들 많이 하던데, 이제는 주변에서들 하도 많이 하니까. 전에는 지금 이 주민센터에서 하는 문화 프로그램들이 전혀 없을 때거든요. {**전.** 그렇죠.} 그리고 학생들도 많이 오고. 그랬는데 이제 젊은 사람들이 안 오니까 힘들어지고, 딴 데서 유사한 프로그램들을 많이 하고. 이제 어떻게 생존해가느냐 하는 게 요새 아주 중요한 과제예요. (웃음)

우. 그 연장선에서 또 제주도 도시재생위원회 위원장을 하신 거라고 봐도 될까요, 그러면?

김. 뭐, 그러다 보니까 하게 된 것이라고도 볼 수 있죠. 도시재생 문제도, 그쪽 아주 도시재생 얘기 나오기 전에 하순애가 그런 프로그램을 했어요.

전. 아니, 철학 박사시라면서 그분 되게 궁금하네요. 어떤, 어떤 배경을 갖고 계신 분이에요? 제주대학 교수님이세요?

김. 제주대학에 정규는 아니고, 제주도에 시집온 여잔데, 잘 공부해가지고 시집온 여잔데. 제주도 와가지고는 제주대학교 철학과에 강의를 하면서. 제주도에, (육지와는) 다른 이질 문화에 들어와가지고 '제주도의 이 사람들을 어떻게 좀 깨울까' 하는 거를 내가(하순애가) 해야 될 일로 생각을 하고. 요리 솜씨도 되게 좋아요. 식당, 식당도 운영했어서.

우. 재주가 많으신 분이네요.

김. 응. 그런데 건강이 안 좋아가지고, 건강만 상하지 않았으면 일을 엄청 많이 할 양반인데, 건강이 안 좋아가지고.

전. 시민 문화 운동의 선구자네요.

우. 그리고 여기 보니까 심규호 교수님? 이분도 글을 엄청 많이 쓰셨던데요?

김. 심규호, 그 양반은 중국 문학 전공. 외대 나온 양반인데 부부가, 부부가 중국 문학 전공이야. 번역 책도 지금 아마, 거의 50권 넘었다고 하는 얘기는, 얘기 들은 지 오래됐고. {**우.** 100권 되겠네요.} 재밌는 친구예요. 외대 출신에,

또 탈춤 동아리이었다고. 심우성[24] 선생 제자예요. {**전**. 아, 네.} 어떻게, 제주도에 직장 찾아가지고 흘러가다 보니까, 제주도 그 전문, 저기, 산업정보대학, 거기에 교수로 가가지고. 하순애 하고 같이들, 먼저 나보다 먼저들 운동을 시작했어요.

우. 그래서 또 이분들하고 잘 어울리셔서 이제 또, 이거 플랫폼 삼아서 강의도 하시고, 이제 답사도 진행하시고 그렇고. 거기 답사에 또 민현식 교수님도 한번 나오고 그러더라고요. 2012년쯤에.

김. 한번 초청, 초청해서 강연 듣고. 이제 명맥만 유지하고 있는데 건축 교실을 쭉, 그래서 프로그램으로 해가지고 그냥 이렇게 명맥만 이어가고 있어요.

전. 지금 제주문화포럼 적극적으로 활동하신 게 2000년대 초반의 일인 거죠?

김. 그렇죠. 《건축문화의 해》 행사 끝나고 난 다음.

우. 그래서 재생 얘기로 잠깐 돌아가면, 좀 상징적인 사건이 〈고 씨 주택〉에서 원희룡 지사랑, {**김**. 예, 예.} 같이 이제 나란히 투샷으로 계시고.

김. 도시재생하고의 인연을 맺게 된 거는, 저때부터 김진애. 김진애 선생. 건축문화선진화 위원, 그런데 그걸 산하 위원을 이렇게 발기해서 이것저것 프로그램 하면서, 전국의 도시재생 프로그램을 처음, 공모로부터 시작했잖아요. 저기, 국토부에서. 공모할 때 그 선진화위원회에 있던 사람 대상으로 해가지고, 공모 심사위원 위촉을 받아가지고. 거기에 관여를 몇 번, 한 2년 가져가지고, 도시재생. 제주도에서는 도시재생에 대해가지고 좀 일찍 접촉하는 그런 기회가 된 거지. 거기에 그 공모회 평가 위원 해가지고 한, 두 회, 한 2년? 처음에는 저기, 김봉렬 총장, 또 박경립 교수, 또 돌아가신 정기용, 이런 연관해가지고. 김진애가 공공건축의 우수 건축, 공공건축 선발해가지고 홍보 자료 만들어가지고 배포하고 확산하고 하는 그런 프로그램 처음 하다가. 그때의 그 사람들을 중심으로 해가지고 평가위원 몇 사람 위촉이 돼가지고, 도시재생 프로그램 평가위원 몇 번 했었죠. 그거를, 그때 초기에 지금 뭐 우리 재생 프로그램으로 일찍 시작된 프로그램들 중에 대표적인 게 영주. 부산, 부산의 저쪽 기장 쪽 프로그램들. 이제 전남 쪽 얘네 한옥, {**전**. 네.} 한옥 마을 그런 프로그램들. 그걸 선발해가지고들 사업 시행하고 난 다음에, 도시재생 촉진이 이제 법제화됐잖아요, 박근혜 정권 때. 2015년인가? 제주도는 법이 먼저 통과돼가지고 있지 않으면 지방 정부에서 무슨 시책들을 시행을 안 해요. 법 되기 전에 제주도의 건축 쪽에 얘기해가지고, "우리도 재생 공모도 좀

---

24. 심우성(沈雨晟, 1934-2018): 민속학자이자 1인극 배우. 민요 채록을 진행하며 탈춤, 농악, 남사당패를 깊이 공부하였다.

하고 그러자." 몇 번 도에다 얘기해도 애들, (웃음) "아, 그렇게 해서 뭐 합니까. 가만히 있으면 다 돌아올 텐데." 뭐 그래가지고. (웃음) 하자고 해도 관심도 안 갖더니 법이 통과되니까 제주 도시재생 사업 준비들 하고. 그래서 재생위원회는 그러니까 뭐 요새는 위원들 이제 공모를 하니까, "야, 도시재생위원회 결성하면 내가 재생위원, 내가 재생위원 하마." 공모에다가 응모를 했죠.

우. 이게 지금, 한 십몇 년이 막 섞였는데, 김진애 박사가 활동한 거는 노무현 대통령 시절이었던 거고요. {**김.** 네.} 법제화된 거는 이제 박근혜 대통령 시절인 거고, 그렇게.

김. 그 인연을 가져가지고 재생에 관심을 갖게 되고.

우. 네. 그 사이에 저기 민현식 선생님하고 〈제주도 경관 관리 계획〉을 2008년에 하시고요.

김. 네. 그게 2007년, {**우.** 2008년으로 되어 있습니다.} 2007, 2008년. 2년을 꽉 차게 했어요.

우. 예. 그때 이제 민현식 선생님 팀하고 서유럽, 일본에 자료 조사 여행 가신 걸 좀 이렇게, 좋게 기억하시는 것 같으신데요.

김. 서유럽, 스페인, 포르투갈을 중점적으로 돌았고요. 일본 오키나와. 오키나와가 경관 관리 계획으로는 좀 앞서가지고 어떤 시행들을 많이 하고 있었거든요. 이제 그 선진지역. 그거 가지고 참고로 보자고 그래가지고 오키나와도 갔다 왔고. 스페인 포르투갈, 한 열흘? 그 일을 2년 동안 줄기차게 왔다 갔다 하면서 했었죠. {**우.** 네.} 고생 많이 했죠.

우. 오키나와는 어떻게 이해해야 돼요? 선생님 박사 논문에도 오키나와 평면하고 이제 비교하고 그러시기도 하셨지만.

김. 예. 또 이제, 오키나와는, 민가는 쿠로시오 문화권. {**우.** 아, 예.} 그래가지고 민가는 그 문화에 일본 사람들의 관점이, 그 시각에서들 많이… 봐왔거든요. 저기, 부엌 별동형(形) 그런 중심으로 해가지고. 일본 사람들이 글로는 '제주도의 부엌 별동형도, 남방 문화의 문화 요소다'라고 하는.

우. 거기다 갖다 붙이는 거죠. 그러니까 같이.

김. 네, 네. '그거는 그냥 그렇게 쉽게 보지 말자' 하는 생각이 저의 생각이고요. 별동은 그건, 중앙대학교 이 교수도 제주도 출신인가 뭐 하면서 논문을 쓴 게 있는데, 제주도의 별동 부엌, 그 문화 관련. 나는 그건 유교풍으로 보거든요, 별동.

전. 쿠로시오 문화가 아니고요.

김. 네. 시대적으로 발생이, 유교, 문인 문화가 들어온 다음에 시기하고 일치되는 것 같고. 별동이 제주도 민가에서는 유교문화 요소로 보이는 거죠. 지금

행세하는 사람들, 아니면 밥할 때마다 집 안에 연기 끼는 거는 그래도 못 참는 좀 성깔 있는 사람들이나 그런 집 짓지. 그렇게 보는 시각이 내가 보는 식이고, 그걸 그렇게 더 강조하고 싶고. 문화의 시대적인 흐름으로 보면 그런 해석이 맞는 것 같아요. {**전**. 예.} 일본 사람들은 그건 남방에서 흘러왔다고 보고. 그래서 오키나와를 좀 이제 보고. 우선 집이 또 형태적으로 상당히 유사하고. {**우**. 네.} 제주도의 형태하고 오키나와 것이 굉장히 많이 닮았어요.

전. 거기도 돌벽이에요? {**김**. 지붕, 지붕 모양?} 아니, 벽이요. 담벼락을, 아, 담벼락이 아니라… {**우**. 몸체?} 몸체 벽을.

김. 아, 몸체. 울타리? {**전**. 네.}

전. 아니, 벽이요. {**우**. 건물의…} 건물의 월(wall). 스톤 월이에요?

김. 그거를 돌로 썼던가?

전. 아니, 제주도 보면 이렇게 딱, {**우**. 단단하게.} 목골(木骨)이지만, 목골은 사실은 지붕을 받치기 위한 그런 정도고, 기본적으로는 돌로 싹 감싸잖아요.

김. 방화벽 그런 구조는 많잖아요.

전. 아니, 낙안까지 그렇게 보는 사람들이 있어서요. 낙안에 가면 왜 이렇게 돌벽들, 김홍식 교수가 뭐라고 표현했더라 그걸, '담집'이라고 그랬던가 '담집'? '담집'이라고 한 것 같은데요.

김. 그거는 우리, 제주도뿐만 아니고 다 그런 형상들이 다 있는 거 아니에요?

전. 다 있는 게 아니고 이렇게만 있다는데요. 그것도 남해안에. 그러니까 이제 쿠로시오랑 이제, 일본 건축가들이, 일본 학자들이 낙안을 가는 이유가… {**우**. 그거 확인하려고?} 그거 확인하려고. 걔네들은 그걸 꽤 강력하게.

김. 북쪽으로 또 얼마나 뚫고 올라가는지?

전. 그렇죠. 그러니까 이제 대만도 가고. 걔네들 대만도 하잖아요. 대만에서부터 쭉. {**우**. 재밌네요.} 그리고 이키섬(壱岐島), 뭐 이런 데 가면 그런 집들 있잖아요. 이키 같은 데 가면 이렇게 돌 지붕 집도 있고 심지어는. 그렇게 연결되는.

우. 그렇게 보겠다는 걸 막을 방법이 없을 것 같은데요.

전. 그런데 제주도에서는 선생님 말씀이 맞는 것 같은데요.

우. 그렇죠. 잠깐 쉬도록 하겠습니다.

(재개)

전. 주로 가협회 일을 하고, 사협회는 오히려 징검다리로 좀. (웃음) 그렇게 돼버렸네요. {**김**. 네.} 네. 그래서 가협회를 중심으로 하셨고. 그래서 《건축문화의 해》 때는 주로 아까 말씀하신 좌담회나, 이런 부대 행사를 조금 하신….

김. 네, 전시. 전시를 보고서에다, 보고서 형식으로 해가지고 연말에 제주 건축, 책인데, 《제주 건축 100년》인데, 전시가 그 후에.

전. 제주 건축 100년은 언제부터로 치고 100년으로 하신 거에요? {**김.** 그냥, 개항부터 100년. (웃음)} 왜냐하면 아까 말씀드린 그 주거학회에서, 지금 4월인가 5월인가 제가 정확하지 않은데, 그때 '제주 건축 100년'이라고 이렇게 기조를 좀 할 모양이에요. 그래서 "왜 그렇게 정했냐?" 그랬더니 그냥 정했다는 거에요. 그런데 제가 알기로는 제주도 건축에 대해서 근대적인 접근을 한 첫 사람이 후지시마 가이지로[25]라고. 그 양반이 '제주도의 건축'이라고 하는 글을 쓴 게 1924년일 거에요. {**우.** 『조선과 건축』에다가 쓴 거요.} 그렇죠. 그런데 그게 이제 자기 학사 논문하고도 관계가 될 거에요. 동경제국대학 졸업논문이 이제 그, 세키노[26]한테. 그래서 그렇게 쳐서, "그걸로부터 100년이라고 치면 말 된다." 말은 그렇게 했는데. 그때도 도대체 100년을 어떻게 잡은 거냐.

김. 20년대면, 이제 100년 얘기가 되네.

우. 조금 그러네요.

전. 어색하죠. 그걸로 100년 잡기도 좀 그렇고. {**우.** 후지시마 뭐, 그렇게 할 것까지야.} 개항은 어떻게 쳐요?

김. 개항이요? {**전.** 네, 제주도 개항.} 제주도의 공식적인 개항….

전. 개항을 따로 기념하는 일은 없던가요?

김. 제주도는 그때 막 열리는, 열린 상태 아니었나?

전. 설마, 설마요. 대개는 이제….

우. 그런데 신당이 생긴 게 20년대쯤인데요.

김. 예, 20년대. 제주 신당이 생긴 게 20년대. {**전.** 20년대.} 20년.

우. 거기서 찾아야 될 것 같은데요.

전. 그런데 1890년대에, 소위 말해서 2차 개항이라고 해가지고, 그 저기 진해니, 목포니, 군산이니, 진남포니, 이런 데들이 1890년대 개항을 하잖아요, 순서대로.

김. 제주도는, 그거에 대한….

전. 제주도도 들어온다고 그러면 그때 들어가지 않았을까요?

김. 그거에 해당하는 개항으로의 개념으로는, 그렇게 일찍 들 필요가 없었을 거고.

---

25. 후지시마 가이지로(藤島亥治郎, 1899-2002): 1925년 4월에 제주도를 답사하고 『조선과 건축』에 '제주도의 건축'이란 주제를 4회에 걸쳐 연재하였다.
26. 세키노 타다시(関野貞, 1868-1935): 1902년 한반도의 고건축과 각종 유적을 조사하여 1904년 「한국건축조사보고」를 썼다.

전. 그러면 공식적으로는 제주도는 개항장은 없었군요. {**김.** 예.} 없이 1910년을 그냥 바로 맞이해버렸을 수도 있네요. {**김.** 네, 네.} 그래서 제주 건축 100년은 되게 애매하네요, (100년의 기준을) 잡기가.

김. 일본 사람 말고는 제주항에 들어가고 싶어가지고 들어간 사람, 배가 있었겠어요. {**전.** 그러니까요.} 일본 사람들은 합방되기 전부터 제주도에 와가지고 뭐 어업권 같은 것들을 가지고 있었던 그런 사례들이… {**전.** 네.} 일본 사람들이 거의 다 잡고 있었대요, 어업권을.

전. 그랬겠죠, 네. 뭐, 이게 경남이나 전남 쪽도 마찬가지처럼, 조선시대 때는 그렇게 어업이라고 하는 것 자체가 발달하지 않았으니까요.

김. 네. 개항, 신항 축조되는 시기, 개항. 그래가지고도 기관선이 다니기 시작한 게 일본하고 내국처럼 다녔으니까.

전. 일본으로 바로, 직통으로 가는 배가 그때, {**김.** 그때부터 있었어.} 있었다고 그랬었잖아요, 네, 네.

김. 근세, 우리 바로 윗세대들은 거의, 지금 아마 서울하고 제주도에서의 생활하는 그런 형태보다도 더 많이 일본하고 관계를 했던 것 같아요. 저희들 부모님도 젊었을 때 생활이 일본에 대한 기억들이 거의 뭐, 젊었을 때 거의 전부예요. {**전.** 네.} 우리 할아버지가 이제 일본에서도 이렇게 포목점 오사카에서 했다고 그러고, 저희 선친도 거기 포목점에다가 할아버지 심부름하면서 일 봤다, 그러고.

전. 자, 우 교수님, 시작하시죠.

우. 이미 시작한 거. 아니, 이건 빼나요? 예, 이어서 선생님 말씀 듣도록 하겠습니다. 이제, 제주문화포럼 말씀도 해주셨고요. 그거 봄, 가을로 꼭 답사 가실 때는 꼭 같이 가셨던 거죠? 봄, 가을에 이제 답사를 가나요, 아니면 한철에만?

김. 봄, 가을에 한 적이 한 번, 한두 번 있었을 것 같고. 1년에 한 번씩은.

우. 1년에 한 번씩은 반드시.

김. 정기적으로. 국내 답사, 중국 답사, 해마다 한 번씩은 다 했으니까.

우. 그래서 아까 건축가협회 회장 하실 때는 이제 중요한 심포지엄도 하셨고. 그래서 주위를 많이 환기시켰고, 그 연장선상에서 재생까지 이렇게 하시게 됐다고 말씀하신 걸로 이해가 됩니다. 그다음에, 그러면은 전체적으로는 이제 초기의 작업은 주택이 많았다고 보여지고, 지난번에 저희 제주에서 답사했던 거는 미술관, 도서관 이런 거를 보여주셨던 건데요. 그건 좀 후기라고 봐도 될까요, 선생님? 나중에 이제 그게 한 90년대 들어서 그런 작업을 많이 하시게 된 거 같아요.

김. 규모가 커진 거요? {우. 예.} 초기에 주택 설계가 많은 거는 조직 때문에 그랬을 경우 같은데. 그런 원인도 크고요. 프로젝트도 큰 프로젝트를 만나기가 그렇게 쉽지 않은 형편도 됐지만, 큰 프로젝트 맡아가지고 할 조직이 없었어요. 직접 내가 기획하고 도면 그리고, 투시도 그리고, 시방서 만들고, 견적서 만들고 혼자 하고, 이제 공고 나온 직원들 데리고 해야 하니까. 그런 것들이 원만하게 잘 안 돼요. 그게 이제, 규모가 좀 큰 프로젝트를 할 수 있는 바탕은, 대학 출신 직원들이 있는 형편 되는 거 하고. 그거하고의 영향이 좀 클 것 같아요. 공고 출신들하고는 큰 프로젝트가 잘 안 되더라고요. {우. 네.} 한참 동안은 현지에서는 주택, 주택이 주로였어요. 초기에 큰 프로젝트 했던 게 기억이, 민간 발주 프로그램으로 병원, 병원을 처음 했는데, 의원 단위보다는 좀 큰 종합병원. 그게 80, 그래도 80년대 초반이에요. 건축가협회를 결성하기 좀 직전쯤. 그런 거 하려고 그러면 시간도 많이 걸리지만 혼자 해야 되니까. 그것이 이제 제일 큰 원인이고. 규모가 커진 거는 외부 여건이, 큰 프로젝트들이 발주가 좀 확대되고. 대학교 출신들, 그리고 결정적으로 좀 작업의 성격이 좀 달라지는 거는 제주대학교에서 기른 애들이 나오니까 좀 더 편해지고.

우. 아, 예. 그럼 그건 90년대 후반 가야 되는 거겠네요?

김. 2000년, 예. {우. 2000년대, 네.} 2000년 들어가지고 제주에 가가지고 본 도서관, 현대미술관, 그런 작업들이 제주대학교 출신 애들하고 같이 한 작업들이죠.

우. 그러니까 제주도의 발전하고 이렇게, 그걸 발전이라고 말해야 될지 모르겠지만, 이렇게 변화랑 이렇게, 이렇게 같이 가셨네요.

김. 그건, 뭐, 그건 어쩔 수 없는 거예요, 시대 상황하고. 그때하고 그 공간의 영향 하에서 뭐든 다 되는 거지. 그때, 그때 제주도 공간, 그것도 80년대 좀 다르고 90년대 다르고, 2000년대 다른데, 그 시대에 따라 다른 거. 자기 혼자 할 수 있는 게 뭐 있나요.

우. 그렇게 보니 또.

전. 특히 그러겠네요.

김. 주택, 주택이 설계도 재미있잖아요. 그런데 저 불만스러운 건, 수입이 안 되는 거겠지. (웃음)

우. 그거는, 예. 주택이 제일 재밌다, 수입이 안 된다.

김. 한참 뒤에 얘기가, 언급이 될 수 있는 문제지만, 설계사무소에 피로감이 오더라고요. {전. 네. 언제, 언제쯤?} 견디다가, 견디다 견디다 이제.

전. 그러니까 그게, 그게 언제죠?

김. 제주도, 제주도가 워낙 환경이 만만한 게 하나도 없으니까. 우선 경제

단위가 워낙 한정돼 있어가지고 일반, 보통 시민들이 가지고 있는 그 시장 규모가 한계가 돼 있고. 단위 단가부터 차이가 나니.

전. 그래서 역시는, 역시나 공공건축, 공공 건축주 아니면은. {**김.** 예, 예.} 안 그러면 육지에 있는 재벌, 재벌이 들어오든지 안 그러면 공공건축밖에 없는 상황이 되는 거군요.

김. 공공건축의 기회가 주어지면은 조금 편한 작업 진행이 될 수 있고. 민간 단위는 워낙 한정돼 있고. 오히려 민간 단위는 또 요구하는 건 더 세세하게 또 자잘한 것까지 다 해야 되는 거고. 제주도, 섬이 가지는, 섬의 스킬이라는 게. (웃음)

전. 지금은 (인구가) 65만 정도 된다고 그랬는데, 뭐 예를 들면 80년대 같으면 얼마나 됐던 거예요, 인구가? 더 적었나요?

김. 한 50만 됐을까요? 50만.

우. 그렇게 많이 는 것 같지는 않네요.

전. 건축 사무실을 74년에 오픈했다고 그러면 50년 하신 거잖아요? {**김.** 50년 가까이 했죠.} 네. 50년 하셨는데, 이렇게 토탈로 보면 50년 동안 손해나셨어요? 집의 돈을 쓰신 거예요? {**김.** 그렇죠. (웃음)} 그런 거예요?

김. 저의 계산서는 그래요. 잘 견뎠다.

우. 말문이 막히네요. (웃음) 뭘 여쭤봐야 할지. 이렇게 생산성이 없어서야.

김. 주택들 작업이, 꽤 그래도 할 때마다, 여기서 내가 할 얘기는 '이것을 분명하게 했구나' 하는 그런 것들은… 작품 뭐 했다고 그래도 또 엄청나게 또, 또 치열하게 또 해가지고 하는 그런 것들은 또 없고요.

전. 저희들이 지난번에 갔을 때 교회랑 성당이랑은 못 가봤죠? {**김.** 네.} 궁금하네요.

김. 교회를 한 게 실현된 게 하나가 있고 성당이 한 둘 정도 있고.

전. 선생님 어디, 교회를 다니시거나 성당을 다니시는 건 아니죠?

우. 저번에 종교가, 가톨릭이라고 하셨고. {**전.** 참, 그렇죠.}

김. 교회, 교회는, 아주 성격이 조금 색다른 교회를. 일반 교회 한 거는 프로젝트를 몇 번 해가지고 그냥 성사가 한 번도 안 됐고. 개인이 사설 교회를 지은. 저기 골프장 클럽하우스에 딸린 교회로 지금 교회 하나 있는데. 그 교회, 지어가지고 이제 골프장이 망해버려가지고. (웃음) 지금, 건물 지금, 거의 던져버렸어요. 조그만 교회인데. 한 100여 평 되는.

전. (화면을 보며) 저건 아니고요? {**우.** 저거요?}

김. 아니, 이거는 〈신제주 성당〉이고요.

우. 성당이에요? {**전.** 그러네.} 아, 천주교네요. {**김.** 이거는…} 여기에는 돌을 많이 쓰셨네요.

김. 제주 돌을 쓰고, 국민대학교 석사 과정 다닐 때 구조 계산을 정재철 교수님이 해줘가지고… 언제나 제주도에 풍토적인 것을 의식해가지고 작업을 하니까. 그걸 해보려고 해서 재료로 제주 돌 많이 쓰고, 또 공간도 이제 바람 의식한 배치 하고. 교회, 교회도 그런데 자꾸, 자꾸 개축을 해요. 증축하고. 개축할 때 불러가지고 물어보면은 좀 다듬어줄 텐데, 그냥 연락 않고 가서 보면. (웃음)

우. 아, 예. 막 변해요. 어느 게 더 어려워요. 교회하고 성당 중에서는? {**김.** 어디 가요?} 설계하실 때. 교회가 더 이래라저래라하는 사람들이 더 많지 않아요, 성당보다?

김. 성당도 비슷한데요. 근데 교회 쪽에는 설계를 한 프로젝트, 두 번을 했는데 설계해가지고 전부 설계로 끝나버려가지고, 실현이 되지 않았어요. 그냥 페이퍼로만 그냥 끝나가지고 지워져버리고. 성당, 성당을 지금 2개. 자그마한 성당, 성산포하고 남아 있고.

우. 그 풍토적인 거는, 풍토성 이런 건 선생님은 평생의 화두시네요, 그러면. 2018년에 쓰신 글에는 '내향성, 집합, 자금, 옴팡, 음해와 유심, 절제'. 이거를 이제 제주도 건축의 특징이라고 하셨고요. {**김.** 네.} 「건축에서 제주다움을 논함」이라는 글에서. 그런데 이게 선생님 박사 논문에 언급이 된 것이잖아요.

김. 그 시기가 그때, 그 시기에 그렇게 찾아 들던 얘기들이고. 지붕 형태니 돌담이니 뭐 그런 거, 조형적인 표현 위주의 단계에서 좀 벗어나려고. 관념적인 그런 개념을 가져가지고, 공간 얘기를 하려고 시도를, 돌파구를 그렇게 찾아갔지. 그래가지고 '옴팡' 얘기며, 뭐 이런 얘기들. '내향성', 그런 얘기. 지역성에 연속하는 방법이라는 게, 그런 '공간적인 그런 개념들을 찾아내가지고, 형태적으로 표현하는 것이 방법, 작업의 방법이 돼야 되는 거 아니냐' 그런 생각이었죠.

우. 그래서 아까 토속 건축이 이제 스승이라고 말씀하시면서도, 프랭크 로이드 라이트나 알바 알토를 좋아하신다고 하셨어요. 그래서 그거는 이제 좀 이해가 되는데. 르 코르뷔지에도 좋아하신다고 그러셔서, {**김.** 네.} 그것은 또 어떻게 이해를 해야 되나 싶어요. 약간 좀 다르지 않습니까.

김. 코르뷔지에한테 배운 거는, 공간의 구성 방법, 기법 같은 거. {**우.** 네.} 그런 게 이게 있죠.

우. 네. 다른 건축가와 달리 또 박사님이시고, 책도 많이 보시고.

김. 박사, 그건 뭐, 명칭만 박사지… (웃음) 박사 같은 거 안 했으면 좋은데. 괜히 했어요. (웃음)

우. 외로우셔서 하신 거라고 아까 말씀하셨잖아요. 이렇게 좀, 또. {**김.** 박사를요?} 예, 그러니까 좀 뭍으로 나올 기회를 자꾸 만드시려고.

김. 뭍으로 꼭 나가고 싶은 생각은, 자신이 없었어요. 없었고. 뭍으로 나올 생각은 크게 안 해봤고. 오히려 나가라고 할까 봐 겁나가지고. 프로젝트가 지역을 벗어난 프로젝트를 뭔가 기회가 주어지더라도, 아마 겁에 질려서 못 했을 거예요. 제주도에서 하는 건 야, 제주도에 이거 풍토하고 관련된 그런 근거를 가져가지고 얘기하는 일이니까. 뭐, 설명해도 할 수 있지만, "야, 이거 무슨 근거 가지고 어떻게 했냐" 하는 얘기를 하려고 그러면 또 다른 얘기 준비해야 . 계획을 갖췄어도 잘 해내지 못했을 것 같아요.

전. 아까 제주도에 여러 가지 한계 말씀하시면서, 이제 그 산업 혹은 경제적인 규모나 수준 이런 거 말씀하셨는데, 그거 말고 일반 시민들이나 혹은 뭐 관청의 공무원들이거나, 이런 사람들이 정서적으로도 좀 차이가 있다고 느끼실 때가 있으세요?

김. (건축에 대한) 이해도가 상당히 뒤떨어지죠. 그런데 비교적 공무원들하고 얘기할 때는 그걸 좀 변하도록 주장을 많이 했어요. 예를 들어서 지금 〈공무원 교육원〉 같은 거 설계할 때는 다행히 담당하는 간부 공무원이 학교 후배이기도 했죠. 그래도 좀 얘기하기도 편하게 했죠. "권위적인 그런 요소들을 좀 고집하지 말, 말아다오."

전. (화면을 보며) 어느 게… {**준.** 40번, 제일 왼쪽에 있는 겁니다.} 40번.

김. 이 건물인데, 주, 주입구의 처리에, "차에서 내려가지고 비 안 맞게 좀 캐노피 해달라" 이런 요구들.

전. 공무원들이 많이 하죠.

김. 예, 예. 해가지고, 그거를 이해시켜가지고 좀 못하도록 했어요.

전. 아, 그러셨어요? (웃음) 웬만하면 들어줘야 되는데. (웃음)

김. 나중에 끝난 다음에는 '그거 들어줄 걸 그랬네' 생각이 들 때도. (웃음)

전. 아니, 제일 심한 데가 검찰. 그거 없으면 얘네들은 절대로 안 돼. 검사장이 비 맞지는 않았다. 차 내리는 데는 무조건, 검사장 내리는 자리는 지붕이 있어야 된다.

김. 본 청사가 아니고 교육원이니까 어떻게 성사가 됐는지 모르지만.

전. 그래도 여기서 봐줬다 이거죠.

김. (그거를) 안 했어요. 그냥 현관 앞에 상징적으로만 조금 간단히 하고. 그런 거, 좀 "권위적인 거 좀 빼시오", "꼭 지붕 하라고 하지 마시오." 뭐, "청기와 올리지 마시오" 하는 그런, 그런 일들에 대해, 좀 권위적인 요소들에 대해가지고는 좀 대항해가지고 일깨우려고 하는 노력을 조금 했던 것 같아요.

전. 그 외국이거나 안 그러면 외지에서 온 건축가들의 굉장히 화려한 건축들이 확 들어오기 시작한 게 90년대부터….

김. 90년대 초반, 네. 제일 먼저 도착한 게 이타미 준.

전. 이타미 준 뭐가 먼저 들어왔죠? 제일 먼저가?

미. 〈포도 호텔〉? 핀크스?

김. 아, 〈포도 호텔〉. 핀크스 컨트리 클럽하우스. 주택도 좀 몇 개 했었어요. {**전.** 아, 그런가요?} 한두 작업 주택도 했었고. 그다음 안도 다다오.

전. 음. 그런 작업들에 대한 현지인들의 반응은 어때요?

김. 반응은 뭐, 딴 동네 일처럼 생각하는 경우들이 좀 있죠. 자본부터, 자기하고 직접적으로 관여 안 하는 자본에 의해가지고 이루어진 성과들이고.

전. '남의 것이다'라고 보는. {**김.** 네, 네. 그런…} "우리 것이 아니다, 저거는."

김. 건축에서, 건축하는 전문가들도 그걸 따로 생각하려고 하는 경향들이 좀 더 있는 것 같고. 전문가들은 그럴 일은 아닌데. 일반 시민들은 그렇더라도.

전. 그게 '우리 안에서 주는 영향'이나 이런 것 때문에 그런 것 같아요. 이렇게 조금 덜 하는 게. 그래서 그것이 그다음에 우리들(제주도민들)이 이 안에서 하는 작업들에 영향을 이렇게 바로 주면 당연히 뭐 할 텐데, 그 역량이 그렇게 많지는 않을 것 같아요. 그냥 그러고 말아버리는 것 같은 거죠. '좋은 거 하나 있네' 그러고 말아버리지, 그게 또 그다음에 이렇게 영향을 준다든지, 영향을 준다든지 이렇게 가지는 않는 것 같아요.

김. 우선 생산하는 과정에서의 환경이, 여건이 전혀 다른 상태에서, {**전.** 그렇죠.} 이루어지니까. 워낙 호조건에, 자본적인 지원이 좀, {**전.** 비용이 다르죠.} 넉넉하고. 또 작가들의 개성을 수용하는 방법에서도 조금 더 유연하게 받아들이고. 그러니까 호조건에서 한 작업인데, 확실히 다를 수 있고 화려할 수 있고.

전. 그래도 굳이 영향을 주었다고 그러면, 그 어떤 시공의 퀄리티 같은 건 조금 영향을 주지 않았을까요? 이번에 말씀드린 것처럼 김승회 교수 치과 한 거요. {**김.** 예.} 가보고, '잘했다'라는 생각이 들더라고요. 설계를 뭐, 떠나서. 시공을 잘했더라고요. 그래서 "어떻게 했냐?" 그랬더니 "여기서 했다"고 그렇게 얘기를 하더라고요.

김. 재정적인 뒷받침만 좀 해주면… {**전.** 차이는 없이할 수 있다.} 그것들 쫓아가요. 이타미 준 그 양반의 작업은, 초기에는, 지금은 그냥 뭐 무덤덤하게 받아들일 수 있는데. 초기에는 왜색적인 느낌이, 표현이 조금 분명하거든요.

전. 그렇죠. 쇼킹한 부분도 있고.

김. 그런 것에 대해가지고 우리가 조금 더 민감하게들 반응했었잖아요. "야,

저건 좀 일본 냄새 난다", "이런 건 좀 우리하고는 좀 맞지 않다"는 그런 생각들을 가지고 있는데. 이제는 그거에 대해 조금 무뎌졌는데. 그냥 개인적으로는 그 양반에 대해가지고 직접적으로 만나가지고 알기보다는, 일본 출입하면서 교포사회에서 들리는 얘기, 뭐 이런 거를 읽어가지고. 그렇게 알게 돼가지고, 상당히 심하게 얘기하는 사람은 일본 교포들이 "이타미 준 작업은 일본 사람보다도 더, {우. 일본적이다.} 일본적이다"라고 얘기하는 사람도 있어요.

전. 그럴 수 있을 것 같아요. 그 환경 속에서 트레이닝 받은 거고.

김. 그래서 교포들 사이에서는 이타미 준 안 좋아하는 그런 분들. 나하고 같이 작업했던 어른들은 이타미 준 안 좋아해요. 오히려 일본 사람 건축가한테서 좀 두껍게 표현하는 기법들을, 여하튼 "일본 사람인데 좀 한국적인 기법을 써" 이래가지고 좋아, 그런 사람들을 좋아.

전. 무슨 말씀인지 알 것 같아요. 처갓집이랑 좀 관계가 있죠? 처갓집이 그 핀크스 클럽 뭐… {김. 핀크스 클럽이요?} 네. 프로젝트가.

김. 자세한 내용은 모르겠는데. 정확히, 그 앞에 일은 잘 모르니까. 그 전에 제주도 프로젝트 전에는 일본에서 다 이제 규모도, {전. 작아요.} 프로젝트도 작으니까.

우. 근생이더라고요. 그때 참, 도쿄까지 갔는데, 조그만한 거.

전. 그런데 핀크스를 하면서 확 커져버렸어.

우. 아, 그런가요.

김. 핀크스 클럽하우스에는 디테일들이 좀 일본풍이 꽤 많아요. 뭐, 기둥에 이렇게 새끼 같은 거 이렇게 감아가지고 싸고 뭐 이런 것들. 소재를 다양하게, 일본 사람들은 우리랑 (다르게) 다양하게 쓰잖아요. 그런 것들을 채용해가지고.

우. 안도 다다오는 왜색인데 그거는 별로 저항이 없었어요?

김. 그 양반은 조금 국제적인 그런, 그런 필(feel)이 좀 있지. (웃음)

우. 그게 다 이해가, 네. (웃음)

전. 말고도 외국 건축가들이 꽤 더, 더 들어왔죠? {우. 국제적이다.} 제주도에? 누가 또 있죠? {김. 누가 또 있나.} 그렇게만 있나요?

김. 한 분이 얘기만 하고 실현이 안 될 것 같고. 김석철 선생.

전. 신영 영화… 그거 김석철 선생님이 한 거죠?[27]

우. 동글동글한 거.

김. 아니, 그 양반 작업은 했는데. 아니, 누군가 외국 건축가를 같이

---

27. 〈신영영화박물관〉: 1992년 김석철의 설계작으로, 서귀포시 남원읍에 위치한 영화 테마 박물관이다.

초대해가지고 와가지고 프로젝트를 한 적이 있어가지고. 전화로 한 번 그 얘기를 한 ….

우. 포스터(Norman Foster) 아닐까요? {**전.** 노먼 포스터.} 그러겠네.

전. 김석철 선생이 그렇게 작업을 좀 했으니까.

김. 그건 실현되지는 않은 것 같아요.

전. 이렇게 둘 정도밖에 없나요. 안도 다다오가 여기저기 하긴 했는데, 제주도 안에서.

김. 지금, 우선에 지금 보이는 거는 그런 정도. {**전.** 아, 그런가요.} <박서보 미술관>이 뭐 곧 오픈한다고 그러니까. 젊은 친구인데. 제주도 와가지고 한번 강연을 하는 거 들었는데. 사진에는 김용관 씨가 연결했다고 그러고.

우. 그러니까 생태계가 다른 거라고 지금 말씀하시는 거죠? 저기.

전. 그러니까 뭐, 기본적으로 재벌이고, {**우.** 네.} 그다음에 또, 용도도 다르고요. {**우.** 용도도 다르고.} 재밌네요.

김. 한샘에서 투자하는 거, 무슨 프로젝트에서 건축가를 초대했던 것 같아요. 그런데 그게 잘 진행이 안 되고 그러니까. 김석철 선생 생전에.

태. 박서보 선생님 미술관은 스페인 건축가가 설계했는데요. {**우.** 스페인.} 네. 페르난도 메니스(Fernando Menis)라는 건축가입니다.

우. 페르난도 메니스. 이 사람은 또 어떻게. 아, 김용관 선생이 소개했다고요. 사진을 줬나 보네요.

전. 지금 그러면 아까 제주에서 현재 활동하고 있는 건축사들은 다들 지금 어려운 상태인가요? 그 숫자가 되면 매출이 그만큼 안 나올 것 같은데 전체에서.

김. 잘하는 친구들은 또 잘 나가는 친구들도 있더라고요.

전. 그래요? 누가 지금 제일 크죠?

김. 지금 크게 한 게, 서민수하고 양건이가 좀 크게 한 것 같아. {**우.** 서민수, 양건.} 그런데 서민수가 지금 공공 건축가를 맡아가지고, 공공 건축가를 어떻게, 사업할지 모르겠어요. 자기 일, 욕심내면은 또 거기가 좀 삐그덕 소리가 날 텐데. {**우.** 어렵죠.} 조직이, 조직이 좀 서민수가 좀 크게 가지고 있을 겁니다.

우. 민가를 개조해가지고 카페로 쓰거나, 호텔로 쓰거나 그런 게 엄청 유행하는 것 같아요. {**김.** 네, 네.} 어떻게 보시는지요?

전. 지난번에 말씀하신 것처럼, 이제 민가를 그 단계를 지나서 지금은 '창고를 고친다' 그러시잖아요. (웃음) 낯만 있으면 될 거라고. 그런데 가다 보니까 진짜로 그러고 있더라고요. 이렇게 몇 바퀴 돌다 보니까. '창고라는 창고는 다 바꾸고 있는 것 같다'는 느낌을. 농협 창고, 귤 창고 같은. 한때는, 80년대는 다 같이 제주도가 신혼여행 가는 코스로 하더니 지금은 또 다른 또 다른 차원의. 올레길 이게 꽤 히트를 쳤잖아요.

김. 크게 변화 가져왔죠.

전. 그렇죠. 제주도에 대한 인상도 좀 많이 바꿔놓은 것 같아요.

김. 네. 직접 걸으면서 근접, 근접해가지고 체험하는 그런 기회가 좀 확대된 거니까.

전. 슬로우 투어리즘(slow tourism)? 이걸 만들어낸 것 같아요.

김. 네. 뭐, 제주도뿐만 아니고 우리나라 관광 패턴 바뀌는 데 크게 영향을

전. 올레길은 그런 어떤 극한, 뭐 1등을 찍고, 뭐 이런 게 아니라 말씀하신 대로 훨씬 더 일상적이고, 가까운 데를 그냥. 어떻게 보면 관광이 아니라고 생각했던 데를 이렇게 걸으면서 자기 힐링을 하는. 되게 인상적이었고 많이 바꾼 것 같아요. 제주도에 대한 인상 자체를.

김. 제주도, 제주도 사람들이 어떻게 대응하느냐 하는 게 크죠. 관광 장사라는 게, 워낙 좀 한마디로 얘기하기가 좀 힘든 그런 성격이니까.

전. 제주 경제에서 관광이 차지하는 비중이 아직 큰가요?

김. 제주도에 지금 가지고 있는 자원 가져가지고 관광에 지속성을 어느 만큼 더 가지고 가느냐 하는 거에 대한, 그 답을 하게 하려고 그러면 어떻게 해야 되는데. 주민들이 어떻게 풀어가느냐 하는 것이 문제인 건데. 거의 다들 관광 말고는 직업들이 별로 없는 것 같아요.

전. 산업이 없다는 말씀인 거죠.

김. 산업이 없어요.

전. 다음(Daum)인가 뭐 내려왔지 않았어요? 다음.

김. 다음, 그런 젊은 층에 제한된 일부죠. 이 친구들은 움직이지도 않고 그러니까 어느 한구석에들 있어가지고 있는지 없는지 잘 몰라요. {우. 거기도 생태계…} 비행기 타고 서울 왔다 갔다 하고.

전. '지역사회로 들어가지 않는다' 이 말씀이죠.

김. 네. 그래서 하는 일은 전부 우리 스마트폰에서 보이는 그런 거 뒷받침하는 일들. 눈에 안 보이고 그런 거예요.

우. 그러니까 장소랑 아무 관계없는 거죠. 스마트폰들은. 장소랑 아까 우리, 은사님은 장소를 맨날 강조하셨는데. 좀 빼놓고 있는 게 뭘까요?

김. 그나마 나까지는 제주도에 토착적인 거 가지고, 풍토적인 거 가져가지고 풀어 먹었으니까. (웃음) 그냥 지내다 보니까 이제 나이가 다 차 가지고. 퇴장할 나이가 됐는데, 뒷사람들이 어떻게 할지.

전. 그런 게 앞으로 더 생각할 거리가 될 것 같네요. 아까 말씀하신 것처럼.

김. 생각들을 해나가겠죠.

전. 장소, 뭐 어떻게 생각하면은 그 풍토성이라고 할까요? 그것은 시간이 아무리 흐른다고 그래도 없어지지 않을 주제라는 생각이 들고요, 결국은. 그런데 이제 풍토 중에서 '뭐에 더 주목하느냐'라고 하는 거는 차이가 좀 날 것 같아요. 한편, 선생님만 하더라도 한편으로는 '재료'에 많이 주목하셨던 일도 있고 또 한편으로는 '바람'이라고 표현하신 적도 있고. 그런데 요즘 지어지는 관광 건축이라고 하는 거 보면 그런 게 아니라 이렇게, 뭐라 그러지, 경관이라고 해야 되나요, 오히려 이렇게 좀 더, 상대화하는 것 같아요, 경관을. 나는 이쪽에 있고 경관은 저쪽에 놓고 이렇게. 바라보기만 한다, 즐긴다, 특히 막 바닷가에 지어진 카페들 요즘 많이 있잖아요? {김. 네, 네.} 걔네들을 보면 조금 그런 생각이 들어요. 그게 좀 탐욕적이라는 생각이. 온갖 좋은 경치는 자기는 다 보고 싶고, 자기는 뭐 아무렇게나 있어도 관계없고.

김. 건축 스스로가 내보이는 그런 어떤 요소들에 대해가지고, 별로 그렇게 관심을 두지 않는 태도로 해야 되지 않을까 하는 생각이. 너무 표현에 관심을 두는 것 같고. 건축적인 작업에 뭔가, 뭔가가 그렇게 의식되었으면 하는 그런 의도들. 그것이 그렇지 않아야 되는 거 아닌가 하는 생각이. 그렇게 하도록 얘기해온 장본인이기도 하니. (웃음)

전. 그러니깐요. 그나마 자연은 저희를 배반하지 않는데 건축은 저희를 배반할 때가 많은 것 같아요. (웃음) 이렇게도 배반했다가 저렇게 해도 배반했다가. '아, 이놈들 좀 심하다.' 이런 생각이 들 때도.

김. 그런데 너무 획일화되는 것이 큰 문제 아닌가, {전. 그렇죠.} 해결하기.

전. 유행을 많이 타죠.

김. 예. 이거 한다고 쫙, 다 따라 하고.

전. 그러면 저도 그렇다고 따라야 돼요. (웃음)

김. 재료도 그렇고.

전. 모양도 비슷한데, 사실은 돌아서 보면.

김. 디테일은 이제 필요 없어지는 거, 없는 것처럼 생각하고. 디테일을 뭔가가 얘기하려고 하면은 상당히 작업적인 부담이 커지는 건가. 공법부터가 전부 좀 공장 생산, {전. 그렇죠.} 제품들 막 갖다가 조립하는 그런 형편에 되어 가면. 그러다 보니까 너무 단순화, 획일화되는 거. 획일화되는 거는 자본 때문에 불가피한 현상이긴 한데. 건축에서는 그걸 어떻게 그거에 대한 대응할 수 있는 해결책들을 고민해야 되지 않나. 그러니까 내가 직접 이제 작업을, 직접 내가 안 나가니까 얘기하는 것, 얘기하기도, {전. 편한 부분들이 있어요. (웃음)} 편치가 않잖아요. 나한테만 그래라. (웃음)

전. 원래 봐도 옆에서 보면 더 잘 보인다고. (웃음) 그 안에 들어가 있으면

김. 얘기하면은 꼰대라고 할 수도 있고.

전. 이젠 하셔도 되죠.

김. 입 다물고 가만히 있어야죠. 자기한테 당면한 문제 자기가 고민해가지고 풀겠죠.

우. 제주도적인 건가요? 알긴 알지만 말하지 않는 거. (웃음) 놓친 게 있을 것 같은데, 또 뭐가 있을까요.

전. 뭐, 이제 제주도 가서 푸시죠.

우. 그럴까요? 뒷날을 기약하면서.

전. 제주도 가서 역시 현장을 보면서 하는 게 좋지, 사무실에서 하니까 좀 그거 하네. (웃음) {**우.** 현장감은 없네요.} 현장감이 없네.

우. 아무튼, 선생님 장시간 감사합니다. 오늘 흥미로운 논점을 많이 제시해 주셔서 또, 저희가 또 공부를 더 많이 해야 될 것 같습니다. 감사합니다.

김. 예. 고맙습니다.

7

제주도 관광개발계획

일시. 2023년 5월 20일 토요일 오전 11시
장소. 건축사사무소 김건축 사옥
구술. 김석윤
채록연구. 우동선, 전봉희, 최원준
촬영 및 기록. 김태형, 김준철

영실집단시설지구, 「한라산국립공원 시설보완계획」, 김석윤건축연구소, 1974

우. 한 30분, 40분을 목표로 시작해보도록 하겠습니다. 오늘 2023년 5월 20일 토요일 11시 24분인데요. 오늘 제주도 김건축에서 다시 김석윤 선생님 모시고 구술채록을 진행하도록 하겠습니다. 선생님, 지난번에 서울에서 좋은 말씀 많이 들려주셨습니다. 이어서 말씀을 들어야 하는데요. 저희가 1, 2, 3, 4회차를 반추해보면 대충 중요한 말씀은 하셨습니다. 그래서 오늘은 제주도 관광종합개발계획. 그 주변 얘기를 좀 해주셨으면 좋겠는데요. 이게 자료를 보니까 대체로 5.16 군사 쿠데타 이후에 제주도의 개발이 본격화되었다고 보여지고요. 그런 시점에서 선생님이 학업을 마치시고 제주도에 다시 오셔서 이렇게 일을 하시는 거하고 이렇게 같이 평행해서 같이 가는 것 같습니다. 그래서 그 관계를 좀 여쭙고 싶습니다.

김. 그게 군사 정권 들어서가지고 제주도에 대한, 중앙정부에서 관심이 아주 획기적으로 집중됐어요. 굉장히 자유당 정권 때 이승만 대통령도 제주도를 뭐 이렇게, 찾아왔을 때는 '하와이처럼 만들겠다'고 하는 그런 의견을 이렇게 연설하면서 발표하고 그랬는데. 박 대통령, 박 통이 제주도를 굉장히 좋아했던 것 같아요. 무슨, 무슨 인연이 있었는가 어쩐가 모르겠어. 그런데 그 생각이 좀 구체화되기 시작한 거는 박 정권에서 경주 보문단지 계획을 먼저 하죠. 청와대에서 그 특별 기획단, 개발계획단이 구성이 돼가지고. 청와대 주도로 그 사업을 진행했는데, 경주 프로젝트가 끝난 다음 차례가 제주도였던 것 같아요. 그때 거기에 참여했던 분들이 아마 그대로 다시 그 계획에 참여해가지고. 청와대에 그 단장이 정소영 장관인가? 그 양반이 단장 해가지고. {**우.** 정소영이요.} 그래, 정소영 씨. 기획단 구성해가지고. 그러니까 제주도 들어와서 보니까는 제주도 도청하고 합동으로 해서 조사 기획단이 구성이 돼가지고 활동을 시작했더라고요. 그런데 그 보문단지를 계획할 때 거기에 참여해가지고 활동하셨던 분이 저 대학교 1년 선배 김씨라고. 그분이 그때 국전에서 장관상도 받고, 투시도를 엄청 잘 그렸어요. 그 시대에 뭐 '김한일 투시도' 그러면 서울에서 모르는 사람이 없을 정도로 건축계에서.

우. 아, 그 정도로 잘 그리셨어요?

김. 예. 그분이 그 보문단지 계획에, 계획에 이제 PT 작업하는 일을 맡아가지고 하셨어요. 그게 끝나니까 다시 제주도로 연결돼가지고 제주도까지 하게 기회가 주어졌던 모양이에요, 그 선배님한테. {**우.** 네.} 그런데 그때 마침 내가 제주도에 들어와가지고 있으니까, 절 불러가지고 "야, 너 거기 좀 대신해" 그래가지고. 붙여놓고 이 양반은 서울 일로 바쁘니까 올라와가지고 여기 일을가 지금 심부름을 했죠.

우. 그게 몇 년인가요? {**김.** 73년.} 73년.

김. 73년. 아, 72년! {**우.** 72년.} 73년 12월에 관광개발 계획이 성안이 돼가지고 발표를 했고. 제1차 제주도 관광개발 종합계획, 그래가지고 청와대에서 책자도 나오고 그랬는데. 그 발표를 했으니까. 작업은 72년에 되고, 다듬어져가지고 한 1년 후에 성안이 돼가지고 발표를 했던 것 같아. 그래가지고 거기에서 그 계획에 의해가지고 사업 추진을 하기 위해가지고 제주도에 제주, 건설부 산하의 제주도 개발 특별건설국. '개발' 자가 없던가 제주도… {**우.** 있었을 것 같은데요.} '개발'이라는 단어가 빠져 있던가 한 것 같아요. 제주 특별건설국. 건설국이 조직이 돼가지고, 건설국에 아주 베테랑 멤버들이에요. 그때 그 조직이. 거기 그분들이 이제 그 사업을 추진하게 되면서 자연히 초기에 성안할 때 제가 거기 쫓아다니면서 심부름해드리고 그러니까, 그분들하고 이제 이렇게 일을 할 기회를 갖게 된 거죠. {**우.** 네.} 처음 그 관광개발 계획에 우선 처음 착수한 게 한라산 국립공원이었어요.

우. 예, 국립공원. 한라산 국립공원 개발.

김. 국립공원 개발 계획을 하는데 주로 이제 등산로 개설하고 또 편의시설. 우선 공중화장실, 휴게소, 등산 대피소 조그만 거. 면적으로 치면 공중화장실은 뭐 2-30평, 대피소 한 4-50평 이런… 그때의 모범 사례가 설악산 국립공원[1]이, 국립공원 하나 있어요. 1차로 지정이 되어, 지리산[2]이 먼저던가? 설악산이 먼저던가. 보면 설악산 개발 계획이 모범이 됐어요. 그런데 그 작업을 공간에서 낸 거야.

우. 아, 예. 설악산을요?

김. 설악산을. 그때 공간에서 한 그 작업을 자료를 얻어서 제가 좀 활용을 했죠.

우. 그걸 다 살펴보셨군요.

김. 예. 베끼는 거죠. (웃음) 매점, 국립공원 시설이니까 캠핑장, 그러고 무슨 전망대, 휴게소, 매점도 조그마한 매점. {**우.** 네.} 그런데 그때는 이제 설계 사무실은 제주도에 70년대 초에, 제대로 그, 공공사업들을 제대로 설계하고 체계 갖춘 설계사무소가 없었어요. {**우.** 그럼 어디서 그렸어요?} 그때 제가 70, 그래, 74년에 3월에 설계사무실을 개업했어요. {**우.** 아, 예.} 개업하자, 하면서 그 여기 개발 계획 사업들이 시기적으로 이렇게 딱 일치가 된 거죠. 그래가지고 공중화장실, 대피소 이런 것들 일들을 하면서 그냥, 어렵지 않게 일할 기회가

---

1. 1970년 3월 24일 건설부장관 공고로 설악산은 국립공원으로 지정되었다.
2. 1967년 12월 29일 건설부장관 공고로 지리산은 우리나라 최초의 국립공원으로 지정되었다.

어승생근린공원지구, 「한라산국립공원 시설보완계획」, 1974
관음사집단시설지구, 「한라산국립공원 시설보완계획」, 1974

주어지고. 그것이 또 효과가 또. {우. 네.} 그것 때문에 바깥으로 좀 제가, 이름이 빨리 알려지는 그런 계기가 돼요. {우. 아, 예.} 특별건설국에 오셨던 어른들이 굉장히 참, 그 후에도 쭉, 내내 이렇게 소식들을 주고받고 해가지고 왕래가 있었는데. 좋은 분들, 이렇게 일할 기회도 줘가지고. 한라산 대피소, 매점, 전망대. 또 등산로도 그때는, 그러니까 전부 공사도 수작업이잖아요. 운반부터 짐으로. 심지어 등짐으로 날라야 하니까. 소운반(小運搬). 그런데 그런 것들을 설계하지만 소운반, 그거를 이제 공사비 산출을 하려고 그러면 그게 좀 쉽지 않잖아요. 인력, 운반. 뭐 이렇게 또 터닦기 같은 것도 전부 장비 못 써가지고, 인력으로 하는 거니까. 그것이 그 시기에 우리나라의 그 건축 설계의 공사비 산출하는 일위대가, 이런 것들이 정리가 안 돼 있었어요. 그 군인 거 썼지, 군대 것. {우. 네.} 그때는 그거를 내가 ROTC를 해가지고 공병 장교 근무를 해가지고, 공병학교에서 했던 그 교재. 품셈표. 미 육군 공병 에프엠이죠. 그걸 활용해가지고 아주 유용하게 썼지.

우. 예. 아무것도 없는 상태에서 공간사의 도면과 그다음에 그 공병학교의 품셈표를 가지고 설계를 하셨고. 또 그러면 시공까지도 다 감리를 하셨어요?

김. 감리하고 시공은 뭐, 여기 아주 제주도에 유수한 건설회사들 참여해가지고 했지.

우. 그럼 이제….

김. 흔적이 좀 남아 있어요. {우. 예.} 그때는 현지의 돌을 채취해가지고 했으니까. 어, 돌 채취부터 설계를 하는 거죠. {우. 아, 예.} 도면만 그리는 게 아니고. 채취 일까지 산출 설계를 하는 거죠.

우. 그게 울퉁불퉁해서 정확하게 안 될 것 같은데요.

김. 또 품셈으로 해서 풀었어요. 그래가지고, 그걸 뭐 건설국 담당 직원하고 같이 힘 합쳐서 하니까 그게 유용하게 되더라고요. 크게 틀리지 않고. 현지 돌 채취, 깎아서 다듬고. 시멘트 운반 같은 거 산출하는 것도, 아이고 그거, 지금, 건축 설계에서 견적까지 그렇게 경험을 안 하잖아요. {우. 네.} 그 인력 산출하는 것도 이제 경사도에 따라가지고 할증하고 복잡하기도 하고 재미도 있었고.

우. 선생님께서는 그러면 제주 특별건설국 쪽 일을 하신 거네요.

김. 그렇죠.

우. 그러면 거기에 또 아까 많은 분들하고 계속 교류를 하셨다고 그러셨지요?

김. 그 후에 이분들 건설부에서 은퇴해가지고 다른 회사로 진출한 분들도 있고. 그래가지고 제주도에 일하러들 오셔가지고 만나서 여기 제주도에, 현지에 일을 제가 도와주기도 하고 뭐 이런 교류들이 있었죠. 그런데 그분들이 건설국에서 그 일을 시키면서 관에서 이제 이 제주도에서는 공공사업을 하는 데는 이분들이 아주 선도적인 역할을 하는 거예요. 제주도나 뭐 시군 여기서 하는 거는 그런 경험들이 좀 뒤떨어지잖아요. 그러니까 이분들하고 같이 어울리니까 내가 이렇게 얼굴이 알려지는 데 엄청나게 도움이 된 거죠. (웃음) 관하고 자연스럽게 이렇게. 뭐 조그마한 마을이니까 다 알죠. 누구 집안, 누구누구, 다 알기도 하지만, 건축 설계 제대로 하라고 그러면 이제, "김석윤이한테 시켜야 된다." 이런 얘기가 쉽게, 쉽게 퍼진 거죠.

우. 성함 생각나시는 분 있으세요, 아직까지도? {**김.** 그때?} 네.

김. 국장님부터 박창권³. {**우.** 박창권 국장님.} 예. 나중에, 나중에 을지로2가 재개발 사업 단장하시고 그랬어요. 건설부의 엘리트예요. 국장까지 하셨을 거야, 아마. {**우.** 박창권.} 박창권 국장의, 건설부 국장실에, 부속실에 있던 아가씨가 우리 친구 또 마누라야. (웃음) {**우.** 네.} 그분, 이근일… 실무진의… 천천히 기억해보면 사람들도 다 기억날 텐데.

전. 국립공원은 선생님 말씀대로 지리산이 처음이네요. 지리산이 처음이에요, 1호. {**김.** 1호.} 67년. 한라산은 70년, 7호입니다.

김. 네, 좀 떨어져서요.

전. 그런데 뭐, 3년인데요.

김. 설악산 계획은, {**전.** 설악산은 그 전이고요.} 지리산이 계획한 거는 종합계획을 내용을 모르겠고. 설악산 계획을 공간에서 했더라고요.

전. 그러니까 안 했을 수도 있죠. 지정된 거 하고 개발 계획한 거 하고는, 또 다른 차원이니까.

김. 예. 그때 그거 끝난 다음에 한라산 국립공원 개발 보완 용역을 나한테 이제 또 시키더라고요. 건설국에서.

전. 저기가 계획 자체가 75년으로 지금 나와 있는데요? {**김.** 70…} 75년이요.

김. 발표, 계획 발표한 거는 좀 빠를 겁니다. 그거 내가 보고서 했던 거 기념, 저기 하나 이렇게 보관해가지고 있어요. 투시도 그린 거. 잠깐 꺼내볼까요?

우. 예. {**전.** 예, 그걸 보면 좋겠네요.}

김. 이런 거를… {**전.** 와우.} 섞여 있을까 해가지고 그냥, 이렇게 해서.

우. 보완 계획이죠. {**김.** 네.}

전. 이거 제주에서 인쇄 못하셨을 것 같은데요. {**김.** 서울 가서 했죠.}

---

3. 박창권(1929-2022): 국토계획국 국토계획과장, 지역계획담당관, 공원과장을 지낸 후 건설부 국토계획국 국장과 대한주택공사 부사장을 역임하였다.

성판악 집단시설지구, 「한라산국립공원 시설보완계획」, 1974
제2횡단도로 중간지점 시설계획, 「한라산국립공원 시설보완계획」, 1974

그렇죠.

김. 내가 다 그린 게 아니고 우리, 우리 김상식 형이 그렸어요. 여러 가지 투시도를 꽤 잘 그리고. {**우.** 이건 풍경화네요.} 풍경화. (웃음)

전. 건축 도면이 아니라. (웃음)

김. 설계사무실로 하면 이런 일을 그때 했어요. 1100도로[4]에 정상에 있는, 휴게소에 있는데 거기.

전. 이건 누구 사인인 거예요? {**김.** 사인이 아니고.} 사인이 아니고, 네. 이게 몇 년이라고요?

우. 74년. 여기 표지가 있는 것 같은데. {**전.** 74년.}

김. 이거는 그냥 이렇게 저기, 민가 학회에다가 발표한 거고. 미지정 문화재.

전. 이거 전체가 다 있는 거구나. 이것들이 지금 다 지정됐겠죠?

우. 이 자료들을 구술집에 좀 찍어서 넣어야 될 것 같아요. 선생님, 이 계획을 선생님이 하신 거네요? 보니까, 자료를 보니까 이거 잘 몰랐었는데, 영실, 어승생, 성판악, 관음사 이런 게 나오던데 이게 다 중요한 거점이군요, 한라산 올라가는. {**김.** 집단시설지구로 지정된.} 너무 좋네요.

김. 이거 계획을 할 때 그 조직이, 중앙정부 측으로는 건설부가 주축이 되고, 문화재 관리국에는 정재훈[5] 국장이 왔었어요. {**우.** 정재훈 국장님 예, 예.} 실무, 직급으로. 그리고 교통부에서도 어른 한 분 오셨고. 정재훈 국장도 그때 알았어요. {**우.** 예.} 제주도에 오래 머물렀지, 이거 하면서. 한 거의 1년 동안 왔다 갔다 하셨으니까.

우. 정재훈 국장님이 그때도 국장이셨어요? {**김.** 그때?} 예.

김. 국장도 아니고 계장도 아니었을 거예요, 아마. {**우.** 사무관 정도…} 예, 예. 아주 실무진이었으니까. 한참 후에 국장 되셨지. {**우.** 미지정 보고서는…} 이거는, 저기 이광노 교수님.

전. 제주가 없는데요? {**김.** 예?} 제주가 없어요.

김. 여기, 여기 있을 겁니다. {**전.** 아, 이게 1권, 2권이에요?} 네.

우. 이광노 선생님, {**김.** 회장 때.} 저기 회장하실 때.

전. 대한건축학회.

---

4. 1100도로: 제주시 오라 로터리에서 시작하여 서귀포 지역을 거쳐 섬을 한 바퀴 돌 수 있도록 만들어진 순환 도로.

5. 정재훈(鄭在鑂 1938-2011): 1973년부터 1975년까지 경주사적관리사무소 소장을 시작으로 1975년부터 1978년까지 문공부 문화재관리국 문화재1과장을 지냈으며, 1986년부터 1993년까지 문화공보부 문화재관리국 국장을 역임하였다.

우. 이거 제가 저기 해갖고, 붙여갖고 전시회 하는 그거, 했었는데. 다 역사가 되는 거구나. 이거는 서울에도 많이 있는 것 같아요. {**김.** 응.}

전. 이게 좀 중요하고. 얘가 중요해. 얘는 미발간이니까, 미발간.

김. 저거는 제가 저걸 꼭 간직하고 있는 게, 건축학회 제주지부가 상당히 일찍 생겼어요. 그런데 지부만 구성만 하고 뭐가 없어 일이. 제주지부에서 제1호 사업. {**우.** 아, 그렇군요.} 예. 그러니까 이제 저거 가지고 여기 학회의 멤버들, 후배들한테 "야, 학회에서 제1호 사업하면 나다." (웃음) 그래가지고 자랑하지.

우. 보고서 형태가 그, 가회동 보고서 이래로 계속, 그 판형이네요.

김. 하여튼 그분들 덕택에 제가 후원을, 그러니까 엄청, 이름이 많이 알려진 거예요. {**우.** 네.} 박창권 국장 지금, 나한테, "김 선생이야, 제주도의 오쏘리티(authority)지." (웃음).

우. 이 말씀을 좀 더 해주시죠. 아까 뭐 간단한 매점, 그런 거라고 말씀하시던데 그게 아니네요.

김. 국립공원 내에 아니, 시설들은 규모가 국립공원 시설이니까 규모로는 클 수가 없는 거고.

우. 예. 이렇게, 집단 시설을 정한 거는, {**김.** 그거는 원래…} 원래 그렇게 계획하기로 한 거예요?

김. 원래 계획했어. 그런데 이제 조정하고 보완하고 하는 거를, 그때, 그때니까 나한테 이제 일을 시켰지. 요새야 뭐 가능한 일이 아니죠.

우. 네. 이게 이제 영실, 어승생, 관음사, 성판악, 이렇게 되고. 제2횡단도로는 뭘까요?

김. 그것이 1100도로에요.

우. 아, 이게 1100도로에요, 네.

김. 1100도로 중간 지점. 지금 휴게소에 있는 곳. {**우.** 네.} 그리고 이제 이건 하고, 나중에 해안 쪽에 그 단지들은, 민간사업들 자본 유치해가지고 하게 되죠. 함덕지구니 협재, 서귀포 중문. 중문은 관광단지가 구성돼가지고 하고. 종합관광개발 계획 자료도 어디 내가 보관하고 있을 텐데.

우. 이게 너무 그립다 그러면 너무 신기하네요, 이 숫자랑 뭐 이런 것들이. 폰트 뭐 이런 것들이. 한 시대를 다 했군요. 그러면 선생님은 이런 쪽으로, 관청 쪽 일을 하신 거네요? 한라산 국립공원 시설 보완 계획 같은 걸 했었는데, 근데 비슷한 시점에 대한항공하고 일본개발주식회사가 제주도 관광지역을, 제주도 관광지역 개발을 추진했다[6]고 나오고, 한일관광개발 주식회사를 설립해서,

---

6. 제주도관광개발계획: 1972년 한일관광개발주식회사가 작성하였다.

어승생수원지지구 시설계획, 「한라산국립공원 시설보완계획」, 1974
암석지대 배수로를 위한 스케치, 「한라산국립공원 시설보완계획」, 1974

저거는 민간 쪽에서 그러면 그렇게 간 건가요?

김. 이건 뭔가? 대한항공?

우. 네. 대한항공 쪽에서 일본하고 같이 뭘 하려고, 이게 중문으로 가는 건가요, 그러면? {**김.** 이거는 구체화된 게…} 하려다 만 건가 보죠, 그럼?

김. 어, 실현된, 계획만 하고 실현된 것은 없는 것 같네요. {**우.** 네.} 그런데 대한항공은 저 계획에 끼어들어서 서귀포 지역에, 그때 이제 관광호텔, 서귀포 관광호텔. 단지 하나 하게 된 거고. 일본하고 합작한 거 뭐 구체화, 가시화된 게 없네요. {**우.** 네.} 기록에만 올리고. 그런데 일본은 제주도 출신 사업가들. 그분들, 그 자본을 정부에서 많이 유치해요. {**우.** 네.} 제주 관광호텔, 또 제주 컨트리클럽, 이것들이 이제 재일교포 자본들인데, 이때 많이 유치들을 해가지고 투자를 했는데 지금, 거의 다 세대가 바뀌고 사업이 또 이렇게, 다 이렇게 좀 쇠잔해지고 그래가지고 미묘해졌어요. 그거는 전체적인 제주도의 근대 역사하고도 좀 관계가 있어요.

우. 어떻게 연결이 되죠?

김. 제주도의 인구가 일본으로 엄청 많이 나갔대요. {**우.** 아, 예.} 거의 반 이상, 제주도 도민 반이 갔다고 해도 과언이 아닌데. {**우.** 아, 그렇게나 많이?} 그렇게 이분들이 가가지고 사업적으로 성공한 분들 많이 계시고, 안 그래도 작게, 소소하게 돈 모은 사람들도 재산들을 전부 갖다가 투자한 경우들이 많은데. 80년대 90년대 이후로 여기 재일교포들이 세대교체가 되면서 그 상황이 달라져요. 재일교포 2대까지는 조금 그래도 그게 지속이 됐는데, 3대, 4대 되니까 이제 거의 일본 사람들이 다 되는 것 같아요. 자본이 안 들어와요. 제주도 출신 자체 자본이 잘 안 들어와. 그 자본이 들어올 때에 기회를 많이, 내가 많이, 거기서 작업할 기회를 많이 얻었죠. 컨트리클럽, 호텔 이런 사업들이 일본 자본들. 재일교포, 그 뭐, 소소한, 소규모 자본들이 여기 들어와가지고 80, 90년대에 그런 작업들이 상당히 많았어요. 주택도 그렇고. {**우.** 네.} 그런데 지금은 거의 없어진 셈이고.

우. 그 주택들은 주로 어디, 제주시에 많았을까요?

김. 거의 제주시에 다 있습니다.

우. 네. 그것도 아주 흥미롭겠네요.

김. 네. 그러니까 70년대 이때 관광 초기, 개업 초기에 이런 공공 프로젝트 말고 주택을 오래 많이 했어요. 거의 주택작업이에요. 제주도에 워낙 자본이 없으니까. 호텔 같은 것들이 규모가 커지는 거는 8, 90년대에. 70년대 80년대엔 조그마한 소규모 건물들. 그런데 그 주택들을 하면서 또, 제주도 지역 색깔이 있는 건축을 하자고 하는 그런 욕구들이, 바깥에서부터 우선 관 주도로, {**우.**

네.} 일기 시작한 시기. 그게 돼가지고 주택들을 많이 하고. 관청에서도 이제 행정적으로도 그걸 제도화해가지고 좀 권장하고, 규제도 하고. (웃음) 지역 색깔 있는 건축 작업하라고.

우. 그게 흥미롭네요. {**김.** 그런 때가 있었죠.} 관청이 주도해서 지역적인 특색을 드러내라고 요구하는 것이.

김. 그것이 촉발된 것이 관광종합개발 계획하고 연결돼요.

우. 관광종합개발하고 연결되고. 그러니까 제주도는 이제 개발부터 그, {**김.** 우리 지역의 색깔을.} 지역의 색깔을 지키라고 하는 것이….

김. 연장해야 한다고 하는 그런 욕구들이 생겨요.

우. 그게 이제 중앙에서부터 내려오는 것이죠?

김. 계획이 성안됐고. {**우.** 네.} 저것을 실행하는 거는 여기 자체에서도 그런 욕구들이 상당히 왕성했죠. 활발하고.

우. 제가 궁금한 것은 그게 여기 현지 사시는 분들이 이렇게 밑에서부터 올라와가지고 이렇게 하는 요구 사항이 아닌 거고, {**김.** 시민…} 관청에서 이렇게 원하는.

김. 시민들에서부터 그게 주체적으로 그 일이 일어나기는, {**우.** 더 나중인 거예요?} 기대하기 힘들고.

우. 더 나중의 일인가요 그러면?

김. 아니, 시민. 아직도 시민이 그런 생각, 사고들을 가지고 있다고 얘기하기는 좀 쉽지 않죠. 건축에서 하는 건 전문가들이 했고, 관에서 후원을 했고. 뭐 그렇죠.

우. 그러니까 그게 흥미로운 지점인데 이제 제주는 관광이고, 관광을 갔을 때 이거는 뭔가 어떤 제주도만이 갖는 정서를 표현해내자고 하는 것이 이제 관청 쪽에서 관광을 개발, 진흥시키기 위해서 생겨난 요구 사항이었다는 거죠.

김. 그렇게 관에서가 그거를 촉발시켰다고 얘기도 할 수도 있고. 그거를 가능하게 만든 건 지역 언론이 상당히 관여한 것 같아요.

우. 아, 지역 언론이, 예. 그거는 주로 어떤 분들일까요?

김. 그러니까 제주 지역의 지식층들. {**우.** 지식층들.} 50년대, 60년대, 70년대까지. 여기서 한 10년 전까지만 해도 언론 쪽의 영향력이 컸었죠. {**우.** 네.} 그리고 이분들, 그런 시민의식들을 만드는 데 굉장히 크게 영향을 했었어요. 요새는 그냥, 언론 쪽에도 그런 것을 기대하기가 힘든데. 저기 〈제주대학교 본관〉 보존 캠페인 할 때만 하더라도, 지역의 언론들이 굉장히 {**우.** 아, 예.} 관심도 많이 집중되고 그런 분위기들이 있었어요. 그런데 관광개발 하면서 이 지역의 사설, 이런 데도 건축에 전문적으로 다듬어진 논리는 아니지만, 이게 지역색을 지켜가야 한다고 하는 그런 사설들도 자주 등장하고. 오히려 건축 쪽에서가 그런 것들을 더 장악하지 못하고 감당하지 못했었지. 언론에 비해서.

우. 건축가의 세력이 미약했던 거잖아요. 건축가라는 분들이 몇 분 안 계셨을 거고. {**김.** 의식도 좀, 예.} 선생님을 빼고는 다, {**김.** 어른들.} 어르신들이니까요.

김. 과거에 교육받으신 분들이니까. 그거를 관심 갖고 움직이겠다는 게 한참 후. 70, 80년대에 가까이 돼. 건축가협회 제주지회가 결성되고 뭐 이럴 때인 것 같아. 그래가지고 이제 우리 건축계에서도 그 얘기를 시작하게 되지.

우. 그러면서 이제 1977년 11월에 제주도 관광개발을 적용하는 적용 지구가 확대되는데요. 그게 애월, 한경, 안덕, 구좌, 조천, 표선, 남원. 이렇게 7개 지구로 이제 확대되는 것이네요.

김. 그때는 이제 그거는 아마 도에서 1차, 2차 해가지고, 차수별로 해가지고, 거기다 보완하고. 그러는 데는 아마 이때 되면 저기 국토연구원? {**우.** 예.} 이런 데서 아마 용역, 참여들을 하게 되고 그럴 거예요. 77년, 80년대 와가지고는 분명히 그랬는데. 그때는 관 주도형 계획이 아니고 민간 차원에서, 어디 연구소 같은 데서. 국토연구원이 발족한 게 그쯤 아닐까요?

우. 국토연구원이요, 예. 그러고서는 이제 중문이 국제관광단지로 78년부터 개발이 되는 거죠. {**김.** 예.} 그쪽 일은 선생님은 ….

김. 그 처음 사이트 잡아가지고 할 때는 같이 했죠. {**우.** 예.} 중문단지.

전. 그런데 여기 자료를 보니까요, 73년에 제주 관광종합개발계획은 청와대 관광개발 계획단 혹은, 건설부 제주개발 특별건설국 두 군데 이름이 같이 나오고요, 자료에 따라서. 아무튼 두 개는 다 중앙정부 차원에서 했고요. {**김.** 예.} 74년에 선생님 이미지 자료 주신 한라산 국립공원 시설 보완 계획은 제주도가 했고요.

김. 그것을 제주도에 시켰어요. {**전.** 그러니까요.} 건설국에서.

전. 시켰겠지만, 아무튼, 경유를 제주도를 했고. 같은 시기에 74년에 제주도 중문지구 관광개발 계획[7]이 있거든요?

김. 그때는, 그거는 이제 큰 계획은 이제 아마 제대로 온 조직에서 아마.

전. 73년에 제주도에 대한 전체 계획을 세우고 난 다음에, 두 군데 지역을 시작하는 것 같은데. 계획을 잡으라고 하는 것 같아요, 중문지구랑 한라산 국립공원에. 그 73년도 계획 속에 그 대상지가 지금 한 10개쯤, 10개까지는

---

[7]. 1971년 5월 국토건설종합계획 제주도건설종합계획에서 중문단지가 관광지로 지정되었으며, 1974년 12월에 '중문지구 관광종합개발 기본계획수립'되었다.

아니고 한 5개 정도… {김. 아니, 12개 단지가 그렇던데.} 아, 그래요? 그때 이후에 12개 단지가. 그런데 74년에 개별 계획은, 74년에 지금 개별 계획이 중문지구랑 한라산은 이때 나오는 것 같은데요.

김. 한라산은, 한라산은 그걸로 해가지고 거의 완결되고. 그다음에 이제 단지, 관광은 관광공사가 구성돼가지고.

전. 중문 같은 곳은 그 이후에 좀 더 구체화된다는 말씀이시죠, 시간적으로?

우. 그걸 좀 정리했으면 재밌겠네요.

김. 그건 정확하게 계획은, 그걸 찾으려고 그러면 좀 자료를.

우. 중앙정부하고, 지방정부하고, 또 무슨 공사 이렇게.

전. 청와대하고 건설부하고. {**우.** 그렇죠.}

김. 그런데 이거는 제주, 용역 발주는 보고서는 도에서 발주해가지고 도 비용을 받아가지고 했는데. 저거에 대해가지고 총괄 감독 승인은 건설부에 있었어.

전. 네. 거기서 예산도 내려줬겠죠. {**김.** 네.} 지금도 마찬가지죠. 지금도 중앙정부 사업을 도를 시켜서 이렇게 하면서, 감독을 합니다.

김. 그렇게 그런 인연으로 해가지고 이제 쭉 시간 가면서 그분들 덕분에 이렇게 일했어요.

우. 이런 거는 이제 단지 계획의 측면에서 이렇게 가는 것이고. 그, 뭐라고 그래야 되나. 도시 하부 구조의 문제, 그러니까 '항구를 점점 늘려야 된다'라는, '개발해야 된다'는 얘기가 있고, 이제 공항을 점점 늘려야 하는. 그거는 건설부 쪽에서 주도한 것인가요?

김. 그거는, 개발 계획은 더 높은 데서 거시적인 시각에서 했죠. 그 계획은 우리가 정리를 한 양반이 하나 있는데. {**우.** 아, 그렇습니까?} 자료, 최근에 나온 자료인데. 자세하지는 않지만, 전반적인 흐름의 맥락은 오래전부터 쭉 정리한 자료가 있어요. {**우.** 네.} 가지고 있는데.

우. 그걸 좀 보면 좋겠고. 그런 항구하고 공항의 문제가 이제 관광객이 많아지니까 호텔 문제가 또 되는 거고. 그다음에 도로를 또 늘려야 되는 문제, 그다음에 도로를 새로 뚫어야 하는 문제들이 막 복합되어서….

김. 도로, 종합개발계획에 대체적인 도로 계획, 에너지 계획, 급수 계획, 이런 것들이 거칠게는 이렇게 제시가 됐어요. 그래가지고 구체적으로, 분야별로 하게 되죠. 그런 단계까지는 나의 관심사에서는 벗어난 거고.

우. 그렇죠. 그런 개발들이 보존의 문제하고 또 충돌하게 되고.

김. 예. 좀 종합개발계획이 한 5차쯤 됐을 때인가? 그때 와가지고는 제주도에 개발 특별법이 제정되면서 아주 그때의 보존하고 개발의 문제가 상당히 크게 관심사가 되죠. 그거는 가협회에서 한번 그 특별법에 대해가지고 세미나도 하고, 서울에서 세미나도 하고 특별법을 다룬 적이 있어요. 가협회 잡지에도, 그게 가협회지에도 소개됐을 텐데.

우. 본 것 같습니다. 김홍식 교수님이 발제하시고.

김. 김홍식하고, 강병기 교수가 그때, {**우.** 아, 강병기 교수님 계셨죠.} 종합개발계획에 깊이 관여하셨거든요. 그 후에 국토개발연구소에서 대대적인 계획을 하지. 그때 이게 이제 종합계획이 돼가지고 커지면, 건축에 대한 관심사는 뭐, 그 계획 안에서 그냥 어느 한 구탱이[8]밖에 안 돼요. {**우.** 그렇죠. 그냥 요소에 불과한.} 예. 코멘트나 한번, '건축의 방향은 뭐 어떻게 한다' 하는 정도 코멘트나 하고. '건축계획서 너네들이 알아서 해라' 하는 식으로.

우. 그러면 제주대학에는 그런 어떤 무슨 도시계획과나 이런 게 생깁니까? 없습니까?

김. 도시계획과는 아직도 없고요.. {**우.** 도시공학, 네.} 건축과가 생긴 것도 94년이니까, 그때 그 계획을 하면서 제주도에 건축가가 있어야 된다고 하는 얘기들이, 강병기 교수님 생전에 그 말씀을 하시던데, "제주도의 건축과는 조금 색다르게 했으면 좋겠다"고 하는 얘기들을 하고 있다고 하는 얘기를 내가 들은 적이 있는데. 그 얘기가 있는 다음 한참 뒤에 건축과가 생겼어요. 그러니까 70년대 말이나 80년대에 건축과가 생겨야 됐지. 근데 제주대학교에서는 그거에 대해가지고는 별로 관심이 없더라고. 90년대 말, 아니 90년대 초, 80년대 말 되니까 그때야 공대 학장 출신 양반이 총장되면서, 이제 공대의 과를 여러 개 만들어야 공대가 커지니까 그때야 건축과가 생기더라고.

전. 공대는 먼저 있었어요? {**김.** 있었죠.} 무슨 과가 있었어요?

김. 공대는 해양, 수산학부가, 수산학부가 해양대학으로 되면, 아니, 아니구나. 수산과가 있었어요. 수산과, 수산과에 뭐 어로과, 뭐 양식과. 거기에 기관 전공하시던 분들이 모체가 돼가지고 공대가 됐어, 기계과가.

전. 기계과를 먼저 개설했군요, 그럼.

김. 그 기계과의 어른이 나중에 총장도 했어요. 그분 총장 때 건축과가 (개설)돼.

전. 왜냐하면 이제 건축과가 만들기가 쉬워서 대개는 이제 공대 만들면 건축과는 그냥 만들거든요, 같이. 그런데 이제 여기는 출발이 해양 쪽이라서 기계가 먼저 만들어지고 건축이 나중에….

---

8. '구석'의 방언.

김. 그러니까 이제 건축과, 대개 공대에서 건축과가 주도들을 하는데, 제주도는 제일 막내가 돼가지고. 지금도 힘이 없지. (웃음)

우. 사회과학 쪽은 안 셨습니까? 인류학, 민속학, 지리학, 이런 거는 좀 셌을 것 같은데요.

김. 지리학, 여기 원래 제주도의 대학교에, 대학 얘기로는 좀 활발했던 게 국문학과에서, {**우.** 그렇죠.} 민속. {**우.** 방언이 있으니까, 예.} 예. 국문학과의 교수님들이 제주도 민속. {**우.** 아, 이쪽에 하셨군요.} 국문학과에서 그걸 했어요. {**우.** 아, 국문과에서.} 예. 그래가지고 사회 쪽으로 이렇게 해가지고. 그쪽의 인물들이 좀 파워풀하죠. 사회학과 같은 경우. 지금도 사회학과에는 좋은 교수님들이 오더라고요. 이번에 주거학회 여기서 하는 데 갔더니, {**우.** 가셨어요?} 네. 사회학 하는 교수가 주제 강연을 하는데 아주 그럴듯하게 하던데.

우. 예. 선생님은 그런 학회에는 다 가시는군요, 제주에 관련된 학회는.

김. 제목 보고 갔죠. 제목에 뭐 들을 만한 얘기 있으려나 기대해가지고 갔는데, 사회학과 교수 강의가 좋더라고.

우. 제 생각에는 오전에는 여기까지, 이만큼 하시고요. {**김.** 그럴까요.} 점심 하시고 이제 민현식 교수님 오시면 또 민 선생님이랑 같이 작업하시는 경관계획. {**김.** 예.} 그 말씀을 좀 더 듣죠.

김. 경관계획, 아유 저거, 엄청난 뭐를, 실적을 만들어 놨는데 하나 활용도 안 하고.

8

답사 현장에서—3

일시. 2023년 5월 20일 토요일 오후 2시
장소. 신제주 성당, YWCA회관, 제주 웰컴센터,
김한주 씨 댁, 고 씨 주택
구술. 김석윤
채록연구. 우동선, 전봉희, 최원준
촬영 및 기록. 김태형, 김준철

신제주 성당 외관, 1993

〈신제주 성당〉(1993)

김. 사제관에 지붕이 생겼네. 경사 지붕을 만들었네.

우. 이 안은 그냥 계단인가요? 원형 계단? {**김.** 계단, 네.}

전. 와플 슬라브를 하시고 서까래를 이렇게 하셨네요.

김. 네, 끝에는 서까래로 디테일을 적용하고. 안에는 전부 와플로 되어 있어서. 구조적으로 전달되는 데까지만 와플로 하고 밖에는 서까래 디테일로. 구조는 정재철 교수가 해결해주셨어요.

최. 원형 모티브를 많이 사용하신 건가요?

김. 오래전에 초기의 사무소 작업이니까. 그때는 기하학적 요소들을 많이 썼던 것 같아요. 초기 계획할 때에는 성당 평면이 신규 교회처럼 부채꼴이라고 신부님들이 좀 안 그랬으면 좋겠다고 하셨어요. 그때 설명해서 설득시켰죠. 육성으로 하셔도 들을 수 있는 거리만큼 그렇게… 요새는 얘기할 필요가 없어졌어요. 다 기계로 충분히 음성을 조절하니까.

우, 전. 스테인드글라스도 좋네요.

전. 이 바닥이 항상 문제더라고요. 여기는 단을 줬잖아요. 제가 다니는 성당은 단을 안 줬어요. 단을 안 주니까 무슨 문제가 있냐면, 일어서서 기도할 때 자꾸 몸이 앞으로 넘어가요. {**김.** 네, 그렇게 돼요.} 어디가 주교좌에요? 제주는?

김. 중앙성당[1]. 여기는 신제주 성당. 주교좌는 원래 성당이 시작된 자리에 중앙성당이. 설계해서 공사하는 중에 신부님이 한국성당 건축설계의 권위자를 서울에 연락해서 모셔오겠다고.

전. 누구를 데리고 오셨나요? {**김.** 김영섭[2].} 원래 김영섭 선생님이 아니라 그 형이 했잖아요. 제가 방배동 성당을 다니는데 그게 김영섭 선생님의 형이 한 거거든요.

김. 김영섭 선생은 나중에 강원도 쪽에 성당설계를 했죠. {**전.** 아, 그렇죠.} 신제주가 1978년부터 개발되기 시작했으니까 이 성당을 설계할 때는 여기 주변이 아주 그냥 공사판이었을 때였거든요.

전. 지도상에서 보니까 여기가 신제주처럼 안 보이던데요, 저기가 신제주인데 여기도 신제주로 들어가는 건가요?

김. 신제주의 1차 지구.

전. 여기가요. 그래서 여기가 신제주 성당, 그렇군요.

---

1. 천주교 제주교구 주교좌 중앙성당.
2. 김영섭(金瑛燮, 1950-): 1982년 건축문화설계연구소 설립, 1995년 명동성당 100주년 기념사업회 건축위원을 역임하는 등, 성당 설계에 많이 관여하였다.

김. 신제주란 명칭이 여기서부터 시작이 됐죠.

전. 그러네요. 중간에 이만큼 비워지고 이 구획으로 들어왔네요. 아, 그러네요. 여기가 도청이네요. 그런데 자꾸 이쪽을 신제주로 생각했네요.

김. 네. 여기가 1차 지구이고 이 위가 2차, 3차, 이렇게….

전. 그러다가 노형동으로, 이렇게… {**김.** 네.} 공항에서 직선으로 나오면요. 이 성당은 몇 석 정도 되는 거예요?

김. 처음에는 450석 기준으로 했어요.

전. 2층까지 해서요. {**김.** 네.} 좋네요.

김. 여기는 애들 유아실. 좀 바뀌었네요. 인테리어를 바뀌어서. 원래 내벽이 타일이었는데.

전. 그렇죠? 지금 어색해서요. 성가대는 2층으로 올라가요?

김. 2층, 저기 계단으로 해서 올라가요.

전. 지하도 있어요? {**김.** 지하 있죠.} 돌음 계단이 있고….

최. 돌음 계단을 쭉 올라가 보니까 가운데 기둥이 없어지는 부분이 있던데 밖에서 보이는 크고 작은 원통이 여기서 나뉘는 건가요?

김. 작은 것 위에 받드느라고.

신제주 성당 조감도, 1992
신제주 성당 돌음계단, 1993

우. 지붕이 와플인데 이 가운데는 지붕이 만나니까 하나씩 더 넣으신 거죠?

김. 저거는 목조로. 사선으로 만든 건 나무.

우. 아, 시각적인 효과네요.

김. 중심을 강조하려고 붙였어요.

우. 아, 그러네요. 나무네요. 저는 여기서 지붕이 모이기 때문에 구조가 더 필요했던 건가 했더니.

김. 합판으로 해서 나무인 게 보이네. 그때 다른 성당들도 유지관리에 그렇게 골머리 썩더라고요. 지붕이 목조고 그럴 경우에는 비 새는 것을 못 잡아서 그렇게… 그래서 '실속 있게 콘크리트로 합시다', 그렇게. 네.

전. (돌음 계단을 살펴본 후) 가운데 기둥이 없어져요. 그래서 얘랑 얘가 힘을 받아서….

김. 응, 저쪽 벽에다가 (보내는 거죠.)

전. 이 원, 작은 원이 되는 거죠. 가운데 기둥은 순전히 기둥을 잡으려고 있네요. 천창도 넣었어요.

김. 별로 효과 없죠.

우. (2층 옥외공간에서) 이것은 흉내를 내신 거네요. 서까래처럼.

태. 콘크리트로 내민 것인가요? {**김.** 콘크리트.}

우. 전통을 계승하려고 하셨네요.

김. 요새는 저런 디테일을 쓰면 야단맞을 거야.

우. 이 건물이 몇 년이었죠?

태. 1993년입니다.

우. 그때는 돌을 많이 써도 됐나요?

김. 이때만 해도 돌을 좀 여유롭게 쓸 수 있는 형편이었는데 이젠 불가능해요.

최. 이 모듈의 높이도….

김. 조금씩 다 다르죠. 이런 수작업들이 이젠 안 되니까요.

태. 이 입면 재료에 대한 패턴 설계도 하신 것이죠?

김. 그렇죠. 여기는 몸체가 수직성이 강조되어야 하니까 수평으로 대비시킨 거예요.

우. 고민을 많이 하셨네요? 설계는 얼마나 하셨나요?

김. 한 1년 정도 아니었을까? 한 7-8개월? 반년은 더 했을 거예요. 처음에 조금씩 조금씩. 수녀원을 짓고 저쪽에서 미사를 보다가 몸체를 짓고. {**우.** 수녀원이 어디에요?} 저 끝 높은데. 이 덩어리에서 미사를 보다가 나중에 증축했죠. 여기와 저쪽 사이에 지붕을 뻥 뚫었었는데 증축해버렸네. {**우.** 그런

경우가 많죠.}

김. 자꾸 쓸 일이 생기니까, 뭐 합시다, 뭐 합시다. 야외 미사용으로 제단을 만들었는데 야외 미사가 잘 안 이루어져.

준. 지금 원형으로 되어 있는 공간이요?

김. 응, 이 앞에.

준. 네. 그러면 이 나무 쪽에 신부님이 계시고요.

김. 오래전에는 성모 축일에 밖에서 야외 미사하고 했는데.

준. 이 공간은 성당 측에 특별한 요청이 있어서 만드신 건가요?

김. 원형 공간? 아니. (웃으며) 〈롱샹〉을 흉내 냈지.

태. 수녀원 건물은 몇 년에 지으신 건가요?

김. 저건 70… 성당보다 10년 앞섰을 거예요. 여기가 처음에 뉴타운이 형성될 때는 뒤쪽이 허허벌판이라 겨울에는 북서풍이 바로 쳐요.

전. 지금 공항이 북쪽인 거죠?

김. 네. 바람이 이쪽으로 오거든. 여기는 이제 마당. 바람. 그래서 'L' 자로 이렇게.

전. 그렇군요. 그래서 (입면의) 선도 이렇게 바다에서부터 한라산을 향해서 이렇게.

김. 네. 풍토 건축입니다.

우. 그런 면에서 풍토가 나오는군요.

최. 입구는 항상 이쪽이었나요? 사람들이 다가오는 쪽은 이쪽이었나요? 의도적으로 정면성을 딱 강조하진 않고 옆으로.

김. 네. 옆으로, 사선으로만. 이렇게 'L' 자로 놓으니까 중심 공간이 되었어요. {전. 저 나무들이 팽나무인가요?} 저 뒤 제일 위에 꽃이 있는 건 잣밤나무. 밤 냄새가 나요. 이 앞의 것은 후박나무네. 사철이에요. 신제주에 여행 왔다가 미사 와서.

전. 몇 군데에 성지가 있잖아요. 김대건 신부님 표착지도 있었던 것 같은데요.

김. 네, 용수리.

우. 슬슬 이동하실까요?

김. 네, 방향은 이리로 쭉 가면 돼요.

〈제주 YMCA 회관〉(2002)

김. 여기 신제주 처음 개발에 관광 위주로 해서 관광특구.

전. 도청 근처에 그랜드 호텔이라고 그 호텔이 크지 않았나요?

김. 그랜드 호텔은 지금 이름이 메종 글래드. 지금도 규모 있는 호텔로 남아 있는 셈이에요. 거기가 처음에 삼호에서 하다가 대림 것이 됐죠. 여기는 시장 부지로 해서 상가아파트로 해서. {전. 1층은 시장이에요?} 시장이에요. 이 계획이 다 실패하더라고요. 시장은 틀에 묶여 있지 말아야 하는데.

전. 이 건물이네요. 큰길에서는 이 면이 앞면에 있는 건가요?

김. 여기가 후면이고 저쪽이 큰길인데 땅을 사면서 중앙 본부 재정지원을 받은 모양이에요.

우. 구성이 재밌네요.

전. 그럼 저 앞까지가 YWCA 땅인가요?

김. 네, 땅이죠. 중앙에서 뭘 지으려고 했는데 이뤄지지 않았어요.. 이게 프로그램이 복잡해요. 지을 때는 유치원이 있었고, 여성 구호센터 같은… 지금도 아마 피난처, 쉼터가 있을 거예요. 사무국 있고 집회 기능 있고. 유치원을 비중 있게 다뤘는데 운영이 잘 안됐죠. 그리고 지하에 수영장이 있는 유치원으로 계획했는데 수영장 운영이 잘 안됐을 거예요. 여성분들이라 좀

제주 YMCA회관 외관, 준공 당시
제주 YWCA회관 외관, 현황

예쁘게 칠하느라고 색을 자꾸… 저 위는 피난처로 쓰는 거 같아. {**최**. 이쪽이 정면인 거죠?} 네, 정면. 이때 작업까지만 해도 디테일들이 개인적인 특색 있는 디테일들을 현장에서 받아들였는데 요새는 설계해도 현장이 쉽지 않아요.

우. 이거는 철골이네요. H빔이네요.

김. 네. 페인트를 자주 칠해야 하는데 안 하니까 다 삭았네요. 이런 디테일들이 요새는 공장제품이 좋은 게 나오더라고요, 이런 정도는.

우. 없을 때 이걸 하신 거죠?

김. 이게 철판 두께가 좀 얇았어요. 한 배 정도 됐으면 좋았을 거 같아요.

전. 2층에 유치원이 있었나 봐요?

김. 1층 유치원 교실이 있었고, 지하에 수영장. 그런데 수영장을 잘 안 써서

전. 제주시 건축상을 받으셨네요. {**김.** 2002년일 거예요.} 그 전에 완공되었나 보네요. {**김.** 네.} 위에 저 방이 제일 좋아 보이네요.

김. 거기가 아마 피난처가 될 겁니다. {**전.** 아, 마당이 있고.} 여성가족부에서 좀 지원을 받는 모양이에요.

준. 저 창문도 선생님께서 통창으로 설계하신 건가요?

김. 커튼월로 된 것? 원래 있었던 거예요. 이쪽 입면을.

준. 대로변을 전면으로 해서요.

김. 네, 네. 세월이 너무 빨리 가요. 20년이 지났으니까.

태. 여기도 선생님께서 처음에 설계하셨을 때와 주변 지역 모습이 달랐을 것 같습니다.

김. 주변은 저 건물이 낮았었고. 저기가 원래 LG 제주지사가 있었던 자리인데 그걸 팔아버린 것 같네. 주상복합이 생겼네요.

태. 저 옥탑으로 보이는 부분은 증축하신 건가요?

김. 아니에요. 원래 있었던 거예요. 가로의 풍경이 단조로워서 조금 변화가 있었으면 좋겠다는 그런 생각이었지. 박스형으로 단순하게 지으니까, 대개가. 지금 건설협회, 저 자리에는 원래 송민구 선생님이 지은 건물이었어. 그런데 폭파했죠. 폭파공법으로 없애고 다시 재건축했죠. {**태.** 어디인가요?} 아주 심플하게 가는 건물이 있잖아요. 유리하고 화강석 붙인 데. 저게 건설협회 회관인데 그걸 송민구 선생님이 처음 설계했더라고.

태. 'Y'자 안쪽 면에 있는 개구부는 용도가 있는 건가요?

김. 저기가 엘리베이터 기계실… 인데. 저게… 설비 공간인 것 같네.

최. 5층 공간에 경사 지붕을 쓰신 것이 인상적인데요.

김. 너무 단조로워서. 프로그램을 맞추려고 하니까 매스는 그렇게 나왔는데. 좋은 거 같지는 않아요, 썩.

최. 앞에 가면 옥상정원이 있고.

김. 조금 동쪽으로 보여줄 것처럼 해서 기대를 했는데 좋은 선택이었는지는 모르겠어요.

최. 보는 곳마다 입면이 다채로워서 좋습니다.

전. 저 뒤에 탑 있는데 두 개 층 올라간 것이 있잖아요. 저게 무슨 기능이 있나요?

김. 하나는 물탱크실이고. 갤러리창 있는 곳은 물탱크실일 겁니다. 그리고 엘리베이터 기계실이고. 조금 과도하게 높아 보여요.

전. 일부러 저쪽에 건물 생길 걸 염두에 두시고 올리신 것 같아요.

김. 뒤에 올라갈 계획이 있을 걸로 봤죠. 저쪽에 건물들이 쭉 서니까.

전. 네. 그쪽이 대로변이죠. 여기는 어찌 됐든 이면 도로죠. 이쪽이 정면이다, 라는 걸 뚜렷하게 표시해서 앉아 있는 거네요.

최. 측면에 유리로 덮여 있는 부분은 나중에 하신 건가요?

김. 아니, 원래 그렇게 했어요. 원래 처음부터 커튼월로 깔끔하게 처리 했죠.

최. 여기 이 건물은 원래 있었나요?

김. 원래 있었죠. 상당히 오래된 건물이에요. 여기 처음에 뉴타운 개발하면서 토지 분양하는 조건부를 6개월 내 건물 착공. (웃음) 6개월 내에 건축허가를 받아야 하는 거예요. 설계사무소에서 허가 처리하느라고 난리가 난 거지.

최. 그럼 이 건물도 짧은 기간에….

김. 이건 그 후에. 한참 후에 개인이 아니고 공공에서 샀으니까 그런

<제주도 웰컴센터(현 제주관광정보센터)>(2009)

김. 제주도에서 운영하는 관광공사.

전. 확 달라지는 것 같아요. 1990년대 작품하고 2000년 이후 작품이.

김. 네. 이 건물은 적격심사. 적격심사에 해당하는 사람이 없어서 한참 잊어버린 다음에 연락이 와서 해당됐다고 해서 하게 된 거예요.

전. 저 까만 것은 태양광 패널인가요?

김. 네. 커튼월로 설계했는데 태양광을 쓰자고 해서. 디테일 좀 바꿨어요. 원설계에서는 바에다가 수평을 강조하려고 했는데 햇빛 때문에 없애버렸어요. {**전.** 이쪽이 남쪽인 거죠?} 네. 일조 효율은 좋게. 형태하고 얘기가 되게. 프로그램은 관광 특산품 홍보 전시장, 그리고 관광 홍보관.

전. 저 돌 저렇게 한 것은요?

김. 현대미술관에서 썼는데 처음 설계안은 저게 아니고 노출콘크리트로 설계가 되어 있었어요. 근데 돈이 남은 거야. 그래서 담당이 "예산을 여기에 좀 써야 되겠습니다." 그런데 "미술관에 돌 쓴 것 좋다고 다들 그러는데 그걸로 해주십시오."

전. 옆에 건물은 뭐예요?

김. 제주중앙중학교. 이 건물 있기 전부터 있었어요. 여기도 선큰이 넓어요. 저 뒷부분으론 치장콘크리트고 부분적으로 돌을 씌웠죠. 여기가 특산품 판매시설로 되어 있어서 선큰으로 받도록. {**전.** 오피스네요, 밑에는.} 지금은 임대 회의용으로도 쓰고.

전. 원래는 매장이었고요. 그래서 여기에 힘을….

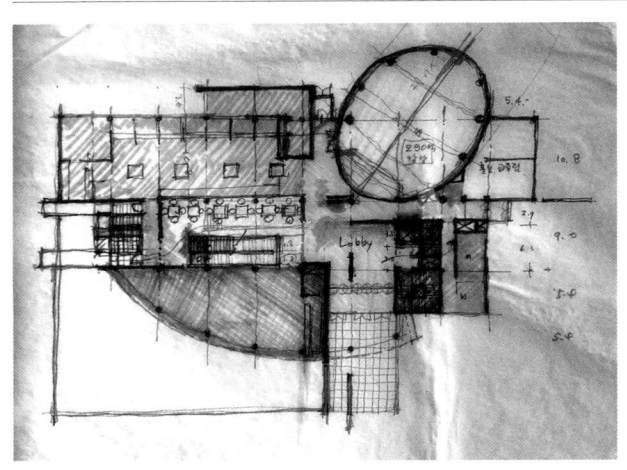

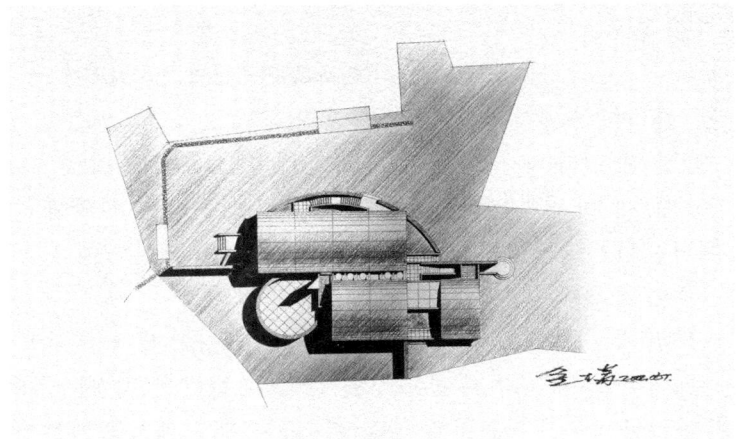

제주 웰컴센터 평면 스케치, 2007
제주 웰컴센터 배치 스케치, 2007

김. 뒤로 가면 화물 적하 시설도 하고 그랬는데….

전. 이때는 이것이 제주 돌이 아닌 거죠?

김. 여기까지는 제주 돌이에요.

전. 이거는 돌을 올려놓은 건가요?

김. 작은 것은 철물로 고정하고. 철물로 걸어야 해요.

최. 멀리서 봤을 때는 목재인 줄 알았어요.

김. 제주도 돌이 그래.

전. 스케일도 그렇고 색도 그렇고.

김. 색이 광채가 안 나니까.

우. 여길 파신 건가요, 원래 지형이 이런 건가요? {**김.** 팠죠.} 정원이 좋네요.

김. 이렇게 꺼진 공간이, 바람이 위로 지나가니까 겨울에 참 좋아요.

최. (외장재를 가리키며) 얘는 지금 자중으로 끝까지 내려오는 건가요? 아니면 어디서….

김. 수평으로 중간중간, 한 1미터에 한 번씩 잡았어요. 여기 매장에서 팔려고 하던 면세점 시설은 지금 컨벤션으로 가서 빌려서 하고 있죠.

전. 이때가 되면 구조계산을 제주도에 있는 업체를 쓰시게 됐나요? {**김.** 아니요.} 여전히 서울로 보내셨나요?

김. 서울에 있는 제주도 출신, 구조설계하는 후배.

전. 이 안에서 완벽하게 서울만큼 인력 인프라가 없었던 모양이에요.

김. 조금 부족해요. 골치 아픈 것은 안 하려고 하고.

최. 극장은 별도로 원형으로 처리가 됐나요?

김. 네. 형태를 좀 만들었어요. (웃음) 강당은 타원형.

전. 여기는 노출콘크리트로. {**김.** 네.} 인상이 확 다르네요, 전면과 후면이요.

김. 여기 강당, 집회시설이 밑에 있어서 건물 쓰는 데 편해요. 외부에다 대여도 해주고.

태. 그래서 동선을 분리시킨 것이 그 이유도 있으신 거예요?

김. 네.

우. 전면의 태양광 집열판을 빼면 이렇게 후면처럼 되는 건가요?

김. 거긴 원래 커튼월로 계획했어요.

최. 강당 자체가 축이 틀어져 있는 것 같은데요.

김. 강당이 사선축이죠. 그래서 직사각형 매스에 타원이 끼어 들어가서, 다듬어진 형태로 됐어요. 이 건너에 있는 주택 하나 보고 올까요?

우. 좋지요.

〈김한주 씨 주택〉(1985)

최. 이 동네는 언제 개발된 곳인가요?

김. 같은 시기인데 80년대에….

최. 원래는 단독주택지였다가….

김. 네. 여기가 단독주택지구에요.

최. 시내에 있는 집들도 외지인들이 오는 경우도 많이 있었나요?

김. 이쪽에는 거의 현지 주민들이 외지에서 온 사람들은 여기 후에 온 사람들이니까. 이 동네에는 별로 없어요. (건축주와 인사 나눔) 제주도의 화산석. 송이라고. 이제 40년 넘었지요?

건축주. 1983년도에 이사 왔죠.

전. 만 40년이네요.

김. 저희가 YWCA도 보고 왔습니다. YWCA 이사장을 하셨어요.

우. 아, 그 집 지을 때 이사장님이셨어요?

건축주. 네. 잘 지어주셔서요. 저희 애들도 다 잘 컸고요. 옆의 땅을 사려고 했는데 죽어도 안 팔아서, 뒤의 한 필지를 더 사서 이렇게 길어요. 앞, 뒤로.

김. 사이에 중정이 하나 끼어 있을 겁니다.

전. 그러면 뒤로도 이어 지은 거예요?

김. 이어진 것이 아니고 처음부터 이렇게 설계를 했어요. 두 필지가 한 대지가 되어서.

전. 중정이 들어가면 이쪽으로 있는 것이죠?

김. 네. 어, 여기 투시도 그린 것이 있네.

전. 지붕이 너무 크지 않을까 했는데 지붕이 2개군요. 이 집이 먼저인가요?

김한주 씨 주택 조감도, 1995

도지사 관사가 먼저인가요?

김. 여기가 조금 먼저 같습니다.

전. 관사도 1982년이었죠? {**김**. 준공이 1986년.} 뒷동이 자녀들 동이었어요? {**김**. 뒷동이.} 네, 앞동이 부모이고요.

김. 부모하고 할머니가 계셨고요.

전. 지하는 얼마큼 크나요?

김. 보일러실. 작아요.

건축주. 그 당시에는 중정이 있는 집이 없었어요. 천정이 높은 집이 없었어요. 저희 창은 아직도 창호지예요.

전. 그때 (당시의) 문짝은 아니죠?

김. 바꿨죠.

〈고 씨 주택〉(1982)

우. 이것도 같은 형식이네요.

김. 네, 같은 시기에요. 여기도 딸이 넷인가. 딸이 넷에 아들 하나. 딸 중 하나가 관광공사 사장이야. 제일기획에 있다가요.

전. 이 동네의 기운이 그런 가보네요. 여기도 연동이에요? {**김**. 연동.} 이 필지가 얼마씩 나뉘어 있던 건가요? {**김**. 한 6, 70평 정도.} 그거 2개.

김. 네. 큰 건 한 80평. 이 땅은 2칸을 샀던 거 같아. 저 집은 좁고 길어서 쭉 깔아놨는데.

전. 그래서 더 개성 있는 집이 된 것 같아요. 아주 독특해요.

최. 전체 필지에서 건물이 들어가는 길이가 그렇게 길진 않은데 안에 들어가면 굉장히 깊고.

전. 긴 집이죠. 이 두 주택이 80년대에 하셨던 작업들이죠.

김. 원래 제주도에 부잣집들이니까. 여기는 가구점 사장님 집인데. 아들이 하나인데 이놈이 아주 잘됐어. 지금 삼성의 부사장으로 있어요.

전. 여기서 이런 주택 설계를 할 때 설계비를 얼마나 받을 수 있어요?

김. 그때의 제주도 사람들보다는 더 받지만 얼마나 더 받겠어요?

전. 그러니까요. 주택은 많이 해도 그렇게 뭐….

김. 원체 일만 많지.

프로젝트 리뷰-1

일시. 2023년 5월 20일 토요일 오후 8시 40분
장소. 건축사사무소 김건축 사옥
구술. 김석윤
채록연구. 우동선, 전봉희, 최원준
촬영 및 기록. 김태형, 김준철

라곤다 호텔 외부투시도, 1988

우. 2023년 5월 20일 오후 8시 45분이고요. 오전에 이어 말씀을 마저 듣도록 하겠습니다. 제가 생각한 주제는 두 가지인데, 제주도 경관 기본 계획에 대한 말씀하고요, 또 아까 오후에 답사했던 건물들에 대한 말씀 이 두 가지를. {**김.** 경관 계획…} 어느 걸 먼저 해주시는 게 좋을는지요.

김. 경관 계획이, 기억을 좀 더듬어야겠네요.

우. 아, 그렇습니까? 그러면….

김. 시간도 좀 지났고. 주변적인 얘기는 기억에 있는데. 내용에 대한 얘기는 기억이 다 지워진 것 같네.

우. 아, 네. 그러면 그거는 좀 복기하도록 하고요. 오늘 답사, 4개 봤나요? 5개 봤나요?

준. 신제주에, 주택을 2개 봤는데 하나는 못 들어가서, 총 4개입니다.

우. 4개라고 쳐야 하는 거구나.

김. 다섯….

전. 저희들이 들어가 본 주택이 박 씨 주택이에요? {**김.** 아니, 아니. 김.} 〈김한주 씨 주택〉이에요, 네. 그리고 못 들어가 본 데가 〈현 씨 주택〉이고.

김. 거기가 〈고 씨 주택〉이고, 〈현 씨 주택〉은 신제주가 아니고.

전. 거기에는 여기 안 나오는데 그게 몇 년도 거였죠?

김. 83년도인가? 오늘 본 집이. {**우.** 네.} 그게….

전. 〈도지사 공관〉은 85년이고.

김. 김정동 교수가 그 주택 얘기를 쓴 건축가, 건축가 그, 가회지 주관할 때. {**우.** 네.}

전. 그랬어요?

김. 네. 제주도 지회 특집을 한번 다루면서, 그 집 얘기를 이렇게 지붕 재료도 재밌고, 지붕 형태도 재밌다는 얘기를 쓴 글이 있는데, 김정동이가.

우. 그 말씀을 좀 듣도록 하죠. 저희가 오늘 오후에 신제주에 있는 4채의 건물을 본 셈이네요. 한 채는 바깥에서만 보고요. 그러면 그 〈김한주 씨 주택〉에 대한 말씀을 지난번에 또 답사했었던 그 공관, 〈제주 공관〉하고 연결해서 좀 설명해주시면 좋겠습니다.

김. 형태는 유사한 요소들이 그렇게 연속돼서 나타난 작업들인데, 공관이 시기적으로 한 3년 뒤였던 것 같아요. 설계, 설계는 거의 같은 시기에 공관이 오히려 설계를 더 먼저 했던가? 그게 백지화됐다가, 규모를 줄여가지고 공사가 추진됐는데, 추진된 계기가 된 것은 전국 단위 체육대회로 소년체전. 제주도에서 처음 열린 게 86년이었던 것 같은데, 86년. 84년인가?¹ 조금 확실치 않네. {우. 네.} 소년체전을 하면서 이제 그게 시공을 해야 할 형편이 됐어요. 대통령이 그 행사에 오기로 돼 있으니까. 전 대통령 때인데. {우. 네.} 그래서 설계를 했던 거를 규모를 줄여가지고 다시 이제 급하게 설계를 다시 하고. 86년이 소년체전이 맞나? 그래서 80, 아마 4년에 설계가 다시 된 것 같아요. 백지화시켜가지고.

우. 아, 2년 뒤의 일을 내다보고서는 설계를 한 거군요.

김. 설계를 이제 규모를 엄청 줄여가지고, 그 규모를 줄이는 과정에서도 또 그 뒤에 재미있는 얘기가 있는데. (웃음) 또 여기서 설계비를 안 줘. "규모가 줄어들었는데 설계비 왜, 또 다시 왔니?" 그래가지고. (웃음) 처음 때는 규모가 거의 연건평이 600평쯤 됐어요. 그런데 제가 시행했던, 실행한 게 지금 전번에 가서 본 게 400여 평, 연건평이. 대략 그렇게 줄어들었는데.

전. 선생님, 제주도에서 소년체전 한 거는 84년이고요. 86년에도 제주도에서 분산 개최를 했습니다.² 그런데 84년에는 제주도에서만 했고요. {김. 84년. 그러면…} 86년은 제주도와 전북 군산.

김. 어쨌든 내 기억으로는 그런 주택들이 도에 있는 고위층에 있는 분들이 설계를 관심 있게 봐가지고, 그 시기에 제가 〈현 씨 주택〉 설계를 가져가지고 제주도 우수주택상을 도지사가 주더라고요. 저쪽 아주 오래돼가지고 지금 얼룩져가지고 있는데.

이게 〈현 씨 주택〉으로 해서 받은 상패인데 81년이네. 지금 머무는 호텔. {전. 네.} 호텔에서 큰길 한 100미터? 100미터도 안 되네. 다음 블록 모퉁이에 있는 집인데, 거기 끝에는 아주 그렇게 제주시 주변 지역이었거든요. {전. 네.} 막 개발돼가지고 여기서 확장돼가지고 쭉 올라가는 아주 말단. 저 위로는 집이 거의 없는데. 이걸로 상을 받고 나가지고, 어, 그 공관을 하게 된 거에요. {우. 아, 이걸…} 이분이 다음 그 후 순위 지사 때 지사 공관을 설계했어요. {우. 네.} 그분은 최재영 지사인데 이분은 이규이.³

우. 이규이 지사님, 네. 그런데 이렇게 막 봉황 이런 거 써도 돼요, 지사가? {김. 네? (웃음)} 이도2동. 그래서 이걸로 선생님 성함이 좀 알려져가지고, {김. 네.} 성함이 알려져서.

김. 전국적으로 지방 공관들이 지어지는 계획들이 있었는데. 청남대는

---

1. 제13회 전국소년체육대회는 1984년 5월 25일부터 29일까지 제주 공설운동장에서 열렸다.
2. 제15회 전국소년체육대회는 1986년 5월 5일부터 9일까지의 일정으로 전국에서 분산 개최되었다.
3. 이규이(李圭貳)는 1980년 7월부터 1982년 1월까지 제21대 제주도지사를 지냈고, 최재영(崔在榮)은 1982년 1월부터 1984년 10월까지 제22대 제주도지사를 지냈다.

한참 후에 되고, 먼저 된 게 광주, 부산. 부산은 요새 뭐 영화 찍고 그래가지고 보도되대. {**우.** 맞아요, 네.} 김중업 선생님이 했고. 광주는 철거해버렸는데.[4] {**우.** 아, 그랬어요?} 예. 박춘명, 박춘명 선생님. 예건축에서 했고. 〈전주 공관〉이 서상우 교수님이 했다든가? 대구에도 또 선배라고 할 수 있는 거 했던 것 같고. 그 분위기에서 '제주도는 제주도 현지 작가를 시키겠다.' 어떻게 이제 여기에 그 '지역적인, 토속적인 그런 건축의 풍김이 좀 있는 시설이 돼야 된다' 하는 얘기. 이런 것들이 이제 고위층에서 방향이 결정됐던 모양이에요. 그래가지고 공관하게 되고. 그 시기에 김 교수, 그 김 씨 댁하고, 고 씨 댁, 또 이쪽에 우리 고등학교 때 은사님. 김 선생님 댁. 비슷비슷합니다. 평면만 좀 다르고 전체적인, 형태적인 흐름은 유사한. 공관에 이렇게 짜임새는 재미있는 게 〈김승택 선생님 주택〉이 좀 특색이 있어가지고. 제 마음에 들어요.

우. 김승택? {**김.** 김승택, 네.} 그게 〈김 씨 댁〉입니까?

김. 예, 김 씨 댁. 아니, 오늘 본 것도 김 선배, 김 씨 댁이고.

우. 이거 김승택 선생님은 은사님. 김 선생님.

김. 예, 예. 그게 이제 『건축문화』에, 저번에 카피했던 자료에.

우. 맞아요.

최. 〈김한주 씨 댁〉이라고 나와 있는데요.

김. 오늘 본 게 〈김한주 씨 댁〉. {**우.** 오늘 게 김한주.} 형태를 초가집의 지붕의 곡선. 그거를 재연하는 그런 방법으로 표현을 하니까, 일반인들도 다, "저게 맞는 답이다." 그런 공감대가 생긴 거예요. 그래서 이제 공관을 하게 됐죠.

우. 그러면 제가 궁금한 게, 광주, 부산, 전주, 대구 이런 데 있던 공관들을 보러 가셨어요?

김. 갔죠. {**우.** 아, 다?} 예. 여기 도의 직원들하고.

우. 도 직원들하고요. 저쪽, 청와대 이쪽 사람들은 안 나오고요?

김. 거기는 같이는 안 가고.

우. 같이 안 가고요. 여기 도에 시설과, 그쪽 계통 공무원분들하고 이제 같이.

김. 각 도에다가 이렇게 담당 직원들한테 하니까 전부 다 협조도 해주더라고요.

우. 이렇게 한 바퀴 다 보고. 좀 이렇게 감을 아시게 된 거네요. {**김.** 네.} 그거를 토속 건축으로 하라고 한 거는 저쪽 요구사항입니까? 아니면 선생님이

---

4. 〈전남도지사 공관〉: 1982년 3월에 준공하였다. 2017년부터 광주시립미술관 분관 〈하웅정미술관〉으로 개칭되어 사용 중이다.

그렇게 해석하시는 겁니까?

김. 그런 것이 특별하게 그냥 새삼스럽게 다시 강조를 하지 않고. 그런 요구사항들이 공감대가 이렇게 돼 있는 것 같고. 나는 으레 그냥, 그것 때문에 나한테 시키는 것이라고 받아들였고.

우. 그게 이제 선생님이 제주 민가 연구하실 때인가요? 아니면 전후 관계가 어떻게 되나요?

김. 그때 또, 연구….

전. 86년에 국민대 석사를 쓰셨어요.

김. 예. 그런데 석사를 오래 다녔으니까.

우. 오래 다녔으니까 그 주제를 계속 붙들고 계셨던 것 같은데 그 관계를.

김. 예, 예. {전. 그러니까요.} 주변에서 그렇게 뭐, 나는 재료의 성격과, 소재의 특성하고도 디자인 원리상 맞지 않고 이런 부분에 좀 꺼림직한 점도 있긴 있지만, 이제 그쪽을 다 좋아하시고. 그… 남들도 또 그걸 따라가, 많이. 그 유형들을 거의 따라들 많이 했어요, 반복해가지고.

전. 철근콘크리트로 이렇게 둥근 초가지붕 같은 둥근 지붕 한 거. 그게 선생님이 처음이신 거예요?

김. 처음일지, 누가 시기적으로 어떻게 했는지는 모르겠어요.

전. 제주도에서 많이 봤거든요. 마을회관 같은 데도 지붕을 그렇게 해놨잖아요? {김. 네, 네. 그거는…} 훨씬 더 뒤의 그거겠지만.

김. 예. 좀 제가 앞서가지고 했고. 송이를 처음 쓴 게 실은 김중업 선생님이에요. 김중업설계사무소에서. 그랜드 호텔에서 같이 하는 오라 컨트리클럽. 거기 클럽하우스의 초기 설계를 김중업 사무실에서 했어요. 지금은 철거돼가지고 한 3번쯤 새로 개축을 해버려가지고 흔적이 없는데, 최초의 작업이 김중업 건축, {우. 사무소.} 였어요. 거기에 송이를 먼저 올렸더라고요. 그거 보고 나도 쓰기 시작했고, 많이 쓰기 시작한 계기는 마을마다 버스 정류소를 원형으로 해가지고 그 지붕을 올렸어요.5

우. 아, 버스 정류소가 먼저.

김. 일주 도로변의 버스 노선에 정류소가 전부 그런 형태로 돼가지고.

(웃음)

우. 둥그런 지붕에 송이를 얹은 거예요.

김. 예, 예. 그런 것들을 보고 아까 얘기한 대로 김정동 와가지고, "뭐 이거 아유, 지역 특색이 보여가지고 좋습니다", "디자인 이론상으로는 논리적으로

---

5. 김중업건축연구소는 1977년에 〈제주 오라관광휴양단지 종합개발계획〉을 진행하였다.

그렇게 독창적이진 않지만", (웃음) "하와이에서는 파인애플 같은 집 짓고, 제주도는 뭐 저런 집 짓고, 저런 게 좋지 않습니까?" 그러면서 이제. (웃음) {우. 들리는 것 같네요, 예.} 그 생각 가져가지고 작업을 오래 했죠. 호텔도 그걸로 했고, 동사무실, 마을회관. 그러면서 이제 〈민속박물관〉 또 큰 프로젝트가 있었지. 저건 이제 돌이 올라온.

우. 아, 송이 대신에 돌을.

김. 그런데 원래 저기, 김홍식 교수가 설계를 했는데 김상식이 하고. 원래 지붕에는 〈민속박물관〉에 천연 슬레이트를 올릴 것으로 설계가 됐었어요. 그런데 이제 돌로 바뀌었지.

우. 왜 바뀌었습니까?

김. 이 흐름에. 김홍식이가 현장에 한 번 왔다가, "이거 바꾸는 것이 좋겠습니다" 그래서 바꿨어. 돌을 올리는 거는 아마 작가로서 제일 처음 주창해가지고 한 건 김중업 선생님. 그 사진, 그냥 찍었던 사진인데 내가 가지고 있더라고. 가지고 있어가지고 이 앞서에, 저기 제주대학에 이 교수한테도 그 사진 내가 주고 그랬는데. 그 건물이 철거되어버렸어요. 클럽하우스가 처음 작게 지었다가 그냥 갑자기 막 이렇게 골퍼들 인구가 느니까 더 커져가지고. {우. 좁아서요.} 예. 그리고 이제 디자인을 좀 성격 있게 하다 보니까, 지붕 스타일도 라이트(Wright)가 잡은 모양으로 이렇게 깔리게, 얕고. 실내가 좀 어둡고 그랬어요. 추녀는 많이 나가고 층고는 얕고 그러니까. 침침한 그런 공간이 좀 그랬었는데. 클럽하우스 주인은 그게 못마땅해가지고 싹 그냥 철거해버렸어. 그리고 주인이 뭐 대림으로 바뀌면서 거기에 건축팀들이 있으니까 싹 바뀌었어요. 누가 시작이고 앞뒤 상황들의 정확한 의미도 없지만, 그런 분위기들이 저절로 이렇게 됐어요.

우. 그래서 그런 종류의 형태를 만드는 일에 관심을 갖게 되셨고, 그거를 〈제주 공관〉에서 실현한 건 좀 나중이고 〈김 씨 주택〉이 그럼 먼저 완공이 된 거네요?

김. 주택 순서, 정확한 시기는 찾아봐야겠는데. 저기 있는 지붕도 그렇고 대지가 워낙 조건이 좁고 세장하니까, {우. 네.} 그걸 이렇게 벌려놔가지고 중간, 사이, 외부 공간 사이사이에 이렇게 끼워 넣어가지고, 좀 특색 있는 작업이 되고. 그걸 이제 밑에 깔다가 중정이 들어갔는데 전체적으로 공간이 하나 묶이게 하려고 이렇게 헛구조들이 바깥으로 이렇게 얽히고.

우. 그러면 그 2개 필지를 산 게 먼저예요? 필지를 2개….

김. 그 집이 먼저고, 나중에 우리 못 본 집은 좀 조금 뒤에 됐고.

우. 아니. 그러니까 제가 여쭙고 싶은 거는, 건축주가 필지를 2개를 사버려서, {**김.** 한꺼번에 샀어요.} 합필을 해버린 거에요.

김. 네. 이것이 시기적으로는 제일 빨랐고, 설계는 이거 70년대였어요. {**우.** 상 받은 거요, 예.} 예. 설계는 79년인가 했어요.

우. 〈현 씨 주택〉은 79년에 설계하고, 수상을, 수상 81년[6]이라고 하셨죠.

김. 여기도 송이가 올라갔지.

우. 여기도 송이가 올라가고. 송이가 최초로 올라간 건 〈현 씨 주택〉.

김. 주택 중에는 앞서 올라간 셈이죠. 제가 설계한 것 중에서. {**우.** 최초. 이거는 그렇고.} 송이하고 제주도 돌을 좀 설계에 적극적으로 활용한 것도 제주 작가들이 아니었어요. {**우.** 아, 그래요?} 서울에서 오신 분들이. 그것도 건물에다가 바로 사용하지는 않았지만 제주 돌을 잘 사용한 게, 그랜드 호텔 외부 공간. 거기에 제주도 돌을 썼고. 그때까지만 해도 제주도 돌에 대해가지고 우리 지역색을 표현하자고 하는 그런 욕구보다는, 어… 눈에 보기 좋은 거. 깨끗한 거. 새로운 거. 이런 것들에 대한 선호도가 더 높고 관심이 더 컸죠. 주민들은 화강석을 쓸라고 그랬지. 제주도 돌은 싼 집. 좀 비용이 달리는 집들은 제주도 돌 쓰고 부잣집은 육지 돌, 화강암.

우. 화강암은 가지고 와야 하잖아요. {**김.** 가지고 와야죠.} 어디서 가져왔어요? {**김.** 배로 싣고 오죠.} 배로 싣고 오는데 전라도에서 와요?

---

6. 〈현 씨 주택〉은 1981년에 제주도 선정 미관주택상을 수상하였다.

현 회장 댁 전경, 1979

김. 전라, 황등이, 황등석[7]이 제일 많이 왔죠. {**우.** 황등석이요.} 네. 오래전부터 황등석은 비석, 묘비용으로 해가지고. 또 충청도에서 나오는, {**전.** 오석.} 오석도 많이 들어왔고. 그런데 화강암이 중량물이니까 운반비가 많이 드는데 그게 값이 내리는 계기가 해운이, {**우.** 발달해서.} 네. 좋아지면서 운송비가 좀 덜 부담이 되니까. 그것도 여기가 신도시 개발되면서 수요가 많아지니까 그런 현상이 온 거예요. 그때까지도 부잣집은 전부 화강암 붙였어요. 그런데 지금, 이 묵은 동네, 관덕정 근처에 있는 오래된 부잣집 가보면 화강석이에요. 화강석 말고 또 다른, 색깔이 있는, 제주 돌 아닌 돌. 육지 돌. (웃음) 제주 사람들은 육지 돌이라고. (웃음)

우. 육지 돌이라고 그러는군요.

김. 제주도 돌을 아주 실험적으로 시도한 게 그랜드 호텔 외부 공간, 삼성, 그 제주 지점처럼 건물이 있었는데 그것도 이제 철거해버려. 거기가 설계를 홍익대학의 제일 선배인 조성렬[8], 인테리어협회 만드시고 하던, 그분이 삼성 쪽에 계셨거든.

우. 조성렬 선생님, 큐빅인가요?

김. 예. 큐빅. 그 선배님이 관여했다고 그러고 들었는데, 삼성 지점. 거기서 제주 돌을 쓰는 새로운 공법들을 아이디어를 내가지고 처음 쓰기 시작했어요. 여기 설계한 사람들이 그걸 눈여겨봐가지고, 저 같은 경우는 이게 '현지 재료 쓰는 것이 우리 지역 색깔을 나타내는 데는 상당히 효과적인 방법이 되니까 이런 것들을 권장을 해야 합니다'라는 생각들을 갖고 그런 작업들을 많이 했어요. 그런데 얼마 있다가 이제 행정지침[9]으로, 건축 심의 기준 '제주도 돌을 적극적으로 활용해야 된다.'

우. 그건 몇 년쯤일까요?

김. 그것도 70년대 말, 80년대 초에, 70년대 말에 건축 심의 제도가 생겼고, 78, 79년. 78년이 신제주 사업이 착공해가지고 본격화되거든요. 79년, 80년쯤 되면 사업이 활기 있게 되는데 그때 시에서 지침으로 '제주 돌 사용 권장.'

우. 흥미롭네요. 그러니까 서울에서는 제주도 현무암을 가져다가 정원석으로 쓰는 게 좀 중산층 이상 사람들이 했던 일인데. 여기서 거꾸로 화강석을 사다가 집을 꾸미는 게 또 부자의 상징이었고, 거꾸로 이렇게 되는 거네요.

---

7. 전라도 익산시 황등면에서 생산되는 화강암.
8. 조성렬(趙聖烈, 1936-2023): 1979년부터 1981년까지 한국실내건축가협회 초대회장을 역임하였다.
9. 2009년 「제주특별자치도 경관 및 관리계획」이 수립되었다.

김. 그런데 제주도 돌에 대한 현지 사람들의 정서적 감정이요, 별로 그렇게, {**우.** 좋지 않아요?} 좋지 않아요. 제주 돌 많은 게 실행(失行)이거든요, 농사 짓는 사람들한테. 그러고 과거에 제주도의 기행, 여행하러 왔던 문인들이, 제주도 돌을 좋게 평가를 안 해. 아주 못생겼다고. 화강암이 제대로 된 돌이지. (웃음) 돌 같지가 않다고. 함부로 막 생기고, 칙칙하고 그래가지고. 그런 글들을 많이 써가지고. {**우.** 아, 그래요?} 예. 제주 사람들한테 이게 일종의 가난의 상징처럼 받아들여지고. 육지 돌을 써야 부잣집인 걸로 인식되고. 그러니까 그런 거를 선망하는 흐름들이 있었죠. 그래가지고 이렇게 규제해가지고 쓰도록 권장하지 않았으면 그렇게 쉽게 보급이 잘 안 됐을 거예요. 그리고 이게 먼지를 많이… {**우.** 먼지요?} 예. 반짝, 아무래도 좀 깊이 있는 그런 미감, 특별한 미감 같은 것을 갖고 있는 사람 아니면, 별로 다 그게 수석(壽石), 수석하는 사람들도 제주도에 원래 제주도 돌은 수석으로도 별로 썩 좋은 명품들이 안 나오거든요. 아마 저 돌도 제주 돌이 아닐 겁니다. 제주도에서 수석으로 좋은 돌이 나왔다고 그러면, 현무암이 아닌 재질로 돼 있는 거를 상급으로 쳐가지고. 요새는 아주 그 '트래버틴처럼 생긴 제주도 돌들이 제주도답다'고 더 좋아하는데. 그런 생각을 갖기까지는 한참 시간이 많이 걸렸던 거 같아요. 그, 〈민속박물관〉 지붕 보고 거기에 대한 글을 좀 인상 깊게 남긴 글은, 시바 료타로. 제주 기행, 「탐라기행」.

우. 「탐라기행」. 시바 료타로가 거기까지.

김. 글을 아주 좀, {**우.** 잘 썼어요.} 그 표현이 참 재미있는 표현인데, 그 책, 얼른 안 떠오르네.

우. 찾아보겠습니다. 시바 료타로는 안 다닌 데가 없네요.

김. 뭐라고 했더라? 지붕의 그 돌의 질감이 상당히 특이한 그런 표현으로 해가지고. 그 얘기가 막 번지고, 저 집도 이제. (웃음)

전. 한 번, 그, 가공법에도 영향이 있지 않았습니까? 그러니까 제주도 돌을, 아까 우 선생님도 얘기했지만 서울에서 제주도 돌을 안 쓰다가 제주도 돌이 이렇게 매끈하게 갈아지잖아요. {**김.** 예.} 언제부턴가. 그러면서 제주도 돌이 서울에서 확 쓰이기 시작하고, 여기서도 그렇고요. {**김.** 상당히 늦은.} 상당히 뒤의 일이죠.

김. 90년대에 와가지고.

전. 육지에서 쓰기 시작한 거는 그렇게 매끈해지고 난 다음부터 있는 것 같은데요.

김. 네. 절단 톱이, {**전.** 그러니까요.} 대형 톱이 나오면서. 그 대형 톱도 제주도에 들어오기가 조금 느려요. 제주도 돌 전문 가공 공장이 함덕에 있었는데.

전. 그게 90년대 일이에요? {**김.** 90년대예요.} 언제부터 아무튼 이게 돌이 매끈해지면서….

김. 예, 대형. 대형으로 절단할 수 있게 된 거. 이게 기계면으로 보입니다.

전. 기계면처럼. 그러니까 오늘 본 담벼락 같은 경우….

김. 담벼락 붙인 거는 이게 톱질을 많이 하면 단가가 비싸지니까, 한쪽만 자르고 이거는 손으로 하는 거예요.

전. 그러니까요, 거친, 거친, 거친, 이런 모양이었는데, 원래 이것도 이제….

김. 전부 이제 잘라낸 거를 뒤로 숨기고, 거칠거칠한 거 손으로 이렇게 떼는 거를 겉으로 내가지고 쓰는 공법. 그 공법이 되는 게 값이 싸니까. 사면을 다 자르라고 그러면 절단비가 많이 드니까. 나중에 그것이 절단이 되면서 좀, 모던한 건축에도 쓰이게 되고 그걸 대대적으로 쓴 게 현대미술관이죠. {전. 그렇죠.} 다 톱으로 자른.

최. 현무암을 많이 썼던 게 좀 늦기는 하지만, 이로재에서 코르텐 많이 쓰다가 그다음으로 많이 쓴 게, 그 시기가 지나고서 현무암을 많이 썼었거든요. 2004년인가?

전. 그거 조금 전부터 다른 사람들이….

김. 서울에 그 작가들이 승 선생 비롯해가지고 그 재료를 많이 쓰면서, 그 호텔을 부숴버렸어요. 그거 큰 호텔. 승효상이 설계한 거.**10**

최. 아, 제주도에 지은 거요? {김. 예.} 벌써 부쉈나요?

김. 없어.

전. 롯데인가, 어디서. 롯데에서는….

김. 롯데가 아니고 주인이 젊은 사람이던데.

최. 2004년인가 5년도에 했었던.

김. SA 워크숍 할 시기, 그 시기에 건축주하고들 만나가지고 신제주에서 술 한 판 크게 먹은 적 있어요. 90년대 초반, 워크숍이 97년, 90 한 8, 9년쯤 됐겠구나. 그 건물 지은 지. 그 호텔 이름도 무슨 명품 브랜드 이름처럼 되어 있는 호텔이었는데. 거기 제주 돌로 외장 다 씌웠죠.

최. 예, 예.

우. 그것도 다 이렇게 톱으로 한 거예요?

김. 톱으로. 그건 이제 면, 건식 공법으로.

우. 선생님 말씀이 이제 송이에서, 화강석에서, 제주도 돌로 해서 이렇게 조금 번져왔는데 다시 아까 그 〈김한주 씨 주택〉과 〈고 씨 주택〉으로 다시 가면, 〈김한주 씨 주택〉은 이제 필지를 2개 이렇게 해서 이렇게 길어졌잖아요.

---

10. 보오메 구뛰르 부티크 호텔(2004 완공)을 말한다.

원래부터 그렇게 생각하신 거잖아요?

김. 옆에 나란히 못 사가지고 이렇게 해서 이렇게 사가지고.

우. 그런데 여기는 길고, 공관은 넓은 거잖아요, 이렇게. 둘의 차이는 어떻게 봐야 될까요?

김. 뭐 땅이 가지고 있는 그 성격대로 차이죠. 저기 공관은 아주 대지가 여유가 있어가지고 앉히는 것부터 땅 지형에 대한, 이런 땅하고 같이 공간을 이렇게 깔아가는 순서가 가능했었죠. 그런데 이거는 평지에다가 딱 이렇게 나눠진 땅이니까. 뭐 그런 지형이니 이런 것들 배치하는데도 그게 고려할 여유가 없지. 그냥 그 안에다가 깔아놓은 거지. 도지사 공관은 배치에서부터 우리 전통적인 기준들이 적용이 돼가지고 선택, 레이아웃을 이렇게 배치를 했어요.

우. 그거는 말씀하신 대로 고저 차를 이용해서 이렇게.

김. 예, 예. 한쪽은 푹 꺼진 땅이 돼가지고, 거기다가 지사 영역 놓고. 접근해가지고 우선 이렇게 넓은 데다가 VIP 공간 놓고 땅하고 맞추는 그런 방식. 스케일은 크게, 덩어리 크게 안 하고 작게 해가지고 이렇게. 제주도에 전통적인 마을의 경관들의 집합된 그런. 옛날에 우리나라 마을들이 다 그렇지만 지붕이 집합으로 이루어지는 그런 구성. 여러 개 지붕들이 좀 이렇게 작게, 작게. 공관에서 그런 기법들이 거의 다 채용이 됐죠.

최. 이렇게 볼륨을 나눠주시면서도 아까 '헛구조'라고 표현하신 그런 요소들로, {**김.** 어떤?} '헛구조'라고 아까 표현해주셨는데요. {**김.** 헛구조. 헛구조. 네.} 그런 프레임들을 계속 지속시켜가지고, 그러니까 볼륨의 나눔과는 좀 더 다른 또 어떤 가상의 프레임들을 또 이렇게 만들어주시는 게 아까 그 주택에서도 보이고 그 〈YWCA〉에서도 보였는데요. 그런 것도 많이 쓰시는 건축 언어가 아니실지요.

김. 이렇게 공간을 엮어가지고 연속시키려고, 이 주택에서는 그 기법이 대지 때문에, {**최.** 네.} 불가피하게 더 적극적으로 채용이 됐어요. 제가 원래 작업이, 초기에 작은 주택 규모 작업들을 오랫동안 만들면서, 만지면서 하다 보니까, 돌아가신 강병기 교수님도 생전에 그러셨는데, "너는 늘 만드는 스케일이 주택 스케일이다." (웃음) 스케일이 그렇게 좀 조물조물조물해요. 그런데 조금 작고 조물조물한 게 제주도가 가지고 있는 옛날 것들의 맥락하고 동질적인 거니까. 무슨 얘깃거리가 되는 것처럼 되지. 가능하면 지붕 큰 매스로 이제 작은 주택에서도 좀 이렇게 지붕이 나누어지게 한다든지 다른 작업들도 그런 작업들을 많이 시도하는 편이었어요.

전. 저는 아까 오히려 〈김한주 씨 댁〉을 보면서, 그리고 내부 공간을 보면 '공관과 같다'라는 느낌을 받았거든요. 〈도지사 공관〉. {**김.** 〈도지사 공관〉.} 예.

어떤 부분에서 그렇게 받았냐 하면, 앞부분에 이렇게 공용 공간이 있고. 긴 복도가 있고. 긴 복도로 가서 갈수록, 뒤로 갈수록 내밀한 공간이, 사적 공간이 나오고. 하는 그런 게 나와서. 이게 물론 어떻게 보면 일본 주택에 있어서 '오크(おく)가 있다'라고 하는 그런 깊이감 같은 것도 있지만, 이 집 같은 경우는 깊이가 깊어서 그런 느낌도 있는데 그 뒤로, 게다가 뒤로 가면서 이렇게 좀 올라가고 그런 것들이, 계단이 바로 정면으로 이렇게 보이잖아요. 그런 부분에 '이거 어디서 봤지?' 했더니 '공관에서 봤었는데' 이 생각이 들더라고요. 같은 시기에 아까 설계를 하셨다니까.

김. 그런 유사성이 있을 수 있게 됐네요. 저쪽 공관에서는….

전. 다른 목적이었는데요, 사실은. (웃음)

김. 네. 공관에서는 경호 문제를 굉장히. 작업을, 평면을 엄청 여러 번 다듬었어요. 그런 걸 해결하다 보니까 이렇게 깊숙이 들어가지고, 이렇게 복도로 에워 들어가는 그런 공간. 주변에 수행원들 영역 이렇게 에워싸가지고 놓느라고 그런 공관이 되고. 여기는 이게 대지가 길다 보니까, {**전.** 땅이 길어서.} 그게 해결점.

전. 그런데 볕을, 남향의 볕을 들여야 하니까 할 수 없이 중정을 놓고 앞뒤를 떨어뜨릴 수밖에 없는 그런 상황이 된 거죠.

김. 좁고 이렇게, 이거 평면들을 다 붙여놓으면, {**전.** 그렇죠.} 원래 그냥 전형적인 평면으로는 진짜 답답한 집이 되니까. 깔아가지고 이렇게. 대지의 요구 때문에 하고, 저기서는 경호 문제 때문에 하고. 그게 비슷하게, {**전.** 우연히 그렇게 됐어요.} 그렇게 되게 됐네.

전. 그 장면, 이 복도를 딱 바라보는 장면 하나는 상당히 비슷한 장면이 나오고요.

김. 예. 시기도 뭐, 때가 크게 큰 차이가 안 나니까. 비슷한 해법으로, 자연히 그렇게 되는 거죠.

전. 그런데 이제 저희들이 못 들어가 봤지만 그 옆에 있는 〈고 씨 댁〉 같으면, {**김.** 예.} 땅이 이제, {**김.** 이렇게 퍼지니까.} 거의 정사각형이 어떻게 보면 가깝게 되어 있는데, 그래서 밖에서만 저희들이 봤을 때는 집이 이렇게 'ㄷ' 자처럼 돼 있잖아요. {**김.** 그렇죠. 그렇게 됐어요.} 그때는 저기 그, 주인 공간과 자녀 공간 이런 걸 어떻게 나눴습니까?

김. 이거는 거꾸로 돼 있어요. 이렇게 어프로치 해서 이쪽으로 자녀들 영역이 있고, 거기 이렇게….

전. 가운데로 들어가서 왼쪽으로 자녀들 영역이요.

김. 예. 자녀들 있고. 오른쪽으로는 이제 거실하고 주인 공간이 이렇게 안으로 있고. {**전**. 좌우로.} 오히려 저기, 사랑채처럼 입구 가까이에 아이들 방을 넣고. 그렇게 됐네.

최. 좀 아까 여쭤봤었던 그 헛구조의 사용에 대해서 좀 더, 좀 말씀해주실 수 있으신가요? 그런 구조를….

김. 헛구조, 이게 공간을 엮다 보니까 불가피하게 그게 없으면 통합이 안 돼 형태가. (웃음) 그거를 지금은 거기 갤러리로 해가지고, 목재로 해가지고 이렇게 사선으로 해가지고 루버처럼 했었어요. 이렇게 트인 중앙 부분에. 오래되니까 다 부식돼가지고 콘크리트 프레임만 남았지. 투시도에는 보면 그게 루버가 이렇게 그림자가 투시도에는 표현이 돼 있는데. 그때 아마 50평 그 규제가 또 있었던 거 같아.

전. 맞습니다. 네. 그걸 넘어서면 세금이 달라졌던 것 같아요.

김. 네. 그래가지고 이제 그런 것들을 뚫죠. 이렇게 프레임만 가지 않고, 뭐 이렇게 지붕이 생겨버리면 면적이 되잖아요. 법적으로. 그러니까 프레임만. 법 때문에 그런 해석이 된 부분도 있고. 형태도 통일시키려고, 그러면은 전체적인 덩어리가 통일되려면 그렇게 엮어져야 되니까.

최. 주택 작품들에서 보면 대게 전통 뭐 이렇게 지붕 안에 모든 요소들이 통합이 되는데 선생님 작품은 평면과, 그다음에 이 헛구조와, 그다음에 지붕이 다 이렇게 좀 어긋나는 것 같거든요. 그러니까 위에서 봤을 때 그게 하나로 통합되지 않고 이렇게 잘게 나뉘어가지고. 그러니까 어떻게 보면 아까 처음에 말씀해주신 지역, 마을들이 가지고 있는 그런 게 세분화된 형태들의 논리 같기도 하고요. 아무튼 강하게 통합되는 그런 느낌보다는 굉장히 비어 있는 부분들이 더 많고, 이 부분적으로 이 공간들이 만들어지는 그런 느낌을 받았습니다.

김. 아마 논리적으로 잘 다듬어지는 단계가 못 되고, 그냥 감각적으로 했을 거예요. (웃음) {**최**. 예.} 어렸을 때고, 차분히 얘기 순서대로 엮어질 만큼 이론적인 공부가 안 되니까.

최. 아까 그 〈김한주 주택〉 같은 경우에 보면 어떤 앞뒤 지붕이 똑같이, 똑같은 형태로, 크기로 돼 있는 것 같습니다.

김. 크기도 비슷, {**최**. 예.} 예. 크기 비슷하게 하느라고 위에 헛공간이 좀 있어. {**최**. 예.} 크기가 비슷하지 않으면 그 지붕에, 두 지붕의 비례나 이런 것들이 쉽지가 않았을 거예요. 달라집니다. 아마 평면 기능에 따른 공간에만 덮으면 그런 크기가 나올 수가 없는데, {**최**. 예.} 이제 시각적으로, 장난을 하느라고 비슷한 크기가 됐지. 그때 작업들을 논리가 될 만한 그런 작업이 아니었어요. 감각적으로 했어요. 그림 그리듯. (웃음)

최. 작업하실 때, 설계하실 때 대개 이렇게 도면으로 그리면서 스케치로

하셨나요? 아니면 모형도 많이 만들면서…

김. 그때까지는 모형 작업하기가 그렇게 쉽지 않았어요. 주로 손으로 그려가지고 하고. 그때 내가 작업하면서 어려운 점이, 스탭들이 어려웠어요. 여기 공고, 공고 졸업한 학생들. 뒤에 작업들, 제가 제주대학교 나온 애들하고 작업하는 시기하고의 차이가 좀 많이 보이는 것 같아요. 그건 나중에도 다시 되새겨보니까 '이런 요인들이 있구나' 하는 것이 정리되는데. 2000년대 들어와가지고 이후에 작업들이 제주대학 출신들하고 하게 되거든요. 〈현대미술관〉, 지금 컨트리클럽하우스, 클럽하우스, 〈현대미술관〉, 〈한라도서관〉 오늘 또 이거. 이것들이 제주대학 출신들, 공고 나온 애들이 그렇게 좀 이렇게, 작업을 하는데 그렇게 안 되더라고요. 거기 출신들이 좀 감각 있게 작업하는 사람들을 만나기가 참 힘들어. 교육에 처음 접할 때부터 뭔가 이렇게 다른, 그게 돼야 되는 걸, 그렇게 결론이 돼요. 애먹었어요. 도면, 그림 표현부터. 한참 동안 꾸물꾸물. 그 스케일이 작을, 프로젝트의 크기가 작을 수밖에 없고. 또 원래 제주도에 큰 작업들이 별로 기회가 많지도 않고. 뭐 투시도 그리고, 견적서 만들고 이거 하는 걸 직접 다 해야 되니까. 혼자 할 수 있는 그 규모 안에서의 범위. 이게 조금 커지니까 이제 그게 뒷받침되려고 그러니까 이제 스탭들이 좀 있어야 하고, 뭐 또 설비나 구조 쪽 파트너들. 서울 쪽에 지원이 되고 이러면서 이제 그것들이 좀 가능해지고.

최. 그럼 이 주택 작업들을 하시던 80년대에는 선생님 작업을 좀 이렇게 좀, 나눠줄 수 있는 실장급 직원이나 이런 분이 안 계셨었나요?

김. 없었죠. 실장 수준, 실장 수준을 갖춘 사람들이. 그냥 "멋대로 해라"라고 해가지고 놔두는 정도 수준이면 되는데, 마음 놓고 뭐 어느 정도 이렇게 틀만 잡아주고, "이거 좀 어떻게 해결해봐" 해가지고 하는 작업이 안 돼요. 도저히 안 돼요. {**최.** 거의 모든 구석까지를 다…} 그렇죠. 다 해야 해. 과거에 젊었을 때 그리던 도면 보니까 지금 그런데. 난 집에서 지금도 되게 환영 못 받는 타입이거든요, 식구들한테. 엄청, 엄청 그냥 집, 그냥 내 깔려놓고. (웃음) 거의 작업에 빠져 있을 때, 젊을 때는. 그게 지금 보니까, 도면을 보니까 그런 것도 짐작이 가요. 좀 새삼스럽게 느껴져요. 안 되니까요. 누가 대신해줄 사람이 없으니까.

전. 그러다 80년대 후반 되어서 주택이 아닌 좀 큰 작업이 시작되는 거고. {**김.** 네.} 선생님으로 친다 그러면 40대가 되어서. 이게 처음이 그러면 〈라곤다 호텔〉[11]인가요?

---

11. 구술자는 1988년에 〈라곤다 호텔〉을 설계하였다.

김. 〈라곤다 호텔〉은 한참 후였어요, 좀. 그거는 서울에서 주로 작업이, 라곤다는 기본부터 됐고. 내가 혼자 하려다가 버거워가지고. 그때 또, 건축사 3인이 해야 11층 이상 하는 그런, {**전.** 그렇죠. 종합.} 네. {**우.** 종합건축사법.} 그래가지고 서울로 그 틈에 올라가가지고. 그거는, 우리 친구가 그거를 주도를 해가지고 다 거의 했어요, 〈라곤다 호텔〉은.

전. 그거 말고 오늘 본 〈YWCA 회관〉이나 〈신제주 성당〉 같은 것이, {**김.** 네.} 주택이 아닌, 좀 규모 있는 건축이고요. {**김.** 네.} 그러면 그 두 건물 말씀을 좀.

김. 〈신제주 성당〉? {**전.** 예.} 〈신제주 성당〉도 이제 종교 건물, 〈신제주 성당〉 전에 성당을 한 작업이 또 하나 있는데. 〈성산포 성당〉. {**우.** 일출, 그쪽이요?} 예. 설계는 한 서너 개 했는데. 이제 지어진 게 〈성산포 성당〉하고. 〈성산포 성당〉은 자그맣고 〈신제주 성당〉이 좀 큰데. 〈성산포 성당〉은 그런 고민은 좀 덜했어요. 뭐 지역적인 그런 것. 그런 고민보다는 성산 일출봉이 보이는 땅이어가지고 그쪽의 경관. 그런 것이 우선 모티브가 돼가지고 작업을 한 거고. 제주의 지역적인 거를 염두에 두게 된 거는 〈신제주 성당〉이었고. 바람 얘기, 재료 얘기, 뭐 그런 고민이었어요. 또 구조를 콘크리트로 전부 하자는 것은 신부님들하고 이렇게 얘기 나누다 보니까, 교회 건축 유지보수. 그것 때문에 상당히 걱정스러워들 하시더라고요. 그런 것들에 대한 해결책. 설계는 그냥 뭐 편하게, 다른 생각 않고 그냥 편하게 그렇게 했는데. 시공을 잘해 주신 것 같아요.

우. 아, 시공은 어디서 했어요?

김. 신생 건설회사[12]가 마침 딱 이렇게 연결이 돼가지고. 지금은

---

12. 〈신제주성당〉은 정한건설에서 시공하였다.

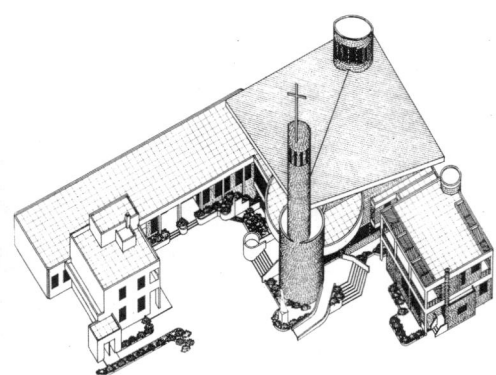

성산포 성당 전경, 1977
신제주 성당 엑소노메트릭, 1992

없어져버렸는데. 그 건설회사에서 아주 의욕적으로 돌 시공 같은 것들의 디테일 같은 것들을 아주 성의있게, 설계한 사람한테 자꾸 이렇게 와가지고 공법에 대해서 물어보면서 열심히 해주셨어요. 그 회사 원래 사장님이 창업하면서 아주 의욕적으로 하던 시기에 딱 잘 맞아가지고. 그 회사의 사옥도 내가 원래 설계를 했었는데. 그것도 어디다 한번, 전시회 한번 발표했던 건데, 바깥에 많이 알려지지 않아가지고. 시공도 상당히 중요하죠. 시공 회사에서 많이 희생을 해줘야. 교회 같은 건 공사 예산이 그렇게 흡족하지가 않잖아요. 그런 건 시공 회사 업자들을 잘 만나면 결과물이 상당히 좀 충실해질 수가 있고.

우. 교회나 성당이 이렇게 잘 나오기가 쉽지 않잖아요. 거기가 말들이 많아가지고요. 그런 게 없었나 봐요?

김. 비교적, 네. 복잡한 얘기들이 안 나오고 신부님이 주도하고 거기 건립 위원들이 잡음이 안 나는 그런 분위기가 됐습니다.

우. 다 고등학교 후배, 뭐 이랬어요?

김. 그런 것들도 되고, 열심히도 열심히. 그 신부님이 열심히 했고. 또 교인들, 봉사단체에서도 열심히들 모금 운동도 하고, 바자회도 하고. 우리 집사람도 회에서들 바자회 하느라고. 어디 가가지고 강화도 돗자리 사러 가가지고 (웃음) 사다가 바자회에도 하고 그랬죠.

우. 건설 자금 모금하려고요?

김. 예, 예. 모금. 하여튼. 특히나 교회 건축 같은 경우에 이렇게 합심해가지고 '쏵' 하는 그런 것들이 있어야 하잖아요. 그런 상당히 활발하고 보기 좋은 그런 풍경들이 있었죠.

우. 구조를 국민대학교의 정재철 교수님이 하셨다고 하셨죠.

김. 그때 이제 석사과정 다닐 때니까.

우. 아, 예. 선생님 국민대 대학원 다니실 때요.

김. 예. 다닐 때니까. (웃음) 그래가지고 "선배님 이거 하나 그냥, {**우.** 봐주십시오.} 좀 풀어주십시오" 해가지고.

우. 그러면 〈신제주 성당〉은 선생님이 이제 큰 거 좀 해보고 싶으셔가지고 막, 헌신하신 거네요, 말하자면.

김. 뭐, 특히나 뭐 종교, 성당 같은 경우는 또 그런 경우들이 많죠. 흔하죠. 지금도 요새도 마찬가지고. {**우.** 그러면…} 자잘한 주택들 설계들을 하는데 이제 대개, 건축(주)들이 여유 있는 분들이고 뭐, 선배님들, 이런 분들이니까 제가, "이렇게 하고 싶은 대로 이렇게 했으면 좋겠습니다" 하면 잘 따라주고, 수용해주고. 그런데 그런 작업을 수없이 많이 했어요, 이렇게 보니까 꽤 했어. 괜찮은 집들을. 아까 저기 사진에, 전부 의사, 변호사, 이런 분들인데. (웃음)

한라산 소주 회장 집. 이게 한라산 소주 회장 집이에요.

우. 어느 게요? 아, 이거요? 달리 보이네요. (웃음) 제가 소주를 잘 안 마시는데 한라산은 마시거든요. (웃음)

최. 이 〈신제주 교회〉 준공 당시 사진 보니까 지금이랑 좀 다른 게, 이 전면에 기둥도 지금 이제 황금색으로 도색이 되어 있는데, {**김.** 예, 예. 내부에?} 예. 그런데 이때는 벽과 기둥이 다 타일로 되어 있는데요?

김. 타일을 썼어요. 그게… 안에다가 그때 이제 와이어 판넬, 스티로폼 사이에 철사 이렇게 해가지고 스티로폼 돼 있는 와이어 판넬. 그거를 내부 단열재로 해가지고 붙이고, 그 위에다가 타일을. 이 황토색 타일, 그걸로 내장했었어요. 신재료로, 와이어 판넬 쓰는 게 재밌더라고요. 단열도 하고, 마감하기도 좋고. 저기 애월체육관 지붕이 곡면인데, 그 지붕이 와이어 판넬입니다. 그래서 지금 고장 났어. (웃음) 비 샌대. 그래가지고 그 위에다가 다시 한번 지붕 만들어 보려고 했는데. 와이어 판넬, 한 3미터, 작은 트러스가 3미터로 가고 사이에 중도리가 1미터 20(센티미터), 중도리 이렇게 나왔던가? 90(센티미터)이 나왔던가. 거기다가 와이어 판넬을 걸쳐가지고 위에서 몰탈을 뿌리고, 밑에서 뿌리고 해가지고 마감해버렸거든. 돈, 돈, 돈 아끼고 곡면 만드느라고. 그런데 요새 와이어 판넬, 별로 안 쓰더라고요. 곡면 만들기 좋은데.

최. 이 『건축문화』가 아주 잘못한 게, 실내에 천장 사진이 없는데요. {**김.** 천정? (웃음)} 예. 예배당 안에 그게 굉장히 좀 극적인 상황인데.**우.** 잡지가 좀 잘못됐더라고요.

전. 사진이, 아까 현장에서 말씀드렸잖아요. 사진보다 실물이 훨씬 좋은데.

김. (웃음) 그때 『건축문화』 했던, 정 누구, 그 양반이 건축 쪽에 책들을 많이 만들었죠. {**전.** 그렇죠.} 정 누구 였는데….

우. 『건축문화』요? 모르겠습니다.

김. 80년대 초반에 제주도 하다 보니까 취재 자료 없으니까 제주도 와가지고 한 바퀴 돌면서 했는데. 건축을 좀 공부해가지고 찍은 사진은 아니고. 요새 건축과 출신들이… {**전.** 그러기도 해요.} 예, 사진을. 그러니까 좀 달라지는 거죠.

우. 최 교수님, 뭐, 성당에 대해서 더 질문이 있습니까? {**최.** 성당은 없습니다.} 없습니까? 그러면 〈YWCA〉로 좀 넘어가볼까요?

김. 〈YWCA〉는 조금, 시기적으로는 좀 뒤, 후기죠.

전. 연도는 같은 해로 나와요. 아마 완공 연도는 같은 것 같은데요.

김. 2000…?

전. 1990년. 〈신제주 성당〉하고 같은 해.

김. Y(〈YWCA〉)는 한참 뒤인데.

전. 그래요? 여기, 〈YWCA〉, 〈신제주 천주교회〉.

김. 〈신제주 (성당)〉보다는 한참 뒤에요.

준. 다시 확인해보겠습니다.

김. 신제주 할 때보다는 생각이 많이 달라진 다음에. 그런데 90년대인데? 1990년대 말.

우. 이거 안 맞더라고요. 안 맞아.

전. 집도 많이 다르죠.

우. 그건 이제 격자를 가지고 이렇게 풀어보신 거잖아요.

김. 격자하고 좀 모던하게. {**우.** 모던하게. 네, 모던하게.} 저건 제주대학 출신 팀들하고 같이 했어요. {**우.** 아, 예.} Y는.

우. 〈신제주 성당〉은 아니고요? {**김.** 예, 예.} 그거는 공업학교 나오신, {**김.** 공업, 공고 출신들.} 공고 나오신 분들. {**김.** 네, 맞아요.} 확 다른 거네요. 다른 세상이네.

김. 그리고 저기 지금 건축상 받은 게 2002년인가 그렇게 돼 있던데. {**우.** 〈YWCA〉가요?} 예. 거기 감사패가 있는데.

최. 2002년입니다.

김. 2002년.

우. 그럼 10년도 넘게. 기억하고 있는 거네요.

준. 건축 연도가 2000년으로 나와 있습니다. {**전.** 네?} 〈YWCA〉의 건축 연도가, 2000년으로 되어 있습니다.

애월체육관 전경, 1994

전. 2000년.

우. 오타가 났구나.

전. 완전히 이게 착오가 있구나.

김. 2000년이면 SA 워크숍이 있는 후예요.

전, 우. 그러니까요.

김. 워크숍을….

우. 모더니즘을 많이 받아들이셨어요.

김. 예. 그거를 하면서 생각이 달라졌어. 많이 달라졌어요. 그리고 그때 아마, 한국성에 대한 논의들, 얘기들 한참 하던 중에 김봉렬 선생이 그랬던 것 같은데, 기억에. 모더니즘도 제대로 경험해보지 못하면서, {우. 무슨 포스트모더니즘이냐.} 예. 무슨, "너무 감성적인 생각으로 지역성 얘기 앞세우는 거 아니냐", "그것부터 먼저 정확하게 안 다음에, 그다음 단계에서 지역성 얘기해야 되는 순서로 가야 되지 않냐" 하는 글을, 내 기억에 김봉렬 선생님 글이었던 것 같아.

우. 그거를 글에서 보셨어요? 강의에서 보셨어요?

김. 글에서 봤어요. {우. 글에서 보셨어요.} 글에서.

우. 이때는 아주 셌구나.

전. 김광현[13] 선생님이 그런 말씀하셨을 것 같은데요. {김. 김광현?} 예. "비엔나 하자" 이러면서, "옛날 공부하자" 이러면서, 그런 주장을 SA에서. 분위기상으로는 그래요.

우. 아, "비엔나 공부하자"가 김광현 선생님이. 승 선생님이 아니고요?

김. 김광현 선생님도….

전. 승 선생님한테도 "비엔나 가자"라고 한 사람이 김광현 선생이고. 우리 그때 SA 할 때 왜, 4.3 할 때 한 번 구술 했었잖아요. {우. 예.} 그래가지고 그때 두 분이 사이 좋을 때 말하자면.

우. 그게, 이소자키 아라타가 "아돌프 로스를 다시 봐야 된다"고 주장할 때가 그 무렵인데요. {김. 그런 얘기들을.} 보셨다고.

김. SA하고 같이 얘기 나누기 전에는 그냥 여기 안에서 그렇게 파묻혀 있었어요. 곡선하고 열심히 제주도 얘기나 하고. 그다음에 이제 SA 후에 김광현 선생님도 나와가지고 SA에서 강의도 했으니까 거기 강연 들었을 가능성도 있고.

우. 그때는 이 두 김 선생님이 주장이 같았네.

---

13. 김광현(金光鉉, 1953-): 1993년부터 2018년까지 서울대학교 건축학과 교수를 역임하였다.

김. 그게 맞… {**우.** 맞다고 생각하시고요.} 맞다고 생각이 들더라고요.

우. 맞는 것 같지만 또 아닌 것 같거든요. (웃음) '석기 시대니까 석기 시대에 충실하자' 뭐, 그런 것 같아요.

김. 재료에 대한, 표현에 대한 생각도 달라진 계기가 된 것 같고.

우. 이거를 좀 더 들여다봐야 되겠네요. 하여튼 그래서 그런 말씀들에 대해서 감화를 받으셔서 모더니즘을 선생님이 또 공부를 하셨고.

김. 뭐, 그런 요소를 해가지고 이제 이렇게, 한마디로 해가지고 획 달라진 게 아니고.

우. 아, 물론입니다. 한마디를 했다고 해서 달라지는 것은 물론 아닌데. 그럼 이즈음에 선생님 유럽을 다녀오셨었어요?

김. 유럽에 80년대에 집중적으로 다녔죠. {**우.** 아, 예.} 80년, 90년. 1년에 한 번씩은 해외에 나가는 거를 목표처럼 생각해가지고 했어요. 기회 있을 때마다. 가협회 선배님들하고 많이 갔고. 이제 『플러스』에 우리 친구, 그 원대연이가 기획한 프로그램. 그것도 미국도 이번 『플러스』, 유럽 코르뷔지에도 이은석이가 기획해가지고 『플러스』에서 했는데. 인도 투어, 뭐 이런 것들.

우. 인도도 『플러스』가 했었어요?

김. 했죠. 미국 프로그램은 배형민 교수가 했지. {**우.** 아, 그랬어요?}

전. 그, 플러스 투어가 공개 모집하는 거였잖아요?

김. 그렇죠.

전. 예. 비용이 조금 비싸기는 했었던 것 같은데.

김. 배형민 교수로 해가지고, 칸 주제로 했었지. 루이스 칸. 80, 88년에 해외여행 열렸던가요?

최. 89년. {**전.** 89년 1월.}

김. 러시아 투어, 가협회에서 갈 때 처음 가서. 그 후에는 해마다. {**우.** 해마다 러시아를요?} 1년에 한 번씩 갔어요. (웃음)

최. 제일 처음 가신 데가 러시아인 건가요?

김. 예. 홍대에 김성국 교수가, 돌아가신 김성국[14] 교수가 유원재 교수, 우리 이상헌, 내 친구하고. 그거 투어 끝나면 다시 연장해가지고 따로.

우. 유원재[15] 선생님하고 동기세요?

김. 아뇨, 유원재는 한 5년 후배예요. {**우.** 그렇죠? 네.} 네. 유럽, 재밌는

---

14. 김성국(金成國, 1937-2010): 1984년부터 2003년까지 홍익대학교 건축학과 교수를 역임하였다.

15. 유원재(兪元在, 1949-): 1990년에 다종합건축사사무소를 설립하였다.

일도 많고. 배낭여행처럼 했으니까. 엄청 고생하면서.

우. 그래도 좋으셨을 것 같아요. {**김.** 재밌었죠.} 바라던 건물들도 보고, 친구들도 만나고.

김. 이태리, 마리오 보타 보러 가서는, 하마터면 열차 사고 날 뻔했어. (웃음) {**우.** 어떻게요?} 시간 늦어가지고. 빌라들 보다 보니까 열차 시간 놓칠 뻔해가지고 무단횡단하다가 차 들어와가지고. (웃음)

우. 아이고, 아찔했네요.

김. 나는 여유 있게 넘었는데 유원재가 제일 나중에 글글거리다가 차에 치일 뻔했어.

우. 조금 그렇죠, 예. 뭐라고, 기록을 남기고 싶지는 않다.

전. 장용순 교수한테 잘 전해주세요.

우. 외삼촌이라고 그러던데요. {**김.** 외삼촌.} 연장해서, 이제 유원재 교수님 같은 분하고 더 다니셨네요. {**김.** 예, 예.} 그, 신청한 프로그램 끝난 다음에.

김. 끝난 다음에도 보니까 이 양반이 민현식 교수하고 또 친해가지고. 제주도 올 때는 꼭 따라오더라고요.

우. 고등학교 선후배인가요?

김. 고등학교 후배여가지고. 서울고등학교는 그렇게 빵빵하게들, 짱짱하게도 무슨. (웃음) 제주도 자주 왔는데. 제주도 땅도 가지고 있었는데 팔아버리니까 잘 안 오는 것 같아요. 자주 왔어요. 건축에 별로 재미를 못 느껴가지고.

우. 유 선생님이요? {**김.** 유원재.} 마술 맨날 보여주시고 뭐 만나면 그러세요?

김. 그게 이제 건축이 재미없으니까 다른 거 하고 다니더라고. 그러니까 선배들한테 헛짓거리 한다고 야단맞고 그랬지. {**우.** 야단을 맞았… 그래서…} 여행을, 뭔가 얻어먹으려고 많이 다녔죠. 얻어보려고.

우. 가기가 불편하셨을 것 같은데요, 그러면. 여기서 다시 서울로 가서, 거기서 합류를 해서, 떠났다가 다시 서울에서 또 제주 오시고.

김. 그런 정도야 뭐, 재밌지. 불편하지 않았어.

우. 그래서 그런 어떤, 유럽 모더니즘하고 〈YWCA〉는 좀, 줄 긋기를 할 수도 있을 것 같네요.

김. 그런 것들, 우리 김현철이한테도 배운 게 많죠.

우. 뭘 배우셨어요?

전. 박물관, 같이 하시면서요?

김. 예, 예. 파리 가가지고는 현철이하고도 집 보러 한 두 번인가 갔어. 같이 보고 작업하면서 형태 다루는 생각들에 대해가지고. 그런 것들을 많이 봤죠.

우. 이게 몇 년쯤 되나요? 서울대 가시기 전인가요?

김. 가기 전이었죠. 바로 전에.

최. 그 박물관이 어떤 박물관인가요? 같이 작업하셨다는. {**우.** 국립중앙박물관.} 아, 그거는 94년이고요.

전. 94년이고. {**김.** 94, 95년. 예.} 서울대학교에서 할 때요.

최. 이 건물은 몇 년이라 그랬었죠? {**김.** 89년. 88, 9년.} 아, 이 건물은요. 그전에.

전. 여기는 같이 들어와 있어요. 여기는 때는 같이 90년대로 나와 있는데.

김. 박물관이 92년인가요?

최. 94년입니다.

우. 그다음에 뭐 봤죠?

준. 〈웰컴센터〉를 봤습니다.

전. 그러니까 이 〈YWCA〉가 그 이전 작업이랑 확실히 지금 구분되는데요, 저희들이 봐도. 금방 구분되는데. 그렇게 새로운 모습 보여주는 게 〈YWCA〉가 처음인가요, 지금?

김. 그게 순서로는 좀 빠르고. 그 뒤로.

전. 〈한라도서관〉인가요?

김. 예, 한라도서관은 많이 뒤고, 한 5년 뒤에고. 5년, 7년 뒤에고. 〈한라도서관〉하고 현대도 1년, 〈현대미술관〉이 1년 정도 차이가 나나, 1년인가 2년 차이 나요.

전. 그러네요. 그런데 거기랑도 또 좀 다른 것 같아요, 〈YWCA〉는. 주택들에서, 주택들하고 초기에 어떻게 해서든지 이런 방법이든지 저런 방법이든지, 지역성에 대한 문제를 꽉 쥐고 있는 시기가 있고요. {**김.** 예, 예.} 90년대 중반 정도까지가 그렇고. 그러고 난 다음에 〈YWCA〉 같은 지역성 문제는 손 놓아버리고, 훨씬 더 형태 자체나 뭐 이렇게 가시는데. 그러고 난 다음에 〈한라도서관〉하고 애는 또 조금 또 결이 다른 것 같거든요. 〈YWCA〉하고요. {**김.** 예.} 몇 년 차이가 안 나는데.

김. 안 나는데, 〈한라도서관〉의 경우에는 그것도 이제 지역 생각이 됐고. 지붕에 대해가지고 겁이 나서 못하겠더라고.

전. 그렇죠. 뭔가 있었죠. 완전히 이리로 갔다가 다시 살짝 돌아오는, {**김.** 예, 살짝.} 그런 느낌. {**김.** 뭔가 이렇게 좀 섞인.} 예.

최. 프로그램 자체가 다르기 때문에. 하나는 그래도 기념비적인 성격이 있는 시설들이고, 공공시설에, 좀 더 도서관이나 그런 것들은 오히려 그런 표상의 필요성이 더 있을 것 같아요.

김. 시가지에 이렇게 가로변 건물이 아닌, {**전.** 아니고 이면도로고.} 그런 환경도 있고. 그런데 하여튼 그 고전적인 요소에서 완전히 탈피는 못 한 거 같아요. 그렇게 해야 좀 그래서 마음이 편한.

전. 저희는 사실은, 아니 저희라고 그러면 안 되고, 저 개인적으로는 사실은 되게 인상적이고 좋거든요. 90년 정도 것이. SA 만나기 전의 것들이. {**김.** 전의 것들이요. 그래요? (웃음)} 이 집(〈김건축사무소〉)도 그렇고요. 이 집도 오늘 두 번째고, 또 본 거잖아요. 세 번째 본 거잖아요, 어떻게 보면. 볼수록 뭐가 좀 더 보이고. 오늘 갔던 성당도 그렇고, 그러고 났더니 지난번에 봤던 이런 것들, 도서관 같은 것들.

김. 이 집은 오래 주물렀어요. 오래 주물렀어요. 내 집이니까. {**우.** 마음대로 하고.} 주무르고, 주무르고. 안 그래도 설계를 늦장 부려가지고 하는 스타일인데. 건축주한테 맨날 야단맞고. (웃음)

전. 엘리베이터 안 두신 걸로 혼나실 것 같은데요.

김. (웃음) 이때는 엘리베이터를 놓을 생각을 애초에 못 했어요. 그때는 엘리베이터가 기계적으로도 별로 썩 다듬어지지 않을 때고. {**전.** 그렇죠. 자주 고장 나고.} 우리 엘리베이터가 안정화된 지가 몇 년 안 되잖아요.

전. 예. 그런데 이제 고령자 사회가 되는 거랑 관계있어요?

김. 네. 그거에 대해가지고, 나는 늙지 않을 것처럼 생각했던 거야. (웃음) 그 생각을 미처 못 한 거예요.

우. 어디 붙여놓을 데는 있나요? 여기 가운데 다 이렇게.

김. 좀 공사를 많이 해야 해요. {**우.** 그렇죠.} 땅에 100평에다가 60퍼센트 그냥 꽉, {**우.** 채웠군요.} 저기 앉아가지고. 그때는 주차장법이 없을 때거든요. 그니까 가능했지. 차고도 있어야 되니까 할 수 없이, 필요에 의해가지고 넣은 거지. 그런데 지금 차고에 들어오면서 옆에 긁혀요. (웃음) 이게 2미터가 안 돼요. {**최.** 예.} 전에 소나타, SM5, SM6까지는 그냥 쓱쓱 들어오던데. 이게 좀 넓어졌어요. 한 5~6센티미터 넓어졌어, 차들이. 자꾸 그렇게. 앞에다가 티코 하나 세우고, 중형차 하나 세우고 그거 딱 맞게 마당 만들었는데.

우. 티코가 없어졌어요?

김. 이게 자동차 얘기하니까 생각나는데, 내가 서울에서 설계사무실에 있을 때 그 국산 차가 처음 생산되거든요. 처음 국민차 나온 게 퍼블릭카? {**전.** 퍼블릭카.} 그렇죠? 설계사무실 따까리 하면서 저 퍼블릭카 사가지고. 제주도 가가지고, 차는 퍼블릭카 사가지고, 대학교에서 강의하고 싶은 생각을 그때부터 했어요. 그러고 신문에 칼럼 한 번씩 쓰면서, '제주도에서 살 거다'라고 생각을 했던 적이 있어요. {우. 네.} 설계사무실, 점심 때 옥상에 나가가지고 점심 먹고 쉬면서 보니까, 국민차 왔다 갔다 하는 걸 보면서. 그런데 제주도 와가지고 한 2년 있으니까 포니 타고 있더라고요. 그 생각했던 게 너무 빨리. 학교 와가지고 1년 있다가, 전문대학 건축과 생기니까 거기서 일주일에 한두 번씩 나가서 강의하고. 그때 신문에 칼럼을 한 번씩 썼죠. 생각이 그렇게 너무 빨리 이루어졌는데, 보니까 그게 내 힘으로 된 게 아니고, 사회가 그렇게 만들어졌더라고. {전. 시대가.} 예, 시대가. 포니 타기 시작하면서는 새 모델이 나오면 차를 바로 바꾸는 게 유행했잖아요. 포니에서 포니2, 뭐 이래가지고 계속 위로 올라가지고. (웃음) 그러니까 이제 소나타. 저희 작업하는 형편도 지역의 캐퍼시티(capacity)에 따르는 거예요.

전. 그렇죠.

김. 제주도에 재일교포들이 많은 그런 혜택을 많이 봤어요. 오늘 신제주 가가지고 〈기독교회관〉은 안 봤는데, 오피스텔. 그 주인이 재일교포인데 여기 컨트리클럽 창업주. 제주 컨트리클럽, 제주도 1호 골프장 창업주인데 오래전에 『건축문화』에서 그 프로그램 했던가? 기억에 남는 클라이언트인가? 뭐, 이런 거에 대해가지고 글 쓰려고 그랬던가 그래가지고 한 번 쓴 적이 있는데. 그 어른이 하는 사업을 쭉 했어요. 여기 제주, 고향에다가 하는 사업을. 그런데 이 양반이 일본에도 전속 건축가가 계신데. {우. 아, 예.} 김수근 선생하고 동기생이야. 무사시노 교수로 계시던, {우. 무사시노요.} 호사카 요우이치로우.[16] 제주도도 한, 서너 번 왔다 갔는데.

우. 요우이치로우.

김. 이 양반이 원래 그 컨트리클럽, 클럽하우스를 설계하신 분이에요. 여기 오면 강병기 교수하고도 만나고, 김수근 선생님 만나고, 뭐 이런 분인데. 그 양반의 일본에서의 프로젝트들은 호사카 교수가 설계를.

우. 도쿄대학 나오셨나 보네요, 그러면? 호사카 요우이치로우는. {김. 동대, 동대 나왔겠는데요.} 그렇겠죠.

김. 우리 쓴 책도 번역본 하나 나와 있어요.

우. 호사카 요우이치로우 책이요?

김. 네. 『건축의 경계』[17]?

우. 아, 예, 예. 본 것 같아요. 까만 껍데기.

---

16. 호사카 요우이치로우(保坂陽一郎, 1934-2016): 1958년에 동경대학교 건축학과를 졸업하여 아시하라 요시노부 건축설계연구소에서 실무를 익혔다. 1967년에 호사카 요우이치로우 건축연구소를 설립하였고, 무사시노미술대학 건축학과에서 교수를 지냈다.
17. 호사카 요우이치로우, 『경계의 형태 그 건축적 구조』(한국산업훈련연구소, 1999).

김. 예, 좀 작게, 좀. 내가 그 양반 제주도 현지 프로젝트들을 기획을 하면, 이 양반이 일본 가서 호사카 교수한테 가가지고. (웃음) {**우.** 검사받고.} 예, 검사받고. 그렇게 해가지고 그 클럽하우스에 붙어 있는 교회를 설계합니다. 신교 교회로는 이루어진 게 그거네요. {**우.** 아, 신교 교회.} 뭐, 개인 교회처럼 해가지고. 아니, 건축, 클럽, 골프장이 망해버렸어.

우. 그러니까요. 아까 망했다고 말씀하셨어요.

김. 그러니까 이제 건물도 안 써가지고 던져버리고. 교회 건물. 저거, 저거예요, 클럽하우스. 저거는 옆에 대중골프장 코스를 하나 더 만들었어, 인접지에. 그 클럽하우스를 저렇게. {**전.** 이게 〈웰컴센터〉네요.} 예.

최. 외장이 좀 다르네요.

전. 그렇네요.

김. 〈웰컴센터〉는 커튼월에 멀리온만 좀 바뀌었죠. {**전.** 여기가…}

최. 제주 돌 쌓은 것도 아니었고요.

전. 그러니까요. 저기가 맞다는 생각이 드네요. 이거는, 〈고 씨 주택〉 아니죠?

김. 예. 그건 〈고 씨 주택〉이 아니고, 이거 밑에 우리 집에 뭘, 이게 전시실 하나 만들려고 계획, 구상했던 건데.

전. 아, 화북이요? {**김.** 예.} 아, 그러네요, 화북이네요. 여기 뒤에 주차장이 있고.

김. 거기 그냥, {**전.** 이거는 〈제주현대미술관〉이고요.} 예, 현대미술관.

전. 이거, 2개가? 위의 것이? {**김.** 저게 도서관.} 아, 그렇구나. 아, 그러네요. 지붕이 조금, 달라지지 않았나?

김. 조금 달라진 거는 뭐가 덧붙은 것들이 좀 있을 텐데. 건축주 주택, 이 양반 주택을 아주 크게 지었었는데, 망하니까 주인이 바뀌어가지고 뜯어 고쳐버렸어요. 건물이 한 180평 되는 주택인데. {**우.** 이 재일교포요?} 예. 뭐, 재산 망하니까. {**우.** 왜 망했어요?} 돌아가신 다음에 아들이 물려받아가지고 거의 잘못돼버렸어요.

우. 아들은 좀 서툴렀나 보네요.

최. 여기 그 감사패, 〈YWCA〉 우경애 회장이 아까 그 건축주인가요?

김. 예.

우. 건축주가 같은 집을 2개 다 아주 다르게 푸셨네요.

최. 그런데 아까 말씀으로는 거의, 뭐 이렇게, {**전.** 재능기부 하셨다고.} 재능기부로 〈YWCA〉 작업을 해주셨다고 하셨잖아요.

김. 돈 다 받았어요. 크게 많이 받지는, 제주도, 설계비를 많이 받을 수가 없어요. 그래가지고 돈이 좀 될 프로젝트라고 그러면 관의 것이어야지, 개인 거는….

우. 다, 아는 사람이어서 그런 거예요?

김. 예. 대개 아는 사람들. 다 아는 사람들이죠.

우. 또 뭘 봤죠? 그러고 나서는. 〈YWCA〉, 교회하고.

김, **전.** 〈웰컴센터〉.

우. 〈웰컴센터〉 말씀 잠깐 나왔는데, 다시 한번 말씀해주시죠. 아까 그, 커튼월하고 멀리온, 말씀하셨잖아요?

김. 예, 예. 거기 태양열로 에너지, 신재생에너지 권장 정책 때문에, 멀리온이, 아니, 커튼월이 바뀌었죠, 디테일이. 그리고 책임 감리하면서 감리하는 사람들도 주도했고. 근데 내부 공간이 이렇게 썩 잘 다듬어지지는 않았어요.

전. 기능이 바뀐 게 제일 큰데요. {**김.** 예.} 그러니까 내부 공간 계획한 게, 이게 스테이지로 남는 거잖아요?

김. 예, 예. 내부가 밝고 뭐 이런 거는 크게 상하지는 않아가지고 있는데. 대개 건물들이 내부 공간에 광선이 잘 안 들어오잖아요. 어둡잖아요. 그런 거는 좀 싫더라고요. 지금 제주도청 같은 경우 참 애정 없이 한 작업들이거든요. 그거 참, 대선배님이지만, 그분은 돌아가셨지만 좀 좋게 얘기가 안돼. (웃음) 진짜 도청 같은 경우에는 저건 잘해야 돼. 역사적인 건물로 만들 수 있는 작업인데. 처음에 강당 계획이 어떻게 프로그램에 얘기가 안 되어서 그런지, 옥상에 하와이 주청사를 대표로 해가지고 평면을 짰는데, 중정형이잖아요, 그게. {**우.** 예.} 나중에 강당 올리라고 그러니까 그 중정을 덮어버렸어. {**우.** 아, 그래서.} 그래서 지금 저 건물이 그렇게 됐어요.

우. 중정을 강당으로 바꿔버리는 바람에.

김. 중정 위에다가 옥상에다가. {**우.** 아, 위에다가요.} 그러니까 내부 공간도 아주 소란해지고, 강당에서 행사가 있는데 사람 뭐 들락날락하면 사무실이 그냥 소란해지기 짝이 없고. 광선이 안 들어와. 또 구조는 중정 있던 자리에다가 구조 해결하려고, 옥상까지 기둥이 서가지고 있어요. 저 건물을 누가 아주 정확하게 신랄하게 좀 비평을 해야 되는 그런 건물들인데. {**우.** 네.} 그런 거 보면 참 들어가고 싶지 않을 정도로. 그런데 제주도의 건물을 설계가 엄청 할 기회는 많이 가졌거든요. 거의 한 10년 동안 싹쓸이하다시피 그분이 다 했는데.

우. 아까 말씀하신 그분. {**김.** 예.} 그분이시구나.

김. 그 앞에 그냥 그 관아에 있는 건물들 전부. 그런 선배님들이 좀 일찍, 뭔가 생각을 조금이라도 해줬으면 제주도 건축이 싹 달라졌을 텐데. {**우.** 예.}

전. 이분이 헌법재판소도 설계하셨네요.

김. 예. 꼼빼로 해가지고 됐어요, 그거. 헌법재판소 사무국장이, 우리 학교 동문이거든, 선배.

우. 동문이요. 뭐, 실명으로 하시죠, 뭐.

전. 오현고가 여러 가지 일을 하셨구나.

김. 여러 가지가 있네요. 헌법재판소 건물, 감사원 건물, 뭐 이런 건물들.

전. 지나다닐 때마다 참 '심심하다.' 이 생각을 많이 했는데. 그 헌법재판소 보니까 짐작이 되네요.

김. 헌법재판소까지는 진짜 너무했죠. 좀 지나쳤죠. {**전.** 네. (웃음)}

우. 그런데 제주도가 왜 하와이여야 되는 거죠? 그건 이승만 대통령, 그때부터인가요?

김. 그거는 이 대통령의 생각이었어요.

우. 예. 이분도 지금 그렇게 하신 거네요. 하와이 주청사. {**김.** 이국적인.} 이국적인, 예.

김. 야자수 있고. 파인애플. 야자수 가로수가 그렇게 나왔잖아요.

우. 그렇죠. 이것도 좀 흥미로운 주제네요. 오늘 건물은 그러면 말씀을 다 나눈 건가요? 또 뭐 봤죠?

김. 솔직히 얘기해서 건축을 얘기로 해가지고 논리적으로 내가 이걸 해설을 하고 얘기할 자신은 없어요.

우. 누구도 다. 그렇죠.

전. 그냥 선생님 그 건물 설계하실 때의 어떤, 심정이나 분위기나 상황 말씀해주시면 되는 거죠. '건축을 꼭 논리로 풀어야 된다.' 이렇게 생각은 저는 안 하는데, 다른 선생님들은 어떻게 생각하실지 모르겠지만요.

우. 아까 그래서, 논리로 왔더니 싫다고 그랬잖아요, "SA 때문에 그렇게 됐다" 하시면서. 지금, 1시간 40분 정도 됐는데 집중력이 좀 떨어집니다.

전. 아니, 10시 반이 돼서 너무 늦어서 안 돼.

우. 그래서 오늘 답사했던 건물들에 대해서도 말씀을 들었고요. 이 정도 해서 오늘은 마무리를 하도록 하겠습니다.

김. 예술, 뭐, 그림 그리는 사람들도 그럴 거고, 그림 그리는 사람들은 특히나. 자기 작업에 대해서 얘기하는 거 참. (웃음)

우. 죄송합니다. (웃음)

전. 내일 일정을 좀 말씀해주시죠.

우. 그런데 우리가 답사하기로 했던 것들이 조금 더 있습니다.

김. 저쪽 산 쪽에 있는 걸로, 위에서부터 쭉, 산 쪽으로 가가지고 내려올까요?

준. 네, 처음에 제주대학교 쪽 가서 아까 말씀하신 컨트리클럽하우스 외관이라도 볼 수 있으면 확인하면 좋을 것 같고요. 그리고 아까 〈YWCA〉 얘기를 하셨었는데, 구제주에 비슷한 시기에 지은 〈양 씨 다가구 주택〉.

김. 음, 그거는 지금 머무르는 호텔 바로 건너 쪽에.

준. 예. 이 둘이 느낌이 되게 비슷해서, {**김.** 그냥 뭐 바깥에서, 그건 주거니까.} 구제주 답사하시면서 확인해보시면 좋을 것 같습니다.

김. 그거는 이제 주거로, 공동 주거로 했던 작업.

전. 네, 네. 아까 봤어요.

김. Y 작업하고 비슷한 시기에 그런 외관 요소들이 적용된 게, 같은 시기에 했던 것 같아요.

전. 그렇게만 보면 되는 거죠?

준. 답사는 아마 제주대학 쪽이랑, 그다음에 구제주 쪽 건물 몇 개 또….

전. 그렇게 답사가 좀 있고. 그다음에 구술을, 저기 채록을 좀 더….

우. 해야죠. 건물도 조금 더.

전. 그 건물에 대한 얘기도 있고. 네.

김. 거기 〈노인회관〉, 관덕정 옆에, 거기 교통 편하니까. 거기도 기능이 많이 변했을 거예요.

우. 그렇게 하겠습니다. 선생님, 너무 늦게까지 죄송합니다.

김. 아니, 아닙니다.

우. 말씀도 재밌었습니다.

전. 작품을 더 보니까 더 재밌어져요.

우. 감사합니다.

태. 고맙습니다.

10

답사 현장에서-4

일시. 2023년 5월 21일 일요일 오후 10시
장소. 제주컨트리클럽하우스 내 교회, 제주 지방공무원 교육원, 제주대학교 박물관, 양 씨 다가구주택, 김승택 씨 주택, 제주 동문백화점 및 동양시장, 대동호텔, 제주 노인복지회관
구술. 김석윤
채록연구. 우동선, 전봉희, 최원준
촬영 및 기록. 김태형, 김준철

제주컨트리클럽 뉴코스 클럽하우스, 입면 계획도, 2001

〈제주컨트리클럽하우스 내 교회〉(2001)

최. 재일교포 사업가의 성함은 어떻게 되시나요?

김. 백창호. 도쿄 한국 교회 장로님. 도쿄의 한국 YMCA 이사장도 하고 그랬어요. 이것도 겉으로만 보고 가요. (교회를) 뭐로 쓰긴 쓰는구나. 십자가 탑은 부수지 않았군요.

우. 네. (탑이) 어제 〈신제주 성당〉이랑 같은 계열이네요.

김. 지붕이 다 썩었다.

전. 그러네요. 여기서 예배를 보면 좋잖아, 사람들. 일요일에.

김. '운산'(雲山)이 창업주 호. 2000년. 헌당 예배 때 유명한 목사님들이 다 왔어요.

(직원과 대화)

전. 잠깐 열어주실 수 있으세요? 혹시?

직원. 안이 거의 쓰레기장이었거든요.

전. 천장만 한번, 구조만 보려고요.

김. 혹시 퍼블릭 코스는 여기서?

직원. 네. 저희가 안 하고 있습니다.

김. 거기는 소유가 다르죠?

직원. 네, 네.

전. 아, 땅을 잘라서 팔았네요.

(교회 내부에서)

우. 스테인드글라스도 같은 팀이에요?

김. 이거는 일본에서 해 왔어요.

전. 아직, 이 시절에는 스테인드글라스를 많이 안 했던 모양이죠?

김. 있기는 있었어요. 그런데 이 양반이 한국 교회 장로니까, 이걸 전속으로 하시는 사람이 했다. 호사카 선생이 전속해서 건축하니까.

전. 요즘은 우리나라에서도 많이 하더라고요. {**우.** 건물이 아깝다.} 일본에서는 예식장으로 쓸 수 있을 것 같은데.

김. 그런 생각도 애초에 염두에 뒀을 거예요.

전. 이런 바닥을 뭐라고 부르나요?

김. 목조였던 것 같은데.

전. 그러니까요. 독특한데 {**우.** 잘게 썬 거죠.} 사실은 목재를 타일처럼 쓴 것이잖아요.

김. 바닥에 대리석도 깔고. 저쪽 현관문도 디테일하게 제작했었는데, 떨어졌네. 이 어른이 건축가들을 굉장히 잘 대해줬어요. 이 양반 덕에 호강 많이 했어요.

전. 돌아가셨나요?

김. 돌아가셨어요, 이 건물 한 다음에. 이 건물 준공식 한 날, 기념품으로 몽블랑 만년필을 받았어요. 거기에 이니셜 새겨서. 되게 비싼, 지금은 한 150만 원 돼요. 화가 선생님하고 자주 만나면서 그런 것을 경험하신 거예요. 교회 짓고 그러면서. 도쿄 한국 YMCA에 호스텔이 있어요. 오차노미즈역 가까이, 일본대학 있는 그쪽. 그거 설계도 호사카 선생이 하고.

(교회 외부에서)

김. 이 교회는 나중에 활용할 계획이 없나요?

시설팀. 따로 없고, 저희가 계속 고치면서 사용하고 있거든요. 정리도 안 된 상태입니다.

우. 감사합니다. 아깝습니다.

전. 위치와 모양이 너무 좋은데. 완공이 2000년이다. {**김.** 네.} 예식장으로 쓰면 될 텐데.

김. 회사가 망해서. 2002년에 돌아가셨어. 폐암.

최. 저기 평평하게 조성되어 있는 곳에도 건물이 있나요?

김. 여기는 지하수 물탱크예요. 아마 고도가 높은 데서, 지하수 개발하는 곳 중에서는 제일 높은 데가 아닌가 여기가.

제주 컨트리클럽하우스 내 교회 전경, 2001

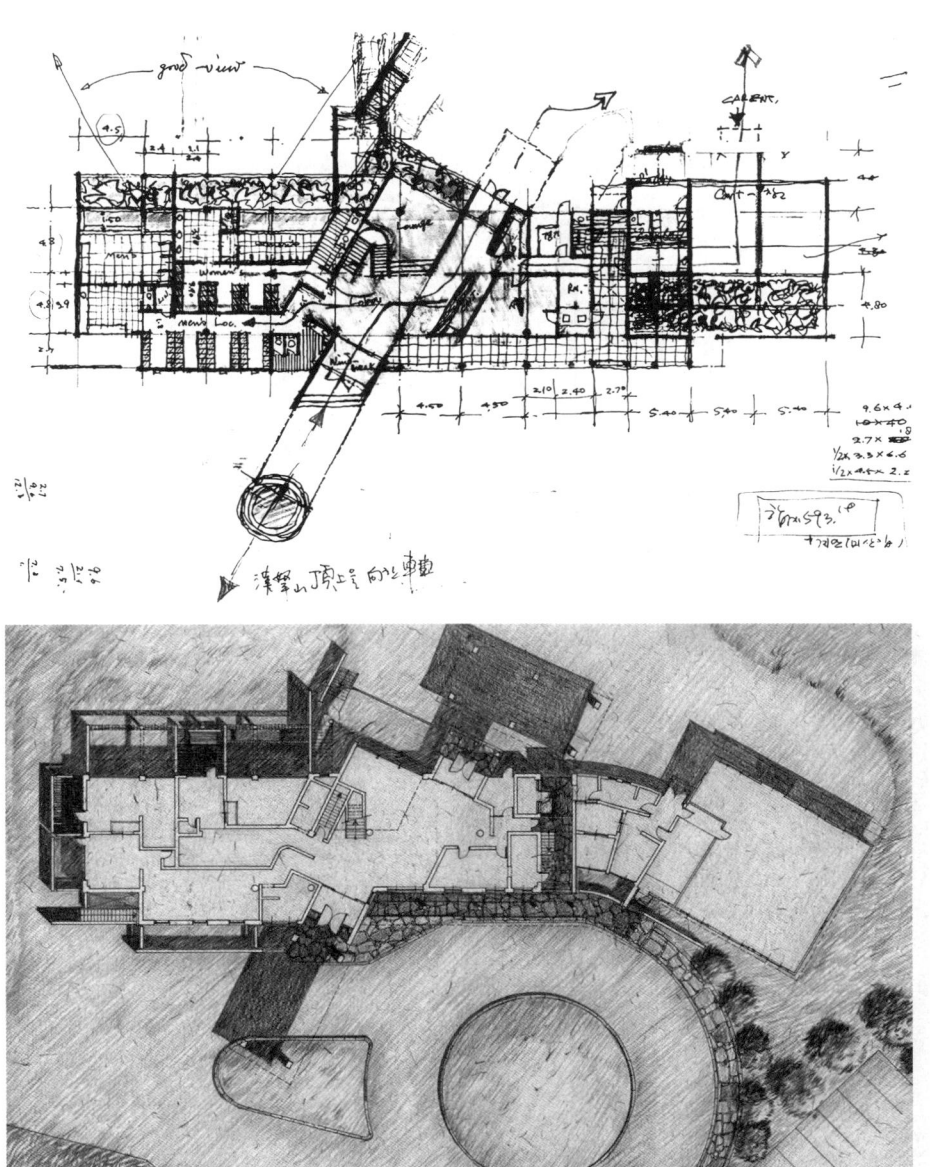

제주컨트리클럽 뉴코스 클럽하우스, 평면 스케치, 2001
제주컨트리클럽 뉴코스 클럽하우스, 평면 계획도, 2001

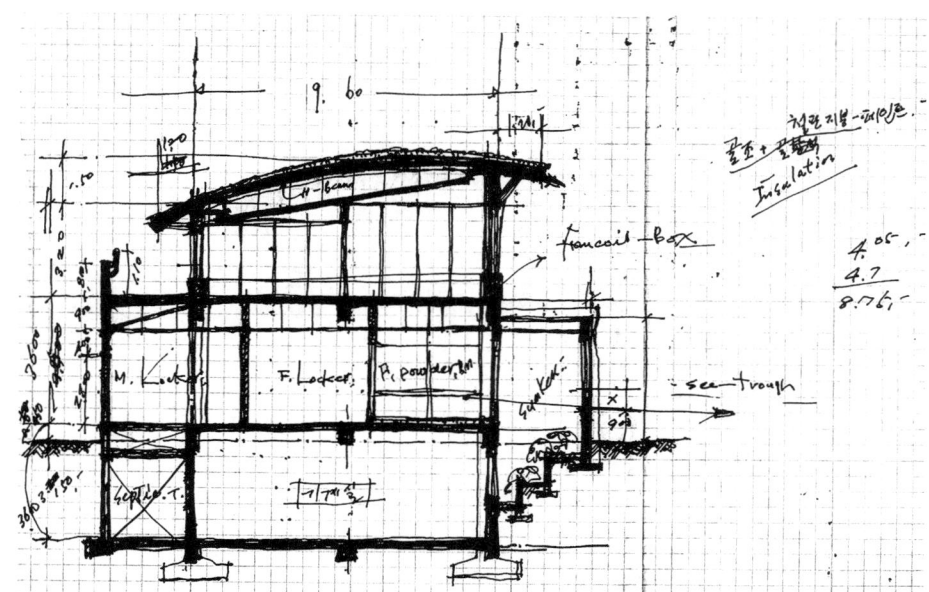

제주컨트리클럽 뉴코스 클럽하우스, 단면 스케치, 2001
제주컨트리클럽 뉴코스 클럽하우스 모형, 2001

최. 뒤쪽으로 차가 들어올 수 있게 조성되어 있네요.

김. 여기는 물이 워낙 많이 쓰이니까. 그 후에 저수지도 만들어서 일반 용수는 그걸로 쓰는데.

김. 여기 오픈한 게 60년대였어요.

전. 그야말로 일본인들을 위한 곳이었겠네요.

김. 네. 그러다가 중간에 장사 안돼서 한 10년 쉬었다가 80년대에 다시, 새로 신축하고. 처음에는 클럽하우스가 조그마했어요. 그때는 몇 사람 안 오니까 캐빈처럼 조그맣게 있다가 크게 지은 게 80년인가, 그때 신축했죠.

〈제주도 지방공무원 교육원〉(1989)

김. 지붕을 금속으로 예쁘게 바꿨다.

준. 지붕을 동판으로 바꿨다는 거죠?

김. 네. 처음에는 송이 지붕이었는데.

전. 몇 년인가요?

준. 80년대 후반입니다.

김. 송이벽돌[1]이 나온 지 얼마 안 됐을 때다.

전. 80년대 후반이라고요? {**김.** 89년인가?} 후반이겠네요. 중반에는 공관을 하셨으니.

김. 91년이네요. {**전.** 착공이 91년이네요.} 93년 준공이고.

최. '송이'가 어떤 의미인가요?

전. 우리 말 아닌가?

김. 제주도 말. 민간인들이 썼던 거. 차에서 내리면서 비 안 맞게 해달라고 해서 램프로 합시다, 라고 한 걸.

전. 검찰청사는 그게 아예 지침이에요. 검사장이 못 내린다는 거예요, 차양이 없으면. 검찰에서 요구하는 게 두 가지가 있는데, 심의를 몇 번 갔었는데요. 하나는 더블 코리더로 해달라고. 피의자랑 검찰이랑 같은 복도를 못 쓴다고요. 건물이 작아도 복도를 2개를 만들고.

김. 전용 출입구를 따로 하고. 앤트런스가 이렇게 된 게, 내부 프로그램이 공무원 교육원하고 농업 교육원하고 두 기능이 복합적으로 되어 있었어요. 이쪽 밑에 층은 농업 기술원, 2층은 공무원 교육원 이렇게 하려고. 그런 것들을 풀다 보니까 이 공간이 이렇게 된 거예요. 이쪽은 강당. 공용 기능들이고. 사무실, 교수실이 이쪽으로 있고, 저쪽으로 교실들이 있고. 저 뒤에는 후생관이고.

---

1. 송이벽돌: 제주화산의 분출물인 송이와 모래, 시멘트를 배합하여 제작한 건축재료.

식당하고 기숙사. 이 공간이 특색이 있어요. 외부의 계단이니까 규격을 조금 여유 있게 했어요.

(직원과 대화)

김. 처음에 공무원 교육원하고 농업 교육원하고 같이 있었어요.

전. 지금은요?

직원. 지금은 농업 교육원은 농업회관, 그쪽으로 갔어요. 농촌진흥청 산하 기관이 서귀포로 넘어가면서, 옛날 남군청 쪽으로 간 다음에. 농업기술원이 농업인회관이 되었고 농업과 관련된 교육은 거기서 다 하고. 여기는 공공정책연수원으로 기관 명칭이 바뀌어서 오로지 공무원만 대상으로 하는 교육을 시키고 있습니다.

전. 뒤에 합숙소가 있고요.

직원. 네. 합숙소는 리모델링 전혀 안 되어 있고요. 아시다시피 건축사님께서 설계하실 당시 기숙사가 향토 학교라 해서 재일거류민단, 일본 교포들, 고향 방문 일환으로 한동안 범정부 차원에서 고향방문단 사업으로 해서 그분들이 매년 옵니다. 학생들은 요즘 잘 안 오고, 어르신들이 고향 방문할 때 숙소로 활용을 했었는데. 그리고 신규 공무원들 경우 숙박을 했거든요. 요즘은 숙박을 많이 안 하고 있는데. 과거에는 공무원 교육할 때 일주일 동안 숙박을 반드시 했었어요. 그랬다가 워낙 시설이 낙후되어서. 시설이 93년도 건물이라 30년 된 건물인데 전반적으로 현대화시키려고 해도 상황 자체가 녹록지 않고 그렇습니다.

여기는 대강당. 한 340여 명 수용 가능해요. 여기는 도지사님 오셔서 1년에 전 공직자 대상으로 특별 교육시킵니다. 제주도 내 모든 공직자를 대상으로 연초에. 신규 공무원, 연간 300여 명이 채용되지 않습니까? 여기서 4주 교육시키고 있고요. 2층은 행정 사무실로 활용하고 있고요. 1층하고 3층만 교육 강의실로 활용하고 있는데. 요즘 증강현실이나 가상공간 교육이라든가 이런 것을 적극적으로 해야 하는데 환경 자체가 녹록지 않아서. 요즘 교육 방법에는 발 빠르게 대응하지 못하고 있는… 거의 일종의 전달식 교육 위주로 진행합니다. 공간이 좀 부족하다. 저기 건물이 다목적관이죠. {김. 증축했네요.} 네, 2층. 저게 한 4, 5년 전에 공간이 너무 협소해서 증축한 건물입니다.

준. 저 맞은편은 다 증축된 공간인가요? {김. 여기 건너가 다.} 저 기둥까지가 선생님이 하신 곳이고요.

김. 그래도 분위기를, 재료를 같이 했네요. 저 건너 건물도 제가 한 건물이에요.

준. 요양원인가요?

김. 네. 요양원.

태. 저건 2000년대 중반 이후에 하신 건가요?

김. 네.

전. 증축부도 그래도 같은 재료를 쓰려고 했네요.

김. 여기 지을 때는 시설 담당이 제주전문대학에서 가르친 친구였어요. 설계도 잘 살리려고 애 많이 썼어요.

태. 그럼 담당하신 분이 건축과 제자인 거군요.

김. 네. 이쪽으로 나갈 수 있어요.

우. (외부와) 다 연결이 되네요. 지형을 존중하시는.

태. 땅을 쓰시는 게 〈김 씨 주택〉과 느낌이 비슷한 것 같습니다. 고저 차를 이용한 것이나 중정을 쓰시는 방법 같은 것이요.

우. 비 안 맞게 설치한 것이 웃기네요. 안도 다다오랑 반대네요.

김. 이거 제품 만든 사람이 돈 엄청 벌었다고 해요. 수요가 전국 학교. 여기 원래 있던 야생 그대로 뒀었는데 깨끗한 꽃들을 심었네요.

태. 70, 80년대에 외부 계단 면적 산출하는 방법이 달라지나요? 원래는 면적에 안 들어갔었는데 나중에 들어가게 되잖아요? 1.2미터 바깥은요. 그런데 저 시기에는 관계없었던 건가요?

김. 자유롭게 했던 것 같아요.

태. 그래서 외부 계단이 저렇게 돌출이 많이 된 거군요.

김. 네. 저기는 숙소여서, 계단이 양쪽으로 있어야 되니까. 주계단하고 비상계단이 따로 있어야 하니까. 법적으로.

제주도 지방공무원 교육원 조감 스케치, 1989

(〈공무원 교육원〉 외부에서)

김. 경관 계획할 때 여기서 세미나도 했었어요.

전. 원래는 지붕 재료가 뭐였다고요? {**김.** 송이.} 이런 건물을 보면 설계한 사람의 애정이 느껴지잖아요. 잘 하고 싶어 했다는 의도가 보이니까.

우. 탑은 원래부터 저랬나요?

전. 높은 걸 두신 거죠, 일부러?

김. 저 타워? 타워가, 벽돌이 저 위에까지 쭉 올라왔었어요. 그런데 하자가 나서.

우. 이렇게 한번 중심을 하시는 걸 하네요.

김. 뭔가 악센트가 있어요.

우. 뭔가 찍어줘야 하는. 홍대 스타일인가요?

전. 평면부터 먼저 그리세요, 투시도부터 먼저 그리세요?

김. 평면부터 그리죠. 여기는 지형이 많이 변해서. 대지 전체를 계획해야 하니까. 운동장부터.

전. 제주도에서는 다른 곳도 비슷하겠지만, 동서남북 향이라고 하는 것보다는 역시 경사를 더 먼저 하는군요. 북쪽에 있으면 북향으로 해도 별로 신경 안 쓰고요. 이게 사실 다 북향인 거죠?

김. 북향이죠. 정북향이에요. 겨울에는 엄청 바람 불어요. 저기 트인 게, 막으면 겨울에 견딜 수가 없어요. 바람이 때려서. 바람 통과시키려고 뚫었어요. 돌아 올라가서 꺾여가지고. 주 현관이 2층에 남향으로 되어 있어요. 계단 올라가가지고. 메인 앤트런스 문은 2층에 있는 거죠.

전. 북제주 같으면 방법 없이 다들 북쪽으로 경사가 내려가니까.

김. 안도 다다오 성산포 작업도 바람 통과시키는 그게 있잖아요. 〈글라스하우스〉인가. 같은 해석이죠. 여기는 장애인 시설 때문에 엘리베이터를 넣은 거 같아요. {**우.** 나중에 생긴 거예요?} 네. 나중에 생겼어요. 이거를 공장 제품을 쓰지 말고. 이것도 건축가가 손을 대야 하는데. {**우.** 이거는 과해요, 좀. 물홈통까지.} 와, 이게 휘었네. 시공을 이렇게 하지는 않았을 텐데. 감리도 우리 사무실에서 했는데.

우. 토압으로 이렇게 된 거 같네요. 오래돼서. 한번 잡아줘야겠네요.

최. (송이벽돌은) 정확히 어떤 과정으로 만들어지는 건가요?

김. 크게 만들어요. 1미터 입방으로. 그러고 잘라요. 송이를 골재로 해서, 콘크리트를 만드는 거예요. 덩어리로 만들어서. 강도가 잘 나온 다음에 자르는 거죠. 이게 다 절단면이에요.

최. 이 사이는 이 색깔의 콘크리트인 거고요. {**김.** 그렇죠.} 이런 빛깔의 차이가 나는 것들은 송이 자체의 색이고요. 이 돌들을 일단은 자연스럽게 깨서 넣는 건가요?

김. 굵은 건 깰 수도 있고, 그냥 가는 것도 많이 써요.

우. 이렇게 긴 거는 통으로 잘린 건가요? {김. 자른 거죠.} 무슨 초코 크런치 같아요.

김. 1미터 입방으로 만들었어요. 그래서 자르는 거에요.

우. 송이들을 넣고, 몰탈을 넣어서 붙인 다음에 썰었다.

김. 이때는 벽돌이고, 나중에는 귀해지니까 이걸 얇게 잘라서 타일로 써요.

최. 1X1X1이면 넣었을 때 송이들이 무게에 의해서 가라앉거나 그러진 않나요?

김. 혼합력에 따라서 좀 묽게 하면 가라앉긴 앉겠죠. 그냥 자연스럽게.

최. 이런 방법을 김중업 선생님이 처음 한 거잖아요.

우. 이 돌이 물에 뜨죠?

김. 가라앉아요. 송이도 가라앉아요.

준. 지붕 위에 올린 송이는 자연 상태 그대로인 건가요?

김. 네. 굵은 건 굵은 대로 쓰는 경우도 있고, 좀 정리해서 쓰는 경우도 있고. 송이, 구마 겐고가 빌라(Art villas) 한.

최. 맞아요. 빌라 거기 위에다가 얹어놓고 그랬죠.

김. 일부러 자연스럽게 하려고 그런 것들도 시도한 사람들이 있어요. 마분을 물에다 담가서 분해시켜. 그거를 물하고 송이 위에다 뿌리죠. 이끼 끼게.

우. 이끼가 끼게요. 거름을 주는 거네요.

김. 겐고가 그런 걸 기대했을 거에요. 거기에 풀 같은 거 나게. 운동장은 만들어놓고 제대로. 이 정도로 해발고도가 올라오면 지내력이 엄청 약해요.

우. 엄청 다져야겠네요.

김. 화산토가 되어서 땅이 다져지지 않아서. 가벼워서 그런 것 같아요.

전. 여기가 제주대학이죠?

김. 바로 밑이에요.

태. 선생님, 다음은 〈제주대학교 박물관〉으로 가겠습니다.

(박물관으로 이동 중에)

전. 선생님, 가장 활발하셨을 때가 이때네요. 40대. 80년대.

김. 그렇죠. 누구나 40대가 가장 활발해요.

최. 방금 〈공무원 교육원〉에서 당직하시던 분이, 여기 설계한 건축가가 찾아왔다고 하니까 바로 "김석윤 박사십니까?" 물어보더라고요. 약간 건축을 전공하신 것 같기도 하고요.

전. 제주대학교에 이광노 교수님이 관계하셨어요? {**김.** 최초에.} 마스터플랜 할 때요?

김. 마스터플랜하고 본부, 행정동하고, 문과대학, 사범대학, 건물 한 3동, 4동. 그리고 체육관.

전. 몇 년에 세워졌죠, 제주대학이?

김. 여기에 이사를 한 게, 80년대 초인가? 70년대 말까지는 저기 있었던 것 같아.

전. 이 교수님이 활발하게 설계하실 때는 아니었네요.

김. 이 아트센터는 김태일이가 관계했던 작업이고. 이건 학생회관이고. 이 오른쪽 건물들이 이광노 교수님이 손댄 것.

전. 예전 것들이요.

김. 체육관하고. 여기가 본부.

〈제주대학교 박물관〉(2008)

(〈제주대학교 박물관〉 도착)

김. 이 건물은 좀 씁쓸한 경험이 있는 작업이에요. 외장 재료 때문에.

우. 원래는 무엇으로 하시려고 했나요?

김. 기둥은 그냥 노출 콘크리트, 저쪽 벽은 제주도 돌로 했는데. 이 건물을 도네이션 한 어른이 재일교포인데, 200억을 내놨어요. 발전 기금으로. 200억을 따로 내고, 이 건물 지어주고 그랬어요.

전. 개인이요? 제주도 사람이요?

김. 재일교포가요. 김창인.[2]

우. 뭐로 돈을 그렇게 벌었을까요?

김. 파친코. 오사카에 가면 신사이바시에 가면은, 남해회관, 난카이카이강, 그래서 파친코가 4개가 있어. 돈도 많이 벌고, 무슨 종교의 교주처럼 사고가 그렇게 되신 분이야. 여기 실천철학. 김창인. 이 돌을 꼭 써야 된대.

우. 무슨 돌인가요?

김. 어디 아프리카 화강석. 바꾸라고 해서 돈을 더 냈어. 그럴 필요가 없다고 설득을 못 시켰어요.

우. 재료를 선생님이 원하는 대로 안 된 거네요.

김. 그래서 기둥이 더 뚱뚱해졌지.

---

2. 김창인(金昌仁, 1929-2023): 제주도 출신의 실업가. 2008년 제주대학교에 발전 기금을 출연하였다.

최. 건물 안 기둥과 비교하면 밖이 훨씬 두꺼워졌네요. {**김.** 돌로 싸다 보니까.} 애도 상징적인 건가요?

김. 이 양반이 다 디자인했어. 전속 건축사가 있는데, 일본 조폭 밑에. 오사카에 설계안을 가져갔더니 이건 아니래. 그러면서 같이 택시를 타서 오사카 부청, 나카노지마에 있는 곳에 데리고 가는 거야.

우. 원래 좀 거친 입면을 원하셨을 텐데, 너무 맨질맨질해졌네요.

김. 네. 비례도 둔해지고, 디테일도 클래식하게 되고. 잠겼네요. 오늘 쉬는 모양이에요. 재일교포 기념관 볼 만한데. 내부 평면은 이 양반이 고치지 못하니까 평면은 제가 계획한 대로 됐어요. 자기 실천철학에 대한 이론. 다 아프리카 화강석이야. 교주예요, 교주. 이 양반이 어릴 때 여기서 태어나서 오사카로 밀항해서 처음에는 야키니쿠 집을 시작했대요. 그걸로 돈 벌어서 파친코하고, 차차 키워서. {**우.** 돌아가셨어요?} 그런 얘기는 못 들었는데, 돌아가실 나이가 됐어요. 지금 살아계시면 90인데. 그런데 상당히 건강하시더라고. 엄청 비싼 화강석으로 다 씌워서. 이 돌 값만 20억 정도 들었다고 하더라고. 저기 교육원을 새로 지었네. 김창인 회장 교육관.

준. 이쪽 부분은 어떤 공간인가요?

김. 여기가 카페예요. 휴게실. 안에 들어가면 큰 로비인데, 바깥 외부공간이 보이는 쉬는 데. 저쪽 덩어리가, 밑이 재일 동포 기록관이고, 대학박물관은 위층.

태. 선생님, 지붕 위에 저 재료들은 항아리인가요?

김. 저건 옥상정원에 옹기들 갖다 둔 모양이에요. 이게 저쪽에서

제주대학교 박물관 초기 계획안의 투시도, 2008

통과도로였어요. 이쪽이 이공학부가 있는 쪽. 이거는 마스터플랜에서 있던 건물. 건물 들어오면서 보행전용으로 바뀌었지.

태. 그럼 수하물은 어디로 들어가나요?

김. 저 뒤에 있어요.

태. 주차장 쪽에, 네.

전. 몇 년도 작품인가요 이거는?

김. 2010년.

준. 2012년 완공으로 알고 있습니다. 금성이랑 같이 하신 건가요?

김. 금성이랑 공동작업 한 거죠. 초안은 금성이, 김호민[3]이 초안을 잡아서 했는데 이 양반이 도저히 수용을 안 해서. 좀 전통적인 방향으로 개념을 잡아서 갔지. 내가 현지에서 그냥 해결한 거지.

전. 안이 궁금한데 못 가서 아쉽네요.

김. 전시를 볼 만한 내용들도 있는데. 재일교포들의 역사. 돌 가공하느라 돈 엄청 들었어.

태. 감리를 하신 건 아니시죠?

김. 감리는 거의 다 대학에서는 대학시설과에서 해요.

태. 그럼 저 돌 판재를 나누는 것은….

김. 전혀 관여를 못 했지. 설계만 하고 그다음은 알아서 하라고. 준공할 때 사인도 안 했어요. 시설과에서 했지.

태. 그래도 시청에다가 허가를 맡게 되는 거죠? 건축허가를요, 설계사무소에서.

김. 네. 허가는 받는데, 재료 변경 허가를 나한테 해달라고 했는데 내가 못 한다 했지. 자체에서 했어요. 총장이 한, 두 번쯤 불러서 부탁하더라고. 해달라고. 내가 그때 학교 강의할 때니까. 여기서 교육하는 사람이 기록으로 남게 못 하겠으니까 이해해주세요, 했어요. 총장한테 이름 떼달라고 하고 도망갔어요.

태. 여기서는 다 보신 것 같은데, 동문시장으로 이동하실까요?

(이동 중, JDC에 대해서)

전. 이러면서부터는 서울 업체들이 많이 들어오죠?

김. 서울 업체 비중이 더 클 겁니다.

우. JDC(제주국제자유도시개발센터)가 제주도에 속해 있나요?

---

3. 김호민(金浩民, 1973-): 서울대학교 건축학과와 런던 AA스쿨을 졸업한 뒤에 2007년에 폴리머건축사사무소를 설립하였다.

김. 아뇨, 건설부, 국토부에 속해 있어요.

우. 공항 면세점에서도 JDC라고 쓰여 있더라고요.

김. 그렇죠. 면세 사업이 수입의 큰 지분일 거예요. 그리고 땅장사.

〈양 씨 다가구주택〉(1996)

김. 위에 6세대, 아래는 단독주택.

최. 그래서 아까 명패에는 한 가족만 쓰여 있었어요. 맨 아래층에.

준. 1996년 준공입니다.

김. 이 건물 건축주는 아까 그 컨트리클럽 하우스의 회장님 친구분이 연결시켜줘서 했어요. 재일교포인데 여행 가방, 바퀴 달린 것, 그거 특허 내신 분이에요. 손자뻘 되는 애한테, 고향 친척 애한테 집 지어서 준 거예요. {**전.** 몇 세대인 거죠?} 위에 6세대, 밑에는 전부 주인 주거고. 위에는 임대. 층에 3세대씩. 임대자 출입구는 이쪽이고. 저쪽은 주인장 출입구.

우. 동그란 계단을 좋아하시네요. 저기서도(〈김한주 씨 주택〉) 그랬는데요.

김. 밑에 층은 2세대구나.

전. 위로 갈수록 뒤로 한 칸씩 줄어드네요.

김. 여기 일조권 때문인가 그랬을 거예요.

전. 너무 재밌네요. 96년이라고요.

김. 이런 디테일이.

우. 저 맨 위에는 물통이에요? {**김.** 네. 물통.} 이 동네는 물통을 다 됐나 봐요?

김. 안 돼서 직수로 묶어도 되긴 했는데. 단수돼서 불편한 경우들은 별로 없었던 것 같아요.

최. 2층에 파인 부분은 테라스는 아니고요.

김. 한두 군데 뚫린 데가 있을 거예요.

태. 언제부터 선생님께서 대학에서 설계 수업을 가르치셨나요?

김. 제주대학에서는 94년인가? 1회 입학생들, 김태일 교수 오기 전에 내가 설계 강의를 가르치기 시작했어요.

태. 강의, 그전부터 설계에 대한 고민이 좀 바뀌기 시작하시는 거죠? 지역, 풍토건축에 대한 생각이요.

김. 그거는 학교 가기 전에서부터. 그런 것에 대한 요구가 자꾸 거론됐어요.

태. 이게 95년 작업인 거죠?

김. 네, 그쯤.

전. 선생님, 여기는 건축선 후퇴가 없나요? 이거는 대지경계선 아닌가요?

김. 여기가 대지경계선. 아마 별로 없이 그냥.

최. 원래 여기가 위아래로 열려 있었던 건가요? 위아래로?

김. 열려 있는 부분이 있고, 또 막힌 부분도 있고 그럴 겁니다. 여기는 다 뚫려 있어요. 십자 있는 데는 뚫려 있어요. 주거지역에 간선도로에만 건축선이 있고.

전. 그런가요? 50센티미터도 없나요? 바로 붙일 수 있나요?

김. 바로 붙일 수 있어요. 오히려 인접대지경계선하고만, 그 밑부분하고 띄라고 그랬지.

전. 길이랑은 관련이 없군요. 재밌는 것 같습니다.

김. 가로에서 표정을 좀 색다르게 하려고 했어요. 저기가, 화장실인가.

전. 1층의 평면을 못 봤으니까.

김. 밑에 층에 뭐, 화장실이 있고, 그럴 거예요. 안방이 지금 이쪽인 것 같고.

전. 방들은 결국 한 줄로밖에 못 들어가겠네요.

김. 한 줄로 되어 있죠. 땅이 좁고 길어서. 평면이 그렇게. 90평이 안 돼요. 80평 정도, 대지가. 이때는 주차 규정이 심하지 않았으니까. 지금은 불가능하죠.

전. 그러네요. 지금은 세대별로 한 대는 해야 하니까요.

김. 그때는 세대별로 아니고 그냥 면적당으로.

우. 재밌네요, 여기. 여기는 또 이렇게 잘라서.

김. 그런데 시공한 사람들을 잘 통제해야 해요. 집 장사했던 사람들 하면 직원들이 다 미쳐버려. (웃음) 이런 거 줄눈 같은 것도 시공 잘 안 해주고 그래요.

양 씨 다가구 주택 전경, 1996

우. 돈 남는 쪽으로만 하겠죠, 쉬운 방법으로만.

김. 네. 집을 손볼 때가 됐구먼.

태. 여기 마감 단열은 어떻게 되나요?

김. 이때는 단열을 신경을 안 썼어요.

태. 바깥은 스터코 칠 마감 같고, 내단열 하신 것 같아요.

김. 그때는 단열 규정이 그렇게 강화되지 않을 때니까, 그냥 벽돌 쌓아서 그 사이에 스티로폼 넣든지 그랬을 거예요.

태. 2.0B에 가운데에 단열재 넣고 마감하신 거군요.

김. 네. 사이에 스티로폼 넣어서 했을 거예요.

태. 뒷부분도 되게 재밌는 것 같습니다. 진입부가 있고, 하부에는 주인집이 쓸 수 있는, 개인 중정이 있고요.

김. 대지가 모퉁이에 있으니까. 이때 다가구주택들을 많이들 짓는데, 다가구주택들이 외관이 예쁘지 않잖아요. 관에서도 그거에 대해 해결책이 있어야 될 것 아니냐는 요구가 있었어요.

태. 이게 혹시 노태우 정권 때의 200만 호 건설과 연결이 되나요? 다가구가, 제주도에도 그 영향을 받았나요?

김. 다가구가 처음 생겨서, 용도가 그렇게 생기니까, 관심이 생기니까 많이들 짓잖아요. 그런데 너무 천편일률적으로 하고 주거 평수만 채워서 별로 성의 있게들 안 하고 그러니까, 외관도 안 좋고 기능상으로도 문제 있고 그러니까, 좀 모범적인 사례들.

태. 그 당시에 성남이나 분당 쪽에 다가구 들어설 때, 그때 모습들을 좀 보셨었나요?

김. 제주도에는 그런 현상이 있었어요.

태. 재개발 계획 일어나고 하면서 다가구에 대한 관심이 생긴 거군요.

김. 네. 이 정도가 외관이 되는 다가구들이 그렇게 쉽지가 않아요. 우선 외관. 제주시에서 미관상으로 준 거지. 건축상을.

태. 다가구주택이 선생님은 이것 한 건만 있는 건가요?

김. 다가구가 또 있기야 있어요. 두어 개 있는데, 연립주택 그런 것도 있고. 분양아파트, 임대아파트. 분양아파트 같은 경우에는 거의 하려고 안 했어요. 사업주들이 그런 것들을 잘 받아들이지 않으니까. 그 사람은 그런 설계 안 하는 사람이라고.

태. 〈최&강 크리닉〉은 안 보셔도 될까요?

김. 거기는 뭐 고치려고 내버려 뒀어요. 밑에 층만 임대 주고. 그래서 볼 만하지 않고, 가다가 문예회관 앞에. 그쪽으로 가시죠. 주인이 있으면 주택 하나 보고 동문시장 쪽으로 가시죠. 이 건물 지어 준 영감님이 상당히 유명한 사람이에요. 우에노 아메요코 상가에 가면. 여행 가방. 신안, 특허 받아서 샘소나이트(Samsonite)한테 팔았지, 아마? 바퀴 달린.

〈김승택 씨 주택〉(1984)

김승택. 들어오세요.

김. 선생님, 서재를 봐야 해요.

우. 아, 여기가 선생님의 은사님 댁이군요? 아, 이게 갈라지는 거군요?

김승택. 안거리, 밖거리.

우. 아, 그 이론을 여기다가. 많이 (지하층을) 파셨네요?

김. 판 게 아니고, 원래 얕았었어요. 많이 안 팠어요.

우. 여기도 너무 좋네요. {**전.** 도시 안에 이렇게.} 소우주가 있네요.

김. 마당을 선큰으로.

우. 원래 땅이 이렇게 생긴 거죠?

김. 땅이 좀 얕아서, 저 높은 집까지 같은 땅이었는데, 여기 주거 짓고 나머지는 팔았어요.

우. 앞에 출입하는 연못 있는 땅만 남기고요.

김. 여기 선생님 서재 볼 만하니까.

(서재에서)

김승택. 김석윤 씨가 지은 집입니다. 그런데 그 설계자가 원하는 대로 제가 관리를 못했습니다. 그렇지만 설계는 하나도 변경하지 않고 그대로입니다. 불편한 곳도 있습니다. 문이 좁아서 가구 큰 것을 못 들여옵니다. 페어글라스도 제주도에서 제자가 한다고 해서 맡겼더니 저렇게 가운데에 뭐가 들어가는데 항의도 못했습니다, 제자라서. (웃음) 편리하기도 하지만 불편한 생활을 하고 있습니다.

전. 이것도 80년대 건물이죠? {**김.** 네.} 근 40년을 사신 거네요.

김승택. 네.

김. 선생님이 도면을 보관하고 계세요. 보여주십시오.

전. 이것, 찍어야 하는데요.

김. 제가 가져가서 복사하려고요.

전. 아, 워낙 대지가 이만큼이었는데 이걸 잘라서 파신 거군요. {**김.** 네.} 안으로 긴 집인 줄 알았는데 길지 않았네요.

김. 저한테도 없는 도면인데. 50분의 1로 입면도를 그렸어요.

김승택. 설계 부탁해서 한참 후에 가보니까, 한 줄도 긋지 못했었습니다.

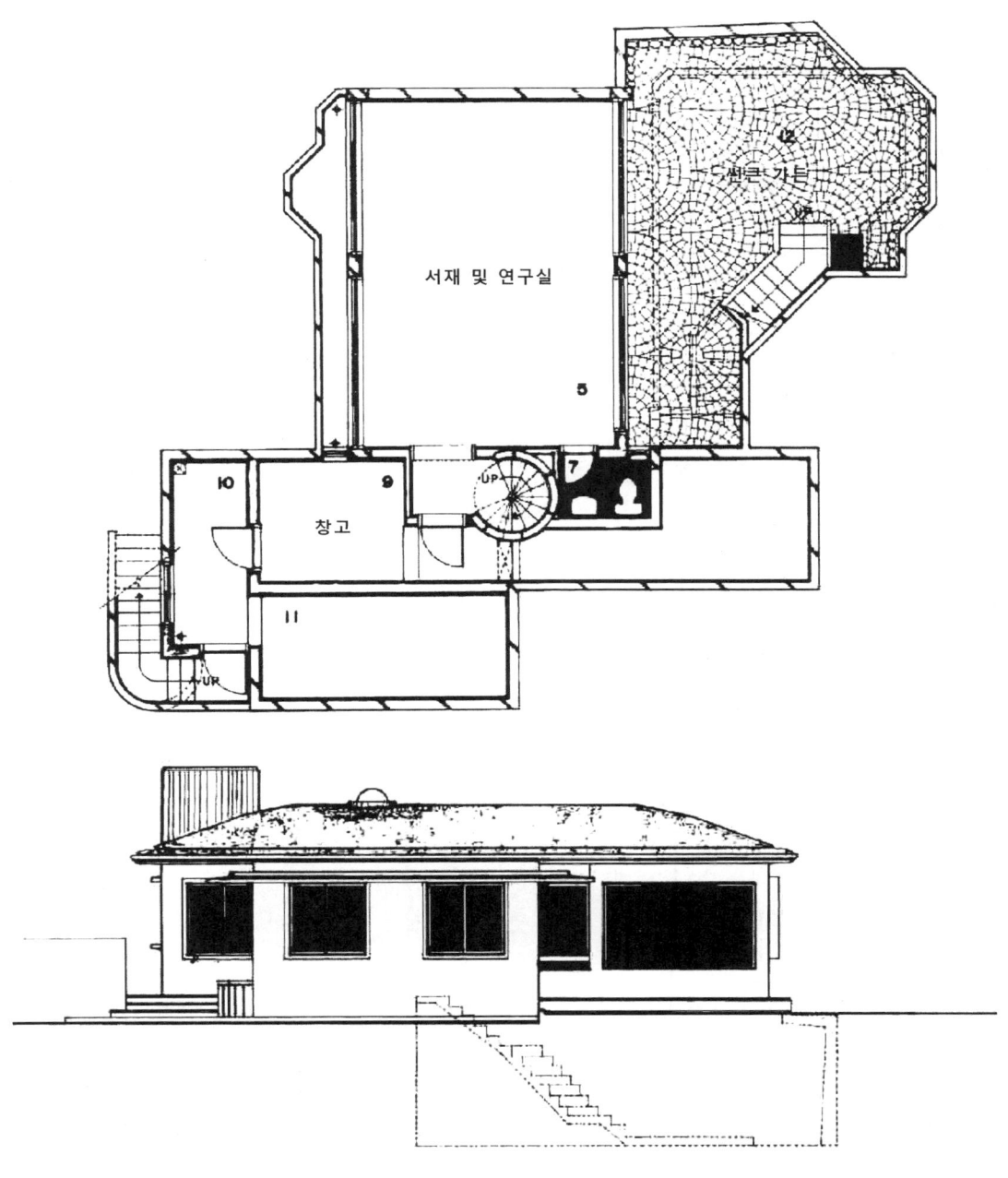

김승택 씨 주택 지하층 평면도, 출처 『꾸밈』, 1984년 6월호
김승택 씨 주택 남측 입면도, 출처 『건축문화』, 1985년 9월호

김. 선생님이 오셔서 어렸을 때 살던 초가집 말씀하셨어요. 그 안에서 공부를 하면 집중 잘 되고, 잠도 포근하게 잘 수 있는 그런 집을 설계해달라고. 그런 집이 쉽게 됩니까. (웃음)

김승택. 그렇게 까다롭지 않았다고 생각합니다. (웃음)

전. 마당에 힘을 많이 주신 걸 알 수 있네요. 돌음 계단으로 올라가네요?

김. 1층하고. 네. 조그맣게 하느라고.

최. 바닥 패턴을 저렇게 하신 건 많은데 실제로는.

김. 바닥에는 원래 준공 당시에는 데크를 깔았었어요. 지금은 나무가 수명이 다 돼서.

전. 이 패턴대로는 안 됐네요.

김. 네. 저건 타일로 패턴을….

김승택. 집 지을 당시에 우리나라 건축 자재, 마감 자재가 지금이랑은 큰 차이가 있어서 선택의 여지가 없었습니다.

전. 이건 선생님이 다 그리신 건가요?

김. 아뇨, 직원들이 그렸죠.

전. 지금 자녀들은 다 출가하셨고요?

김승택. 네, 지금은 두 사람만 살고 있습니다.

전. 방들이 다 놀고 있겠네요.

김승택. 네. 이 집에서 우리 죽으면 이 집에서 살라고 하니까 한 사람도 산다고 안 합니다. 우리처럼 집 관리할 수 없다고. (웃음) 바깥 현관에서 여기 내려오는데 현장감독도 머리에 들어오지 않아서, 저기 높이가 안 맞았고. 구시렁대는 겁니다. 계단도 그냥 바로 하면 좋을 걸 하면서.

전. 아까부터 계속 나오는데, 여기 지붕 위를 다 바꾼 건가요?

김. 그냥 톱라이트로.

김승택. 그런데 마감 공사를 잘해주지 않아서 한번 태풍 왔을 때 날렸었고. 지금은 그대로 눌려 있는데, 그거 끼는 거기를 확실히 해줘야 하는데.

전. 네. 우리나라에서 톱라이트가 항상 어려워요. {김. 말썽이에요.} 다 팬코일인 건가요?

김. 라디에이터예요. 나중에 이제 바닥은 40년 됐으니까 다 고치고.

태. 선생님, 이 집은 몇 년도 계획입니까?

김. 이게 80년대 초반. 81년인가. 〈현 씨 집〉 그다음 순번일 거예요. 어제 신제주에서 봤던 집과 비슷한 시기에요. {태. 네.} 잡지에 실려 있으니까.

태. 저희가 확인해 보겠습니다.

김승택. 설계자가 있어서 이런 얘길 해선 안되지만, 그렇게 자랑할 만한 집은 아니지만. 보통 다른 사람들은 팔기 위해서, 임대 주기 위해서. 여하튼 난 이 집에서 영원히 마지막까지 살겠다고. 이 집 지은 다음에 걱정하지 않고 덕분에 말년을 즐겁게 보내고 있네요.

우. 약속을 잘 지키셨네요.

전. 아, 여기가 돌음 계단이군요.

김승택. 석윤 씨 같은 설계자가 있어서 40년 넘게 여기서 만족스럽게 살고 있습니다.

전. 좋네요. 건축주들이 다 이렇게 행복하게 사시니 좋으시겠어요.

전. 전에 그 집에서도 그랬는데, 처마 밑을 항상 밑으로 볼록하게 하시네요.

김. 지붕 볼륨감을, 중량감 있게 하느라고. 스케치를 그렇게 했어요.

전. 슬라브 자체는 그렇게 안 가는데, 슬라브는 위로 가는데. 그, 필링만.

김. 집 짓는 사람 못 견디게만 만들었어요. 바로 해도 되는데.

전. 그러니까요. 얼마나 싫었겠어요, 짓는 사람들은.

제주 동문백화점 및 동양시장, 〈제주 노인복지회관〉(1991)

(〈동양극장〉 도착)

김. 콘크리트가 다 부식이 된 모양이야. 떨어져 나갔어.

전. 이게 극장인 거고요? {**김.** 네.} 저기 아라리오 뮤지엄? 거기도 극장이었다던데요?

김. 거기는 영화관이었지.

전. 아, 여기는 연극 극장이었어요?

김. 여기도 영화관. (거기는) 여기 한참 후에 생긴 거에요.

전. 아, 큰 프로젝트였겠네요. 가만있어 봐, 여기 극장인데 시장 간판이 붙어 있는 거에요?

김. 여기 1층하고, 1층 여기까지는 시장인 거고, 저 위는 극장. 영화관.

준. 선생님께서 김한섭 선생님이 설계하실 때 함께 참여하신 거죠?

김. 참여한 거고, 대학교 1학년 때.

준. 방학하고 내려와서 도와주셨다고 하셨었어요.

김. 실습. 감리 사무실에 감리 보조 인턴이지. 감리 사무실에서 온도, 일지 정리하고. 그날 작업 일지 정리하고.

준. 대학교 1학년 때 그 일을 하신 거면 60년대… {**김.** 63년.} 63년이요, 네.

김. 대학교 1학년 겨울방학 때 착공을 했어요. 규준틀 해서 터파기를 하더라고. {**준.** 그게 63년 겨울인 거고요.} 63년 겨울. 네. 극장 안에 들어갈 수 있으면 좋은데. 못 들어갈 것 같은데. 여기가 입구인데, 셔터가 내려가 있네. 지붕,

이렇게 볼트 생긴 지붕은 코르뷔지에 잡지 보고 베꼈어요. (웃음) 동그란 창문은 형틀을 짜서, PC를 만들어서 갖다 얹었어요. 여기 시공팀이 그때 우리나라에서 수준급이었어요. 극동건설, 그 팀이 시공했어요. 제주도에는 철근 콘크리트 공법들이 그렇게 익숙하지 않을 때였어요.

태. 선생님, 저기 위에는 따로 구조물이 끼어든 건가요? 물결로.

김. 그 구조물, 저게, 그냥 슬라브 콘크리트. 이거 기증이라고 한 거는 저 간판만 저 양반이 기증했다는 얘기에요. 주물로.

우. 저분이 여기 해군 사령관이었어요?

김. 도지사. 군사정권 때. 그때 와서 제주시 재개발사업 일로 해서. 이 양반이 지원을 많이 했죠. 군함으로 자재도 실어주고. 융자하는 것도 제일은행이었나에 시켜서.

전. 글씨도 잘 썼는데 자기가 쓴 건가요?

김. 그거는 모르겠는데.

우. 저 때 사람들은 다 잘 썼을 거예요.

김. 저 양반이 아주 괜찮은 분이었어요. 현장에서 도면을 그리는 일이 많이 나오더라고요. 지형이 기울어져 있어서, 레벨 때문에 처음 설계한 것이 잘 안 맞아 들어가니까 현장에서 실측해서 하고.

전. 건설회사 설계실들이 다 그 일 했던 거잖아요.

김. 그땐 감리사무실에서 했어요. 이거는 짓다 보니까 옆집에서 연접, 벽 해서 짓겠다고 해서 붙였지. {**전**. 맞벽 건축이네요.} 여기는, 복원다방은

제주 동문백화점 및 동양극장 전경, 1963

아니에요. 영화관 입구가 이쪽인데. 여기 주 계단이 보이는데 셔터가 내려져 있어서. 평일에는 사무실에 출근하면 얘기해서 안에 좀 볼 수 있는데.

전. 여기까지예요? 이 선까지예요?

김. 네. 여기 나온 거는 영사실의 조명실입니다.

최. 이 건물에는 몇 가지 프로그램이 섞여 있는 건가요? {**김.** 시장하고, 극장.} 그 두 가지인가요?

김. 네. 김한섭설계사무소에서 현장 감리, 상주 감리 보내서. 여기 모퉁이까지.

전. 이 건물 안은 지금 무엇으로 쓰고 있는 거죠?

김. 평일에는 점포예요. 2층에는 커피숍, 카페. 이거 소유가, 개인, 주식회사 식으로 만들고 소유가 되어 있어서 정부의 예산 지원을 쉽게 받지 못해요. 여기 지하상가는 소유가 제주시거든요. 임대만 하고. 그래서 거기는 엄청 지원받아요. 원래는 여기가 시장이어서 여기가 중심이었는데 좀 가라앉고, 주변으로 활성화되는. 상권이 다 뺏긴 거지. 소유권이 민간 소유권으로 되어버려서.

우. 땅은 원래 이렇게 처음부터 비정형이었고요?

김. 네, 삼각형.

최. 이 옆 건물도 오래된 건가요?

김. 네. 이 건물은 개인 건물이니까, 이거보다 조금 늦어요.

최. (옆 건물의 차량 진입 램프를 가리키며) 여기는 지하주차장도 있네요.

김. 네. 이쪽으로 차가 다녔었는데, 이제는 못 다니니까.

(〈대동호텔〉로 이동)

김. 여기 호텔 리노베이션, 내가 한 작업 있으니까 그것 보고 갈까요? 오래된 건물 리노베이션 한 거예요.

전. 원래는 무슨 건물이었어요? {**김.** 호텔.} 여관. 옛날에 대동여관이었네요. {**김.** 대동여관.} 부티크 호텔로 지금 하는 거예요?

김. 여기는 건축사 회장했던 강성익,[4] 그 친구가 한 거고. 오래된 호텔이어서 김홍식 교수는 이 호텔 좋아했어요. 굉장히 오래된 호텔이에요. 이 앞에 튀어나온 것만 새로 올려서, 여기가 기존 건물. 기존 건물하고 이어서. 저기는 내장 싹 고치고, 외장 개선한 거는 나중에 지은 거고.

준. 여기는 선생님께서 하셨고, 그 뒤 건물은….

김. 거기도 내장하는 거는 내가. 겉에 껍질 놔 놓고 리노베이션 다 했어요.

---

4. 강성익(姜聲益, 1950-): 1980년 한라종합건축사사무소를 설립하였고, 제29대 대한건축사협회 회장(2011-2013)을 역임하였다.

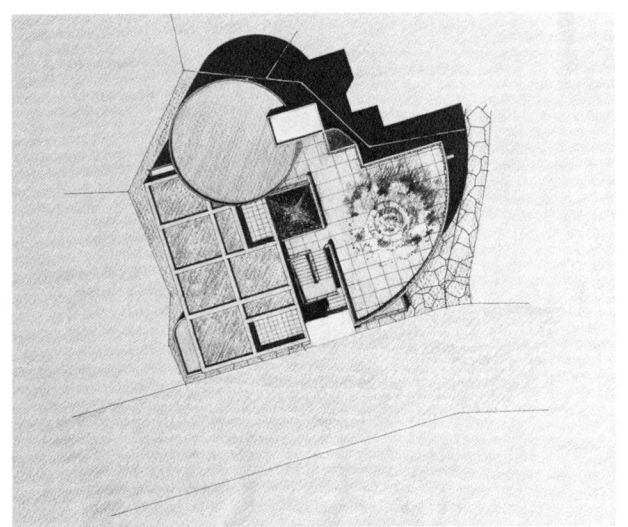
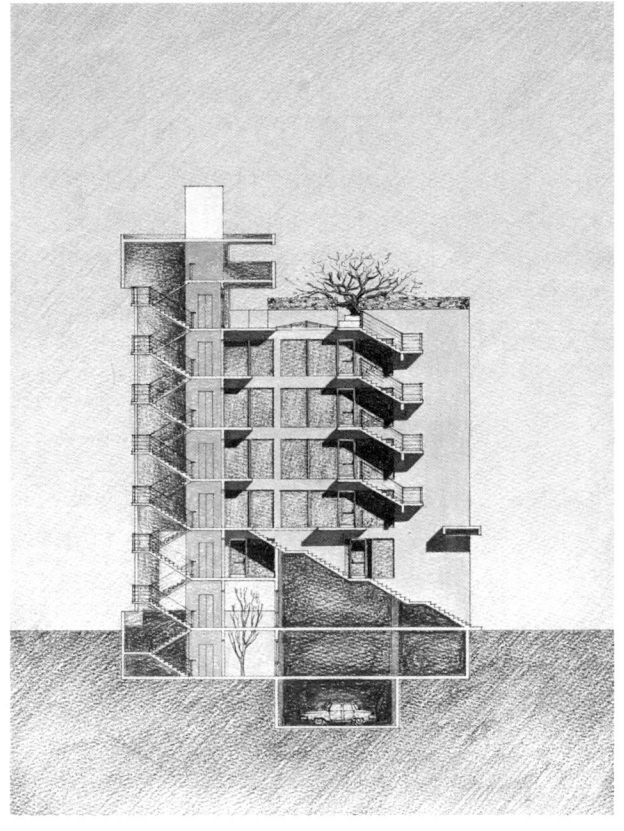

대동호텔 기준층 평면 스케치, 2010, 대동호텔 박은희 제공
대동호텔 지붕 평면 스케치, 2010, 대동호텔 박은희 제공
대동호텔 단면도, 2010, 대동호텔 박은희 제공

제주시에서는 오래된 호텔로….

태. 몇 년도 건물인가요, 이거는?

김. 70년대 초반일 거예요. 50주년 한 지가 몇 년 됐는데.

박은희. 드로잉은 집에 보관하고 있고, 모형만 여기 있어요. 그거 제가 사진도 잘 찍어서 USB에 다 담아놨어요. 올해 건축 모형 전시 하나 잡아놨어요. 10월? 가을에. 가꾼다고 관리한다고 엄청 애쓰고는 있는데 벅차요. 선생님이 막 리모델링 하셨을 때 고길홍[5] 선생님이 찍으신 사진들은 제가 다 갖고 있어요. CD에 들어있는 거 원본 있고 컴퓨터에도 저장되어 있어요.

(〈제주 노인복지회관〉으로 이동)

전. 성이 어떻게 있었던 거에요?

김. 성 있던 자리가, 지금 W360. 저리해서 내려오던, 저기에 흔적이 보일 겁니다. 저 바깥으로 해서. 이 안에 있다가 하천 때문에 내쌓은 기록이 있어요, 저 바깥으로. 저기 흔적이 좀 보입니다. 여기 상권이 침체되니까 재생한다고 녹지를 이렇게 만들었어요. 여기가 강병기 교수님 댁이에요. 이제는 폐가에요. 70년대 부잣집, 화강암.

전. 그러네요. 이런 상황에서 선생님 사시는 곳이랑 하신 것들 보면 참 대단하다 싶은 거예요. 80년대에 그렇게 하신 거는.

김. 80년대에 김석철 선배, 이분들. 서교동 작업들, 좋은 주택들이 꽤 있었잖아요.

전. 그런 걸 참조하신 거예요?

김. 네. 김석철 선배가 한옥의 분위기도 좀 있고. 마음에 드는 작업이 꽤 있었던 것 같아요. 여기[6]가 제주도 민가 형태로 근대에 해석한. {**전.** 그러네요. 창이 들어가 있네요.} 원형이 좋았었는데 복원하던 친구가 한옥 하던 친구여서 지붕에다가 곡을 넣어서. 마룻대를 저렇게 높게 놓을 일이 아닌데. 일식 지붕처럼 직선이 착착 있었는데. 군산 가서 보고 와가지고 참고해서 잘 해봐라, 그랬더니 저 모양 만들어놨어요. 이 주변을 다 매입해서 다 내쫓았어요. 그래서 여기를 다 녹지로 만들 계획이었어. 그리고 저 집을 보존하고. 제주도 민가의 20세기형. 이건 있어야 된다, 하면서 살렸어. 그런데 복원하면서 조금 서툴게 해서. 30년대 중반쯤, 기록에. 재생센터에서 지금 쓰고 있는데. 이것도 좀, 디테일을 잘 살리지 못했어요. 주 구조는 크게 흔들리지 않았어요.

---

5. 고길홍(高吉弘, 1943-): 제주 출신의 사진작가. 1960년대부터 제주와 오름의 모습을 담아냈다. 사진집 『한라산』을 출간하였다.

6. 〈제주사랑방〉은 제주시 산지천 변에 위치하고 있다.

전. 네. 이게 상방이고.

김. 이게 장마루대고. 평면이 좀 바뀌지. 복도가 있어서.

전. 네, 고팡이 있어서.

우. 이거 가지고 논쟁이 많았다면서요. 없애자, 말자.

김. 없애는 거는 막았죠. 없애는 걸로 보상을 다 했는데 살렸죠.

직원. 화북에 어르신 집이랑은 차이가 많이 나죠?

김. 많이 나죠. 거의 한 70-80년.

직원. 거기는 거의 130년 된 거 아니에요.

김. 거기는 합병되던 때에 한 거고, 여기는 한참 후에. 30년대. 구조를 보면 일본식인데. 이거 없애지 못한 게, 내가 나중에 조사해서 못 없애게 했지, 뭐. 여기 우물이 있었어. 부엌 앞에. 제주시에 우물 쓸 수 있는 동네가 남문 밑에. 원래 성안에 밖에 우물을 못 써. 그 밖에는 물이 없어. 여기는 상당히 편했지. 해수면이 높으니까. 그걸 살려야 되는데. 제주도 집 안에 우물이 있는 집이 별로 없거든. 그건 내 사진에 있습니다. 도시재생위원장을 하면서 잔소리했는데도. 제주도의 농촌집하고 도시화하는 과정에 있는 집으로, 지금 모델이 없어요. 진짜 보존해서 근대 문화재로 지정을 해야 될 건데.

직원. 쉼터로 바꾸니까 육지에서 여행 온 사람들이 그렇게 좋아해요. 제주도 사람들은 크게 이용 안 하고.

김. 울타리도 너무 낮다. 저기 문도 좀 커진 것 같아. 정밀실측을 해서 복원을 해야 될 건데. 난간 바깥에 이거. 일본 사람들 아마도 비 올 때, 일본 사람들 집에 있는 방식을 제주도식에 갖다 붙인 것 같아.

전. 여기가 제주항이네요. {**김.** 네.} 저기서 배를 내리니까 내려서 쭉 걸어오는 거예요?

김. 여기가 관문 도로지.

전. 선생님이 육지로 나갔다 오시면 일로 들어와요. 댁에 가시려면 어디서 버스를 타세요?

김. 동문시장 앞에.

전. 거기 가면 일주도로 다니는 버스가.

김. 동문시장 그 옆에 버스터미널들이 몰려 있었어요. 회사별로.

전. 기본적으로 뭍에 나갔다 오려면 여기서 동문시장까진 걸어가야 한다. 그래서 양옆에 여관들이 많이 있었다. 여기도 다 꽉 차 있었다는 거죠?

김. 네. 여기에 주택이 꽉 차 있었죠.

전. 여기에도 여관 터라고 되어 있던데, 집들이 천변까지 꽉 붙어 있었다는 말이네요?

김. 천변 가에 도로만 있고 나머지로 쫙 다. 저쪽은 큰길이고. 원래는 일제 말에 주정공장, 일본 사람들이 동척회사[7]를 만들면서 새로 만든 큰길이고. 그전에는 이 길이 컸어요.

전. 옛길인데, 이게 신작로고 저쪽이.

김. 제주주정공장을 연결해서 거기서 제품은 방파제 확장해서 큰 선박으로 내보내고. 그러니까 저쪽이 동부두, 이쪽이 서부두 그러는데, 이 서부두가⋯.

전. 서부두가 어항(漁港) 아니에요?

김. 어항이 됐지. 원래는 주 항인데 어항이 됐고 바뀌었지.

전. 여객선은 다 절로 들어오고, 이쪽은 어항이고. 그래서 이 옆으로 생선구이 집들이 쫙 있더라고요.

김. 원래는 거기가 세관이니 뭐니, 다 이쪽에 있었어요.

전. 산지천의 좌우로 해서요.

김. 조선 말에 만든, 다니는 길은 있죠. 일본인이 새로 만들고. 이제는 부두가 엄청 커졌어요. 우리 마을, 화북까지 갔어.

전. 아, 부두가요.

김. 네. 그래도, 선석이 부족해서 지금 난리예요.

전. 그 배가 하루에 2번 다니더라고요, 진도를. 인천 가는 배도 다닐 거잖아요.

김. 인천이 요새는 좀 쉬고 있는데 인천도 있고.

전. KTX가 생기면서 목포가 좀 달라졌더라고요. 목포에 관광객이 와요. 거기서 관광하고 배 타면 제주 오고.

김. 여기가, 저쪽 동부두가 개발된 다음에 좀 침체가 돼서 전에는 50년대까지는 제주도에도 파시(波市)가 형성됐었어요. 이쪽에서부터 시작돼서 쭉 올라가면서 파시가 점점 더 커지니까. 조기 파시. 그런데 여기가 술집. 그게 내려와서 좀 이상한 동네가 됐다가, 재개발한다고 다 쫓아낸 거예요.

(〈제주 노인복지회관〉에서)

김. 〈노인회관〉, 원래 여기가 도지사 관사 자리에요. 일제 때 지은 관사가 있었는데 신제주에 새로 신축하면서 나가니까 관사가 폐가가 돼서.

전. 이 집은 지금 뭐예요?

김. 노인회에다가 대한항공이 지어서 기증했어요. 주말에는 닫아 놓는구나. 여기서 하는 게 지금 급식 정도 하는 것 같아요. 원래 지을 때는 노인

---

7. 동양척식주식회사는 1943년에 산업용 알코올을 생산하는 군수공장을 제주항 근처에 지었다.

대학이 입주해서 문화 프로그램, 교육 프로그램 주로 했었는데. 급식 사업이 되면서 저쪽 동은 급식용으로 쓰더라고. 조중건 씨가 KAL 회장으로 있을 때 와서 기증하고. 이거는 지붕에 타일을 붙였네요. 송이가 아니고 송이 타일을. 여기도 후원이 좀 보존이 돼서 좋아요. 일제 관사 때부터 후원이 괜찮았어.

전. 그럼 이 나무들도 그때 나무라서 오래된 거예요?

김. 네. 그런데 저기 그루터기 잘라버린 게 이승만 대통령 기념 식수야. 저걸 살리라 해서 저걸 피해서 집을 앉혔는데, 나중에 그 내력을 몰랐던 건지 잘라버렸더라고. 그래서 그루터기만 남았어. 지하실에는 노인들 목욕 시설을 기능으로 했는데. 아마 지금 쓰이지 않을 거예요. 목욕탕이 운영비가 많이 드니까.

준. 그럼 저 기둥이 예전 목욕탕에서 사용됐던….

김. 네. 연돌이에요.

최. 이 위층의 접근로는 어디로 들어가는 건가요?

김. 어디요? 외부 계단으로 들어가서. 강당이에요. 교육실이고. 저쪽은 후생 기능이고. 이쪽은 문화 교육 기능이고.

최. 이 기와 담장도 같이 하신 건가요?

김. 아니에요. 이거는 〈제주목관아〉[8]를 복원하면서 그 디자인을 여기까지 가져왔어요. 〈노인회관〉을 목관아 복원하느라고 부수자는 말도 나왔어요. 우체국도.

준. 그럼 우체국이랑 〈노인회관〉이 다 관아 터 안에 있는 건가요?

김. 관아 영역 안에. 일제 때 목관아 터에다가. 우체국이 당시에는 중요한 기관이었거든.

우. 송이가 이제는 안 나오는 거죠? 못 하는 거죠?

김. 있기는 있죠. 매장량은 있죠. 오름 하나 없애면. (웃음) 지금까지 쓴 게 오름 하나 없어진 정도일까?

우. 다 합쳐서요.

---

8. 〈제주목관아〉(濟州牧官衙)는 2003년에 복원되었다.

11

프로젝트 리뷰-2

일시. 2023년 5월 21일 일요일 오후 5시
장소. 건축사사무소 김건축 사옥
구술. 김석윤
채록연구. 우동선, 전봉희, 최원준
촬영 및 기록. 김태형, 김준철

제주 한국병원 조감도, 1983

우. 네. 5월 21일 일요일이고요. 지금 오후 5시 12분인데요. 다시 김석윤 선생님 모시고 구술채록을 이어서 진행하도록 하겠습니다. 선생님, 오늘 답사를 많이 했는데요, 지금 (순서가) 섞여서 맨 먼저 본 것이….

준. 저희가 오늘, 〈공무원 교육원〉이랑 〈제주대학교 박물관〉 이렇게 2개를 아래에서 봤고요. 그다음에 이제 다시 구제주로 올라와서 〈양 씨 다가구주택〉, 그다음에 〈김승택 씨 주택〉, 그다음에 〈동양극장〉, 그리고 〈대동호텔〉, 마지막으로 〈제주 노인복지회관〉까지.

우. 처음에 골프장 갔었잖아요.

준. 골프장… 내에 있는 교회[1]입니다.

김. 교회.

준. 네. 교회까지 해서, 총 8곳 (답사)했습니다.

우. 8가지에 대해서 간략히, 조금 설명해주시면 좋겠습니다. 시간순으로 할까요? {**김.** 교회?} 예, 교회(부터).

김. 그거는 골프장 전속 교회인데. 골프장 소속 교회가 외국에는 사례가 있다고. 그런데 우리나라에는 그 선례는 없었던 것 같아요. 이 양반이, 제주 컨트리클럽 창설한 양반이 아주 성실한 종교인이어가지고 거기다 교회 계획을 하셨는데. 헌당 예배 보고 오래, 몇 년 더 살지 못해가지고 돌아가셨어요. {**우.** 그러니까요.} 헌당하고 한 2년.

우. 2년. 그러니까 기념교회라고 말한 거는 그전부터 그렇게 한 거예요? 아니면 돌아가셔서 기념교회가 된 겁니까?

김. 여기 헌당할 때.

우. 아, 헌당할 때부터 기념교회였어요, 예.

김. 그전에 이제 신제주에서 (우리가) 보진 못했는데, 〈선교회관〉을 그보다 한 2년 전에 지었고. {**우.** 예.} 건물이 전체적으로 고전적인 구성이고. 기본 설계를 한 다음에 그 양반한테 보냈더니 도쿄에서, {**우.** 네.} 아까 말씀드렸던 무사시노의 호사카 교수님. 거기다 뭐 이렇게 대략, 당시에 좋은 메모해가지고 보냈더라고요. 잘 활용 안 돼가지고 이제 다 폐허로 남아버렸는데, {**우.** 네.} 2층에 개인 기도실이 있어요. 혼자 기도할 수 있는 그런 공간의 역할이 있었던. 또 뭐, 부분적으로 디테일, 손잡이 디자인이나 주 출입구의 문. 저한테 이렇게 기록이 좀 있던데. {**우.** 책에요?} 스크랩북으로 해가지고 사진 찍어놨던 게 있는데. 거기 이렇게 십자가 장식 같은 거를, 이렇게 작은 것까지 그려가지고.

---

1. 1962년 개장 한 구 제주 컨트리클럽하우스(현 '더 시에나 컨트리클럽 클럽하우스') 내에 위치한 교회를 지칭한다.

그분하고 작업하는 거는 늘 재밌게 했어요. 일하고 싶은 생각이 나게 자꾸, 이렇게 뒷받침도 잘해주시고.

우. 다리 건너서 오른편에 있는 탑은, {**김.** 종탑?} 네모난 거지만, 어저께 봤던 그 성당하고 좀 유사한 것 같습니다.

김. 유사, 동그란 형태를, 비슷하죠.

우. 동그란 거에다가 치우친.

김. 동그란 거에다가 이렇게, 수직적인 것을 붙여가지고.

우. 이번에는 네모난 거지만 편심으로 이렇게 올렸고.

김. 조그만 교회 예쁘게, 깔끔하게 하고 싶은 욕심이 있었는데. 숲속에 있으니까, 그냥 이렇게 풍경으로는 보기가 좀 괜찮은 것 같아요. 저기 스크랩북 사진을 좀.

우. 아, 네. 아까 2001년이었나요?

김. 교회가 있었는데. (스크랩북을 넘기며) 클럽하우스였고.

우. 아, 이거네요, 선생님.

김. 예. 했던 흔적들이. 이게, 디테일을 했던 게 있는데.

우. 아, 여기 십자가도 있네요.

김. 이거는 출입문. {**우.** 예, 예.} 십자가.

우. 아까 십자가 그렸다고 하셨던 말씀이.

김. 이거는 건너가는 브릿지 디테일, 스케치. 주 출입문을 이렇게 만들었는데 없어졌더라고요. {**우.** 이건 바뀌었네요.} 이걸, 철제로, 스테인리스로 해가지고 했는데. 이 문이 없어져버렸어요.

우. 없어졌어요. {**김.** 예.} 이거는 뭡니까? {**김.** 건너가는 브릿지.} 아, 브릿지요.

김. 브릿지에 뭐, 조명 설계 실내의 십자가.

우. 십자가, 예. 이거는 재단 같은데요. {**김.** 성경, 성경대.} 독서대.

김. 이거는 캐노피. {**우.** 예.} 이게 철골이 지금 다 녹슬어가지고. (웃음) 철골 해가지고.

우. 이건 색연필인가요?

전. 플러스펜인 것 같죠.

김. 사인펜으로 해가지고.

우. 아, 사인펜으로요. 이거는 형광펜.

김. 네. 작, 작업하는데 재밌게 했었어요.

우. 그런데 이걸 하면, 저 호사카 요우이치로우 교수한테 갔다가 다시 와야 돼요? 아니면….

김. 기본. 기본 확정할 때까지만 하고. 이 디테일은 일일이 작은 것까지 전부 갔다 왔다 하지 않고. {**우.** 큰 맥락만.} 네. 기도실에 뭐 이렇게….

우. 뭐를 하겠다고 하셨구나. 안 버리셨네요. 이거는 방법에 대해서 써놓으신 것 같고요.

김. 외부 벽돌. {**우.** 이거는, 벽돌.} 네, 벽돌. 유리블록.

우. 유리블록. 스테인드글라스도 일본에서 했다고 그랬었죠?

김. 네. 스테인드글라스 블록은. 그래서 그 양반이 일본에서 샘플을 보내와가지고. {**우.** 아, 예.} 이거는 그분 주택이에요. {**우.** 아, 예.} 주택인데. 지금 주인이 바뀌어가지고.

우. 이거는 일본에 있는 거예요? {**김.** 여기.} 여기요. 아, 여기에 있는 거. 이거는 디자인. 전기, 유리구나.

김. 유리블록. {**우.** 알겠어요.} 이 양반 이거는, 일본에서 손잡이 디테일 같은 거 참고하라고 사진 찍어서 보냈던 거. {**우.** 꼼꼼하신 분이네.} 네. 당신의 집 현관. 여기가 알파 오메가 해서 이제 유리 에칭(etching) 해가지고.

우. 그러니까 교회처럼 만들어놨어요, 집을.

김. 이 시기에 이 양반 작업하면서 얘기 안 했던 일이 하나 있는데. 70년대에 후반에 서울에서 인테리어를 아주 활발하게 하던 대학교 동기가 하나 있어요. 이주보라고. {**우.** 예?} 이름이 이주보. {**우.** 이주보 씨요.} 예. 이 친구가, 박 대통령 시해 사건 때문에 주로 그 청와대에 안가(安家) 인테리어를 했던 그런 친구인데.

우. 아, 그런 사람이 있었어요?

김. 그거 하면서 사업이 잘돼가지고 엄청 일을 많이 했는데. 그때 다른 데 가구 공장 큰 재투자를 했다가 그 사고가 나니까 사업이 안돼가지고 제주 들어와 있었어요. {**우.** 예.} 그 친구 도움을 많이 받았지. 인테리어를 하니까 재료 같은 거 정보들 이런 걸 아주 익숙하잖아요. 그 친구 와가지고 제주도에서…. 사건이 79년에 났죠?

우. 네, 10월에. 예, 그렇죠.

김. 다음 1년 후에 부도 나가지고 제주도 다시 들어와가지고. 한 6년 정도 여기 있다가 나갔어요.

우. 어디로 나갔어요? {**김.** 서울로.} 다시요.

김. 있는 동안에, {**우.** 아.} 많이 도와줬죠, 작업. 재료 정보라든지, 또 그 공관 작업할 때 대통령 시설 했던 경험. 그 조언들 많이 받았죠.

우. 공관 할 때 그러면 도움을 많이 받으신 거네요. {**김.** 많이 받았죠.} 이분은 그런데 그러면….

김. 지금 연락이 안 돼. 이상하게 연락이 안 돼가지고. 나이 들어가지고 형편이 안 좋아져가지고. {**우.** 네.} 연락하고 싶어도 연락이 잘 안 돼. 동창 모임에도 잘 안 나오고. 숨어가지고 어디 살아 있긴 살아 있는 것 같은데, 얼굴을 잘 비치지 않네. 우리 애들, 결혼할 때는 서울에서 찾아와가지고 얼굴도 보고 했는데. 한참 몇십 년째 얼굴 못 보네요.

우. 그러면 이분은 7년을 저기, 불우하셨네요. 그러니까, 전두환 대통령 시절에는 서울에 못 있었던 거죠. 대통령 바뀌고 다시 올라간 거니까.

김. 네. 뭐, 형무소도 갔다 오고. 경제 사범으로 해가지고, 고생….

우. 큰 비밀을 알고 계셨나.

김. 그래가지고 힘들어지니까 이혼하고 이래가지고. 지금 어디에 가 있는지 모르겠어요. 경상도 어디 있다고 그러는데. {**우.** 소설 감이네, 소설.} 엄청 재주도 많고 열심히 하던 친구인데. 그 친구가 이런 실내에 마감 디테일 같은 거, 재료 쓰는 거, 이런 거 제 심부름 많이 해줬어요.

우. 에. 그러니까 교회 때도 도움을, 그건 훨씬 나중… {**김.** 교회 때는 아니고.} 아닌 거잖아요. 나중인 거잖아요.

김. 주택 할 때. 그 양반 주택 할 때까지는 하고.

우. 네. 그다음에 두 번째로 본 것이?

준. 〈공무원 교육원〉입니다.

우. 〈공무원 교육원〉, 예. 그건 좀….

김. 〈공무원 교육원〉, 그건 좀 된.

우. 덩치가 크던데요.

김. 땅도 크고, 넓고.

우. 그게 몇 년이었죠? {**김.** 89년인가?} 그럼 이 건물 할 때랑 비슷한. {**김.** 같은, 거의 같은.} 거의 같이 했어요? {**준.** 예.} 그, 송이벽돌….

김. 완공된 것이 89년 정도일 거예요. 그게 한, 설계해가지고 시공까지는 한 3년 걸렸으니까. 89년. 기본 설계하고 그러니까. 토목 설계, 설비 설계, 이런 거를 전부 서울 쪽에 외주 해가지고.

우. 서울 외주로 갔군요.

김. 그때는 토목 같은, 토목 설계를 전문적으로 잘하는 데가 현지에 없었어. {**우.** 네.} 〈한라도서관〉 할 때도 좀 그랬었고, 〈공무원 교육원〉은 또 워낙 지형이 넓고 고저 차 변화가 많아가지고. 땅 다루는 것도, 도로 설계, 뭐 이런 것이, 토목 작업이 많았었지.

우. 네. 그 지역을 좀 재밌게, 이렇게 유기적으로 잘 연결되게 하시려고 했다고 생각이 듭니다.

김. 그 기본 마스터플랜을 잡아가지고 해결, 그 친구들한테 이제 떼줘가지고 해결하는데. 그 팀이 금성 설계의 토목을 전부 지원한 팀이에요.

우. 아, 예. 금성을 지원해서요.

김. 전기하고 설비도 그때 금성에 했던 그 친구들이 나 도와서 해줬고.

우. 중간에 탑을 두겠다는 건 선생님이 계속 갖고 계셨던 생각이고요? {김. 어디요?} 탑이 이렇게 큰 거가 있어가지고요.

김. 쭉쭉 수직, 이렇게 있는 거? {우. 네, 네.} 그런 이렇게 시각적인 이렇게, 중심 타게트(target)가 되는 이런 수직적인 것들이 꼭 있어야 되겠더라고요.

우. 그러니까 그게 제주에는 좀 더 있어야 될 것 같은데, 아까 전봉희 교수님이 말씀하신 것처럼 "오리엔테이션이 잘 안 된다" 그런 거잖아요, 제주에서는. 저, 북사면이고, 주변에 산이 없어가지고 어디 있는지 잘 모르니까요.

김. 지붕들이 이렇게 수평으로 쭉 깔리니까. 그거에 대해가지고 대비, 수직하고 수평하고의 구성에, 그 이론은 우리 김현철이가 되게 좋아하는 이론인데. (웃음) {우. 아, 그래요?} 몬드리안. (웃음)

우. 아, 그렇군요. 갑자기 친근, 뭐라 그래야 되나, 예.

김. 아니 그 얘기가 설득력이 있는 얘기더라고.

우. 아. 요맘때 김현철 교수님이 귀국을 하신 건가요, 그러면? 89년에?

김. 그때가 들어오지는 않을 때인데.

우. 들어오지는 않았어요. 그렇지만….

최. 이게 93년 준공입니다. 아까 팻말에, 91년 착공, 93년 완공, 그렇게 되어 있었습니다. 설계는 그 전에 조금 진행되었을 수 있겠네요.

전. 〈공무원 교육원〉이요? {최. 네.}

우. 몬드리안 이론에서 탑이 생긴 거군요.

최. 김현철 선생님이….

김. 그거 가지고 나중에 김현철이가 그거 학위 받고 그랬잖아요.

최. 예, 예. 어느 정도로, 언제부터 이렇게 좀 구체적으로 교류가 있으셨던 건가요?

김. 아무튼 그때쯤에 정확한 어떤 시기적인 뭐가 뚜렷하게 기억이 정확하지 않은데.

최. 예.

우. 아주 옛날부터 아신 거 아니에요? 저기, 두 분 연애하실 때부터 알고 계셨던 거 아니에요? {김. 연애할 때는 몰랐고. (웃음)} 몬드리안 이론이고 또 교육원도 흥미로웠는데, 비 맞지 말라고 캐노피, 볼트 씌운 건 좀 {김. 어떤 거요?} 그거 무슨 공무원, 고위 공무원 비 안 맞게 하려고.

김. 그거는, 그쪽에는 이제 핵심적인 포인트는 있어야 해서. 주 현관 진입구는 강조를 해야 하잖아요. {**우.** 네.} 그런 시각적인 장치는 있어야, 그 사람들이 그쪽으로 진입하는 공간 예시를 해야 되니까 그런 장치가 있었고. 그 뒤에 이렇게 크게 튀어가지고 건물을 통과하는, 그런 주제 설정이 있다 보니까 이 캐노피도 디자인이, 그거에 관련된 디자인이 결론적으로 그렇게 된 거죠. 상징적으로만, 기능보다도. {**우.** 네.}

최. 가운데 그렇게 쭉 튀어가지고, 경사를 따라서 올라가다가 중간에 또 원형으로, 양쪽으로 이렇게 다시 돌아 올라오는 부분이 있지 않습니까? 그런 설정도 굉장히 저는 재미있었던 것 같은데요.

김. 그것이, 2층이 주 현관이 되다 보니까. 그 형태에서 양쪽으로 대칭적으로 쭉 올라가게 될 수밖에 없어요. 가운데에 딱 있게 되니까 어느 한쪽으로만 올라가게 해가지고는 시각적으로 혼란, 정리가 안 되지. 대칭으로 딱 이렇게 해서.

우. 동그랗게 하겠다는 건 어디서 생각을 가져오신 거예요? 몬드리안은 동그라미는 쓰면 안 되는… {**김.** 계단이 동그란 것?} 네. 안 되는 사람들인데.

김. 아까 그 몬드리안은, 거리가 먼 얘기고. (웃음)

최. 그런데 그게, 그쪽이 주 진입이 돼야 되는 상황이었나요? 그 레벨이? {**김.** 레벨이?} 네.

김. 레벨은 그 레벨이고. 주 현관의 현관문을 북향으로 해가지고 딱 이렇게 내고 싶지 않으려고. 안 내려고. 그건 남쪽에서 이렇게 대문을 정면으로 보게 하려고 2층으로 올려가지고 남쪽으로 했죠. {**최.** 네, 네.} 북쪽으로 하면은 북풍에 엄청 시달리니까. 그 앞에, 그 앞에 공간에 겨울철에는 몸을 서 있을 수가 없어. 거기서는 움직여야지. 그래가지고, 올라가가지고 이렇게 남향으로 주 현관이 진입되도록 이렇게 넣었죠.

우. 바람에 대한 고려를 좀 하셨네요. {**김.** 네. 바람에 대한.} 그걸 이제 모형 가지고 좀 하신 거예요? 아니면 그냥.

김. 모형은 안 만들었어요. 거기는 이제 스케치.

우. 그게 이제 '제주도의 풍토에 맞게 하겠다'는, {**김.** 네. 바람.} 생각을 하신 거네요. 지형도 중요하고, 바람의 방향이라든지 이런 것들도. 풍향, 이런 것도 중요했다고 할 수 있겠네요.

김. 그, 이제 겨울에 그 정도 되면 이제 적설량도 만만치 않아요, 겨울에. 그런데 그렇게 만약에 이게 북쪽을 향해가지고 벽이 생기면, {**우.** 네.} 바람이 부딪혀가지고 휘몰아치잖아요. 거기에 눈 날씨일 경우에는 엄청 눈도 쌓이게 되고, 뭐 그런 현상들이 일어나.

우. 하여튼 그 지붕은 동그랗게 하겠다는 건 원래 그 일관된 생각인 거고.

김. 그거는 오래전부터 생각했던. 초가집에서 얻은 거고. (웃음) 그것이 모임지붕이 아니었다가 제작하는 방법 때문에, 공법 때문에 한쪽으로만. 퀀셋(Quonset)식으로 만들기 쉬운, 효율적인 형태가 된 거죠.

우. 예. 그런데 그게 처음엔 송이였는데, 어느 순간에 바뀌었다고 하던데요.

김. 바뀐 거는, 저한테 의논 안 하고 일방적으로 도에서 개선하는 것 같아요. 뭐, 잘 해결했더라고.

우. 코르텐이었나요, 아까? 뭐였죠? 뭘로 바뀌었죠?

최. 그 지붕이요?

준. 동판이라고 했었습니다, 금속판.

우. 징크(zinc)였어요, 징크.

김. 금속판인데. 요즘 금속판 이렇게 곡면으로 가공들이 잘 나오니까.

우. 어떻게, 어떻게 구별되나. 그런 거 뭐, 손볼 때 전혀 연락을 안 하죠? 무슨 도라든지. {김. 거의요.} 거의 안 하죠.

김. 네. 그런 것들이 되는 게, 가끔, 가끔 연락이 와요. {우. 가끔요, 네.} 어쩌다가 〈현대미술관〉 같은 데는 "이렇게 손대겠습니다. 어떻습니까? 좀

제주대학교 박물관 설계공모 조감도, 금성건축+건축사사무소 김건축, 2008

와주십시오" 해가지고 하는데. 〈한라도서관〉도 제멋대로 막 고쳐버리고. 그것 때문에 그 책 만든 거예요. 아까 책. (웃음)

우. 아, 예. 그렇군요. 그런 거 보면 속상하고 그러시겠어요.

김. 이게 여러 번 당하다 보니까.

우. 여러 번 당하니 면역이 생깁니까, 그러면?

김. 그렇죠. '그렇구나.' {**우.** 그렇구나. (웃음)} 언젠가는 가까이서 좀 건축을 접했던 친구, 이런 공부한 친구들은 '그러지 않겠지'를 기다리는 거죠.

우. 예. 〈공무원 교육원〉을 두 번째로 봤고. 세 번째가 제주대학을 갔었나요? {**준.** 제주대학, 네.} 제주대학의, 그… {**김.** 〈제주대학 박물관〉.} 박물관하고, 무슨 재일동포 교육센터.

김. 재일인 무슨, 기념관.

우. 그건 어떻게 맡게 되셨어요?

김. 제주도에서 그 대학에서 공모. {**우.** 아, 공모요.} 네. 공모해가지고, 김홍식 교수 아들이 공모안, 응모안에 해가지고 당선이 됐어요. {**우.** 아들이요?} 네. 김호민.

우. 아, 김호민 군이. 예. 그럼 아주 최근이네요, 그러면?

김. 귀국해가지고 얼마 안 됐을 때. 근데 너무 실험적인 안이어서, 수용이 안 돼요. {**우.** 예.} 그리고 건축 비용을, 도네이션(donation)을 해준다는 영감이 "이런, 이런 획기적인 안은 도저히 못 받아주겠다." (웃음)

우. 그러면 당선은 시켰는데, {**김.** 네.} 기부자는, {**김.** "바꿔라."} "난 이거 싫다."

김. 그 건축비를 댄 양반은, 먼저 정해진 건 아니었지만 생각은 다르게 있고.

우. 그래서 선생님이 이제 손을 봐가지고, 아까 철근 콘크리트로, 아니, 노출 콘크리트로 하신다고 그랬다고요.

김. "기본설계는 네가 해라. 내가 실시설계 다 할게." 그래가지고 이제 작업을 했는데. 안을 실시안 가져가지고, 기본안 가져가지고 실시하려고 그러니까 이 양반이, 그냥 뭐 노발대발 난리야. 집이 삐뚤어져가지고 사선으로 재고 막 그래가지고. "이게 무슨 집이냐", "돈 못 준다"고 그러면서. (웃음) 제주대학 비상 걸렸지. 돈 200억이 도망가는 거야. (웃음)

우. 김호민 씨는 영국에서 첨단으로 뭐 익혀온, (웃음) 뭘, 그려놓은 거 아니에요? {**김.** 네.} 그 안을 좀 봤으면 좋겠는데.

김. 제주도 현무암을 모티브로 해가지고, 불규칙하게. 기본 모듈을 만들어가지고 이렇게 반복해가지고 쓰면, 좀 이렇게 변화 있게, 형태로 디자인을,

아주 참신한 아이디어로 그걸 했어요. 그런데 시공하기도 참 쉽지 않게 기본안이 돼가지고. {**우.** 네.} 그 재정을 해결하겠다는 양반이, {**우.** 네.} "도저히 안 된다"고, "바꿔라" 그래가지고.

우. "이건 안 된다. 바꿔라."

김. 그래서 이제 제가 안을 몇 개 만들어가지고 타협하는.

우. 그 기부자는 제주도에 안 계시고, 일본 오사카에 계셨다고 그랬잖아요. {**김.** 오사카, 네.} 그 안들이 가서, 그 기부자가 그중에서 "난 이게 좋겠다."

김. "이런 정도면 받아들이겠다." {**우.** "이거는 되겠다."} 그래가지고 승인을 받아가지고 했는데. 마지막에는 재료 때문에 갈등, 어려움이 있어가지고.

우. 아까 무슨 아프리카, {**김.** 화강석.} 화강석이라고 하셨죠.

김. 어느 데서. 아무튼, 엄청 비싼. 굉장히 비싼 돌이래요.

우. 20억 원 더 기부하셨다고 그랬잖아요.

김. 나중에 하여튼 "돌 값 다 준다." {**우.** 돌 값만.} 집도 다 지어주고.

우. 설득이 안 되는 거죠, 그런 분들은? "나는 이건 안 된다" 그러면. {**김.** 안 된다, 네.} "안 된다" 그러고 그냥.

김. 최대한 대로 맞춰줘야죠. 그분을.

우. 좀 독특하신 분 같았어요. 기부자가 아까 김 선생님이었는데, 김, 까먹었다. 무슨, 교주님 같은 분이셨는데. {**김.** 누구요?} 아까 그 기부자요.

준. 김창인.

김. 예, 김창인. {**우.** 김창인, 예.} 돌아가셨다는 소식은 아직 저는 못 들었어요. 아직 생존해 계실 거예요. 그런데 아무튼 대단한 인물이에요. 우리가 모르는, 좀 이해가 잘 안 가는 다른 세계. (웃음)

우. 그런 세계 분들은 많이 만나신 거네요, 다른 세계 분들을.

김. 많이 만날 만큼 그렇게 마음이 넓지는 못해요. (웃음) 굉장히 나이 많으신데도, 몸도 가볍고, 행동도 빠르시고 그러시더라고요. 여러 번 뵙지 못했는데. 그때 당시에 총장 했던 분은 여러 번 만나면서, 그 양반이 주장하시는 그 세계도 꽤 좀 이해를 하시더라고.

우. 일본에서도 뭐 많이 지으셨을 것 같은데요, 김창인 님은. 그런 건 못 보셨어요?

김. 지금 집 지은 것들?

우. 네, 이분이 뭐, 기부를 해가지고.

김. 거기 건물들을 다 봤죠.

우. 오사카에 가셔서요?

김. 네, 가가지고. 사무실 있는데, 주변에 있는 사업체 건물들. 거의 뭐

시가지 내에 큰 빌딩들이니까. 그 안에 책방도 있고 그러더라고요. 건물 안에.

우. 그럼 뭐, 〈제주대학 박물관〉에 더 궁금하신 거는 없으십니까?

김. 내부 공간을 좀 봤으면, 내부 공간은 제가 내 생각들 대로 표현한 부분들이 있어요.

우. 내부에는 아프리카 화강석을 쓰진 않으신 거죠?

김. 안 썼죠. 네. 바깥에.

우. 자, 그럼 4번으로는 〈제주대학 박물관〉을 나와서, 차를 이동해가지고….

준. 그다음에 〈양 씨 다가구주택〉 갔었습니다.

김. 네. 〈양 씨 다가구주택〉.

우. 아, 양 씨 다가구. 그것도 재밌었습니다. 그 말씀 좀 들려주세요. 건축상 타셨던 걸로 나와 있던데요.

김. 조금 색다르면 다 상 줬었어요, 그때는. (웃음)

우. 90평이라고 하셨나요, 대지가? 90평짜리라고 하셨나요?

김. 대지가? {**우.** 네, 네.} 한 90평 정도 됐던 걸로 기억해요.

우. 예. 거기서 1층을 건축, 건물주가 다 쓰시고, 2층하고 3층을 이제, {**김.** 임대.} 임대였는데. 이게 조금 2층, 3층이 점점 물러나잖아요, 뒤로. 물러나가지고 거기가 더 복도가 생기고 하는데. 그게 법 때문에 그렇다고 하셨어요, 아까.

김. 일조권. {**우.** 일조권 때문에요, 네.} 일조권 때문에 조금씩 물려가지고. 땅에 꽉 차게 그렇게 채워 넣었어요.

우. 그런데 거기에 어떻게 이렇게 세장하게 필지가 나요? {**김.** 글쎄요.} 어제 본 집은, 세장하게 된 거잖아요.

김. 거기에 또 그런 땅이 있었어요. 도로 면으로 길게.

우. 〈양 씨 다가구주택〉이 어저께 보았던 〈YWCA〉랑 비슷한 시기인가요?

김. 아니, 뭐 대지 형태만 그렇지, {**우.** 네.} 내부의 평면 형태나 그런 거 보면 전혀 유사성은 별로 없어.

우. 없어요.

최. 시기가 비슷해 보이는데요, 시기요.

우. 아닌가요?

준. 〈양 씨 다가구주택〉은 1996년에 준공이 되었습니다.

김. 예. 차이 나고. 공영주택은 내가 좀 재미없어가지고 잘 안 하려고 그러다가. 재일교포들이 하는 임대주택을 두 개쯤 했어요. 그분들은 좀 재정적으로 여유가 있으니까. 공사비 빠듯하게 해가지고 어떻게 쉽게 해가지고 이윤이나 많이 남기려고 하는 생각에서는 조금 벗어나니까. 내 생각을 거기다가 좀 넣을 수가 있죠.

우. 이 양 씨도 재일 동포예요? 〈양 씨 다가구주택〉의….

김. 원래가 재일교포. {**우.** 아, 재일교포.} 지금 주인은 손자뻘인데, 성은 고 씨더라고요. 직계 손자는 아닌 것 같고.

우. 외손자인가 보네요, 고 씨면.

최. 아무튼 1층에 따로 입구가 있고, 집주인의 입구는 따로 있고요. {**김.** 네.} 그 위에 이제 총 5세대의 입구가 다른 방향으로 완전히 나 있고 그런 해법들은, 굉장히 좀 재밌었는데요.

김. 대지 조건이 그러면 당연히 그런 선택이 있어야죠. 구분해야지.

최. 그런데 집주인이, {**우.** 뒤로 들어가면.} 처음부터 한 층을 쓴다고 그랬나요? 생각해보면 위에 쓰고 싶을 수도 있을 것 같은데요.

김. 그런 거에 대해가지고 특별한 요구사항이 없었어요. (웃음)

최. 예. 그러니까 본인이 사시는 게 아니라, 자녀들에게 주기 위해서요.

김. 네. 그리고 뭐 증여받는 재산이니까. 어른이 지어주는 대로. 여기 설계는 제주 컨트리클럽 그 어른이 소개를 해가지고 설계를 했으니까, "그 양반한테 이 사람이 설계하면은 이거 설계한 사람 얘기 그대로 하는 거지." 딱 줬어. "잔소리 말고 그냥 지으시오." (웃음) {**우.** 오, 예. 그건 좀 좋네요.} 그냥 안 그대로. 당신이 직접 살 집, 땅이니까. 손자가 뭐 말 없으면 그냥 그대로 하라, 그래가지고. 설계안이 그냥 그대로 받아들여진 거지. 접근 동선, 출입구 동선, 독립시키는 건 당연하죠, 뭐. {**우.** 안 만나고 싶겠죠.} 독립돼야지. 구분돼가지고. 대지 여건이 그렇게 안 돼가지고 할 수 없이 그렇지 뭐.

전. 몇 개 이렇게 특징적인 요소들이 보이는데요. 선생님의 조형 속에서. 계단실을 이렇게 동그랗게 한다든지. {**우.** 동그랗게, 네.} 안 그러면 박공을 가지고 정면성을 드러낸다든지 하는 것과, 이번 같으면 용적률을 이렇게 최대한 확보하는 굉장히 빠듯한 프로젝트였잖아요. 입면을 그리드로 전체를 다 이렇게 나눠가지고, 어떤 경우는 필요 없는 이 가운데 중간에 보가 하나 들어간 것도 그리드 때문에, {**김.** 장식적으로.} 장식적으로 들어갔죠. 그리고 측면에 곡면, 그거 집어넣고 박공 집어넣고. 이런 것들이 공통적으로 보이는데, 맞는 거죠? 선생님이 그걸 의도적으로 이렇게?

김. 이렇게 조형적으로 좀 잘 다듬어진 그런 형태였으면 하는 그런 욕구지.

전. 항상 여러 작품에서 계속해서 보이는 것 같아요. 어떤 선생님만의 독특한 기법 같은 것들이요. 어저께 현장에서 말씀드린 것처럼 처마를 밑으로 볼록하게 한다든지, 대문을 이렇게 긴 변하고 짧은 변을 항상 차량하고 사람 출입을 이렇게 직각으로 넣는다든지, 이런 것들을 계속해서 반복해서 쓰신다라는.

김. 한번 이렇게 실행을 해보고 그냥 긍정적으로 받아들여지면 그냥 반복해서 쓰는 거죠. (웃음) 관성이 되는 거지. 형태는 가능하면 좀 단순화되도록 기하학적으로 좀 다듬어졌으면 하는 그런 생각이 늘 있는 거예요.

전. 그리고 이 집에서도 그 계단 탑, 그 부분을 실제 필요보다 살짝 더 높였죠? {**김.** 이 집이요?} 〈양 씨 다가구주택〉에서도, {**김.** 예, 예.} 조금 더 올렸죠.?

김. 예. 더 올렸어요.

전. 그냥 비어 있는 채로 올렸나요?

김. 좀 그랬을 거야.

우. 물탱크라고 그러셨던 것 같은데, 물탱크.

김. 네, 물탱크.

전. 거기에 이쪽에서 보면, 정면, 출입구 쪽에서 보면, 그 부분은 문이 하나 달려 있는데 문짝이. 사용하는 문인가요?

김. 문, 물탱크 문이었을 거예요.

전. 물탱크를 그렇게 들어갈 필요가 있나요?

우. 사다리 놓고서 이렇게 1년에 한 번씩 청소해야 했을 것 같은데요.

김. 그냥 불편하게 들어가도 되긴 하는데, 거기에 문이 어떻게 달렸더라?

우. 그냥 이렇게, 허공에 이렇게 달려 있었어요. {**김.** 아, 문…}

전. 허공에 있었어요. 올라가는 계단도 없어서, 사다리 아니면 접근도 안 되는 문이 하나 있어서, "저 문은 뭘까?" 김태수 선생님 예전에 저희가 인터뷰할 때, 김태수 선생님 초기작 대학 하신 거, 하트퍼트 대학인가? 거기서도 이렇게 말을 하면서 탑을 하나 놓고 "왜 탑을 놓았냐" 그랬더니 이제 "중심을 잡기 위해서 탑을 놓았다"고 그랬는데. 선생님 것에서도 지금 보면 탑을 갖다가, 대개는 이렇게 공통적으로 쓰시거든요.

김. 수직적인 어떤, 그… {**우.** 몬드리안이요, 지금.} 몬드리안인가? (웃음) 수직, 수평.

전. 왜 몬드리안이죠?

김. 수직에, 수평에 대해가지고….

최. 수직, 수평의 조화를 통해서 전체적인 여러 방향성을 제시하는 것이 있습니다. 그런데 여기 〈양 씨 다가구〉도 그렇고 지금 이 건물도 그렇고요, 입면에다가 이렇게 박공, 페디먼트 같은 삼각형 요소들은, 그 어떤 형태적인 선호로 사용을 하시는 건가요?

김. 좀 지루해서 그냥 뚫었는데. (웃음)

최. 네. 지금 여기죠? 여기 아닌가요?

김. 저쪽도 필요, 〈양 씨 다가구주택〉도 기능적으로는 필요 없는 거였어요. 너무 길어가지고, {**최.** 예.} 그 지루한 감을 좀 없애려고 해가지고 이렇게 했는데.

최. 지금 여기도 지금 여기쯤 있는 거 아닌가요?

김. 이건 중심. 여기는 가운데. 이게, 천장이 높았었는데.

최. 예, 예. 아, 고친 건가요?

김. 추워가지고. (웃음) 가리고 그랬어요.

최. 원래 그러면 여기가 뚫려 있었겠네요?

김. 뚫려 있었어요. 천장이 높아요, 굉장히. 이 거실만 이렇게.

우. 그럼 이렇게 된 거예요?

김. 네. 이렇게 됐는데, 이거를 가려가지고.

우. 여기를 막아가지고.

김. 막아가지고. 난방비라도 좀 아끼자고.

최. 예. 그냥 입면 요소는 아니고 공간적으로도 안에서….

김. 바깥에 입면, 입면에서 중심 강조하려고. 장식이죠, 뭐. 장식적인 거지. 없어도 되는 거지. 그냥 없어도 편하게 좋은데, 〈양 씨 다가구〉의 지붕도 좀 그랬어요. '그게 없어도 그냥 무방했을 것 같다'는 생각이 나중에 들었어요. 괜시리 했다. 그것 때문에, 너무 조금, 좀 장난스러워진, 가볍게 처리한 기분이 들었죠.

우. 그걸 〈양 씨 다가구주택〉을 본 다음에 음악 선생님한테 갔나요? 아니면….

준. 네. 〈김승택 씨 주택〉.

우. 이건 더 초기작인가요, 선생님?

김. 초기, 비교적. 현 씨 집 그 후에 후속 작업.

준. 83년 경입니다.

우. 83년. 이때는 안거리 밖거리에 심취했을 때.

김. 안거리 밖거리인데, 우리 집의 세거리 집의 공간 구성에, 이렇게 변용이라고. 이문[2]에서 들어가가지고 마당. 이 공간 조직. {**우.** 이문간에서 마당.} 한번 재미 붙이니까 자꾸 써먹었어요.

우. 그런데 이 집, 그 음악 선생님 음악실이 확 낮았잖아요. 그거는 파지 않으셨다고 그랬잖아요

김. 원래 지형이 그만큼 도로하고 차이가 났어요. 한 1미터 50센티미터

---

2 이문은 '문간채'를 말한다.

꺼져 있어. 그래가지고 지면에다가 그냥 집을 놓을 수는 없으니까, 그분이 이제 서재에는 꼭, 딱 얼마 필요했던 면적이 있고 그래가지고.

우. 그러니까 거기다, 꺼진 데다 음악실을 넣어가지고 소음도 그냥 거기서 해결하고.

김. 네, 네. 그런데 그런 것들이 상당히 잘 맞아 들어갔어요.

최. 오늘 보니까 햇빛도 굉장히 잘 들던데요. 양쪽으로요. 네.

김. 잘 들고, 네. 선큰을 해가지고는 아주 성공적인.

최. 현관도 되게 독특했던 게, 현관에 들어가면은 공간이 바로 나오는 게 아니라 오히려 그냥 통과해서 아래로 내려가고요. 양쪽으로 나뉘어서 들어가는 체계도 굉장히.

김. 선큰이 안 돼가지고 그냥 수평으로 해결했던 게 〈현 씨 가옥〉이고요. 그냥 이렇게 해가지고. 선큰이 아니고 그냥 정원이에요. 내정(內庭)처럼. 한옥의 도시 한옥 마당처럼.

우. 안거리 밖거리인데, 현관을 같이 쓰는 거잖아요. 이렇게 거기서 신발을 벗고 이쪽으로 가든지 저쪽으로 가든지, 그렇게 될 거고. 그 안에 들어가 보지는 못했지만.

김. 그 현관을 통과하는 현관으로 해가지고. 설계에는 디딤돌을 가운데 2개를 이렇게 넣었었어요. 근데 이제 그 양반 이렇게 마루판 같은 거 하나 딱 놨더라고. {**최.** 예.} 그게 나중에 선생님이 거기 고쳐가지고. 설계에는 그냥 징검돌을 늘어놨었죠. 선생님들 애들이 재밌어했어요. 건너다니면서. (웃음)

우. 거기 자제분이 몇 분이나 계셨어요?

김. 둘? 둘인 것 같아요.

우. 둘이요. 엄청 큰 집이었네요. 처음부터, 예. 그리고 그 땅을 쪼개서 팔 때는 선생님하고 상의하신 거죠? 그래서 이쪽은 이렇게 깊은 연못을 2개 만들어가지고 정원을 꾸미는 건 다 계획을 하신 거죠?

김. 선생님인데. {**우.** 그러니깐요.} 최대한 서비스해드려야지.

우. 그러니까 서로 지금 다 불편하시는 것 같아요. (웃음) 저기 다, 할 말을 못 했다. (웃음)

김. 대문에 외부 변소 만들고 하는 거, 그냥 주택 자잘한 심부름들 그걸 다 해드려요. 그런 게 도리죠.

우. 주택은 그런 걸 해보시느라고 재미있어하셨는데. 다가구주택은 재미없어하셨어요?

김. 아니, 그러니까 장삿속으로 집세 받아가지고 생활비 조달, 분양해가지고 돈 벌겠다는 사람, 그런 설계는 좀 하기 싫었죠. 그리고 몇 번

거부하니까 그다음은 이제 안 오더라고요. {**우.** 예.}

전. 톱라이트는 어디, 거실 위에 있었나요? {**김.** 톱라이트?} 예.

김. 톱라이트가, 이쪽에 식당. {**전.** 식당 위에 있었어요?} 그랬던 것 같아요. 식당 위에 거기 어딘 것 같다. 이 계단. {**전.** 아, 원형 계단 위에요.} 원형 계단 위에.

우. 그렇네요. 이 음악 선생님은, 3학년 때는 음악 수업이 없지 않아요? {**김.** 없죠.} 시험공부 해야 되가지고. {**김.** 1, 2학년 때.} 1, 2학년 때요, 네. 아무튼 오늘 엄청난 분을 빼서, 아주 그냥 잊히지 않을 것 같아요.

김. 그분이 가르치는 것도 아주 열정이 있을 시기였던 것 같아. 음악 수업을 상당히 효과적으로. 음악 감상 위주로 해가지고, 클래식, 고전음악 감상. 그때 뭐 음향기기도 별로 안 좋은데, 갖다가 많이 들으라고. " 심포니 구성이 이런 거다." 뭐 이런 것들.

우. 그거 다 사비로 사셔서 듣게 했을 것 같아요. {**김.** 그러니까요.} 전축판 같은 거 다.

김. 그런데 저보다 1년하고 2년 선배까지가 저 선생님의 후일담을 많이 얘기해요. 선배들도 "음악, 음악 수업은 참 효과적인 교육 공부했던 것 같다."

우. 그래서 오현고등학교엔 피아노가 있었습니까?

김. 피아노는 없었어요.

우. 아, 그때도 없었어요?

김. 관현악, 관악부만 있으니까.

우. 이거 기록으로 남겨야 하는데, 1952년에 김승택 선생님이 대학 입시를 봤을 때는 제주도 도내에, {**김.** 전체에.} 전체에 피아노가 한 대도 없었다. (웃음) 이거는 누구든지 알아야 될 것 같습니다. 그리고 〈김승택 주택〉은 이 정도로 정리하고. 여섯 번째가?

준. 여섯 번째가 동문시장에 있는….

우. 아, 〈동문시장 극장〉. 선생님이 건축을 처음, {**김.** 입문.} 입문하시게 된, 예, 예. 거기 왜 가셨다고 저번에 말씀하셨는데.

김. 대학교 들어가니까 김한섭 숙부가 실습을 시키시더라고요. 설계하고 공사를 하게 되니까. 숙부 되시는 김홍식 교수 부친. "야, 방학 때는 거기 가가지고 구경도 좀 하고 심부름 좀 하라"고.

우. 네. 그때 그렇지만 그 설계 도면이 현장과는 맞지 않아서 새로 현장에서, {**김.** 처음부터.} 도면을 그리셨고, 어떤 구성 요소들을 르 코르뷔지에라든지 이런 걸 참고하셨다고 말씀하셨는데요. 그때 르 코르뷔지에 공부를 좀 하신 거네요, 그러면?

김. 나중에 알지 않았을까?

우. 아, 그랬을까요? 르 코르뷔지에였는지를요.

김. 나중에 코르뷔지에의 책 보고 보니까 이런 것들이 있고. 블록, 홀 블록으로 해가지고 이렇게 중공 블록 쌓은 것들도 있고. 3학년, 4학년 된 다음에 "아, 이게 그쪽의 거였구나" 그렇게 알게 된 거죠.

우. 그러면 김한섭 선생님이 그 요소들을 거의 다 쓴 거네요, 르 코르뷔지에의 요소를.

김. 네, 네. 기본 도면은 다 돼 있었으니까.

우. 그런데 이렇게 삼각형 땅에서 이 삼각형의 꼭짓점. 긴 거, 이등변 삼각형이라고 하면 이쪽 끝에가 이쪽에서, 그러니까 낮은 쪽에서 약간 정면성을 갖는 것 같은데요. 이렇게.

김. 그쪽으로 전면 도로가 있으니까.

우. 그러니까 이렇게, 치즈 케이크를 잘라 놨다 치면, 모서리에 제일 뭘 많이 하셨더라고요. 무슨 동그라미도 많이 집어넣고. 근데 궁금한 건 맨 위에 동그라미가 사실은 하는 일이 없는 건데 괜히 그렇게 붙여놨던데요. 이거 마치….

김. 그건 어른들이 한 작업이어가지고. (웃음) 구경만 했지.

우. 구경만 했겠네요. 어른들이 약간 그쪽에 힘을 주셨던. 그게 시장 입구니까 그렇게 하신 거겠죠?

김. 주 접근 시선이 그쪽으로.

우. 원래는 그게 무슨 자리였어요? 원래부터 극장 자리였습니까, 아니면?

김. 극장이 아니에요. 원래 시장이었는데. {**우.** 네.} 목조로 해가지고 지붕이 함석.

우. 네. 그런데 꼭 이렇게 한 바퀴 돌면서 재밌게 봤던 거는 건물에 붙어가지고 이렇게 가설 상점 같은 것들이 쭉 있더라고요.

김. 네, 네. 오히려 재밌게들 장사해요. 거기 빙떡, 우리가 빙떡 같은 거 하나 좀 사 먹고 있어야 하는데. 빙떡, 호빵, 그거는 엄청 장사 잘돼. 줄 서고 그래. 노점은 거의 이제 동문시장하고는 관계없이 새로 생겼고.

우. 선생님 실습할 때도 노점이 있었는지 그게 좀 궁금한데요.

김. 노점이 그때는 지금 같이 그렇게 인정받지는 않았을 거예요. 동문시장 자체에서 번영회 해가지고 그 사람들 자릿값 받고 해가지고 빌려주고 막 그랬으니까.

우. 그걸 여쭙는 거는, 처음 계획에는 시장 건물에다 이렇게 상점을 넣을 생각은 없었던 거네요.

김. 없죠. 그건 경계선 밖 도로니까. 도로 부지니까.

최. 그 건물 전체 안에는 꽤 깊이가 깊던데, 톱라이트나 이런 건 전혀 없었나요? {**김.** 톱라이트 있어요.} 있나요?

김. 예. 이쪽 덩어리. 극장 덩어리에는 없고. {**최.** 예, 예.} 이쪽 가운데에 아주 큰 톱라이트가 있어요. 1층에 오픈이 돼 있고. 근데 나중에 그걸 가렸더라고. 지붕을 만들었더라고. 목재로 격자 갤러리를 짜가지고 그걸 매다는 디테일. 그리고 시공하는 거 구경한 기억이 있는데.

최. 그러니까 중정은 아니고, 아트리움이나 이런 건 아니고 그냥 톱라이트, 위에만.

김. 아트리움처럼. {**최.** 아트리움처럼요.} 비교적 큰 오픈이 있었어요. 아마 그 도면에 흔적이 남아 있을 텐데.

우. 이게 영화관이었던 것이죠? {**김.** 영화관.} 근데 극장 덩어리가 큰 게, 거기서는 안 느껴지고 길 건너서 이쪽에 오니까 '그런가 보다' 이렇게 알게 됐는데.

김. 그래서, 산지천, 그러니까 뱃머리에서부터 쭉 진입해가지고 들어가면서 보면 이게 주시성에 이렇게 나타나는 거여가지고. 입면의 좀 상징적인 거에 대해서 고민을 많이 하셨던 것 같아요.

최. 그 극장으로의 주된 진입은 건물 안에서 이루어진 건가요?

김. 저쪽 구탱이에서. {**우.** 맨 끝에.} 예. 좌측에서 주 계단으로 해가지고. 계단으로 이렇게 올라가가지고. 계단이 기억자로 돼 있고 이 나머지는 이렇게 오픈으로 트여 있고. {**최.** 예.} 그러니까 엔트런스는 조금 천정이 높고 그랬었지. {**최.** 간판도…} 이렇게 들어가가지고 여기 휴게 로비가 있고, 이렇게 돌아가지고

제주 동문백화점 전경, 1963, 출처『건축가 김한섭』, 금성종합설계공사, 1984.6.

관객석으로 들어가게 돼 있어요.

최. 예. 제가 도면을 못 봐서요.

김. 진입해가지고 바로 여기가 아니고. 스크린이 진입 쪽에 가 붙어 있어. 영사실이 이쪽에 있고. {**최.** 예, 예.} 이렇게 올라가가지고 휴게실이 이렇게 가요. 이렇게 들어가.

최. 아까 영사실을 보여주셨죠.

김. 예, 예.

우. 하여튼 동양극장 이거를 실습하시면서 건축에 대한 입지를 더욱더 강하게 하신 거네요. '건축가가 돼야겠다.'

김. 그때 김한섭 선생님이 광주에서, 아주 새로운 극장 설계를 하나 바로 전에 하셨어.

우. 그건 광주에 있는 거예요?

김. 광주에. 금남로, 금남로 3가인가 4가인가에 있는 영화관을 하나 설계를 했어요.³ 엄청 새로운 영화관이 또 잘되고 그래서. 그 소문도 제주도에 전해지고 이래가지고. 동문시장에서 상점 말고 그 부분은 수익사업으로 해가지고 그걸 했던 것 같아요. 영화관을. 장사가 잘되니까. 영화관 설계를 잘했던 분한테 "설계 의뢰하자" 그래가지고. 설계를 그렇게 의뢰했던 것 같아요.

우. 그전에는 영화관이 없었어요? {**김.** 몇 개 있었죠?} 있었어요, 네.

김. 제주 극장이 오래전에 있었고. 중앙, 제일 극장. 3개쯤 있었어요.

우. 3개쯤 있었는데.

김. 그다음에 이제 동양. 4번째쯤 생겼어요.

우. 4번째쯤.

김. 그런데 좀 새로운 시설이니까.

우. 네. 손님이 다 일로 오겠네요.

최. 하나의 건물 안에 시장과, 아무튼 이 극장이 이렇게 복합적으로 들어 있는 예들은 없지 않았나요? {**우.** 그러니까요.} 예. 대형 복합시설로서는 꽤나 앞선 선례일 것 같은데요.

김. 그때 이제 동문시장 상인들이 협동으로 해가지고 생긴 회사에서 사업 종목으로 그걸 잘 선택을 했던 것 같아요. 누가 제안을 했는지는 모르지만.

전. 한 건물에 있지는 않아도, 이렇게 같이 있는 경우는 많이 있죠.

최. 예. 그런데 이렇게 하나의 건물에 완전히 묶여 있는….

전. 그렇죠, 그렇지.

---

3. 김한섭은 1956년에 〈광주중앙극장〉을 설계하였다.

우. 그건 신기하네요. 진짜로.

김. 서울의 아시아극장도 그런 경우들은 없었어요?

전. 한 공간인 건 신림동에도 있고 신길동도 있고.

김. 청계천에 있던 아시아극장.

전. 그런데 대개는 아무튼, 거기가 시장이 조금 터가 넓기 때문에, 극장을 하면서 입체로. 그런데 이번처럼 이렇게 하나로 쭉 연결된 한 건물로 하는 거는, 정말로 저도, 별로 기억에 없는 것 같아요.

김. 그런데 극장 운영이… 그때는 필름 배급회사에서 주도권을 가지고 있어가지고. 필름 배급하는 거래선을 잘 확보를 해야 이게 극장이 죽고 살고 해요. 경쟁이 그거예요.

우. 지금도 그렇습니까?

김. 지금도 그런 상황일 거래요.

우. 재료만 바뀌었지.

최. 예전에는 아무튼 좋은 영화 빨리 확보하려는 경쟁이 엄청났었던, 그 얘기를 들었습니다. 멀티플렉스로 요즘은 다 운영이 되니까, 예전 같은 그런 상황은 아닐 거 같은데요. 그리고 지정 개봉이니까요.

우. 그거는 포트폴리오잖아. 분산투자잖아요. 어느 게 터질지 모르니까. 하여튼 흥미로운 건물을 봤고요. 아니, 제가 제주도에 관한 건축사 책을 몇 권 보진 못했지만. 하여튼 꼭 이게 시작에 나오더라고요. 그래서 궁금했었습니다.

김. 저게 건축적인 가치도 그렇지만, 건축 생산 기술. 지역의 건축 기술 수준을 상승시킨 의미가 상당히 있을 것 같아요. {**우.** 수준 상승.} 그게 얘깃거리가 될 만해. 극동건설이라고 하는 큰 조직이 들어와 가지고, 지금 허니호텔로 이름 돼 있는 구 제주관광호텔4. 재일교포 자본으로 시작된 제주 최초의 관광호텔. 민간 관광호텔. 그게 끝난 다음에 철수해가지고 나가려고 하다가 저걸 공사를 다시 맡아가지고, 하고 나갔는데. 그때 그 팀들이 내가 제주도에 돌아와서 보니까 콘크리트 팀, 철근 팀, 비계, 뭐 이런 팀들이 전부 지금과 같은, 현장 용어로는 십장, 오야지. {**우.** 오야지.} 제주도 건설 시공업계를 전부 다 주도를 하고 있더라고요.

우. 아, 이분들이요.

김. 목수며, 조적공. 뭐 이런 사람들이. 전부 제주도 출신이 아니고 밖에서 들어온 사람들인데 여기 와가지고 장가가는 사람도 있고.

우. 장인들은 다 외지에서 왔다고요.

---

4. 구 제주관광호텔(현 제주 하니크라운 호텔)은 1963년에 개관하였다.

김. 그래가지고 그때부터 제주도의 기술 수준이 굉장히 레벨 업 됐죠. 그런 건설업계를 통해서. 그런 것들이 상당히 중요하게 얘기가 돼야 할 부분들이에요.

우. 아까 또 거기 63년, 65년 도지사 하시던 해군 소장, 성함은 그새 까먹었습니다만, 그분이 좀 많이 기여하셨다고.

김. 그분은 그 사업의 재정적인 지원, 정책적인 지원에 집중해가지고. 그 양반을 아주 은혜로워들 해요, 동문시장에서. 제주도 전체 지역에서도 그렇고. 제주도 와가지고 좋은 일 많이 했다고.

우. 선덕비가 있어요? 없죠?

김. 기록비, 비도 어디….

우. 비석을 세워줘야 하는 거잖아요. 전통이잖아요.

김. 진짜 그분은 비석 세울 만한 분이에요.

우. 〈동양극장〉 건축은 선생님이 실습을 하면서 건축에 대해서 관심을 더욱 갖게 된 계기가 됐다라는 점에서도 의미가 있고. 제주도의 기술 수준을 한 단계 올리는 일이 됐다고 생각이 되고. 타지에서 장인들을 데려오는, 수급하는 일도 있었고, 당연히 이와 더불어 재료 수급도 타지에서 하는 것에 어떤 시스템이랄까, 뭐 그런 것이 확립이 되는 계기가 된 것이죠.

김. 현장 소장이 서울에서 크게 활동하시던 분이었어요. 그때 얘기 듣기로 중앙우체국. 신세계 백화점 앞에. 거기 현장 소장 했었다고.

우. 〈동양극장〉은 그런 점에서 의미가 있고. 그러니까 철근 콘크리트 구조가 제주도에서 이제, {김. 정착되는 데.} 정착되는 아주 어떤 기념비적인 건물이다.

김. 그 시기에 같이 〈제주대학교 본관〉.

우. 아, 예. 이 팀에서 한 거네요.

김. 이 팀이 아니고. {우. 아, 아니고요.} 거기는 제주도 현지 회사가 맡았는데. {우. 아, 현지 회사입니까.} 내가 현장에 와 있을 때 좀 기술적으로 지원해 달라고 찾아왔던 그 일을 내가 목격한 적이 있어. 현장 사무실에 와가지고 우리 형틀 짜는데 어떻게 짜면 되냐고. (웃음) 좀 가르쳐달라고. (웃음)

우. 아, 그건 너무 기초를 모르는 거 아니에요?

김. 곡선으로 막 그랬잖아.

우. 아, 너무 어려워가지고. 너무 어려운 걸 시키셨네요. 김중업 선생님이. 〈동양극장〉은 이 정도로 마칠까요? 질문 더 있나요? 없으면 이제 일곱 번째로.

준. 그다음으로는 아까 잠깐 봤던 〈대동호텔〉입니다.

우. 〈대동호텔〉을 관통했었죠.

김. 〈대동호텔〉은 좀 상당히 리노베이션이 늦어요. 2010년대.

우. 이건 리노베이션만 하신 거죠?

김. 네. 원래는 다른 사람이 다 설계한 집인데. 저게 집이 필지가 네 필지인가 그래요, 땅이. 그래가지고 앞에 부분, 작은 것만 신축해가지고 기존하고 묶어가지고 리노베이션. 저 뒤에 거는 강성익 소장이, 거기 그 사장, 혈연관계가 있어가지고. 그 동생한테 시켜가지고 저쪽 별관 지은 거. 그리고 이제 같이 묶고. 엘리베이터 놓고. 주 계단을 바꾸고 뭐. {**우.** 강…} 강성익. 대한건축사회 회장도 하고 그랬어요. 나보다 한두 회, 한 3년 후배. 손아래. 한양대학교 나온.

우. 그거를 선생님이 이제 리노베이션을 하신 거네요.

김. 네. 그냥 다 부숴가지고. 리폼 했죠.

우. 비교적 최근의 일이었네요.

김. 네. 그런데 이게 밑에 출입구 같은 거 디테일. 그리고 밖에 필지가 여러 필지고 엘리베이션이 복잡하니까, 호텔에 창문이 이렇게 복잡하게 막 나오죠. 크기도 틀리고, 위치도 이렇게 막 어긋나고. 그래가지고 좀 가리려고 바깥에다가 스테인리스 파이프 가지고. 그런 디테일. 진짜 저 디테일을 디자인을 해가지고 설계를 해놓으면, 시공이 뒷받침을 해줘야 되는데. {**우.** 네.} 제주도에서 이게 해결이 안 되네. (웃음) 그래, 그 주인 양반이 서울 올라가가지고, 철제 잘 만지는 기술자 데리고 와가지고.

우. 그래서 완공이 된 거네요.

김. 네. 디테일을 해결하는데, 시공을 잘 깔끔하게 해줬어요. 거칠게 만들면 저거 참 보기 싫거든. 그리고 "설계대로 못 하겠습니다.. 바꿔주십시오" 해가지고 다른 방법으로 했으면 또 이상할 거고. 일본 잡지에 나온 거 베껴가지고.

우. 아, 그래요? 일본 무슨 잡지요, 선생님? {**김.**『디테이루』죠.}『디테이루』, 네, 알겠습니다.

김. 일본 잡지『디테이루』내가 오랫동안 받았지, 지금. 재밌어요. 저 일본 잡지『디테이루』. 계간(季刊)으로 나오는 거.

우. 아, 이거 계간이에요.

김. 네. 지금도 나오나 모르겠어. 1년에, 1년에 4번 나오나?

우. 아, 그래요? 나오겠죠, 뭐.

전. 일본말 하시는 데는 불편함이 없으세요?

김. 불편함이 있죠.

전. 글은요? 글은 쉽고요?

김. 글도 불편하고요. 일본말이 힘들더라고. 어려워요. 책 해석해서 보면 부정인데 긍정으로 해석해가지고, 거꾸로 해석해가지고 혼란 올 경우도 있고. 일본말들이 그런 표현들이 꽤 많잖아요.

우. 너무 돌려서 말해가지고요. 그렇죠.

김. 겨우 어떻게 그렇게 그냥, 뭐 그림 보고 뭐고 하면서 그냥 어떻게 이해하는 그런 수준이죠. 제2 외국어 공부, 학점 따느라고 공부하고 했는데도.

우. 겸손하게 말씀하셔서 그러는데 잘하시니까 그렇다고 생각하고요. (웃음) 공부를 다시 시작한다고 어저께 어떤 분하고 전화에서 얼핏 들었습니다.

김. (웃음) 일본말이 조성룡 선생님만큼은 해야 하는데.

우. 조성룡 선생님은 더 잘해요?

김. 그 양반은 뭐, 불편 없지.

우. 아, 오사카 출생이었나, 그렇죠?

김. 출생이 도쿄잖아.

우. 아, 도쿄예요. 그런데 금방 한국에 왔을 텐데 그렇죠? 그러면 잡지 말씀이 나와서 또 드립니다만,『디테이루』를 보시고 또 뭐 구독하셨어요? 저기, {김. 책?} 예. 일본 잡지.

김. 일본 잡지는『신건축』도 오래 봤어요.

우.『신건축』을 오래 보셨고요.

김. 그리고『자료집성』,『건축자료집성』에는 얘기가 있어요. {우. 네.} 친구들이 밀항을 많이 가잖아. 제주도 친구. 밀항 가가지고 대학교 1학년 입학 축하 선물로,『자료집성』을 사가지고 보내줬지.

우. 아. 진정한 친구들이 있었네요.

김. 1권, 2권밖에 안 나왔을 때.

우. 아, 예. 거기다 또 얼마씩 맨날 적었어요?

김. 제주세관에서 통관한. (웃음)

우. 아, 판매 금지. 이거 저기 장사할까 봐. {김. 제주세관.} 1970년에요.

김. 건축과에 갔다고 사가지고 선물 보내줬어요.

우. 그러셨군요.『신건축』보셨고,『자료집성』보셨고.

김. 우리 학교 다닐 때 수업,『자료집성』가지고들 자료를 썼어요. {전. 맞습니다.} 이거 복사해가지고.

전. 저희 다닐 때는 번역본이 나왔죠. {김. 번역본이 나왔죠.} 해적판.

우. 번역이 또 막 틀리고 그러지 않았나요. 말해 뭐하겠어요. 그림만 보는 거니까.

전. 한자 그대로 두고. 명사는 그대로 두고 대개 동사만 바꿔가지고.

우. 그렇게 실패는 없었겠네요.

전. 큰 실패는 없었죠. 그렇게 번역했으니까.

우. 흥미롭네요. 이것의 어떤 영향 관계도 재미있을 것 같네요.『신건축』

보셨고, 『자료집성』 보셨고. 제가 말씀 여쭈면서 보니까 저기에, 최근에 일본에서 한 전시회 도록이 꽂혀 있어가지고, 저거는 보러 가셨어요?

김. 네. 저거는 보러 갔다 왔어요. 가가지고 거기 롯폰기에서 했던 서점에서, 아니 전시회 못 보고. 미술 전시회 갔다가 서점에서 그거 사 왔어.

우. 모리미술관에 가셨던 거네요, 그러면? {**김.** 네, 네.} 《건축의 일본전》, 도록 구하신 거네요.

김. 책을 워낙 재밌게, 주제들을 설정해가지고. 관심 있게 책을 만들었길래.

우. 도록을 좀 잘 만드는 것 같아요. 음악 선생님처럼 말씀드릴 수가 없지만.

김. 일본은, 일본에 출입할 기회들이 좀 많아가지고. 갈 때마다 책방 돌아다니고, 전시회 보고.

우. 책방은 어디 다니셨어요? 남양당?[5] {**김.** 키노쿠니야.} 키노쿠니야, 네.

김. 후쿠오카 가면 마루젠.

우. 그렇죠. 거기는 마루젠이.

김. 네. 키노쿠니야. 오사카는 가면요, 키노쿠니야 늘 갔고. 도쿄도 키노쿠니야로.

우. 키노쿠니야가 엄청나게 커가지고 동남아는 다 키노쿠니야더라고요. 미국에도 있고, 뭐.

김. 오사카도 옆에 새로운 빌딩에 새로 옮겨가지고. 크게 했더라고.

우. 1년에 한 번은 그런 데 가신 셈이네요?

김. 거의. 1년에 한 번 갈 일이 생겼어요. 늘 있었는데, 코로나 이후로는 안 가는데.

우. 그러면 거기서 책을 잔뜩 사서 부치셨어요? 제주도로?

김. 거의 부칠 경우도 있고, 그냥 들고 오고. {**우.** 들고 오면.} 많이 안 사지, 뭐. (웃음)

우. 제주로 직항이 있어요? {**김.** 있죠.} 아, 있어요. (웃음)

김. 제주도가 후쿠오카도 있었고, 오사카도 있었고, 도쿄도 있었어요.

우. 아, 그랬어요. 지금은 좀 끊긴 상태인가요?

김. 예. 2019년까지, 마지막 2019년 6월 달에 갔다 왔네. 모리미술관 갔을 때도 그때. 갔다 오니까. {**우.** 코로나라고.} 아니, 코로나 전에, 불매운동. 일본 가지 말라고. {**우.** 노재팬, 예.} 예. 노재팬. 돌아오니까 그러더라고.

우. 그러면 〈대동호텔〉하고 이제 일본 관련 얘기는 이 정도로 줄이도록

---

5. '난요도(南洋堂)'는 일본 도쿄에 있는 건축전문서점을 말한다.

하고요. 5, 6, 7, 8번째.

준. 네. 마지막으로 〈제주 노인복지회관〉.

우. 아, 〈제주 노인복지회관〉. 다시 여기 뭐야, 송이벽돌이 돌아왔어요. 잠깐 잊고 있었는데.

김. 크게 변화된 특기가 없죠, 디자인이. 아까 뭐 〈공무원 교육원〉이나 뭐 그런 거.

우. 좀 다르게 느껴지는 게 이쪽에서, {**김.** 접근.} 어깨너머로 봤지만. 이쪽에 계단을 만들면서 벽을 만들어서 이쪽은 가리려고 하셨던 것 같은데요. 왼쪽 벽면은 좀.

김. 거기에 프로그램이 그렇고, 프로그램에 따라가지고 하다 보니까 자연스럽기도 하고. 문화 프로그램이 좀 이루어지는 데 편하게, 독립적으로도 쓰이고. 내부에서 자체 프로그램도 하고, 외부에 공간 임대, 대여도 하고. 뭐 이렇게 융통성 있게 쓰는 거를 전제로 해가지고 외부 계단. {**우.** 네.} 일로 절로 출입하게 됐으면 해가지고 그런 것들을.

우. 그러면 이거….

김. 접근이 이게, 어떻게 접근시키느냐를 고민을 많이 했어요. {**우.** 그러니까요, 네.} 주변에 '목관아' 공간이 이렇게 열려 있고 그래가지고. 정면으로 이렇게 딱 이렇게 대항하는 배치를 않고 꺾여가지고 이렇게 들어가게. 그, 내부 이렇게 건물 뒤에 내정이 원래 거기에 주춧돌, 이렇게 유적, 유물들이 좀 남아 있고.

우. 아, 유물들이 있어요?

김. 네. 그런 자리가 있어가지고 거기도 이제 지하실이 노인들 그, 목욕 시설을 그때 좀 잘하자고 해가지고. 지금은 아마 못 쓰고 있을 거예요. 비용 때문에. {**우.** 네.} 목욕실도 좀 편하게, 분위기 좋게 하느라고 선큰 넣어가지고 이렇게 열어놨는데. 그런 것 때문에 덩어리 두 개가 이렇게 병치되어 있지. 작업에 이렇게 덩어리가 두 개씩, 두 개 나눠져가지고 병치된 레이아웃이 꽤 많아요. {**우.** 아, 예.} 안, 밖거리 때문에 그런 건지. (웃음) {**우.** 그러네요.} 한 덩어리로 턱 이렇게 놓는 거를 거의 안 했어요. 둘로 나누고 그러면 덩어리도 나눠 가지고 좀 스케일도 작게 하고, 기능도 분리시키고, 둘로 나누면 여러 가지 편한 게 많더라고요.

우. 설계하기에 좀 편하시고. 그리고 이렇게 하나로 커지는 걸 좀 싫어하시는 것 같아요.

김. 네. 이렇게 병치시키는 거를 많이 썼어요. 거기 어쩔 수 없이 꺾여가지고 접근하게 되니까 그런 배치가 나올 수밖에 없었는데.

우. 그러면 송이벽돌 건물들은 선생님은 주로 공공 건축에서 많이 쓰신 거네요?

김. 개인 주택에도. {**우.** 쓰셨어요?} 네, 썼는데. 주택에는 내가 마음 편하게 대대적으로 쓰고. 이게 흡수율이 높아가지고. {**우.** 흡수율이요.} 몇 년에 한 번씩 방수 처리를 해서 보완해줘야 돼요. {**우.** 예, 예.} 방수 재료가 좋아져가지고 큰 문제가 없는데. 초기에는 누수 사고가 많이 났어. (웃음)

우. 아, 예. 불만이 많겠네요. 저기, 방수 처리는 어떻게 해요? 거기다가 뭘 다시 발라요?

김. 저기 투명. {**우.** 예.} 차수제.

우. 차수제를 발라야 되는구나.

김. 스프레이로 해가지고.

우. 예. 이게 언제까지 가시는 거예요? 아까는 송이벽돌 때문에 오름 하나는 없애버리신 것 같다고 그러셨는데. 송이벽돌의 시대가 언제까지 간 건가요?

김. 채취 못 하게 허가 안 주니까 이제 끝난 거죠.

우. 그게 몇 년쯤 됐을까요?

김. 이게 아마, 채취 못한 게 이제 거의 한 10년 됐나? {**우.** 아, 10년이요.} 2000년 들어와가지고 안 된 것 같아. {**우.** 2000년대는 금지.} 2000년 되니까는 거의 뭐 타일들만, 생산 업체에서도 타일만 만들고 그러더라고.

우. 벽돌로는 안 되고 타일은 계속 가요?

김. 블록도 만들고 벽돌도 만들고 그랬거든.

우. 타일은 명맥을 유지한다. 그렇게 되는 거네요.

김. 타일 할 경우는 이제 내장용으로, 인테리어용으로 많이들.

우. 송이벽돌 시대가 흥미로운 것 같습니다. (전사자에게) 시계를 자꾸 보는 걸 봐서는….

태. 예. 마무리를 하셔야 될 것 같습니다.

우. 오늘 답사도 하고 말씀도 듣고 그래서 선생님의 작품 세계를 좀 더 잘 알게 되는 것 같은데 이게 몇 개의 결이 있는 것 같네요. 송이벽돌이 시기적으로도 그렇고, 유형으로도 좀 다른 것 같고. 그다음에 다가구주택도 몇 채가 있었고. 주택이라는 계보, 주택을 하신 것도 있고. 그다음에 교회, 성당이 이렇게. 유형적으로는 그렇게 분류가 되는 건가요? 도서관도 하셨는데, 도서관도 송이벽돌인 것도 있고 아닌 것도 있고. 아, 미술관도 있고 그러네요.

김. 또 노인 시설도, {**우.** 네.} 한두 개, 세 개쯤 했었어요.

우. 세 개 하셨어요.

김. 저쪽 변두리에, 멀리 있는 거, 뭐 볼 만한 그 작업이 하나 있긴 있는데. 노인시설.

우. 아, 예. 얼마나 멀리 있습니까?

김. 4.3 공원 있는 그쪽. 갔다 온 지 오랜데.

우. 혹시 기회가 다음에….

김. 초기에 노인시설, 우리 좀 관심이 초기에 이렇게 일어나기 시작할 즈음에 한 노인시설.

우. 혹시 볼 수 있으면 나중에라도 가거나 아니면 도면으로라도 좋고요.

김. 아니, 뭐. 그런데 작업의 성격이나 그런 것들은 더 볼 필요 없고요. 거기서 거기죠, 뭐 생각들이, 그 생각을 가지고… (웃음)

우. 그런데 발주처를 보면 관청 일을 좀 하셨고. 그다음에 재일교포가 좀 강하십니다. 많은 것 같아요.

김. 네. 재일교포의 시대도 이제 끝났습니다.

우. 그럼 2세, 3세로 내려가면 제주도에 대한 애정은 없는 거죠, 네.

김. 이제 제주도에 안 와요. 여기에다가 투자할 만한 재정적인 여력도 없고. 거꾸로 지금 제주도에서 '재일동포 도와주기 캠페인 하자' 그래가지고 지금, {**우.** 거꾸로요.} 네. 지금 시작되고 있어요. 그 노인들 위주로, 연로하신 노인네들 위주. 그분들한테 보답하는 그런 프로그램들을 하고 있고 그러죠.

우. 언제부터 제주 재일동포의 시대가 끝났다고 보세요?

김. 2000년도로 와가지고는 거의.

우. 2000년도 들어와서. 일본이 이제 불황으로 잃어버린 20년 그때부터인가 보네요.

김. 예, 예. 일본의 경제적인 그런 환경도 있고. 그러면서 이제 오히려 거꾸로 우리가 도와줘야 하는 거야.

우. 그러면 더, 제가 궁금한 게 많은데 나중에 또 어떤 식으로 여쭙도록 하고, 오늘 좀 자꾸 눈치를 줘서. (웃음) 그러면 1박 2일에 걸쳐서 선생님 모시고 좋은 말씀 많이 들었습니다.

전. 질문들이 좀 있는데 어떡하죠? 아닌 게 아니라. {**김.** 네?} 질문들이 좀 있는데, 이렇게 끝나면 책이 안 끝날 것 같은데요.

우. 그러니까요.

최. 아니면, 나중에 저희가 다시 오든지 아니면, 선생님 혹시 서울 오시는 일이 있으실 때 해야 될 것 같은데요.

김. 서울로, 혼자 가는 거. 저 다른 일 겸해서 가면 되죠.

전. 네. 그때 한 번 더 해야 될 것 같습니다. {**김.** 네. 그러시죠.} 질문이 좀.

오늘은 비행기 시간이 있어서, 더 이상 진행은 안 될 것 같고.

김. 서울 가서.

전. 네, 서울에서 한번 뵙는 걸로.

김. 서울 갈 일 자주 만들어주십시오. (웃음)

전. 그래서 이번에는 아무튼 현장을 답사를 한 게 굉장히 큰 도움이 된 것 같고. 뭐, 잡지로나 화면으로 본 거랑 달리, 현장에서 본 것들이 선생님이 작업하시는 걸 이해하는 데 크게 도움이 된 것 같습니다.

김. 자꾸 걱정이 돼요, 전. 제가 이 대상에 들어가야 되는 경우가 되나.

전. 좀 다른 것, 네. 같은 잣대로만 의미를 재는 건 아니니까요.

김. 잘, 잘 어떻게 좀 다듬고 조율해주세요. (웃음) 제가 금년으로 이제 설계사무실을 개업한 지 딱 50년 됐어요. 74년 3월 해가지고 지금 만 50년 됐는데. 이제 사무실도 폐업 신고 해가지고 정리하고 그러려고. (웃음) 50주년 되는데. 우리 화북에 있는 생가에다가 주변 것들 갖다가 좀 쌓아놓고 그러려고. 지금 정리하고 있습니다.

전. 중요한 자료들을 아마 목천에서도 되게 갖고 싶어 할 겁니다. {**김.** 네.} 네. 그래서 아까 그 보고서 같은 경우 같은 거 여분이 좀 있으시면… {**김.** 어떤 거요? 책이요?} 네, 그런 것들을….

우. 아니, 보고서요. {**김.** 보고서요?} 아까, 제주도 그 무슨 개발계획 같은 거요.

전. 그다음에 스크랩북 같은 경우. 그러니까 책 같은 경우는 여러 부를 찍으니까 어디든 관이든 있는데. 아까 그런 보고서라든지 이런 스크랩 같은 것들은 사실은 여러 군데 없거든요. 관계되는 사람 몇 사람이 나눠 가진 건데, 다 아마 일실(逸失) 됐을 거고, 몇 개 없으니까. 아마 선생님이 기증해주신다 그러면 목천에서 좋아할 겁니다.

태. 그 부분은, 구술채록 원고 만들면서 별도로 다시 연락드리겠습니다. 저희가 도판도 정리를 해야 될 것 같고요.

김. 네.

우. 예, 그럼 선생님, 서울에서 다시 뵙도록 하겠습니다.

김. 서울에서, 네.

태. 고맙습니다.

전. 한 번 더 뵙게 되겠네요. (웃음) 시간이 막 다 되어서.

금성종합건축사사무소 소장 도판

김석윤은 1968년 7월부터 1972년 2월까지 금성종합설계공사(김한섭건축연구소)에서 근무하였고, 1974년 3월 김석윤건축설계사무소를 개설하였다. 본 단락에서는, 현재 금성건축이 소장하고 있는 김한섭의 설계도서 가운데, 김석윤이 작도한 외부 투시도 11점을 소개한다.

수록 도판목록

	생산년도	제목	매체 종류	매체 크기	생산자
1	1970.01.	홍은동아파트 C동 신축설계	트레이싱지 위 펜과 연필	820x540	김한섭건축연구소, 김석윤
2	1970.05.	한라관광호텔 신축공사 설계도	트레이싱지 위 펜과 연필	820x540	김한섭건축연구소, 김석윤
3	1970.11.	천리교 대선교회 신축공사	트레이싱지 위 펜과 연필	820x540	김한섭건축연구소, 김석윤
4	1970.12.	한독부산공공직업훈련소 신축공사 설계도	트레이싱지 위 연필	820x540	김한섭건축연구소, 김석윤
5	1971	제주대학 수산부 임해연구소	트레이싱지 위 연필	820x540	주식회사 금성종합설계공사, 김석윤
6	1971	한국소년직업훈련원 조감도	트레이싱지 위 연필	820x540	주식회사 금성종합설계공사, 김석윤
7	1971	홍은동 6층 아파트	트레이싱지 위 연필	820x540	주식회사 금성종합설계공사, 김석윤
8	1971.05.	한국소년직업훈련원	트레이싱지 위 펜과 연필	820x540	주식회사 금성종합설계공사, 김석윤
9	1971.08.	이씨전원주택 신축공사 설계도	트레이싱지 위 펜과 연필	820x540	주식회사 금성종합설계공사, 김석윤
10	1972.01.	오현중등학교 종합계획 조감도	트레이싱지 위 펜	820x540	주식회사 금성종합설계공사, 김석윤
11	1972.02.	제주대학 수산학부 임해연구소 투시도	트레이싱지 위 펜과 연필	820x540	주식회사 금성종합설계공사, 김석윤

KIM HAN

HONG EUN DONG
APARTMENT & OFFICE
BUILDINGS PERSPECTIVE

김한집건축연구소   PROJECT

DRAWN BY :
CHECKED BY :

1
홍은동아파트 C동 신축설계

한라관광호텔 신축공사설계도

김한집건축연구소

한라관광호텔 신축공사 설계도

천리교 대선교회 신축공사
제주시·건입동

4
한독부산공공직업훈련소 신축공사 설계도

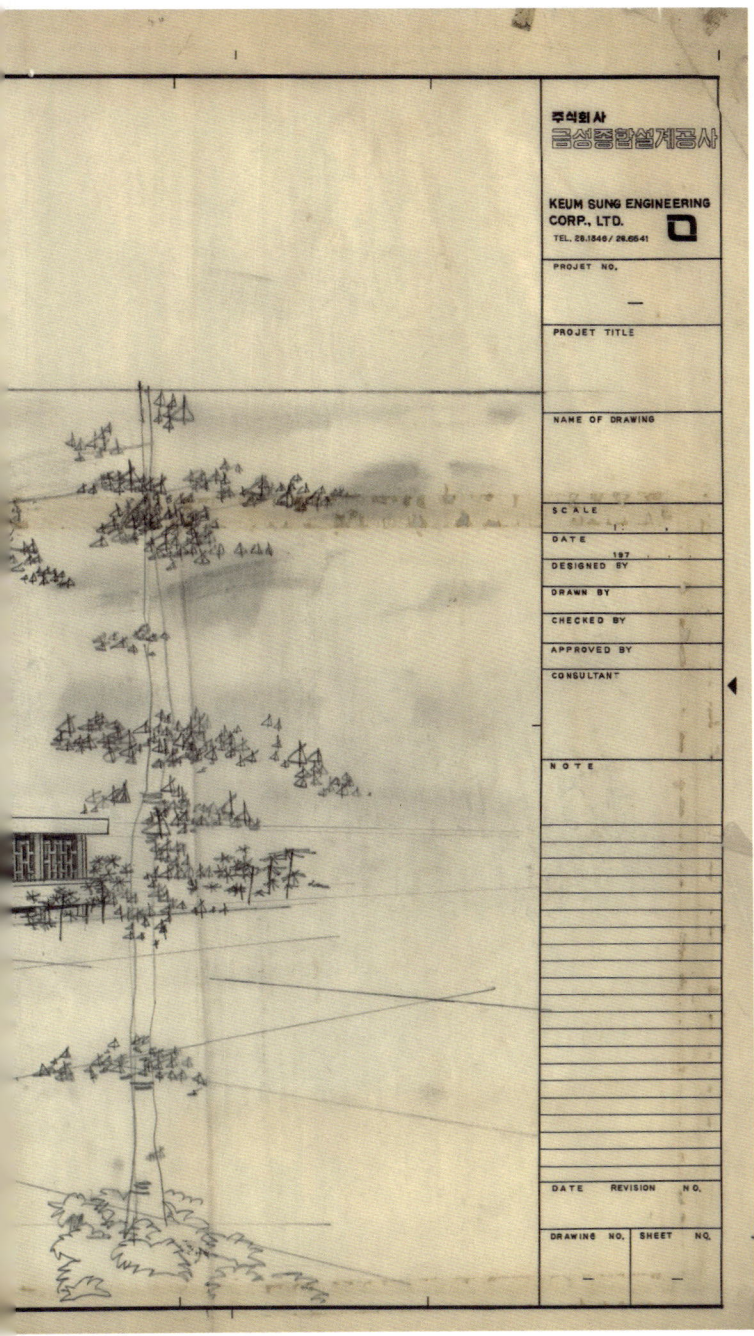

한국소년직업훈련원

한국소년직업훈련원 조감도

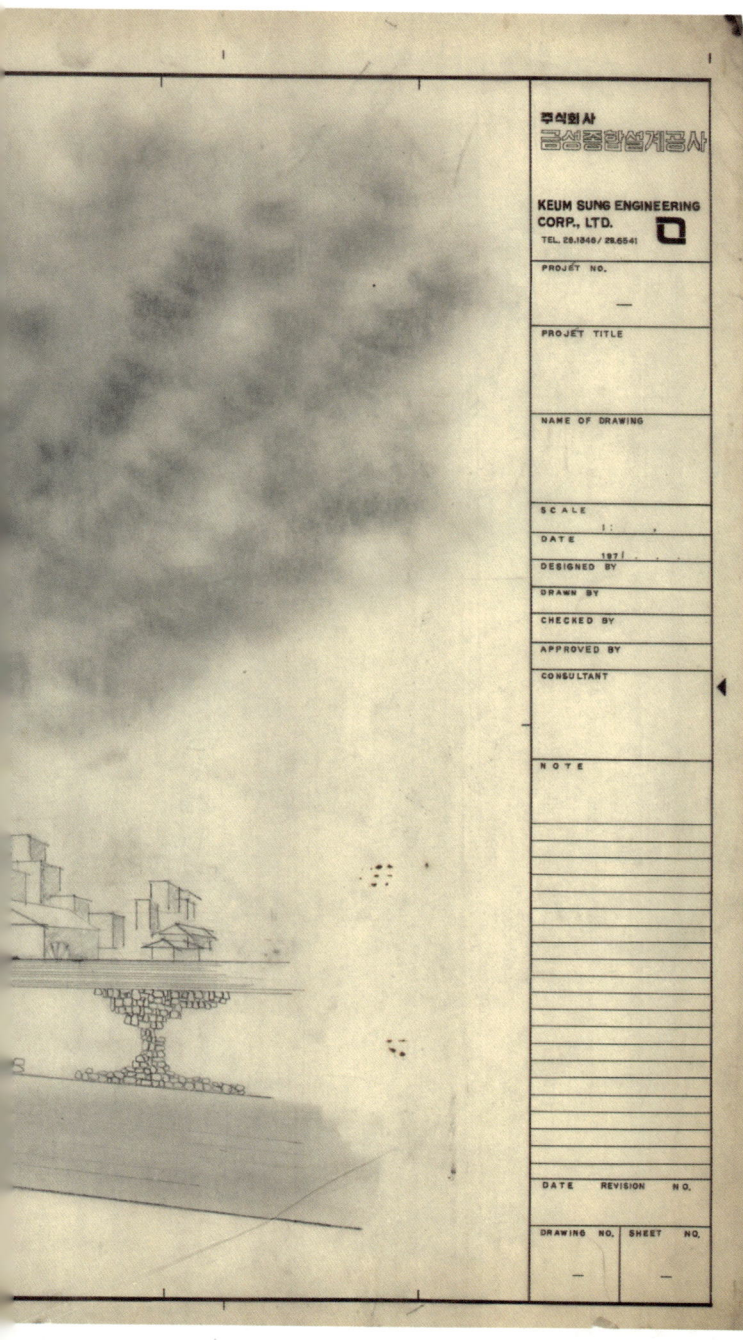

홍은동 6층 아파트

KOREA BOYS TE

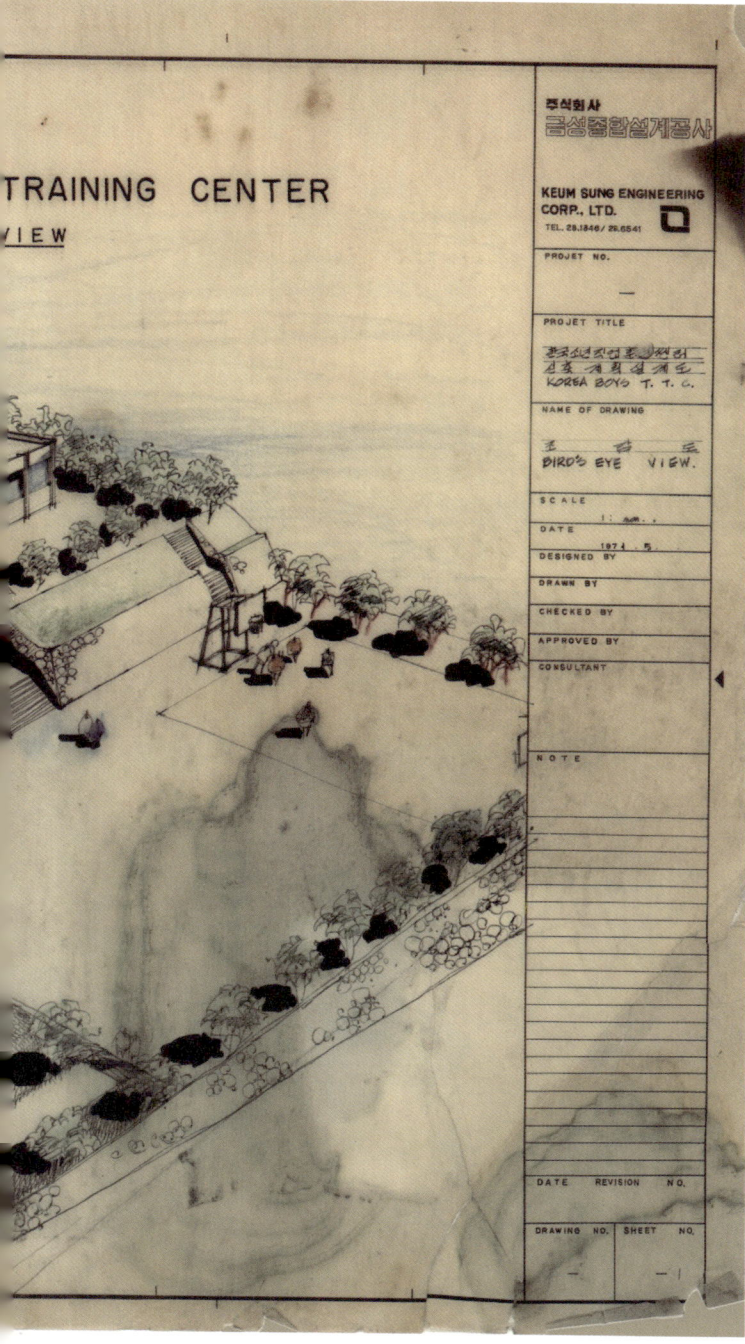

한국소년직업훈련원 신축계획 설계도

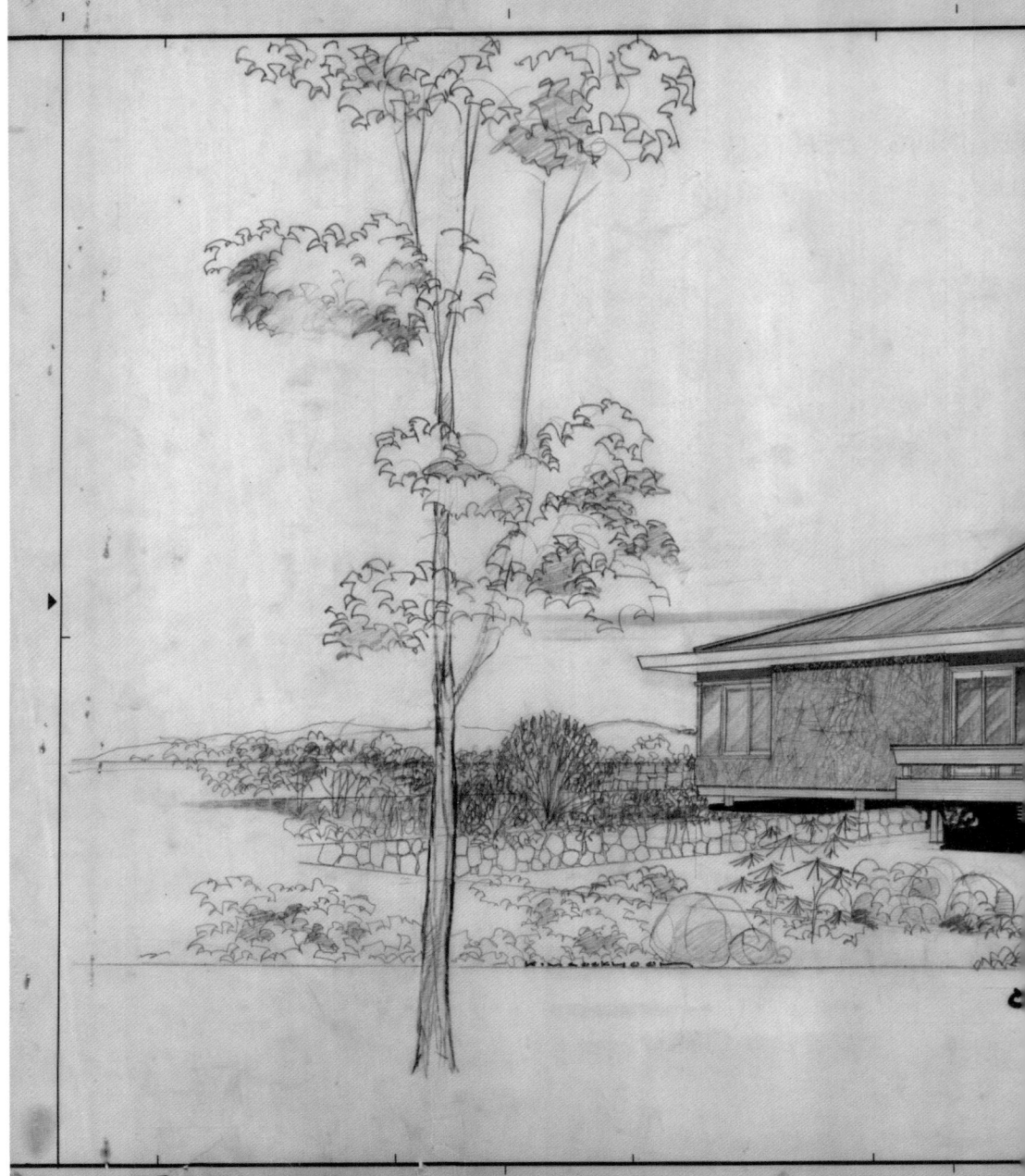

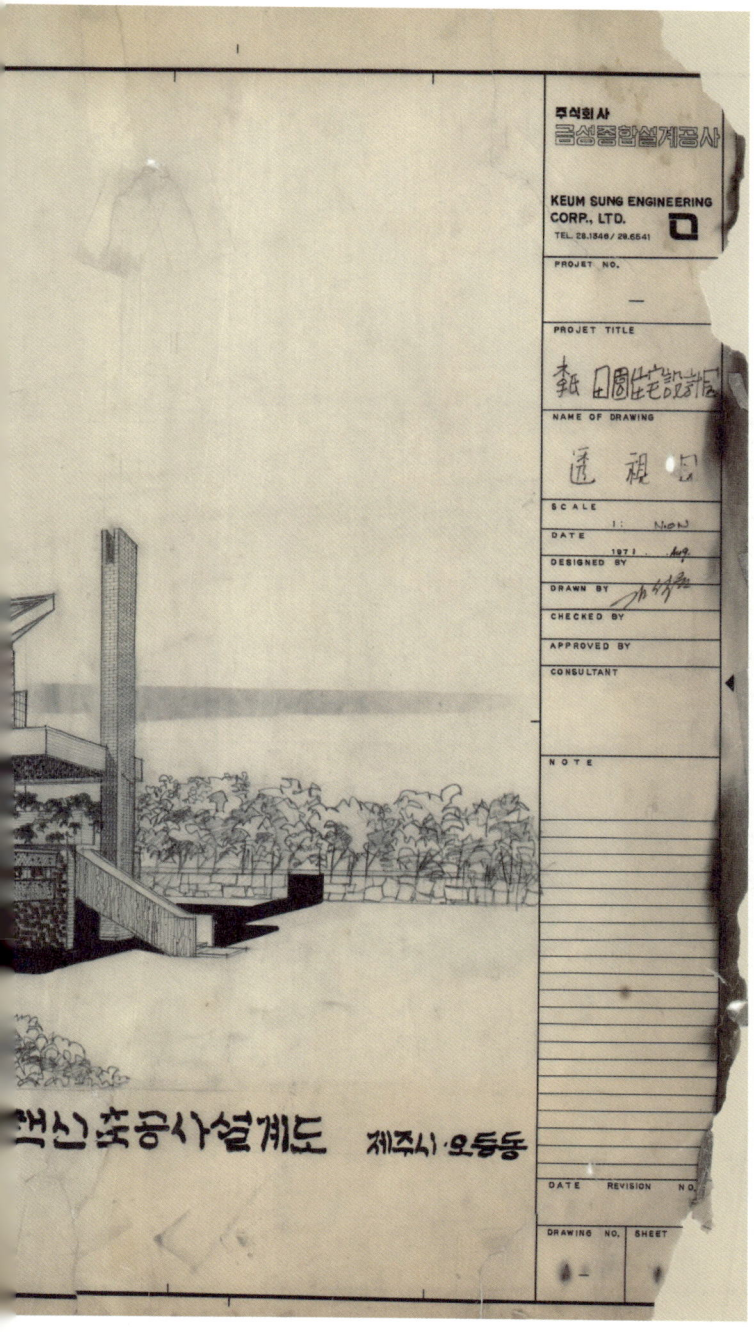

이씨전원주택 신축공사 설계도

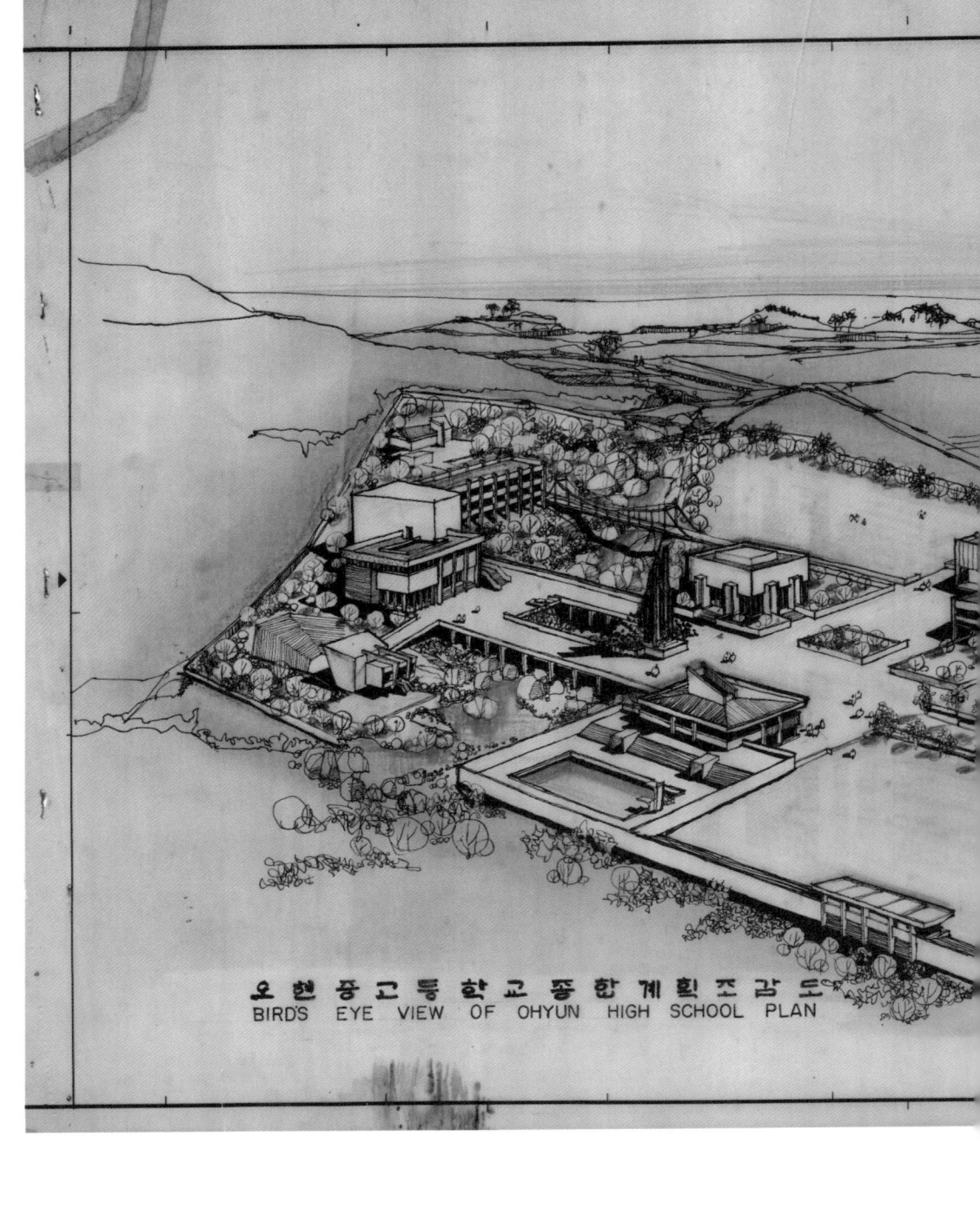

오현중고등학교종합계획조감도
BIRD'S EYE VIEW OF OHYUN HIGH SCHOOL PLAN

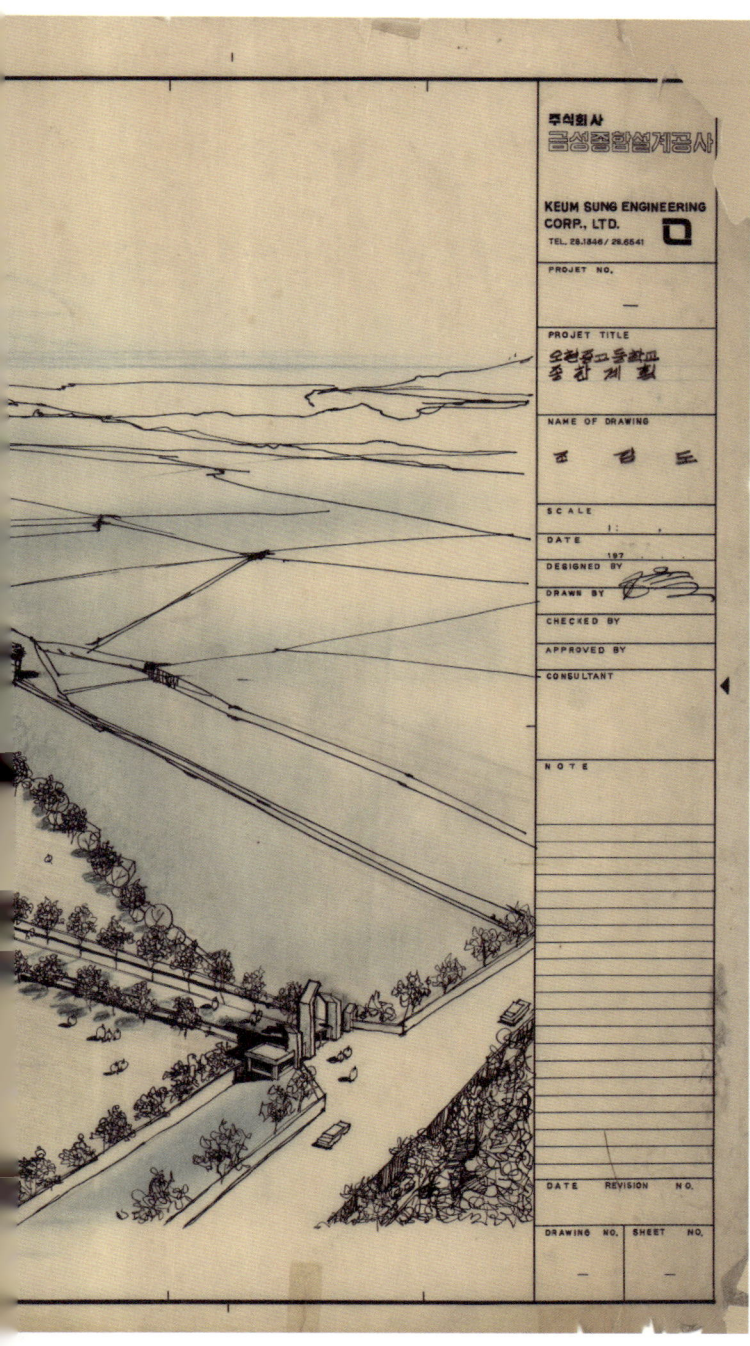

오현중고등학교 종합계획 조감도

제주대학 수산학부 임해연구소

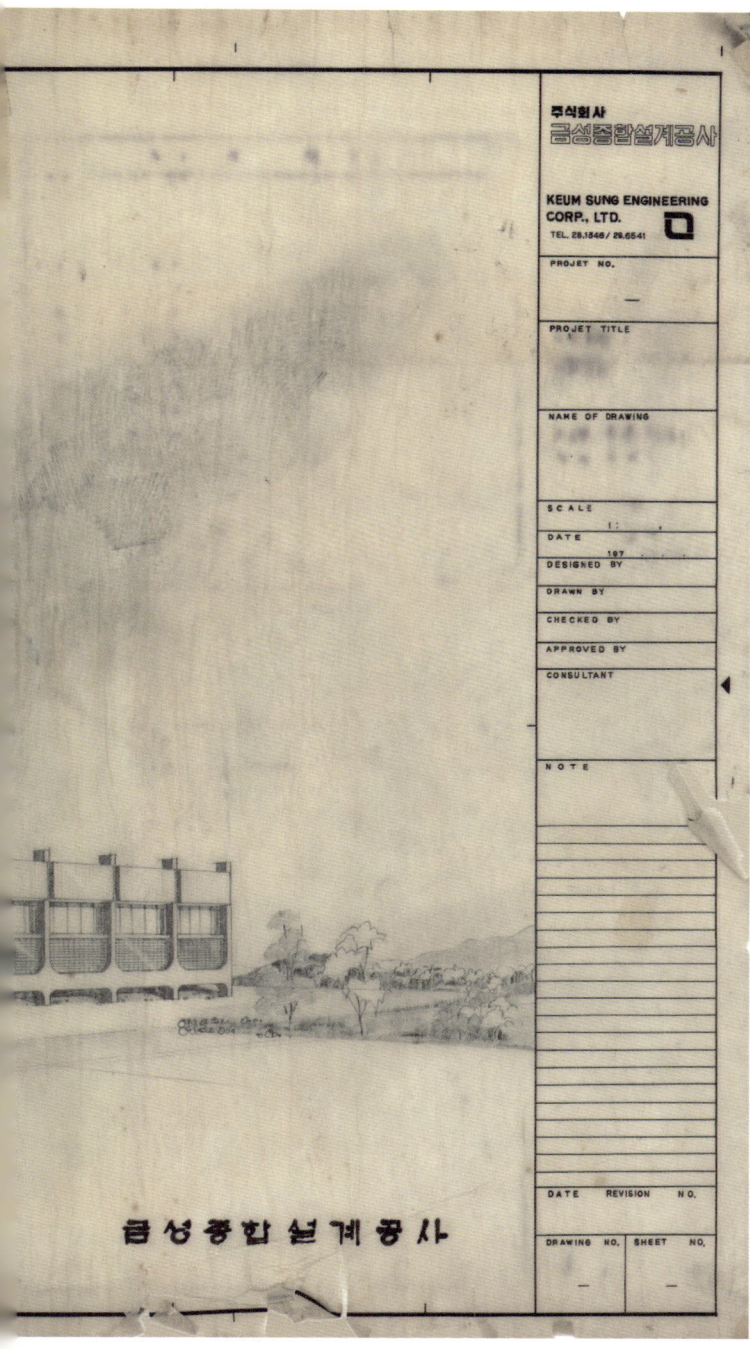

제주대학 수산학부 임해연구소 투시도

12

제주도 건축

일시. 2023년 8월 15일 화요일 오후 2시
장소. 금성종합건축사사무소
구술. 김석윤
채록연구. 우동선, 전봉희, 최원준
촬영 및 기록. 김태형, 김준철
참여. 김용미, 김미현

우. 오늘, 2023년 8월 15일 오후 2시 21분부터 김석윤 선생님 모시고 구술채록을 진행하도록 하겠습니다. 오늘이 8번째고요. 오늘은 특별히 금성건축에서 진행하도록 하겠습니다. 김용미 대표님도 또 말씀해주실 것이라고 기대합니다. 지난번에 5월에 어디까지 하고 말이 끊어졌죠?

김. 요새 기억이 빨리 지워져가지고.

우. 저도 이거(전사본) 봤는데, 들쑥날쑥이어서. 일단 그러면 지금 김용미 대표님이 질문하신 그 작업과 사업 사이에서 어떻게 사셨는지 좀 여쭙고 싶습니다.

김. 얘기가 뭐, 복잡한 얘기는 없는 것 같아요. 그 질문에 대해서는… 사업, 맨날 월급날 되고는 돈 부족해서 쫓아다니는 게 일이었으니까.

용. 그래도 석윤이 오빠는 규모가 좀 작고 아틀리에니까 작업을 위주로 했다고 봐야죠. 그런데 저 같은 경우는 작업해야 할 사람인데 사업체를 맡았기 때문에 굉장히 힘들었던 거고, 내면으로. 오빠는 작업을 위주로 삼았다고 해야죠.

김. 내 경우는 제주도는, 규모도 작지만, 설계비도 싸고. 직원들 월급도 싸고. 그러니까 견디기가 쉬웠다는 얘기지. 그런데 어떤… 설계사무소는 사업이라고 생각해 보지 않았어요. 그리고 그 얘기를 하면은 좀… 불편하게 생각했고, 우리 동기생들이, 건축사 면허 따려고 생각했던 동기생들은 별로 없고 인테리어로 많이 빠졌어요, 인테리어로. {**우.** 네.} 인테리어 쪽에는, 서울 얘기지만, 인테리어 학회니 협회니, 이걸 주도한 사람들이 전부 홍대 동문들이었거든요. 그런데 우리 동기생들도 인테리어 쪽으로 많이 갔어요. 그런데 그걸 하고 싶지 않더라고요. 그런 유혹이 좀 있었는데. "그거 하시죠" 또 "설계해가지고 집도 좀 지으시죠" 하는 얘기를 주변에서 들을 경우가 많았었는데 하고 싶지 않았고. 좀… 장사하는 게 무슨 거짓말하는 것 같고.

우. 네. 인테리어로 동기생 여러분들께서 이렇게 많이 나가신 거는, 그쪽이 조금 수지가 맞았나 보죠? 좀, 쉽게 좀….

김. 그것도 그렇게 쉬운 작업은 아닌데. 인테리어도 디자인료를 따로 받고 그러진 않았잖아요. 시공. 그려주고 설계, 디자인료 안 받고. 시공해서 그걸로 해서. 수익 위주로. 그런데 우리 동기생들 중에 인테리어 쪽으로 해서 성공한 친구들이 많았어요. {**우.** 예.} 그런데 거기 가고 싶지 않더라고요. 꼭 그 생각을 하는 순간, 설계는 못 할 것 같은 생각이 들더라고. 사업적으로 하려고 그러면 좋은 설계할 수가 없잖아요. 싼 설계를 해야 되니까.

우. 그게 어려운 지점인 것 같아요.

김. 그런데 유혹은 꽤 있었어요. 그리고 내가 74년에 개업을 했는데, 개업할 때쯤 삼촌님이 오셨어. 사무실 오셔가지고, "너는 그 작품에만 너무 집착하지 말아라." 그때만 해도 제주도는 거의 다 허가방 분위기였거든요. 그래가지고 그런 일들도 많이 있을 텐데, "작업이 한 10개쯤 하게 되면 하나만 좀 작품 하려고 욕심내고, 나머지는 경영하는 데 도움이 되게 실속 있게 사무실도 해 버릇해라", "열 작업 중에 하나만 작품을 남겨도 굉장히 잘하는 거다." (웃으며) 그렇게 말씀하시더라고. {전. 그러네요. 맞는 말씀 같아요.} 그런데, 시기적으로 제주도에 내가 시작할 때 분위기가 좋아가지고, 작은 프로젝트, 규모는 작지만은 골라가지고 했어요. 얼마 동안 하다 보니까 자연히 그냥, 웬만큼 자기 살 집에 자기 나름의 생각을 가져가지고 작업할 사람들이 아니면은 안 와. 설계 의뢰를 안 해요. 그렇게 되더라고요. 시간이 좀 지나니까 사무실 경영하는 데는 재정적으로는 엄청난 압박을 많이 받은 셈이죠. 제주도니까 가능했었어요, 서울에서는 그렇게 하기 힘들었을 거예요. 우선 현실적인 문제가, 생존 문제가 더 급하니까.

우. 제주도니까 생존 가능하다는 거는 어떻게, {김. 경영.} 경영 가능하다는 건 어떻게 이해해야 될까요?

김. 예를 들어가지고 사무실의 직원들, 딴 사무실보다 월급 엄청 적게 줘도 그냥 왔거든요.

우. 그러니까 직원들이 제주도에 다 집이 있는 거죠? {김. 네.}

용. 제주도에서도 쌌다. {김. 쌌다.} 제주도에서도.

김. 네. 작게 줘도, {용. 배우러 왔다.} 내 사무실에 오고 싶어 하는 애들이... 많이 있고. 그런 형편은 쭉 오랫동안 지속됐지. 제주도가 설계사무실을 엄청. 그 설계 보수도 적지만은 직원들 보수도 굉장히 작아요.

용. 지금도 그래요?

김. 지금도 비슷한 형편이고. 전반적으로 우리 업계 말고도 월 소득, 평균 소득이 굉장히 격차가 많아요. 서울하고.

우. 그럼에도 이렇게 흔들리지 않고 계속 굳건하게 설계를 하시게 된 게, 어떤 아까 그 삼촌의 말씀 때문에 그런 것인가요? 아니면 뭘 이렇게, '나는 꼭 설계를 해야겠다' 이렇게 결심하신 이유가 뭘까요?

김. 그때 그 시절에 제주도 분위기였던 것 같아요. {우. 제주도 분위기요.} 네. 그리고, '이 일은 내가 안 하면 안 되겠다' 하는 의식이 좀 확고했어요. 확실했어. '내가 아니면 누가 해' 그런 생각을. 그런데 그런 생각을 하게 된 거는 서울에서 아마 학교 다니면서, 교수님들한테 배우면서 그런 생각들이 굳어진 부분도 있고. {우. 네.} 지금 둘 다 이제 사고가 나가지고 지금 없지만, 셋이. 우리 상식이 형하고 우리 홍식이 교수하고 나하고, 중학교 2학년 때부터 여름방학에는 제주도에서 같이 여름방학을 지내는 그런 형편이 됐어요. 그래가지고 학교 다니면서도 같이 다니고. 늘 같이 있으니깐, 셋이 건축에 대한 얘기들을 이제 많이 나누지.

우. 중학교 2학년 때부터요?

김. 네. 그때는 건축하겠다고 하는 생각들만. '우리는 앞으로 크면 건축할 거야' 하는 생각들만 가지고 있었고. 대학교 다니기 시작하면서 건축 얘기를 많이 했는데, 형제끼리 건축에 대한 얘기들을 나눈 게, 생각이 그렇게 확고하게 굳어지는 데 상당히 영향이 많았던 것 같아. "건축은 이래야 된다." 그러고 늘 서울에서 사무실에 같이 있으면서도 뭔가 건축에 대해가지고 확실한, 바른 생각들을 공부하고 싶었고, 그거를 무척 목말라하고. 기회만 있으면 그런 무슨 얘기, 교육 프로그램 같은 것도 참여해가지고 자꾸 얘기하고. 서울에서 사무실을, 우리 삼촌이 60년대 초반에 올라오셔가지고 여기저기 많이 다녔는데. 삼각동에서 사무실이 있을 때가, 내가 대학교 졸업하고 군대 갔다 와가지고 정식으로 사무실 스탭으로 근무할 땐데. 사무실에, 성함을 확실하게 지금 기억 안 나는데, 김경수 선생님인가 하는 조경가가 있었어요. {**전.** 조경이요.} 네. 학교에서 조경 강의도 하신다고 그러고. 이런 분들이 와가지고 그냥 자연스럽게 앉아가지고 건축 얘기를 해요. 그러면 그 얘기 듣고 싶어가지고 형제들끼리 앉아가지고 열심히 얘기 듣고. 그 얘기 들은 다음에 건축에 대한 얘기를 다시 또 우리끼리도 되새겨 가지고 "야, 건축은 이렇게 해야 되지 않냐", "이렇게 가야 될 길이지 않냐." 그런 분위기가 서울에서도 있었고. 또 우리 동생 홍식이, 김홍식 교수는 제주도를 자주 왔거든요. 오면은 늘 사무실에 와가지고 같이 있다가 건축 얘기 나누고… 그런 분위기였어요. 그래가지고 아마 형제들끼리 나눈 얘기들이 내 건축을 다듬는 데도 크게 도움이 됐던 것 같아요.

우. 그건 부러운 환경이네요. 그런데 세 분 중에서 소장님만 건축과 지망생이고 다른 분들은 우회해서 건축과로 입학하신 거 아니에요?

김. 건축으로 오는 거는 다, 기정, 원래 했었고. {**우.** 아, 그래요.} 네.

용. 다 건축을 희망했는데, 김상식 선생은 우리 아버지가 "넌 조각부터 해라." 그래서 조각을 1년을 다녔대요, 조각과를.

김. 조각과 1년 다니면서,

용. 그러고 건축과로 갔고.

김. 수업 시간에는 건축과 와가지고 기웃거리고 그랬어요.

용. 김홍식 교수는 서울대학교 떨어지고 2차를 안 보고 재수를 하고 싶었는데, 아버지가 "넌 재수하면 안 돼" 그래갖고 억지로 홍대를 들어갔다는 거죠.

김. 그래가지고 홍대에 그때 상경학부가 강했거든. 그 상경학부에 가서

적을 넣었어요. 그래가지고 수업은 건축과 가가지고 수업받고.

용. 재수를 못 하게 해갖고 할 수 없이 그렇게 했다고.

김. 그러니까 홍익대학교 건축과로 치면은, 상식이 형이나 홍식이나 나나 다 정통은 아니지. (웃음) 나는 전남대학교 1년 있다가 왔고, 김상식은 조각과 1년 다녀가지고 2학년 때부터 건축과에 왔고, 우리 홍식이 교수는 적은 상경학부로 적을 둬가지고 건축 공부를 했고. 그 얘기는 누구 아는 사람 없어요.

김. 우리 셋끼리만은 아는 얘기지.

용. 재수를 하고 싶어 갖고 그랬다.

전. 대개 선생님, 73년에 내려와서 74년에 개업하시고. 또 92년쯤에 한 번 계기가 있다고 말씀하셨었고, 전에. SA하고 이러면서. 그리고 2000년 넘어가면서 다시 한번 또 "제주도 건축이 좀 바뀐다", "건축계가 좀 영향이 바뀐다"라는 말씀을 하셨는데. 그다음에 선생님이 대개 활동을 조금 이렇게 축소하신 거, 줄이신 건 언제쯤이죠? 사무실에, 사무실 운영을 이렇게 좀 규모를 좀 줄인다든지, 작품 활동을 좀 줄이게 되는 게, 대개 2005년 정도부터입니까, 2010년 정도부터입니까?

김. 차이가 별로 안 나가지고, 줄은 것 같지도 않고 늘어난 것도 같지도 않은데.

전. 그러면 언제 사무실을 정식으로 딱 문 닫은 건 언제세요?

김. 닫은 거는 2010년. {**전.** 2010년, 네.} 2015년이죠. {**전.** 15년, 네.} 70살이 딱 되던 해.

전. 70. 그러면 2000년 들어, 이후에도 그 작품 활동을 계속….

김. 2000년 작업, 후에 작업한 게 프로젝트 몇 개 있었죠.

전. 저희들이 봤던 게, 대개 그 전의 것들 아니었던가요? 제주도에서 봤던 것들이요.

김. 도서관하고 미술관하고. 이게, 2000년 이후에.

전. 아, 제주 미술관이 있군요. 그게 가장 최근이군요.

김. 예. 2005년부터 2010년까지 해가지고 프로젝트를 끝냈고. 2015년 70, 나이 70 되면서 이제 거의 활동을 안 하는 셈이죠.

전. 그렇게 제주도에서 쭉 사무실을 하면서 이렇게 길러냈다고 그럴까요? 배출을 하였다고 그럴까요? 이런 아끼는 제자가 있으세요? 그러니까 사무실 출신의?

김. 제자는 제주대학에 가가지고, 제주대학에 건축과가 생긴 다음에, 좀 괜찮은 친구들 한 몇 키웠죠.

전. 사무실에서는요? 사무실에서는 키우는 사람이 없으세요? {**김.** 몇 있어요.} 지금 활동하고 있는?

김. 네. 요새 뭐 그런 생각을, 작업들을 하면서 나한테 들은 얘기를 머릿속에 새기면서 작업을 하는지 모르겠는데. 하여튼 제주대학 출신으로 열심히 와가지고 오래 있던 친구가 있죠. 요새 젊은이들은 별로 그런 것들을 그렇게 확고하게들 안 하는 것 같아.

전. 그렇죠. 그렇게 적은 돈을 주면 안 있죠. 돈, 워라밸을 많이 따지죠. (웃음) 그건 뭐라 그럴 수 없는.

우. 선생님 작품을 저희가 돌아봤고, 또 선생님 말씀도 듣고 보니까 선생님 처음에 제주도에 가셔서 제주도 개발 계획, 이런 데에 관여하시고, 조경도 관여하시다가. 처음에는 주택을 많이 하셨다고 보여져요. 그리고 나중에는 미술관, 도서관, 이런 공공건물도 많이 하시게 되었는데요. 선생님 글에서 보면, 그 '지역주의'에 대한 생각이 각별하시다고 읽히고요. 그러다가 모더니즘에 대한 생각도 또 많이 하셨더라고요. 그래서 그걸 어떻게 시기별로, 그 모더니즘하고 지역주의에 대한 생각이 어떻게, 이렇게, 뭐라고 그래야 되나요? 바뀐다고 해야 되나요? 그런 건 어떻게 이해하면 좋을까요?

김. 건축에 대한 생각이 조금, 조금 성숙해진 현상 아닐까? 지역주의, 지역 건축, 지역의 토착적인 요소 가지고 건축하자고 하는 생각. 그거는 홍식이 교수 민가 공부, 그거하고 연속돼가지고. 민가 공부를 시작한 것도 제주도 민가부터 시작했잖아요. 그러니까 늘 제주도 오면은 건축 얘기를 이제 하죠. 그리고 작업하는 설계 가지고도 이를테면, 지금 민속자연사박물관, 〈제주민속자연사박물관〉. 그 프로젝트 하면서도 작업에 대한 얘기를 다시 이제, 설계해놓고 나가지고도 또 (이야기를) 나누고. 리뷰해가지고. 지붕 재료가 원래 슬레이트, 천연 슬레이트 가지고 할 걸로 해서 처음 설계가 돼 있었어요. 이제 그것이 재료가 바뀌는 과정, 그것도 홍식이 교수 제주도 와가지고 얘기하는 과정에서 이제 그게 바뀌어가죠.

우. "제주도적인 재료를 쓰자." 그 모토가 굉장히 강했어요. 김홍식 교수가 당시에.

김. 거기에 대지가 상당히 좀 악조건이었거든요. 제주도 바위 동산 위에, 못 쓸 땅에다가 집을 앉혔거든요. 그 땅의 형상 그대로, 상하지 않게 설계한 것부터, 그런 것들이 이제 '한국의 건축은 어떻게 해야 되느냐' 하는 얘기들을, 전통 얘기에서부터 그런 생각이 '우리 갈 방향이다'라고, '해답이 이거다'라고 하는 공유된 생각들을 가져가지고 이렇게 설계하고 난 다음에, 제주돌 가져와가지고 제주돌을 어떻게 쓸 것이냐, 벽은 어떻게 쌓고, 또 나중에 지붕 재료가 최종적으로 와가지고 천연 슬레이트로 설계했다가 그걸 나중에 제주도 돌로 바꾸는데. 이런 것들이 늘 작업하고 해가지고 그냥 내동댕이치지 않고, 그래가지고 늘 이렇게 되새김 작용하듯이.

용. 지금 재료가 화산석이죠, 화산송이?

김. 송이 아니고 제주돌이야, 그냥.

용. 지붕 재료도 제주돌이에요? {**김.** 응.} 그런데 원래는 김홍식 교수 말로는 담장, 제주도 담장 쌓기처럼 하고 싶었는데, 그게 이제 공공공사다 보니까 그게 안 돼서 결국 다 칼로 썰게 된, 재단 된 네모난 돌을 쌓게 됐다고 하시더라고요.

김. 이제 그런 분위기가, 그 시대, 그때에 '제주도의 건축은 그쪽으로 가야 된다'고 하는 대세처럼 이렇게 됐었어요. 그래가지고 행정 쪽에서도 "제주도 돌 많이 써라."

용. 나는 그때가 대학교 다닐 때인데, 김홍식 교수가 지역의 재료, 지역의 건축, 이런 얘기를 많이 나도 오빠한테 들었는데. 이제 파리 유학을 갔잖아. 그리고 베를린 올림픽 경기장에 다 같이 수학여행을 갔는데. 우리 교수님이 그러시는 거야. 이게 히틀러 때 지은 건데, 히틀러가 독일 건물은 독일의 재료로 지어야 된다고 그랬어. 그럼 오빠가 히틀러의 영향을 받았나. (웃음) 내가 그때 속으로 '이게 무슨 역설이야' 이랬는데. 하여간 그래요. 그게 인상적이야. (웃음) {**우.** 그런 거 많아요.} 민족주의적인. 그러니까 그게 바로 후발 국가에서 나옴직한, 자기 보호주의적인 그런 발상이었을 것 같아요.

우. 그렇지만 그 소장님은 김홍식 교수님처럼 이렇게 동그랗게는 안 하시잖아요. 김홍식 교수는 이렇게 공간이 가다 동글동글해지던데. 저, 김석윤 선생님은 그렇게 동그란 거는 못 봤어요.

김. 동그란, 동그란 작업은 안 하죠.

우. 그러니까요. 거기서 좀 다른, 갈 길이 좀 다른 것 같은데요.

김. 생각하는 색깔은 좀 달라야 되니까.

용. 그게 김홍식 교수는 전통 건축을 해서 그런 것 같아요. 거기다 섞어져갖고.

우. 그렇다고 이렇게 동그란 건 없잖아요. (웃음) 전통 건축에.

용. 그렇지. 이렇게 동그란. 인도에서 오는, 무슨 그런 원형의….

우. 예. 두 분이 협업을 하시고, 아까 또 김상식 소장님까지 해서 세 분이 뭐 같이 일을 하시고 그런 적은 없어요?

김. 같이 본격적으로 작업하는 경우는, 프로젝트 특별한 건, 구체적인 건 없고요. 〈민속자연사박물관〉, 제주도의 〈문화예술회관〉, 이런 작업이 그때 금성에서 제주도 프로젝트를 주로 할 때인데. 그걸 하면 늘 설계 도면 가지고 와가지고, 설계 도면 놓고 얘기들 하고. 그러다가 금성이 프로젝트 설계 사업 무대가 제주도에서 이제 옮겨지지. 광주하고 서울로. 그러면서 이제 나는 제주도에서 자체적으로 하게 되고. 그때에 삼촌이 60년대에 제주도 프로젝트 처음 시작하면서, 제주도에 금성건축 지사처럼 사무실을 뒀었거든요. 그래가지고 한참 동안 〈민속자연사박물관〉, 〈문예회관〉 할 때까지 금성의 설계 시장이 제주도였어요. 그 후에 이제 우리 상식이 형이. 아니, 홍식이 교수가 처음에 사무실 대표로 해가지고 맡고, 나중에 학교에 가게 되니까 김상식이가 다시 또 대표 맡고 하면서 무대가 이제 광주가 주 무대가 되지. 그러면서 제주도 프로젝트에서는 내가 이제 독자적으로 하게 되고.

전. 광주에도 금성이라고 하는 사무소가 또 하나 있잖아요?

김. 있었죠. 광주가 아니고, 서울에 둘이 있었어요.

전. 그분도 서울이에요? 전남대 나오신 분 아닌가요?

김. 우리 원래 여기 실장이었지, 금성의.

김. 똑같은 상호 가지고 같이 운영되던 시기가 있었죠.

용. 지금도 있어요. {**전.** 또 있나요?} 한종언.[1]

전. 그렇죠? 한종언. 광주에 미술관인가 뭐….

김. 지금도 하나? 누가, 누가 맡았나?

용. 대신 누가 하고 있을 거야. '디자인 그룹 금성'으로 개명했어요.

김. 광주 출신들이 하는 것 같던데.

용. 『나는 제주 건축가다』라는 책이 얼마 전에 나왔는데, 요새 활동하는 건축가들이 쓴 책인데. 거기에 한 10명 정도 인터뷰 내용들을 쭉 보면요, '제주 건축이 육지의 건축하고 달라야 된다'라는 그런 자의식이 굉장히 강해요. 그게 이제 김석윤 선생님 때, 그 시대에 뿌려진 것 같아요, 제가 보기에는. '이게 엄청 강하구나' 이 생각을 했고. 『나는 제주 건축가다』에 나온 주역들이 거의 대부분이 제주대 출신들이거든요. 그런데 제주도에 초기 선생님으로 유일하게 가장 영향을 많이 받은, 그러니까 많이 주신 분이죠, 김석윤 선생님이. 왜냐하면 선생님다운 선생님이 없었기 때문에, 오로지 디자인을 다 김석윤 선생님한테 배웠다고들 얘기를 해요. 누구를 딱 집어서 내가 이렇게 사무실에 데리고 와서 키워서가 아니라, 거의 전반적으로 그 분위기 속에서 살았고. 그리고 수업 끝나고 알게 모르게 다들 모여서, 우리 학교 다닐 때도 그랬지만, 모여서

---

1. 한종언(韓鍾彦, 1937-): 전남대학교 건축공학과를 졸업하고 1959년부터 1967년까지 김한섭건축연구소에서 근무하였다. 1967년부터 1988년까지 금성종합설계 대표를 거쳐, 1988년부터 ㈜종합건축 금성의 회장으로 활동하고 있다.

애기할 때 '우리가 좀 더 제주스러워야 된다'라는 거가 토론 과정에 저절로 그 애기들이 나오고. 그래서, 그래서 세대, 그다음 세대에서 존경할 만한 건축가로 제주도에서는 김석윤 선생님을 꼽는 게, 그래도 꼿꼿하게 그 역할을 해주셨기 때문에 그렇다고 생각합니다.

김. 학교 설계, 제주대학교 건축과가 생겨가지고 어떻게 교수가 구조 전공이 제일 선임 교수로. (웃음)

용. 구조, 시공, 이런 교수들이죠. 사실 디자인 교수는 없었어요. 그러니까 거의 유일하게 김석윤 선생이….

김. 그러니까 처음, 첫해 1학년들은 건축과 전임 교수가 없이 한 1년쯤 지났던 것 같아요. 1년 있다가 교수를 뽑았는데 구조를 뽑았어요. 그 구조한 사람이 설계 가르치려고 그러니까 안 되니까 나한테 연락이 왔더라고요. 그런데 그때에 내가 산업디자인과에서 강의를 하고 있었어요. 실내 건축 강의를. 그때 산업디자인과가 또 공대에 같이 있었으니까. 김태일 교수 오기 전까지 한 2년 동안 내가 설계를 가르쳤죠.

용. 산업화 시대에 제주도에도 건축가다운 건축가가 없었던, 어느 지역이나 마찬가지죠. 그래도 제주도에 사업으로서의 설계사무실이 그냥 일변도로 가지 않은 거는 그래도 김석윤이라는 존재 덕분이라고 생각합니다. 그렇게 버티고 있는 사람이 있었기 때문에 보고서 따라갈 수 있는 사람이 있었던 거죠.

김. 설계사무실 지금 얘기하면, 상당히 좀 짐작이 안 가는, 제주도의 그 시대의 환경이었는데. 굉장히 시골이었거든요. 60년대, 70년대만 해도.

용. 굉장히 시골이었죠. (웃음)

김. 그 설계사무실을, 그냥 다 허가방이었으니까.

용. 그때는 한라공대, 한라공전? 한라공고? 한림공고.

김. 한림공고하고 72년에 실업전문대학 건축과가 생겼어요.

용. 그게 실업전문대학 건축과가 저기 어디예요?

김. 지금 국제대학이죠. 실업전문대학이 '실업' 자 떼고 그냥 전문대학으로 됐다가, 이제 국제대학 되고.

용. 한림공고. 그러니까, 수원에 수원공고. 경기도는 수원공고와 안양공고인가? 그게 휩쓸고 있는 것처럼, 제주도도 한림공고가 이제 휩쓸고 있었죠.

김. 그리고 건축 설계… 그 후, 때에 제주도, 난 제주도만 그렇게 좀 시골인 줄 알고 있었는데. 밖에 나와 보니까, 밖에도 서울, 광주, 대구 말고는, {**용.** 다 시골이야. (웃음)} 다 비슷하더라고. (웃음) 부산, 부산도 참 그랬어요. 부산도.

부산이 이제 대학들이 좀 이렇게 커지고 하면서 좀 건축이 달라졌지, 초기에 내가 설계사무소를 시작할 때만 해도 부산은 설계를 제대로 하는 사람 없었어요. 제주도만 그런 줄 알았어요.

우. 부산이 뒤떨어졌었군요.

용. 그게 건축가협회가 어느 때 설립되느냐를 보시면 돼요. 지방이 차례, 차례, 차례, 차례 가협회가 저기 설립이 되거든? 그 지역에서 좀 의식 있는 사람이 있으면 가협회가 만들어져요. 사협회가 아니라 가협회. 그 차례야.

김. 전남대, 광주전남, 건축가협회 전남지부는 삼촌이 지부장 해가지고. 사무실에 간판을 나란히 붙여가지고 있었지.

우. (채록자에게) 아까 뭐 여쭈시려고 하시지 않았나요?

전. 저희들이 제주 현장에서 조금 볼 때, 저희들도 결국은 외부자의 시선이라서 그럴 수도 있겠지만. 선생님 지난번에 인상 깊었던 게 92년에 SA 하면서 김봉렬 교수, 그다음에 4.3 하는 사람들 만나고 이러면서 조금 변하셨다고. 이렇게 변했다기보다 이렇게 '자극을 받았다' 이렇게 표현을 하셨는데, 그리고 이제 모더니즘에 대한 관심도 좀 생기고, 건축에 대한 생각이 성숙해졌다고 그렇게 말씀하셨는데요. 그냥 저 개인적으로는, '그전 작품이 더 좋지 않나?'(라는 생각이 들어요.) {**김.** 그래요? (웃음)} 저만의 착각일까요? 저만의 생각일까요?

김. 그런데, 그때 생각을 바꾸게 된 거는, 그때까지 작업이 건축이 형태 위주, 조형 위주의 작업이 되었다고 생각을 했던 것 같고. 건축의 주제가 공간이어야 되는데 공간 얘기는 좀 관심이 없었던 작업이었던 생각이 들어가지고. 그거를 좀 더 확실하게 성격이 도드라져 보이게 하려고 그러면은 형태를 버리고, 그냥 아주 단순한 기하학적인 거를 가져가지고 공간 얘기를 하는 것이. 그렇게 해가지고 공간, 제주도의 건축이 형태 아니고 공간이라고 할 부분, 얘기들이 있었던 걸로 생각이 되는 거죠. 제주도의 공간. 제주도적인 공간. 형태가 아니고. 뭐 초가지붕, 제주 돌만 쓰는 건축은 아니고. 제주도의 공간, 제주도적인 공간. 집합성 같은 거는 상당히 제주도 공간이 가지고 있는 색다른 공간 성격으로 보이고 그랬거든요.

용. 민가를 공부하면서 그런 건 아니었어요? 제주 민가를 공부하면서 논문도 쓰시고 그랬잖아요. {**김.** 네.} 그러면서 좀 생각이 더 변해, 더 원숙해진 건 아닌가요?

김. 그러니까 민가 공부하면서 '민가의 형태를 보지 말고 공간을 보자' 그런 생각이었고. 그런 생각을 SA 서머스쿨, 서머 워크숍이 97년에 했어요. 제주에. 92년이 아니고 97년이에요. {**전.** 97년이요.} 네. 그때 와가지고 한 일주일 같이 이제 대화들을 나누면서 '모더니즘적인 표현가지고도 제주도 건축을 얘기할 수 있을 거다'라고 하는 생각을 하기 시작했죠. 그래가지고 그냥 썩 좋은 무슨 답을 만들어 놓은 것도 없고 실적도 없어요. 생각, 생각만 그렇게 하지.

    전. 이제 저는 궁금한 게, 사실 굉장히 일반적이지 않은 선택을 하신 거잖아요, 선생님은. 73년에 내려가겠다, 라고 생각하신 것부터, 서울에서 이제 4년제 대학을, 학부를 나와서 대개 그런 선택을 안 하고 서울에 자리가 일이 많았을 땐데, 고향으로 내려가셔서. 어떻게 보면 그다음에 주변에 다른 교류할 만한 적당한 사람도 없는 상황에서 대개 이렇게 혼자서 작업을 이렇게 해오셨는데. 그렇게 한 20년을 말하자면 하시고, 이제 본격적으로 다른. 물론, 그 사이에도 아까 말씀하신 김상식 선생이나 김홍식 선생이랑은 계속해서 가족 간의 본드(bond)는 계속 있었지만, 상당히 이렇게 약간 다른 데랑 거리를 두고 이렇게 활동을 하시다가 갑자기 이렇게 딱 만나시면서, 이제 저 혼자 상상을 해보는 거예요. '만약에 안 만나셨더라면?', '안 만나시고 더 이렇게 고립된 채로 10년을 더 있었더라면 뭐가 나왔을까?' 저는 훨씬 더 유니크한 뭐가 나오지 않았을까. 이게 만난다고 해서 항상 뭐 저는 그게 좋은 일인가 뭐, 약간 예를 들면 시비를 걸자면 이제 그런 생각이 드는 거예요. 저는 굉장히 그러니까 이렇게, 겉, '서울에서 흔하게 볼 수 있는 그런 비슷비슷한 게 아닌 선생님만의 것이 있었다'라고 오히려 보여졌거든요. '그래서 되게 좋다.' 저걸로 ' 남이 뭐라고 "촌스럽다." 그리고 남이 뭐라 그러더라도 계속 가면 더 좋을 수도 있겠다. 세상에 아무것도 없는 혼자만의 건축을 만들어낼 수 있을 거다.' 그런 생각도 예를 들면 이렇게 오히려 그전 작품에서는 들었는데요. '흔들리시나?' 이런 느낌을 좀 오히려 저는, 예.

    김. 글쎄, 그런 기회를 (웃으며) 갖지 않았으면 오히려 더 좋았을 뻔했나?

    전. 저는 그렇게 생각했던 거예요. 저는.

    우. 더 외로우셨겠죠, 그렇게 되면. 좀 더 외로워서 힘드셨을 것 같은데요.

    김. 그런데 그런 작업, 그런데 건축 작업이 작가의 생각이 우선되는, 우선될 경우가 별로 많지 않잖아요. 아무래도 소비자들의 기대나, 그 사람들의 시각, 그 사람들의 요구, 그게 더 강하게 작용하고 그걸 또, 또 절실하게 받아들여야 하는 게 건축 작가 아닌가, 내 생각은 그랬어요. {**전.** 그렇죠.} 그림, 화가, 화가하고는 다르니까. 화가였으면 아마 화가, 화가적인 생각이 더 확실히 했으면 지금도 지붕 곡선 그리고 있을는지 모르죠. 그거를 좀 벗어나고 싶었고, 그게 거기를 탈피해야 하는 것이 과제라고 생각을 했었으니까 그랬겠죠. 그 생각도 별로 잘 다듬어진, 다듬어진 기회를 가진 거는, 그건 아니고. 그렇게 가지지 못했고. 다듬지를 못했어요.

전. 2000년대쯤 돼가지고, (2000년대) 들어와서 제주도에 새로운 외부 사람들이 확 들어오기 시작했다고 그랬잖아요. 그렇죠? 그러니까 이타미 준도 있지만, 이타미 준 아니더라도 또 '서울에서 활동하는 사람이거나, 외국에서 활동하는 사람들이 이렇게 막 대거 들어와서 제주도의 건축계 자체가 한 번, 또 한 번 이렇게 조금 바뀌었다.' 그렇게 말씀하셨는데, 인상 깊었거나 참 잘했다. 이렇게 생각되는 작품이 있으세요?

김. 외국 작가 작품들, 안도 다다오 작품은 뭐 그렇고. 이타미 준 선생이 제주도 프로젝트로 그걸 하면서부터 많이 달라졌던 것 같아요.

용. 이상하게 제주도, 『나는 제주 건축가다』 거기에서도, 안도 작품에 대한 평가는 안 좋아요.

전. 어디서나 보는 거를 그냥 다시 옮겨놓은 거라서.

우. 잘 안다고 생각합니다.

용. 최악의 작품, 그러면 많은 사람이 그 〈글래스하우스〉 섭지코지에 혼자 우뚝 서 있는. 안도의 〈글래스하우스〉를 뽑고. 가장 제주도적으로 잘한 거를 〈포도호텔〉로 꼽아요.

김. 그 이전, 제주도 작품 이전에는 서울에서, 아니, 일본에서 별로 기회도 많이 않았었고.

전. 그러더라고요. 큰 프로젝트가 제주도부터 시작하더라고요. 이타미 준.

우. (채록자에게) 연구하셨어요?

전. 아니요, 연구한 건 아니지만. 이번에 이타미 준 박사 논문이 하나 나왔어요, 일본에서.

김. 그래요? {**우.** 어디서요?}

전. 고베여자대학? {**김.** 어디요?} 고베여자대학, 고베대학인가? 저한테 박사 논문을 하나 보내왔는데, 일본 사람인데. 이타미 준 건축에 대해서 박사논문….

용. 그 제주도의 그 진한 그 향토색이 잘 묻어나게.

전. 〈포도호텔〉 동글동글하잖아요. {**김.** 네.}

우. 동글동글한 게 많지. 많아가지고 아메바처럼. (웃음)

김. 〈포도호텔〉 지붕 만든 거는 뭐, 건축주의 뒷받침이 워낙 좋았으니까 그런 지붕이 나왔을 테고. 〈풍 미술관〉, 〈바람 미술관〉 진짜 좋아요.

전. 〈방주교회〉도 괜찮더라고요.

우. 이 사람들이 왜 갑자기 몰려온 거예요? 이게 서울에서, 외국에서, 일본에서. 배경이 자본인가요?

김. 자본. 돈이 만들어내는 현상이죠, 뭐. 자본, 대자본가들이

그렇게 연결이 되니까. 그 이타미 준 프로젝트 의뢰한 김 사장, 김 회장. 가마도야(かまどや), 도시락, 벤또 해가지고 돈 많이 번. 그 양반 한번 만나봤는데 이 양반이 진짜 멋쟁이더라고요. 건축 공부를 많이 한 분이더구먼.

우. 2000년대 제주도의 붐은, 서울에서의 한옥의 붐하고 멀지 않다고 생각해요. 전주 한옥하고. 그러니까 지역, 지역성의 발견이라고 할까요? 그건 전 국민에 해당하는 것 같아요. 비단 건축에 한정되지 않고.

전. 그렇기도 하죠. 제주를 생각해보면, 처음에 제주 관광 개발이 일본이었다면 2000년대 이후에 중국인 거죠.

미. 그때도 무슨 제주시의 관광에 관련된 법령 같은 게 뭔가 새로 나오거나 그런 게 있었나요? 그러니까 그게 나와야 같이 돈이 들어갈 것 같은데요.

전. 영어 도시도 하고.

우. 그때 제주도 건축가가 뭐 엄청난 걸 남긴 경우는 없나요? 그때는, {**김.** 언제요?} 위기이자 기회였을 텐데. 제주도 분이 이렇게, 이렇게 명망 있는 건축을 한 건 없었나요?

김. 제주도에? 제주도 현지에요? {**우.** 네.} 제주도… 제주도의 작업으로 그런 얘기가 될 만한 작업들이 없고. 우리, 승효상 선생님이 많이 했지.

우. 안 빠지시네요. 요것 여쭙고 싶었는데, 아까 그 SA가 이렇게 대단한 건 이제 알겠는데, 그게 어떤 SA의 제주 워크샵이 어떤 계기가, 선생님께는 계기가 된 건 알겠는데. 4.3 그룹의 영향은 어떠했나요? {**김.** 4.3?} 네, 네.

김. 4.3, 4.3의 생각들이 미친 게 뭐가 있을까요?

우. 왜 여쭙냐면, 우연히 장세양 선생님 무슨 추모집을 읽었는데 4.3그룹 때문에 막 화를 냈다고 막 그러시더라고요. 왜 '건축은 혼자서 하는 거지 왜 무리지어서 다니냐' 이제 그런 거가 못마땅하셨는데. 그게 거기 못 들어가서 그랬을 거라고 어떤 사람은 해석하는데. 선생님은, 그럼 그중에서는 민현식 교수님하고 제일 가까우신 건가요? 생각이 제일 비슷한 거셨어요?

김. 민 교수하고의 만남은 SA 서머 워크숍 때부터 만났어요. 그 후에 4.3 초기에는 전혀 연결 안 됐고. {**우.** 아, 예.} 97년 이후의 교류였죠. 그리고 제주도 뭐냐, 경관 관리계획.

전. 예, 그거 같이 하셨다고.

김. 그거를 민 교수가 맡으면서.

우. 왜 여쭙냐면 선생님 글에서 민현식 교수님의 책, 땅의 형국을 추상화하는 방법?[2] 그 책을 좀 감명 깊게 보시는 것 같아서요.

---

2. 민현식, 『땅의 공간: 땅의 형국을 추상화하는 작업』, 미건사, 1998

김. 그 양반이 쓴 작은 책 제목이 그거잖아요. {**우.** 예.} 그 제목 가지고 제주도에 땅 얘기를 내가 썼죠.

우. 그러니까 선생님도 땅의 형국에 관심이 많았는데 이제 그렇게 된 거잖아요. 그래서 선생님 땅 얘기하다가, 지난번에 주신 책에서 인상 깊었던 거는 굼부리?[3] {**김.** 예.} 그 오목한 땅. 그다음에 그거 삼성혈, 굴렁집, 뭐, 신당. 이런 것들은 다 제주의 원형질의 공간이고, 그런 것을 가지고 이렇게. {**김.** 옴팡, 옴팡.} 그것을 다시 이렇게 건축으로. 민 선생님 표현으로는 '추상화'겠지만 선생님은 다른 말씀을 하시겠지만, 그게 건축이라고 계속 보시는 거죠?

김. 제주도 땅의 형상 중에서, 색다른 거. 색다른 땅의 형상. 그 얘기를, 그런 현상을 건축적으로 표현하려고 하는 시도를 했었고. 그 디자인을 가져가지고 반복적인 작업을 좀 하고 싶었어요. 지속적으로. 그 얘기를 설명하면서 민 교수가, 민 교수의 책. {**우.** 예.} 그게 알맞아가지고 썼었죠.

우. 굼부리가 그러면 어떻게 생긴 겁니까?

김. 화산, 분화구.

우. 화산이 터진 거예요, 아니면, {**김.** 분화구.} 분화구.

김. 분화구 형상. {**우.** 예.} 뭐냐, 무슨 기생화산? {**전.** 오름이라고 하는.} 오름. 굼부리. 그런데 굼부리가 바람이 많으니까, 제주도의, 제주도뿐만 아니고 사람들의 원초적인 욕구의 공간이 다 그런데. 그 형상인데. 제주도에서는 그런 형상의 땅의 위세가 더, 절실한 땅이 제주도죠.

우. 집 짓기에 좀 안 좋은 거 아니에요? 건축하기는 좀 좋지 않은 땅 아니에요?

김. 아니, 제주도의 화산토에서는 괜찮아요. 그런데 육지에서는 그게 배수가 안 돼가지고 안 되잖아요. 그런데 제주도에는 옴팡도 배수가 돼. 그러니까 그게 가능한 거야. 요새는 이제 도시화돼가지고 막 땅이 교란되니깐 그런 형편 만나기가 쉽지 않은데. 〈현대미술관〉 땅이 주변 이렇게 둘레로 돌아가면서 길은 높고, 땅이 얕아요. 분지지. {**우.** 굼부리네요, 그것도.} 굼부리예요, 네. 그 땅에다가 이제 현상설계 해가지고 당선된 건데. 그 땅에 대한 해석을 하다 보니까 바로 그냥, 전시 주 공간으로 천천히 올라가게 되고, 또 관리 영역은 거기서 이렇게 동선 분리돼가지고 내려가가지고 하고. 그건 이제 굼부리 땅에 대한 얘기거든요.

우. 그거 흥미로웠고. 그다음에 그것도 제주도의 우주관은 지모 신앙하고 이제 관련이 크다고 이렇게 보셨던 건가요? {**김.** 어디요?} 지모 신앙. '땅은

---

3. 분화구를 일컫는 제주도 말.

어머니다.'

김. 예, 예. 그런 굼부리에 대한 아주 원시적인 사고가 '지모사상'이죠.

우. 그쪽으로 계속 가셨어야 되는데. 그렇다는 지적이신 것 같고. 그리고, 또 궁금했던 게. 「제주 건축의 향토성 개념 정립과 보급 방안 연구」, 1987년에 하신 연구가 선생님의 가장 중요, 어떤 기저에 있을 것 같은데. 그걸 다 보니까 그 대상이 선생님 댁이더라고요, 결국은. 그 분석해갖고 이렇게 공간하고 한 다이어그램이 결국은 〈김석윤 가옥〉이고. 그러니까 선생님의 생가가 어떤 건축의 출발점이자 뭐 그런 것이 아닌가, 라는 생각이 들었는데요. 선생님, 이 작업하고 공간에 대한 생각을 말씀해주시면 어떨까 싶습니다.

김. 그런 저기 공간에 대한 아주 바탕에 깔린 생각은, 생가하고 관련된 경우가 좀 보편적인 현상 아닐까요? 자기가 체험했던 공간.

우. 생가가 좀 보잘것없는 사람들은 안 그럴 것 같은데요. (웃음)

김. 건축 공부가, 라이트가 미국에 중원? 거기에 민가에서부터, 그 건축에서부터 출발했다고 하는 얘기 들어봤잖아요. {**전.** 네, 〈프레리하우스〉.} 예, 〈프레리하우스〉. 그런 현상하고 비슷한 생각 아닌가. 지금 점점 더 그런 생각을 갖게 되는데, 난 생가가 참, 공간이 참 좋아요. {**우.** 좋더라고요.} 그래가지고 이제 '사람들이 추구하는, 좋아하는 공간은 이런 공간들 아닐까?' 하는 생각. 그거를 해석해가지고 표현해낼 때 그 바탕에서부터 생각을 멀리 벗어나지는 않고 이렇게 자꾸 했던 것 같아요.

전. 육지 집이랑 비교해보면, 육지 집들에 비해서 선생님 댁, 특히 굉장히 깊거든요. 이게 좀 되바라지지 않잖아요. 육지 집들은 이렇게 나앉았는데. 굉장히 들어가 있고. 또 들어가면 안에 또 들어가 있고 또 들어가 있고 또 들어가 있고. 계속 이렇게 공간들이.

김. 육지에도 그런 가구들이 좀….

전. 아니죠, 육지는 들어가면 바로 안채, 바로 들여다보이죠. 바로 들여다보이고. 마당이 환하고, 이렇게 딱 되는데. 여기는 지금 길 때문에 잘렸다고 해도 아직 조금 남아 있지만 그전에는 더 깊었다고 그랬잖아요, 쭉 들어가고 또 들어가면 마당도 다시 담장으로 다 나뉘어 있고.

김. 우선 대지를 정하는 방법, 먼저 정하고 나가지고. 길에서부터 이제 끌어다가 보면 그런 공간의 연출 방법들이 그 위치하고 길하고의 관계 때문에 그런 것들, 그런 해석들이 있어야 하지 않을까 하는 생각입니다. 오래된 절터 같은 데서 체험하는 공간. 유사하지 않을까요?

전. 절은 그럴 수 있을지 모르지만, 주택은 상당히 차이가 나는 것 같아요. 제주도 집하고 육지 집하고.

김. 하여튼 그 생각까지 가지고 풀면, '이런 공간이면 누구나 또 다 좋아할 것 같다' 하는 생각을, 좀 그거에 대한 확신을 갖게 되는 건 같아요.

태. 지금 말씀해주신 그 부분이 선생님 공간 구성론의 입장에서도 볼 수 있는 것 같은데요. 지난번에 김승택 선생님 댁에 갔었을 때, 바로 대로 면에서 집이 보이지 않고 좁은 길을 통해서 들어가야만 집을 만날 수 있고, 또 그 공간 안에 지하로 내려가면 또 이제 중정 형태의 옥외 공간이 있었지 않습니까? 이러한 방식이 어떤 선생님만의 독특한 표현으로…

김. 우리 민족의 공통적인 공간 욕구라고 생각되는…. (웃음)

전. 조금 더, 조금 더 제주도적이세요.

김. 제주도요.

우. 음악 선생님 댁이었죠?

태. 네, 네. 맞습니다.

전. 보세요. 이렇게 육지 집들은 보면, 특히 사랑채 같으면은 내놓고 있잖아요. 자기가 이렇게 가슴을 활짝 내놓고. 바깥을 향해서. 그런데 그렇게 큰 제주도 집은, 선생님 생가처럼 이렇게 큰 집도 다 이렇게 딱 이렇게 숨어 있는.

미. 그게 바람 같은 영향 아닐까요?

전. 그런 여러 가지가 있겠죠. 여러 가지가 있을 텐데.

김. 바람의 영향인 것도 있고, 이념이나 의식 구조에서 오는.

전. 그렇지. 여러 가지 있을 거예요.

김. 예. 가치관이 좀 다른. 일본 사람들 취향하고 비슷한 건가?

전. 약간 다른 것 같지만 있죠.

용. 아니, 일본은 자객이 많으니까 좀 깊이 들어가 살아야 되는데. (웃음) 제주도는 자객도 없는데, 닌자도 없는데 왜. (웃음)

우. 땅이 넓어서.

김. 드러내 보이지 않으려고.

우. 올레가 잘리기 전의 사진도 있으신가요?

김. 사진이 있는데, 좀 흐려요. 흑백으로 해가지고 있죠.

우. 한 번 알고 싶어요. (구술집에) 한 번 넣었으면 좋겠는데.

김. 긴 골목이 그냥 이렇게 카메라에 보통 시각에서 찍어가지고는 깊이감을 이뤄내지 못하니까. 요새 같이 드론처럼 찍을 수 있으면 딱 보이는데. 그런 작업이 제주도에서는, 제주도에서 조금 근대성, (근대)적인 현상 같아요. 후기. 제주도의 후기죠. 아주 오래된 거 아니고 한 100여 년에서 150년.

전. 대부분 그렇죠. 육지도 마찬가지예요.

용. 아니, 육지에서도 시골 농촌 마을에서도 부잣집들은 제일 안에 들어가 있잖아요. 그런 현상하고 비슷한 거 아닌가요? 그 집이 화북에서는 제일 좋은 집이었기 때문에, 가장 깊이 있는 데에 자리 잡은 게 아닐까 싶은데요.

김. 그 집이, 우리 집이 된 다음에 그 후에들 생겼을 걸로, 딴 집은 나중에 생긴 것으로 보이는데, 비슷한 집이 한 다섯. 내가 어렸을 때, {**용.** 제일 먼저 자리 잡은 집들.} 내 기억에 한 다섯 집이 있었어. 그런 레이아웃을 가진 집이. 나는 그걸 그때 괜찮은 목수가 제주도 화북에 왔을 거다라고 생각하지. 목수가 원래 제주도 목수는 아니고. 육지에서 큰 집, 제대로 뭐, 절 같은 걸 지었던 목수가 그 시기에 화북에 왔었던 같아. 그래가지고 몇 집을 했어요.

전. 고종 연간(年間)이면 가능한 말씀이죠? 고종 연간이에요?

김. 고종, 예, 예. {**우.** 1914년.} {**전.** 아, 1914년이에요?} 고종. {**전.** 그 다음인가요?} 그때의 그 시기에 비슷한 그런 공간 짜임새 가져가지고 한 집들이 한 다섯 집이 있었고. 그때 비석을 많이 세워요. 그런데 비석을 큰 비석을 세워. 이게 성리학 영향 아닐까?

용. 아니, 그런데 무슨 돈이 있어서 제주도에 그런 큰 집을 지었어요?

전. 1900년대요?

김. 돈이 좀 생긴 거지, 그때.

용. 그러니까 뭘 우리가 장사를 했나, 뭘 했나?

김. 장사한 거지.

우. 비석은….

김. 그때 이제 제주도 지역에. 화북은 그때에 개항지로서 제일 첨단 마을이니까. 돈 많은 사람들이 처음 시작한 거지.

전. 무역이네요. 네, 네.

용. 그냥 일본까지 안 가고, 우리 둘째 할아버지, 둘째 큰아버지 돈 번 거하고 비슷한가 보다.

김. 응. 그래가지고, 해가지고.

미. 어디서 버셨는데요?

용. 무역으로. 배 타고.

김. 비석, 우선 돈 모이면 큰 집 짓고, 조상 묘 치장하는.

용. 둘째 큰아버지는 호남 제1의 부자가 됐다잖아. 장사해서.

우. 그 비석들도 다 육지에서 가져와야 되는 거죠?

김. 가져온 거예요. 네.

우. 사와야 되는, 힘들게. 그 화산석에다가 못 새기니까요.

김. 그런데 비석, 세운 사람들에 새겨진 글을 보면, 글 지은 사람하고 새긴 사람이 충청도 사람이야. 비석도 충청도 비석이야. {**우.** 충청도 돌.} 충청도 오석,

오석.

우. 충청도 돌이 거기까지 갔군요.

용. 드디어 상업적인 무역이 잘 되기 시작한 게 구한말, 근대 초기. {**전.** 다른…} 그, 충북에 가면 선병국 씨 가옥[4]에 있어요.

김. 어디?

용. 충청도 보은에 가면, {**김.** 보은, 응.} 무지무지 커요, 한옥이. 하루를 뛰어다녀서 실측을 겨우 마쳤는데.

김. 저기, 박정희 처갓집 그쪽 아닌가?

용. 아니에요. 그런데 어떻게 해서 이렇게 큰 집을 일제시대 때 지을 수가 있었을까? 그 일제 초기. 그게 다 장사해서 번 돈이에요. 양반들이고 웬만한 사람 그 당시에는 돈이 없었고, 오로지 장사하는 사람들. 농사지었어도 그런 집을 지을 수도 없고. 드디어 상업이 돈이 되는 그런 시대였었을 것 같아요. 그래서 집을 지었겠지. 제주도에 무슨 돈이 있었겠어? 제주도는 진짜 가난한 지역이었는데, 옛날에. 농사도 안 되고.

김. 나무 깎은 솜씨 보면 제일 고급스러운. 치목이 고급스럽잖아.

용. 나무는 제주 나무였나요?

김. 나무는 제주 나무.

우. 대표님도 제주 출생이에요? 아니에요? 광주로 와서?

용. 5살에 서울에 왔어요.

전. 조금, 조금 다른 질문인데요. 그, 4.3(사건) 있잖아요, 지난번에 한번 말씀하셨는데. 그때 선친께서 피난, 피하셨다고. 이후에 선생님 살아가시는 동안에 혹은 활동하시는 동안에 그 4.3의 기억이나 경험이라고 하는 것이 계속 좀 남아 있나요? 그러니까 일반 제주도 사람이, 선생님이거나 혹은 일반 제주도 사람들에게.

김. 내 세대까지는 있죠. 그리고 개인적으로도 지금까지 그 강박이 좀 잠재해 있고.

용. 저한테까지도 있어요. 나는 직접 경험 안 했어도, 집에서 계속 얘기를 하니까요.

김. 지금 트라우마센터가 엄청 주민들한테 긍정적으로들. 상당히, 트라우마센터 활동이 되어가지고 상당히 긍정적으로 받아들여지는 것 같아요. 트라우마들 있어요, 트라우마.

전. 그럴 것 같아요. 네.

---

4. 〈보은 선병국 가옥〉: 1919년에서 1924년 사이에 목조가구식 구조로 건립된 주거이다.

용. 그리고, 감췄어야 되잖아요. 그게 세지.

김. 트라우마 있고. 늘 불안. 지금, 요새 와가지고 그 얘기들이 많이 돼가지고 복권되고 그러는데. 우리 세대의, 나 나이까지는 아닌데, 한 5살, 10살 위의 선배들은 엄청 고생 많이 했어요.

전. 당사자네요. 그분들은.

김. 예. 간첩으로 몰려서들 고생 많이 한 사람들 많고, 지식인층에도 많고. 대학 교수들 이런 사람들. 그래가지고 그런 것 때문에 늘 불안하고 강박 관념 속에 있고 그런 경우가 많죠. 내가 ROTC 해가지고 ROTC 임관 안 될까 봐 굉장히 불안했어요.

우. 네, 그러셨겠네요.

전. 제주도 출신이라서요?

김. 예. 그때 정치적으로 좀 불안할 시기에 좀… 못 살거나, 세력이 좀 사회적으로 좀 처지거나 그러면은 피해 본 사람 많아요. 우리 선친도 늘 그런 강박 관념 때문에 좀 행동이 활발하지 못해.

용. 왜냐하면 당시에 화북은 가장 진보적인 고장, 동네라고 했고.

김. 제주도에서 4.3 때문에 제주도의 역사를 가장 표준적으로 보여주는 마을이 화북이에요. 같은 친족 간의 이념 때문에 좌우가 갈려요. 서로 간에 불편하지. 지금도. 그런데 뭘 어떻게 자연스럽게 못 하죠. 말도 함부로 할 수 없는.

용. 아까 저기, 근대기 초기에 화북이 개항해서 가장 앞서간 지역이라고 그랬잖아요. 제주도에서 가장 진보적인 지역이 화북이고. 그만큼 진보적인 인사도 많았고.

김. 4.3 피해가 가장 극심한 데.

용. 지식인이 많았기 때문에.

전. 이쪽(우익) 편도 있었을 거 아니에요?

김. 양쪽 다 (있었죠).

전. 예. 그분들은 지금 당사자들은 다 돌아가셨겠지만, 그 자손들이 지금, 서로 의식해요?

김. 좌익 세력이 수적으로 훨씬 우세하고. 보수 세력은 희생당한 몇 사람들은, 우리가 자랄 때까지도 동네에서는 좀 이렇게 마음을 열어놓지 않는 대상.

용. 화북만 그렇죠? 화북만. 화북만 좌익이 더 세지.

김. 제주도에서 가장 저기 많은 데가 거기예요, 갈등이.

용. 그러니까 서울대 사회학과 신용하 교수, 그다음에 한양대학교 도시학과 강병기 교수 다 제주 화북 출신이죠.

김. 강병기 교수 같은 경우는 성장기에 크게 얽히지 않았는데.

용. 거기 신용하 교수 고모는, 고모 아들은 한국에서 고등학교 나오고.

김. 지금 북한 가 있을걸?

용. 북한에 갔어요. 김일성대학 나왔다고. {**우.** 아, 그래요?} 네. 그리고 그 고모부는 일본에서 조총련계에서 아주 높은 사람이에요. 그러니까 그 아버지가 일본에서 조총련계에서 활동을 하고 있으니까, 뭐지? 연좌제 때문에 한국에서 아무것도 못하니까 일본으로 가서 북한으로 가버렸어. 아들 둘이 있는데 한 명은 한국에 남고 한 명은 북한. 그래서 신용하 교수도 유학을 못 갈 뻔했지. 연좌제 때문에. 그런데 서울대 그때 당시 총장이 보증을 섰다는 거야, 갈 수 있게. 김홍식 교수도 장교로 못 갈 거라고 생각을 하고 김한섭 교수가 그래도 "ROTC 한번 해볼까? 해보면 알겠지" 그래갖고 넣어봤대. 그런데 아무 문제 없어서 '우리 괜찮구나' 그랬대. 다 그렇게 안도를 했대. (웃음) 제주 사람들 다 그게 걸려 있어요.

김. 바깥에서 보기에 좀 힘이 있어 보이니까 놔뒀지, 누가 힘없어 보이면 (자르는 손짓을 하며) 만들어버렸어.

용. 그래서 우리 집도 둘째까지는 ROTC를 해봤어. 둘째까지 ROTC를 아무 문제 없이 가니까 아버지가 셋째부터는 "그러면 안 해도 돼", "우리는 연좌제하곤 관계없구나" 이렇게 된 거예요. 내가 나서서 연좌제가 있는지 없는지 알아볼 수도 없었던 시대였던 거예요.

김. 그런데 그 영향은 제주도가 일본하고 (교류가) 빨리 트여가지고. 그래 오사카에서 노조 운동을 한 사람, 세력들이 제주도 사람들이 앞장섰으니까. 노조가, 제주도 사람들이 그쪽에 다 방직 공장이나 이런 데 진출들을 많이 해 있어가지고, 지역 사람들 뭐 이렇게 인권 지켜주느라고 자연스럽게 생긴 거고. 대표적인 인물 중에 김문준 선생[5]은 그 양반 지금도 오사카에 노조 회관에 가면은 영정 모셔 있다고 그러대.

용. 그 옛날에 귀양 간 사람이 많아서 그런가 봐요. 반항 정신이 강한.

김. 김문준 선생은 제주도 출신으로, 오사카에서 노동 운동한 사람을 아주 대표, 대표적인 인물로 치거든요. 그런데 이 양반이 화북초등학교 선생을 한 거야. 그 영향을 받은 사람들이 화북초등학교하고, 성읍초등학교하고, 세화초등학교. 세 군데서 선생을 했대요.

전. 해방 이후에요?

김. 아니, 해방, 해방 전에 선생을 했고.

---

5. 김문준(金文準, 1894-1936): 일제강점기에 활동한 노동운동가이자, 독립운동가이다.

전. 그러니까 노조 활동이 먼저예요? 선생님이 먼저예요?

김. 노조 활동, 해방 전에. 해방 전에.

전. 아니, 김문준이요.

김. 김문준, 해방 전.

용. 선생하다가 일본으로 갔다는 거죠?

김. 네. 선생하다가.

용. 화북하고, 세화하고, 또 어디라고요? 성읍? {**김.** 성읍.} 맨날 엄마가 "덕훈이 삼촌, 덕훈이 삼촌" 그러던데 그 사람은 누구예요?

김. 덕훈이 선생은 삼촌, 화북초등학교 때 담임 선생님.

용. 그 사람이 굉장히 지대한 영향을 미친 것 같아요, 화북 사람들한테.

김. 그 양반, 그 선생님이 건축과, 삼촌한테 건축과 가라고 했다고 하시던데. 김덕훈. 나 학교 다닐 때는 교장 선생님이었어.

용. 그분이 화북, 화북을 빨갛게 하는 데 기여를 많이 했네.

김. 원래 화북은 아닌데 화북초등학교 선생. 고향은 시내고.

태. 저 건축계 활동에서 한 가지 더 여쭤보고 싶은데요. 지금 SA와 4.3그룹에 대한 이야기는 좀 하셨는데, {**김.** 4.3 그룹?} 금우회 활동도 선생님 하셨나요?

김. 금우회? {**태.** 네.} 금우회는 뭐, 동문회원들 하는 그룹이었으니까.

태. 예를 들어서 선생님께서 제주 지역에 집을 지으셨다고 하면은 홍대 출신의 금우회 멤버들이 오셔서 같이 답사하고 이야기 나누는 시간이 있으셨나요?

김. 그런, 좀 뭐, 그럴 듯한 자리는 없었어요. 그런 기회는 가지지 못했고. 홍대 사람들은 공부도 별로 잘 안 해. (웃음) 80년대 들어서면 제주도에 관광 관련 프로젝트들이 많이 생기거든요. 인테리어하는 선배, 또 동문들이 대거 제주도에 작업들을 많이 했어요. 호텔, 인테리어들.

태. 조성렬, 민영백, 손석진[6] 선생님.

김. 그 사람들, 예. 손석진, 조성렬 선배님도 그때 프로젝트, 삼성 쪽에 계시면서 삼성 제주지사 건물 같은 거 그런 거 설계했고. 손석진 선배, 저기 김원석 선배, 내 동기로는, 내 동기 이주보. 이런 친구들이 제주도 프로젝트를 많이 해가지고, 제주도 놀러를 많이 왔어요. 그냥 모이다 보면 서울에서 만나는 것보다는 제주도에서 모이는 게 더 많이 모이고 그런 분위기가 되더라고요.

---

6. 손석진(孫錫辰, 1940-2022): 1966년에 헨디를 설립하였다. 1981년부터 1983년까지 한국실내건축가협회 회장을 역임하였고, 독립기념관 전시 기본설계 전문위원을 지냈다.

태. 그럼 그분들이 제주 작업, 제주 지역에서 작업을 했다는 건 거의 다 대부분 제주 호텔 프로젝트, 인테리어였나요?

김. 호텔 프로젝트. 손석진 선배가 꽤 여러 개 했고. 그래가지고 제주도에서 자주 만났어요. 또 돈 잘 버니까 이제 골프 치러들 많이 오고.

태. 반대로 선생님께서 초청받아서 서울이나 경기권에 이렇게 올라오신 적은 없으셨나요?

김. 여기서 전시하게 되면, 전시할 때는 작품 내라고 그래가지고 보내고. 드로잉.

미. 금우회 전시를요? {**김**. 예?} 금우회 전시를 할 때요?

김. 금우회 전시, 네.

용. 그게 1년에 한 번 정도 했나요? {**김**. 네?} 1년에 한 번 정도 했어요?

김. 거의 그때 활발할 때는, 활발할 때는 1년에 한 번씩 했지.

용. 〈오감도〉 설계한 문, 누구지?

미. 문신규.

김. 문신규 선생.

용. 그 문신규 선생은 제주도에 잘 안 오셨어요?

김. 제주도, 제주도에 자주 왔지. 제주도에 집 있잖아.

용. 그건 지금 있지. 조그만 집.

김. 제주도에서 설계는 안 했고.

용. 안 했고요.

김. 그때 제주도, 그때 그 양반이 사업적으로 좀 기울어질 때. 문신규 선생님의 토탈, 그러니까 『꾸밈』 만들었잖아요. 그런데 이 양반이 책을 나오면은 달마다 50권을 나한테 보내는 거야. "이거 50권 줄 테니까 마음대로, 누구든지. 막 이렇게 줘라" 그래가지고.

용. 『꾸밈』지? 『꾸밈』이라는 잡지.

미. 네.

김. 그래가지고 책 보내 오면 우리 공무원들한테 나눠주고. 공무원들한테 "건축은 이런 거다." 그래가지고 와서 이제 이 얘기도 자꾸 책 주면서 하고. 그러면서 도움 많이 받았죠.

태. 그 뒤에 『플러스』 잡지로 이어지지 않습니까? 원대연 선생님의.

김. 대연이는 워낙 장사꾼이니까. (웃음) 책을 만들긴 했는데 우리 원대연이는 책 만드는 데 『꾸밈』처럼 어떤 생각을 좀 다듬어가지고 한 것 같지는 않아요. 그래도 『꾸밈』은 김정동 키워냈지, 거기서 평론, 공모, 이어지지는 않았지만 공모를 시작했잖아요. 평론, 글 쓰는 사람 키우자고 그래가지고. 그런 거는 『꾸밈』의 공로지. 그 지금 저기 『와이드AR』에서 하고 있지만 그 위에 그 시작은 『꾸밈』에서 시작한 일이거든요.

용. 이런 얘기 하면 참 열심히 살아야겠어. (웃음) 돈 벌 생각하지 말고 열심히 살아야 될 것 같아. 장사꾼이지 뭐. (웃음) 막 그렇게 얘기하니까. 그래. 돈 벌지 마. 장사꾼 소리 듣잖아. (웃음)

우. 어려운 문제네요.

김. 제주도에서 살면서 도움 많이 받고 사랑도 많이 받았어요. 건축가협회에도 오면 선배님들, 거긴 홍대 선배님들뿐만 아니고 서울대학 선배님들도, 제주도에서 왔다고 그냥 늘 귀여워해주고. "야, 제주도에서 어떻게 했, 어딘데 이렇게 잘 남았냐" 그러고. (웃음)

우. 소장님은 제주도 바깥에 설계를 하신 것은 없나요?

김. 기회는 거의 없어요. {**우.** 없었어요?} 예. 그리고 별로 그거에 욕심 내본 적도 없고. 기회도 안 주어졌지만.

전. 최근에 신문 기사에 선생님 저, 김중업 선생님의 〈제주대학교 본관〉 관련해가지고 심포지엄, 토론회 나가셨다는 게 나오던데 잠깐 말씀해주시죠. 제주대학에서 뭐 한 모양이던데요.

김. 제주대학에서 다시 복원하겠다고 해가지고 가서 또 싫은 소리 해줬죠. "복원하고 싶으면 니들끼리 해라", "건축계의 힘들, 저기 없혀가지고 도움 받으려고 하지 말고, 그 안에서부터 먼저. 진짜 건축계 역사보다는 제주대학교의 역사니까, 그 역사 자기네들 역사에 대한 절실한 생각을 먼저 얘기 먼저 하고, 난 다음에 도움 청해라", "왜 건축하는 사람들 불러가지고 기대려고 자꾸 하냐" 그랬죠. 총장 앞에서 싫은 소리 해줬지.

용. 부술 때는 언제고 이제 와서. {**김.** 예?} 부술 때는 언제고. {**김.** 그러니까.} 아무렇지도 않게 부수고선.

김. 부술 때, 그때의 반성부터 먼저 해라.

용. 그때 엄청나게 반대했는데도 부셨잖아.

전. 위치는 어디라고 해요? {**김.** 예?} 위치는 어디에 하겠다고 그래요?

김. 거의 황당한 얘기를 많이 했어요. 얘기하면 자꾸 이것저것 다 욕먹을 얘기만 해요.

용. 딴 데다 해요? 그 자리에 하는 것도 아니고?

김. 그 자리에 할 수가 없어요, 지금.

우. 거기 뭐 들어가 있어요.

김. 거기다가 뭐 급식실 새로 지어버려가지고, 그 자리가 없고. 곽재환, 김중업 사무실에 있었던 양반은 서귀포 쪽에, 바닷가 옆에 하는 건 어떠냐,

그래가지고 얘기했고. 제주대학교에 출신 애들 이렇게 몇몇은 그 안에다가, 캠퍼스 안에.

전. 어디 캠퍼스요? 아라 캠퍼스 아니면?

김. 아라 캠퍼스 안에. 그거 또 어디더라, 되게 한번 깐깐하게 얘기를 하려고 그러다가 참아가지고 안 했는데. 뭘 분해해가지고 여기저기 널어놓겠다. 야, 사람… (웃음) 찢어 죽일 일 있냐. 부관참시할 일 있냐. (웃음)

전. 아, 그런 아이디어도 낸 사람이 있어요?

김. 뭐 자꾸 내라고 그러니까.

용. 그러니까 새로 만든다, 부분 부분을?

김. 램프하고, 이거 램프, 주 현관하고 세 부분을 갖다가 다시 재현시키겠다고 하길래, 야….

용. 재현을 부분부분. (웃음)

우. 가장 특징적인 데를 하겠다는 거예요?

김. 예. 야, 어떻게 이런 생각을 하냐. 내가….

우. 그 총장님 공약이라면서요?

김. 공약으로 해놓고. 이렇게 하면 멋진 공약이 될 거라고 해가지고 공약만 불쑥 내놓고 신중하게 생각을 안 했던 거지. 그런데 그거에 대한 생각을 건축과 교수들도 솔직하게 얘기를 안 한 거예요. 김태일 교수도 이 얘기하고 저 얘기하고. 복원이 될 듯한 것처럼 얘기를 해버리니까.

우. 총장이 될 것 같으니까.

김. 그 비용이 있으면 진짜 획기적으로 기획해가지고, 제주대학교에 지금 필요한 새로운 시설, 아주 획기적인 거, 건축 작품 한번 공모해, 국제 공모해가지고 좋은 거 하나 뽑아라. 그게 방법이다. 그럴 염려가 없으면 그런 역사, 다시 찾을 생각도 하지 말아야지. 그런데 그 얘기가 무슨 얘기인지 모르고 있을 거야.

우. 오랫동안, 오랜 시간에 걸쳐서 말씀해주셔서 감사합니다. 제주도 건축이 흥미로웠는데 삼다도의 '삼다'인 돌, 바람에 관한 말씀을 많이 들려주신 것 같아요. 이것으로 김석윤 선생님에 대한 구술채록을 모두 마치도록 하겠습니다. 감사합니다.

김. 수고하셨습니다.

1945	제주 출생 (제주시 화북1동 1640번지)

약력

1963.02	오현고등학교 졸업
1963.03	전남대학교 건축과 입학
1964.03	홍익대학교 건축미술학과 편입
1967.02	홍익대학교 건축공학과 졸업
1967.03	육군공병소위임관 제1101야전공병단 군시설공사 장교로 근무 (학군 제5기)
1969.06	육군 중위 예편
1969.07-1972.04	금성종합설계공사 근무
1972.05-1973.12	세기건설주식회사 근무
1974.01	건축사면허 취득
1974.03	김석윤건축설계사무소 개설
1975.03	제주실업전문대학 강사
1980.06	제주시 건축위원
1981.06	제주도건설종합계획 심의회위원
1986	국민대학교 대학원 석사학위 취득
1992	한국건축가협회 제주지회장
1997	명지대학교 대학원 박사학위 취득
1998	제주특별자치도건축사회 회장
2005	사단법인 제주문화포럼 이사장

소속단체

1969	대한건축학회
1974	대한건축사협회
1982	한국건축가협회
2002	새건축사협의회

저술

1986	「제주도 주택의 의장적 특성에 관한 연구: 조선 후기 와가를 중심으로」, 국민대학교 대학원 건축학과 석사학위논문
1997	「19세기 제주도 민가의 변용과 건축적 특성에 관한 연구」, 명지대학교 대학원 건축공학과 박사학위논문
2014	김석윤, 박길룡, 이재성, 『제주체: 건축의 섬, 제주로 떠나는 현대건축여행』, 도서출판 디
2021	김석윤, 박길룡, 이재성, 『제주체: 건축의 섬, 제주를 가다』, 디북

수상 경력

1966.10	제15회 대한민국전람회 건축부문 입선(4인 합작)
1975.10	대한건축사협회상 작품부문 입선 수상, 〈용두암 휴게소〉
1981.12	제주도선정 우수주택상 수상, 〈현 씨 주택〉
1982.07	제주도 주택설계 공모 입선 수상
1991.11	제10회 대한민국 건축대전 초대작가 선정
1992.02	한국건축가협회 특별상 아천건축상, 〈제주 탐라도서관〉
2004	제주도문화상 예술부문 수상
2009	한국건축가협회 본상, 〈제주현대미술관〉

주요 작품

1974	〈한라산국립공원시설 보완계획〉, 〈용두암 휴게소 신축공사〉
1977	〈국립수산물검사소 제주지소 신축공사〉, 〈성산포 성당 신축공사〉
1979	〈대정고등학교 이설 신축공사〉, 〈신성여자고등학교 이설 신축공사〉
1980	〈현 씨 주택〉
1982	〈고 씨 주택〉
1983	〈한국병원〉, 〈김한주 씨 주택〉
1984	〈김승택 씨 주택〉
1985	〈제주도지사 공관〉
1988	〈라곤다 호텔〉
1989	〈제주 탐라도서관〉
1991	〈제주 노인복지회관〉
1992	〈김건축 사옥〉
1993	〈신제주 성당〉
1993	〈제주 지방공무원 교육원〉
1994	〈애월체육관〉
1996	〈양 씨 다가구 주택〉
2001	〈대동호텔〉, 〈제주컨트리클럽 내 교회〉
2002	〈YWCA 회관〉, 〈제주컨트리클럽 뉴코스 클럽하우스〉
2007	〈제주 현대미술관〉
2008	〈제주 한라도서관〉
2009	〈제주 웰컴센터〉
2012	〈제주대학교 박물관〉

연도 미상의 작품(1974년부터 1982년 사이)
〈남제주군 군수 관사 신축공사〉
〈표선면사무소 신축공사〉
〈새한병원 신축공사〉
〈김용국 소아과의원 신축공사〉
〈서귀포소방서 신축공사〉
〈성산읍사무소 신축공사〉
〈제주도청사 별관(관사) 신축공사〉
〈제주시 '81년도 국민주택건설사업 신축공사〉
〈제주소방서 신축공사〉
〈미도백화점 신축공사〉
〈동원빌딩 신축공사〉
〈제주복지회관 신축공사〉
〈새한병원 증축공사〉
〈김헌구이비인후과의원 신축공사〉
〈천호빌딩 신축공사〉

찾아보기

ㄱ

강건희 36
강명구 29, 34, 36
강병기 19, 21, 91, 148, 190, 214, 227, 255, 330, 331
강석범 128
강성원 128
강성익 253, 281
강요준 27
강인호 118
강행생 81, 116, 127, 128, 137, 146
건축공간연구원(AURI) 48
건축대전 144, 146
건축역사학회 153, 154
계용묵 43
고길홍 255
『공간』 79
곽재환 76, 150, 334
권정우 15, 48, 52
권희영 153
김경환 43
김광추 18, 21
김광현 222
김낙춘 30, 37
김동욱 155
김봉렬 72, 79, 160, 222, 321
김상식 23, 30-33, 40, 155, 156, 183, 209, 315, 316, 318, 322
김석철 170, 171, 255
김성국 223
김수근 29, 36, 41, 43, 44, 68, 82, 227
김승택 248-250, 275, 327
김영갑 98
김영섭 193
김용관 171
김용미 14, 313
김원 122, 123, 129, 130, 144, 145, 332
김일진 154, 156
김정동 30, 123, 205, 208, 333
김정식 48, 146
김정철 81
김종필 68
김중업 36, 75, 134, 148-150, 152, 153, 207-209, 241, 280, 334

김진균 20, 99
김진애 162, 163
김창열 104
김창인 242, 243, 269
김태식 103
김태일 80, 103, 242, 245, 320
김한섭 19, 22, 23, 24, 34, 39, 127, 128, 143, 251, 275, 276, 278, 331
김한일 38, 119, 177
김한주 124, 202, 205, 207, 213, 214, 245
김현철 122, 224, 265
김형걸 149
김호민 244, 268
김홍식 23, 31-33, 71, 91, 104, 114, 133, 136, 153-156, 162, 190, 209, 253, 268, 275, 315, 317, 318, 322, 331
김희수 41
김희춘 149, 150

ㄷ

대한건축사협회 132, 143

ㄹ

레고레타, 리카르도(Ricardo Legorreta) 151
르 코르뷔지에(Le Corbusier) 167, 275, 276

ㅁ

메니스, 페르난도(Fernando Menis) 171
문기선 116
문덕수 42
문신규 133, 333
민영백 30, 332
민현식 160, 161, 191, 224, 324

ⓑ
박경립 160
박근혜 160, 161
박길룡 37, 111
박목월 43
박승 30, 148
박언곤 155, 156
박영기 117
박창권 181, 184
배형민 223
백문기 74, 76
백창호 233
변영환 111
변용 75, 149
부산대학교 103

ⓢ
4.3그룹 74, 76, 150, 324
새건축사협의회(새건협) 156, 157
서상우 31, 43, 111, 112, 207
서울건축학교(SA) 70
세키노 타다시(関野貞) 163
손석진 332, 333
송이벽돌 15, 237, 240, 264, 284, 285
송종석 117, 118, 131, 145
승효상 62, 78, 79, 108, 213, 324
신용하 91, 330, 331
심규호 159
심우성 160

ⓞ
안병의 134, 150
안장원 40
알토, 알바(Alvar Aalto) 152, 167
양건 118, 171
양재혁 118
양중해 42
엄덕문 29, 55, 149, 150
오인욱 30, 55, 56
오현중학교/오현고등학교 20, 42, 100, 275
원대연 30, 223, 333
원희룡 42, 160
유이화 104, 105
유홍준 79

윤도근 36, 144, 150
윤승중 75, 145
이광노 149, 150, 183, 242
이상림 79
이상헌 30, 32, 148, 149, 223
이시돌 목장 108
이재성 68
이재우 111, 112
이종호 77, 78
이주보 58, 263, 332
이타미 준(伊丹潤) 78, 104, 105, 169, 170, 323, 324
이한석 118

ⓩ
장석웅 75, 149, 150
장세양 147, 324
장용순 224
장응재 40
전남대학교 24, 127, 316
전진삼 147
정기용 79, 160
정세구 118
정재훈 183
제남신문사 77
제주건축사협회 129, 143
제주대학교 147-149, 152, 155, 157, 159, 190, 208, 231, 242-245, 261, 267, 280, 320, 334
제주도건설종합계획 178, 181, 188, 190
제주일고등학교 42
조건영 76
조성룡 73, 74, 76, 77, 79, 130, 282
조성열 211
중문단지(중문지구) 119, 151, 188
진행남 76, 77

ⓒ
최동규 76
최영기 111, 113
최창규 40, 143, 144
최춘환 114

ⓟ
패독, J. A. 44

ㅎ
하순애 81, 157, 158, 160
한광야 118
한국건축가협회 38, 40, 74, 76, 81, 142, 144-153,
　　　155, 165, 188, 190, 223, 321, 324
한국기술개발공사 29
한종언 319
한창진 132, 150
해남촌 99
허건 84
허백련 84
허행면 84
현경대 100
현기영 100
현중화 84
호사카 요우이치로우(保坂陽一郎) 227
홍순인 132, 148
후지시마 가이지로(藤島亥治郎) 163

목천건축아카이브 한국현대건축의 기록 11
김석윤 구술집

채록연구. 우동선, 전봉희, 최원준
진행. 목천건축아카이브

주소. (03041) 서울시 종로구 사직로 119
　　　목천빌딩 10층
전화. (02) 732-1601~3
팩스. (02) 732-1604

홈페이지. https://mokchon-kimjungsik.org
이메일. mokchonarch@mokchonarch.org
Copyright ⓒ 2024, 목천건축아카이브
All rights reserved.

초판 1쇄 인쇄 2024년 11월 15일
초판 1쇄 발행 2024년 11월 25일

발행처. 도서출판 마티
출판등록. 2005년 4월 13일
등록번호. 제2005-22호
발행인. 정희경
편집. 박정현, 서성진, 조은
디자인. 워크룸

주소. (04003) 서울시 마포구 잔다리로
　　　101, 2층
전화. (02)333-3110
이메일. matibook@naver.com

ISBN 979-11-90853-59-0(04600)